精通 Proteus 电路设计与仿真

王博　姜义　编著

清华大学出版社

北京

内 容 简 介

本书基于 Proteus 7.8 SP2 版本，以实例为主线介绍 Proteus 的入门知识以及在电子线路设计中的实际应用，全书共 10 章，内容包括 Proteus 软件的基本操作方法、模拟和数字电路的仿真及分析、单片机仿真的知识以及与其他开发工具进行联合调试的技术，最后通过一个工程实例介绍使用 Proteus ARES 进行印制电路板设计的方法。本书在注重基础知识讲解的同时，给出相应的仿真实例，即使读者对电路和其中应用的元件不是很熟悉，只要认真阅读本书，也能够理解并运用这些实例。本书实例典型，内容丰富，通俗易懂，可读性强，系统全面，学练结合，能够达到教者轻松、学者有趣的效果。

本书可以作为高校电类专业相关课程的教材，也可以供广大电气工程技术人员学习和参考使用。

图书在版编目（CIP）数据

精通 Proteus 电路设计与仿真 / 王博，姜义编著. —北京：清华大学出版社，2018（2025.1重印）

ISBN 978-7-302-48389-2

Ⅰ. ①精… Ⅱ. ①王… ②姜… Ⅲ. ①电子电路-计算机辅助设计-应用软件 Ⅳ. ①TN702

中国版本图书馆 CIP 数据核字（2017）第 218787 号

责任编辑：袁金敏 战晓雷
封面设计：肖梦珍
责任校对：徐俊伟
责任印制：刘海龙

出版发行：清华大学出版社
网 址：https://www.tup.com.cn，https://www.wqxuetang.com
地 址：北京清华大学学研大厦 A 座 邮 编：100084
社 总 机：010-83470000 邮 购：010-62786544
投稿与读者服务：010-62776969，c-service@tup.tsinghua.edu.cn
质 量 反 馈：010-62772015，zhiliang@tup.tsinghua.edu.cn
印 装 者：三河市春园印刷有限公司
经 销：全国新华书店
开 本：185mm×260mm **印 张**：18.5 **字 数**：462 千字
版 次：2018 年 1 月第 1 版 **印 次**：2025 年 1 月第 8 次印刷
定 价：69.00元

产品编号：053250-02

前言

基本内容

Proteus 软件是英国 Lab Center Electronics 公司推出的 EDA 工具软件，从原理图设计、代码调试到单片机与外围电路协同仿真，一键切换到 PCB 设计，真正实现了从概念到产品的完整设计，是目前世界上唯一将电路仿真软件、PCB 设计软件和虚拟模型仿真软件三合一的设计平台。其处理器模型支持 8051、HC11、PIC10/12/16/18/24/30/dsPIC33、AVR、ARM、8086 和 MSP430 等，2010 年又增加了 Cortex 和 DSP 系列处理器，并持续增加其他系列处理器模型。在编译方面，它也支持 IAR、Keil 和 MPLAB 等多种编译器。它不仅具有其他 EDA 工具软件的仿真功能，还能仿真单片机及外围元件。它是目前比较好的仿真单片机及外围元件的工具。

本书针对入门读者的学习特点，结合作者多年使用 Proteus 的教学和实践经验，由浅入深、图文并茂地详细介绍了软件的基本操作方法、模拟和数字电路的仿真及分析、单片机仿真的知识，以及使用 Proteus ARES 进行印制电路板设计的有关内容。在讲解的过程中配以大量实例操作，使读者循序渐进地熟悉软件，学习软件，掌握软件。本书分为 10 章，各章主要内容如下：

第 1 章介绍 Proteus ISIS 的基础操作方法，包括工作界面、菜单、工具栏等的详细说明，此外还给出了操作实例。

第 2 章主要讲解原理图设计，这也是进行仿真和 PCB 设计的前提条件。

第 3 章对 Proteus ISIS 电路仿真进行详细介绍，通过仿真能使电路原理图像实物一样“运行”起来，可以提前验证设计思路是否合理，元件及参数选择是否正确，流程及程序设计是否可靠。

第 4 章讲解激励源在 Proteus ISIS 中的功能及使用方法。

第 5 章对 12 种虚拟仪器在交互式实时仿真中的具体应用作了详细介绍。

第 6 章介绍使用 Proteus ISIS 进行模拟电路仿真的内容，包括晶体管的基础知识，以及使用 Proteus ISIS 中集成的 PROSPICE 工具对二极管、三极管、集成运放等常见元件进行模拟仿真的内容。

第 7 章介绍使用 Proteus ISIS 进行数字电路仿真的内容，包括数字电路的基础知识，以及编码器、译码器、数值比较器等常见的数字电路的设计与仿真。

第 8 章介绍使用 Proteus ISIS 进行时序逻辑电路仿真的内容，包括如何使用基本门电路搭建触发器，以及如何用触发器实现计数器等时序逻辑电路功能。

第 9 章分别以 8051 和 AVR 系列单片机为例，介绍如何通过 Proteus VSM 建立仿真环境、仿真调试以及与其他开发工具进行联合调试的内容。

第 10 章介绍 PCB 设计的有关基础知识，并通过一个工程实例讲解了使用 Proteus ARES 进行印制电路板设计的有关内容。

主要特点

在内容编排上，按照读者学习的一般规律，结合实例讲解操作步骤，能够使读者快速地掌握 Proteus ISIS 和 Proteus ARES 软件的使用。

具体来说，本书具有以下鲜明的特点：

- 零基础入门，不要求学习者具有电路设计与仿真的知识。
- 以实例引导，各章中都通过较多的实验来说明某种具体的电路知识以及仿真的过程和方法。
- 图文并茂，内容既适合课堂授课，也适合学生自学。

读者对象

- 学习 Proteus 设计的初级读者。
- 具有一定 Proteus 基础知识，希望进一步深入掌握的中级读者。
- 大中专院校电子信息相关专业的学生。
- 从事电子产品原型设计、开发的工程技术人员。

作者分工

本书由王博、姜义编著，参与本书编写工作的还有宋一兵、管殿柱、王献红、李文秋、张忠林、赵景波、曹立文、郭方方、初航、谢丽华等。

作者

2017 年 11 月

目　录

第1章　Proteus 电路设计和软件基础

1.1　Proteus 软件组成……1
　1.1.1　Proteus 概述……1
　1.1.2　Proteus ARES 概述……2
1.2　Proteus ISIS 界面……2
1.3　Proteus ISIS 菜单栏与主工具栏……3
　1.3.1　菜单栏……4
　1.3.2　主工具栏……5
1.4　Proteus ISIS 工具箱……6
1.5　小结……10
1.6　习题……10

第2章　Proteus ISIS 原理图设计与仿真

2.1　Proteus ISIS 编辑环境设置……11
　2.1.1　模板设置……11
　2.1.2　图形颜色设置……12
　2.1.3　图形风格设置……13
　2.1.4　文本风格设置……14
　2.1.5　图形文本设置……14
　2.1.6　节点属性设置……15
2.2　Proteus ISIS 编辑环境设置实例……15
2.3　Proteus ISIS 系统参数设置……16
　2.3.1　元件清单设置……16
　2.3.2　显示属性设置……17
　2.3.3　环境设置……18
　2.3.4　快捷键设置……19
　2.3.5　文本编辑设置……19
　2.3.6　动态仿真选项设置……20
　2.3.7　仿真选项设置……20
2.4　Proteus 原理图设计流程……24

2.5 Proteus ISIS 原理图绘制 25
2.5.1 新建原理图文件 25
2.5.2 元件操作 25
2.5.3 布线操作 29
2.5.4 节点操作 30
2.5.5 原理图设计的其他模式 31
2.5.6 二维图形设计模式 31
2.6 Proteus ISIS 原理图设计实例 36
2.7 小结 38
2.8 习题 38

第 3 章 Proteus ISIS 电路仿真

3.1 电路仿真基础 39
3.2 交互式仿真 40
3.3 基于图表的仿真 42
3.3.1 基于图表仿真的步骤 42
3.3.2 Proteus ISIS 的仿真图表 45
3.3.3 Proteus ISIS 的仿真图表输出窗口 48
3.4 小结 49
3.5 习题 49

第 4 章 Proteus ISIS 激励源

4.1 直流信号发生器 50
4.2 正弦波信号发生器 52
4.3 脉冲信号发生器 53
4.4 指数脉冲信号发生器 55
4.5 单频率调频波发生器 56
4.6 分段线性发生器 58
4.7 FILE 信号发生器 59
4.8 音频信号发生器 60
4.9 数字单稳态逻辑电平发生器 61
4.10 数字单边沿信号发生器 63
4.11 单周期数字脉冲发生器 63

4.12 数字时钟信号发生器 64
4.13 数字模式信号发生器 65
4.14 HDL 可编程逻辑语言信号发生器 66
4.15 小结 66
4.16 习题 66

第 5 章 Proteus ISIS 虚拟仪器

5.1 示波器 67
5.2 逻辑分析仪 70
5.3 定时计数器 71
5.4 虚拟终端 73
5.5 SPI 调试器 75
5.6 I²C 调试器 77
5.7 信号发生器 79
5.8 模式发生器 80
5.9 电压表和电流表 85
5.10 小结 86
5.11 习题 86

第 6 章 Proteus ISIS 中的模拟电路仿真

6.1 二极管电路实验 87
6.1.1 二极管基础 87
6.1.2 二极管正向导通实验 91
6.1.3 二极管整流实验 92
6.2 三极管电路实验 95
6.2.1 三极管基础 95
6.2.2 三极管的应用 98
6.3 运算放大器电路实验 103
6.4 运算放大器的应用 104
6.4.1 电压跟随器电路 104
6.4.2 反相放大电路 107
6.4.3 同相放大电路 110
6.4.4 比较器 113

6.4.5 同相求和电路……117
6.4.6 积分电路……119
6.4.7 微分电路……122
6.5 小结……123
6.6 习题……124

第7章 Proteus ISIS中的数字电路仿真

7.1 数字电路基础……125
7.2 基础门电路……129
7.3 组合逻辑电路基础……135
7.3.1 编码电路……136
7.3.2 译码电路……139
7.3.3 数据选择器电路……143
7.3.4 加法器电路……145
7.3.5 数字比较器电路……148
7.4 小结……153
7.5 习题……153

第8章 Proteus ISIS中的时序逻辑电路仿真

8.1 触发器……155
8.2 时序逻辑电路……165
8.3 寄存器和移位寄存器……166
8.4 计数器……172
8.5 小结……178
8.6 习题……178

第9章 Proteus ISIS中的单片机仿真

9.1 Proteus单片机系统仿真基础……180
9.2 Proteus ISIS中的单片机模型……184
9.3 51系列单片机系统仿真……186
9.3.1 51系列单片机基础……186
9.3.2 在Proteus中进行源程序设计与编译……195

9.3.3 在 Keil μVision 中进行源程序设计与编译 ……199
9.3.4 Proteus 和 Keil μVision 联合调试 ……203
9.3.5 使用 SDCC 进行源程序设计与编译……211
9.4 AVR 系列单片机仿真 ……219
9.4.1 AVR 系列单片机基础……220
9.4.2 Proteus ISIS 和 IAR EWB for AVR 联合开发……222
9.5 使用 AVR 单片机实现数字电压表 ……232
9.6 小结……241
9.7 习题……241

第 10 章 Proteus ARES PCB 设计

10.1 PCB 概述 ……242
10.2 Proteus ARES 编辑环境……245
10.3 创建元件封装……251
10.4 导入网表并指定元件封装……254
10.5 系统参数设置……256
10.5.1 设置电路板工作层……256
10.5.2 环境设置……257
10.5.3 栅格设置……258
10.6 PCB 布局 ……259
10.6.1 自动布局……259
10.6.2 手工布局……261
10.6.3 从原理图更新网表……263
10.6.4 在 3D 模式下观察布局……264
10.7 PCB 布线 ……265
10.7.1 自动布线……265
10.7.2 手工布线……266
10.8 设计规则检查……269
10.9 后期处理及输出……272
10.9.1 PCB 覆铜 ……273
10.9.2 PCB 输出 ……274
10.10 小结……276

附录 A Proteus ISIS 元件库及其子类

第 1 章　Proteus 电路设计和软件基础

Proteus 软件是英国 Lab Center Electronics 公司开发的 EDA 工具软件，集电路设计、制板及仿真等多种功能于一身，不仅能对数字电路、模拟电路等进行设计与分析，还能够对各种嵌入式处理器，如 51 单片机、AVR 单片机、ARM、DSP 等进行设计和仿真，受到单片机爱好者、从事单片机教学的教师、致力于单片机开发应用的科技工作者的青睐。

Proteus 集原理图设计、仿真和 PCB 设计于一体，真正实现了从概念到产品的完整电子设计工具。Proteus 的特点如下：具有模拟电路、数字电路、单片机应用系统、嵌入式系统设计与仿真功能；具有全速、单步、设置断点等多种形式的调试功能；具有各种信号源和电路分析所需的虚拟仪表；支持 Keil、MPLAB 等第三方的软件编译和调试环境；具有强大的原理图到 PCB 板设计功能，可以输出多种格式的电路设计报表。因此，拥有 Proteus 电子设计工具，就相当于拥有了一个电子设计和分析平台。

本章主要介绍 Proteus ISIS 的基本操作方法，包括工作界面、菜单、工具栏等的详细说明，此外还给出了操作实例。本章内容为 Proteus 的入门基础，如果对 Proteus 有初步了解，可以对本章内容进行选择性阅读。

1.1 Proteus 软件组成

Proteus 由 ISIS 和 ARES 两个软件构成，其中 ISIS 是一款便捷的电子系统仿真平台软件，ARES 是一款高级的布线软件。

1.1.1　Proteus 概述

Proteus ISIS 的 VSM（Virtual System Model，虚拟系统模型）是一个基于 PROSPICE 的混合模型仿真器，用户可以对模拟电路、数字电路、模数混合电路以及基于微控制器的系统连同所有外围接口电子元件一起仿真。Proteus VSM 主要由 SPICE3F5 模拟仿真器和快速事件驱动数字仿真器组成，模拟仿真直接兼容 SPICE 模型，采用 SPICE3F5 电路仿真模型，能够记录基于图表的频率特性、直流电的传输特性、参数扫描、噪声分析、傅里叶分析等；数字仿真支持 JDEC 文件的物理元件仿真，有无源的、全系列 TTL/CMOS、存储器等标准数字电路仿真模型。此外，Proteus 软件还支持许多通用的微控制器，如 8051/8052、ARM7、AVR、PIC、MSP430，具有仿真微控制器系统的能力，同时具有断点调试功能及单步调试功能，能够对显示器、按钮、键盘等外设进行交互可视化仿真。

Proteus VSM 仿真有两种不同的方式：交互式仿真和高级图表仿真（Advanced Simulation Feature，ASF）。交互式仿真是一种直观地反映电路设计的仿真，能够实时观测电路的输出，因此可用于检验设计的电路是否能正常工作；高级图表仿真能够精确分析电路的各种性能，可以在仿真过程中放大一些特别的部分，进行一些细节上的分析，因此 ASF 可用于研究电路的工作状态和进行细节的测量。

在 Proteus ISIS 中，支持以下几种文件格式：

- .DSN，为 Proteus ISIS 的设计（design）文件。
- .DBK，为 Proteus ISIS 的备份（backup）文件。
- .SEC，为 Proteus ISIS 的部分电路（section）存盘文件。
- .MOD，为 Proteus ISIS 的元件仿真模式（module）文件。
- .LIB，为 Proteus ISIS 的元件库（library）文件。
- .SDF，为 Proteus ISIS 的网络表（netlist）文件。

1.1.2 Proteus ARES 概述

在 Proteus 软件中，不仅可以实现电路原理图的设计和仿真，还可以实现 PCB（Printed Circuit Board，印制电路板）的设计，包括元件布局、手动、自动布线等操作。

Proteus 软件提供了 ARES（Advanced Routing and Editing Software，高级布线和编辑软件），其采用了原 32 位数据库的高性能 PCB 设计系统，以及高性能的自动布局和自动布线算法；支持多达 16 个布线层、2 个丝网印刷层、4 个机械层，加上电路板边界层、布线禁止层、组焊层，可以在任意角度放置元件和焊盘连线；支持光绘文件的生成；具有自动的门交换功能；集成了高度智能的布线算法；有超过 1000 个标准的元件引脚封装；支持输出到各种 Windows 设备；可以导出其他电路板设计工具的文件格式；能自动插入最近打开的文档；元件可以自动放置。

1.2 Proteus ISIS 界面

启动 Proteus ISIS 后，其运行界面如图 1-1 所示。

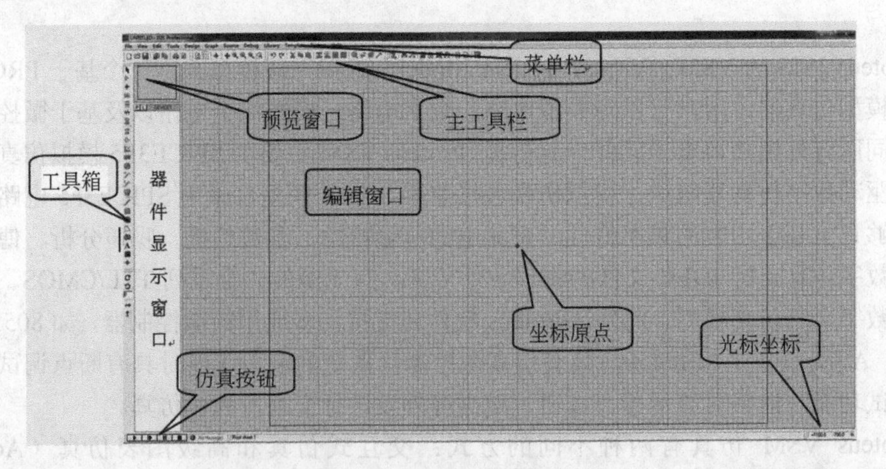

图 1-1 Proteus ISIS 界面

1. 编辑窗口

该窗口为网格区域，用于电路设计和仿真操作，包括放置元件、进行连线、绘制原理图、输出运行结果等，是 ISIS 中最直观的操作区域。编辑窗口内的网格可以帮助对齐元件。单击菜单栏的 View（查看），在下拉菜单中有 Grid（网格）选项，通过该选项实现网格的开启/禁止，在下拉菜单中还有网格捕捉值设定选项，能够用来设置点与点之间的距离，如图 1-2 所示。

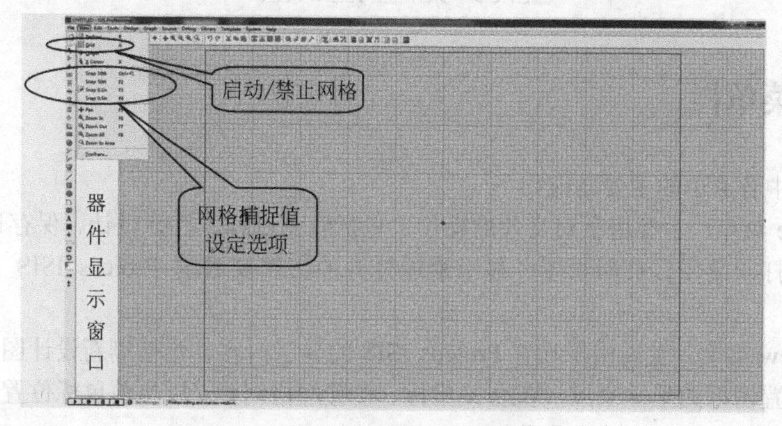

图 1-2　网格的开启与设定

2. 预览窗口

该窗口用于显示当前的图纸布局或者正在操作的元件的相关情况。窗口内绿框区域标识编辑窗口中当前显示的区域。在预览窗口中单击某一位置，会以单击位置为中心刷新编辑窗口的显示区域。其他情况下，预览窗口则显示将要放置的元件的预览。当元件处于以下情况时：

- 使用旋转或镜像按钮。
- 在元件窗口中被选中。
- 作为一个可以设定朝向的元件类型图标。

此元件为"放置预览"特性激活状态。元件如果不是执行以上情况，"放置预览"特性被解除。

3. 元件显示窗口

该窗口用于显示当前编辑窗口中加载的各个元件的相关情况。元件显示窗口中有一个 P（切换）按钮，单击 P 按钮可以出现元件选取窗体，通过该窗体可以选择元件并将其置入元件显示窗口中，可供绘图使用。元件选择窗口中还有一个 L 按钮，可用于管理元件。

1.3　Proteus ISIS 菜单栏与主工具栏

菜单栏与主工具栏是绘制原理图的控制中心。图 1-3 展示了 Proteus ISIS 的菜单栏与主工具栏。菜单栏包括 File（文件）、View（查看）、Edit（编辑）、Tools（工具）、Design（设计)、Graph(绘图)、Source(源文件)、Debug(调试)、Library(库)、Template(模板)、System(系统)、Help(帮助)菜单。主工具栏以图标形式给出，形象地表明每个按钮的作用，主工具栏中每一个按钮都对应一个具体的菜单命令。

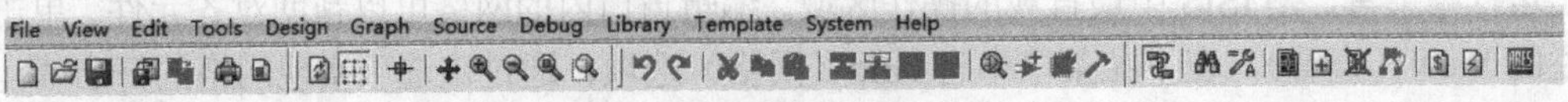

File View Edit Tools Design Graph Source Debug Library Template System Help

图 1-3　菜单栏与主工具栏

1.3.1　菜单栏

菜单栏中各菜单的主要功能如下：

(1) File 菜单。主要用于对文件的操作，包括新建设计、打开设计、保存设计、导入/导出文件、打印命令、打印设置、显示最近打开的文件及退出 Proteus ISIS 等常用文件功能。

(2) View 菜单。主要用于设置 Proteus ISIS 的显示内容，包括刷新设计图纸、网格开启/关闭、设置图纸的坐标原点、修改 X 坐标、设置网格间距、以当前鼠标位置为中心显示图纸、图纸的缩放及工具栏的设置。

(3) Edit 菜单。主要用于对 Proteus ISIS 的设计图进行操作，包括操作的撤销/恢复、查找和编辑元件、剪切/复制/粘贴、设置多层叠关系以及清理元件列表中没有使用的元件。

(4) Tools 菜单。为 Proteus ISIS 电路图设计提供一些自动操作，包括实时标注、自动连线、搜索并标记、属性设置、全局标注、导入 ASCII 数据、材料清单、电气规则检查、编译网络表、编译模型、设置对应 PCB 层名称、从网络表生成电路板图以及从 PCB 板设计返回标准信息。

(5) Design 菜单。具有编辑设计属性，对工程文件和当前图纸的属性进行相关操作，包括编辑工程属性、编辑当前图纸属性、编辑设计说明、配置电源、新建图纸、删除当前图纸、上一张/下一张图纸、切换图纸、设计目录管理器以及在菜单最下方显示当前项目。

(6) Graph 菜单。主要用于仿真操作，包括编辑仿真图形、添加仿真曲线、启动基于图表的仿真、查看日志、导出仿真数据、清除仿真数据以及批处理仿真操作等。

(7) Source 菜单。主要为需要驱动代码的元件设置相应驱动源，包括添加/删除源文件、定义代码生成工具、设置外部文本编辑器以及编译所有源文件。

(8) Debug 菜单。主要用于仿真调试操作，包括启动/重新启动调试、暂停调试、停止调试、执行调试、全速执行调试，不考虑断点、指定时间执行调试、单步调试、跟踪调试、从子程序跳出、程序执行到指定位置、复位当前弹出窗口、复位固定模式数据、配置相关诊断信息、启动/关闭远程调试窗口、水平排列多个窗口以及垂直排列多个窗口。

(9) Library 菜单。主要用于管理 ISIS 自带的库元件以及用户引入的库元件，包括从自带库中选择元件加入当前项目中、生成一个库元件、生成符号、元件封装工具、拆解库中元件、编译到库元件、自动载入库元件、验证库元件封装以及库管理器。

(10) Template 菜单。主要用于设置相关风格，包括转到当前项目的主图纸、设置图纸默认值、设置图形颜色、设置图形风格、设置文本风格、设置图形文本、设置节点、导入设计风格以及使用默认模板。

（11）System 菜单。用于对相关参数进行设置，包括显示系统信息、检查升级信息、打开文本浏览器、设置元件清单的输出格式、设置显示参数、设置相关环境参数、设置快捷键、设置路径、设置属性定义、设置图纸尺寸、设置字体、设置仿真时的赋值参数、设置仿真参数以及恢复默认设置。

（12）Help 菜单。用于为用户提供相关操作信息，包括打开基本帮助菜单，打开 Proteus ISIS 的 VSM 仿真操作说明、打开在 Proteus ISIS 环境下进行 VSM 操作的相关说明、打开自带的示例所在文件夹、版本升级说明以及相关版权说明。

1.3.2　主工具栏

主工具栏图标及具体功能如表 1-1 所示。

表 1-1　主工具栏图标及功能

按钮	对应菜单	功能	按钮	对应菜单	功能
	File→New Design	新建设计		Edit→Copy to ClipBoard	复制
	File→Open Design	打开设计		Edit→Paste From ClipBoard	粘贴
	File→Save Design	保存当前设计		Block Copy	块复制
	File→Import Section	导入部分文件		Block Move	块移动
	File→Export Section	导出部分文件		Block Rotate	块旋转
	File→Print	打印文件		Block Delete	块删除
	File→Set Area	标记需要输出的区域		Library→Pick Device/ Symbol	打开元件库
	View→Redraw	刷新		Library→Make Device	制作元件
	View→Grid	开启/关闭网格		Library→Packaging Tool	封装工具
	View→Origin	设置坐标原点		Library→Decompose	分解元件
	View→Pan	切换到坐标原点		Tools→Wire Auto Router	自动布线器
	View→Zoom In	放大		Tools→Search And Tag	查找并标记
	View→Zoom Out	缩小		Tools→Property Assignment Tool	属性分配工具
	View→Zoom All	显示整张图纸		Design→Design explore	打开设计浏览器
	View→Zoom to Area	缩放一个区域		Design→New Sheet	新建图纸
	Edit→Undo	撤销		Design→Remove Sheet	移去图纸
	Edit→Redo	重做		Exit to Parent Sheet	转到主原理图
	Edit→Cut to ClipBoard	剪切		View BOM Report	生成当前项目元件清单
	Tools→Electrical Rule Check	生成当前项目的电气规则检查报告		Tools→Netlist to ARES	生成网络表并输送到 ARES

1.4 Proteus ISIS 工具箱

Proteus ISIS 的工具箱位于界面左侧，如图 1-1 所示。在工具箱中有多种图形设计工具，能够帮助设计者进行原理图的设计，具体使用方法在后续章节中会进一步说明，其图标和分类说明参见表 1-2。

表 1-2 工具箱图标及说明

图 标	图标名称	说 明
	选择模式	此模式下可以选择任意元件并编辑元件属性
	元件模式	此模式下可以选择元件
	节点模式	此模式下可以在原理图中标记连接点
	连线标号模式	此模式下可以为线段命名
	文件脚本模式	此模式下可以在原理图中输入一段文本
	总线模式	此模式下可以在原理图中绘制一段总线
	子电路模式	此模式下可以绘制子电路模块
	终端模式	此模式下元件显示窗口会列出各种终端
	元件切换模式	此模式下元件显示窗口会列出各种引脚
	图表模式	此模式下元件显示窗口会列出各种仿真分析需要的图表
	录音机模式	此模式应用于声音波形仿真
	激励源模式	此模式下元件显示窗口会列出各种信号发生器
	电压探针模式	此模式用于仿真时显示探针处的电压值
	电流探针模式	此模式用于仿真时显示探针处的电流值
	虚拟仪器模式	此模式下元件显示窗口会列出各种虚拟仪器
	2D 图形直线模式	此模式用于创建元件或表示图表时画线
	2D 图形框体模式	此模式用于创建元件或表示图表时绘制方框
	2D 图形圆形模式	此模式用于创建元件或表示图表时绘制圆形
	2D 图形圆弧模式	此模式用于创建元件或表示图表时绘制弧线
	2D 图形闭合路径模式	此模式用于创建元件或表示图表时绘制任意形状图形
A	2D 图形文本模式	此模式用于创建元件或表示图表时插入各种文字说明
	2D 图形符号模式	此模式用于创建元件或表示图表时选择各种符号元件
	2D 图形标记工具	用于产生各种标记图标
	顺时针方向旋转按钮	以 90°偏置沿顺时针改变元件的放置方向
	逆时针方向旋转按钮	以 90°偏置沿逆时针改变元件的放置方向
↔	水平镜像旋转按钮	以 Y 轴为对称轴，按 180°偏置旋转元件
↕	垂直镜像旋转按钮	以 X 轴为对称轴，按 180°偏置旋转元件

【例 1-1】 Proteus ISIS 菜单使用实例

本实例是从 Proteus ISIS 自带示例 Traffic 中复制电路，然后新建为一个新的电路。

设计过程

（1）在菜单栏中选择 Help→Sample Designs 命令，打开 Proteus ISIS 自带示例的文件夹 SAMPLES，其中包含大量自带示例。打开 Interactive Simulation 文件夹中的 Animate Circuits

文件夹，然后打开其中的 Traffic.DSN 文件，如图 1-4 所示，此示例使用 U1 和 U2 两个 D 触发器和与门 U3 一起在时钟源 CLOCK 激励下控制三色 LED 形成交通灯效果。

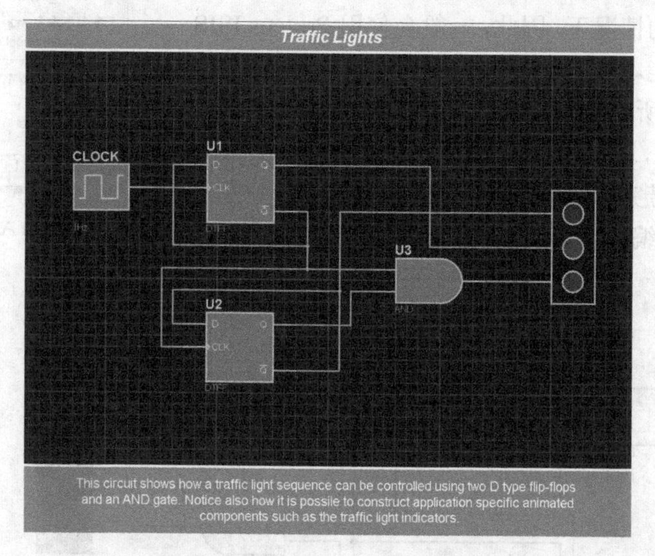

图 1-4　Proteus ISIS 自带 Traffic 示例

（2）利用鼠标拖曳的方式选中 Traffic 示例中的全部电路，选择 File→Export Section 命令，弹出保存对话框，将文件命名为 tempTraffic，选择合适的保存路径后，单击保存按钮，在该路径下可以找到一个文件名为 tempTraffic.SEC 的文件。

（3）选择 File→New Design 命令，新建一个图纸文件，然后选择 File→Save Design 命令，将文件命名为 example2-1。

（4）选择 File→Import Section 命令，在打开的对话框中选择 tempTraffic.SEC 文件，在编辑窗口中会出现一个红色块状区域，将其移动到图纸中的合适位置后，单击，完成导入电路的过程，如图 1-5 所示。

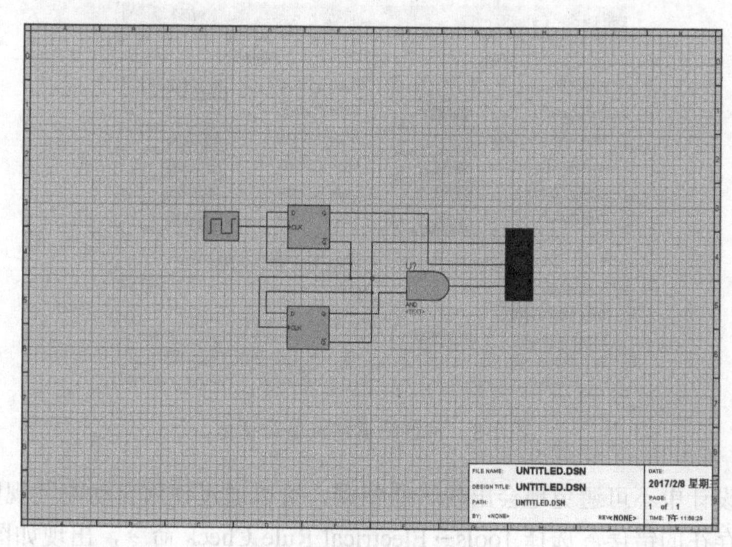

图 1-5　导入后的电路图

（5）在图 1-5 中可以看到，电路中的元件没有编号，如果进行手动编号，不仅费时，而且容易出现遗漏，尤其在电路比较复杂的情况下，因此，一般会使用 Proteus ISIS 中的自动编号功能。选择 Tools→Global Annotator 命令，会弹出如图 1-6 所示的对话框，设置好相应选项，单击 OK 按钮完成操作，可以看到如图 1-7 所示的电路图，图中的元件已经编号完成，其中两个 DTFF 触发器被编号为 U_1 和 U_2，与门被编号为 U_3。

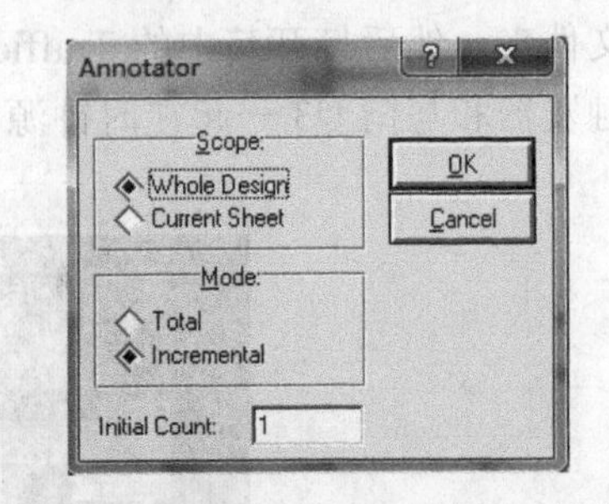

图 1-6　Global Annotator 设置对话框

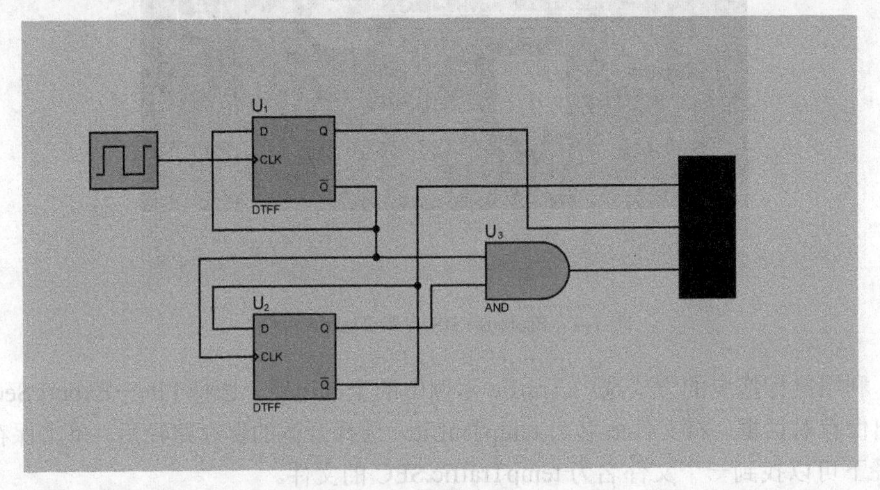

图 1-7　自动编号后的电路图

（6）图 1-7 所示的电路图中的图纸颜色并不是白色的，这在某些情况下，可以通过 Template→Set Design Defaults 命令进行设置，会弹出如图 1-8 所示的对话框，在对话框中选择 Paper Colour 下拉列表中的白色即可，调整后的电路图如图 1-9 所示。

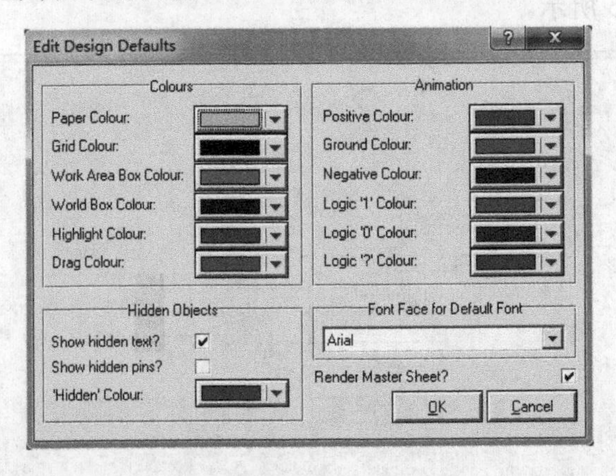

图 1-8　设置图纸默认值对话框

（7）电路设计中不可避免地会出现一些错误，可以通过使用自动电气规则检查功能来检查设计图中存在的错误，选择 Tools→Electrical Rule Check 命令，出现如图 1-10 所示的对话框。

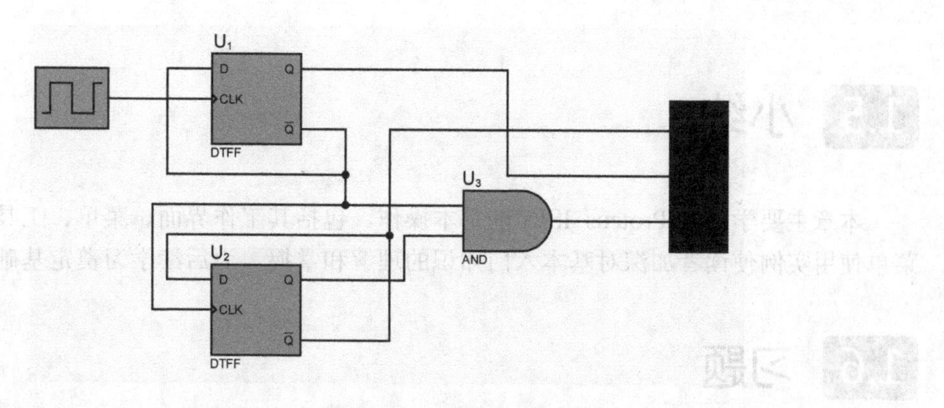

图 1-9　调整图纸颜色后的电路图

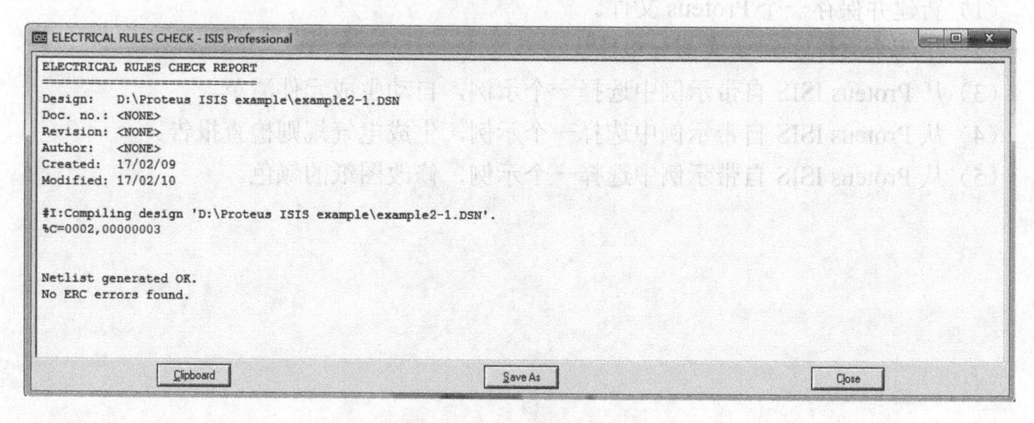
ELECTRICAL RULES CHECK - ISIS Professional

```
ELECTRICAL RULES CHECK REPORT
=============================
Design:   D:\Proteus ISIS example\example2-1.DSN
Doc. no.: <NONE>
Revision: <NONE>
Author:   <NONE>
Created:  17/02/09
Modified: 17/02/10

#I:Compiling design 'D:\Proteus ISIS example\example2-1.DSN'.
%C=0002,00000003


Netlist generated OK.
No ERC errors found.
```

Clipboard　Save As　Close

图 1-10　电气规则检查报告

（8）实际工程应用中，如果需要对设计电路中使用的元件进行统计，以便后续购买或者实际操作使用，可以通过 Bill of Materials（BOM）自动生成材料清单完成统计。选择 Tools→Bill of Materials 选项，在弹出的对话框中选择一种文件格式，本实例选择 HTML Output，输出的材料清单如图 1-11 所示。

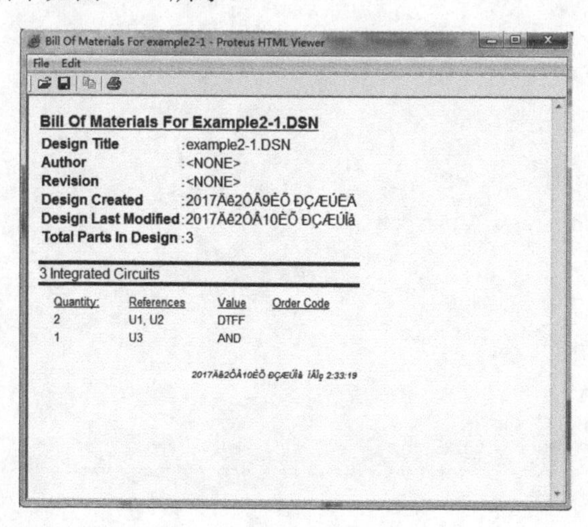
Bill Of Materials For example2-1 - Proteus HTML Viewer

File　Edit

Bill Of Materials For Example2-1.DSN

Design Title	:example2-1.DSN
Author	:<NONE>
Revision	:<NONE>
Design Created	:2017Äê2ÔÂ9ÈÕ ÐÇÆÚËÄ
Design Last Modified	:2017Äê2ÔÂ10ÈÕ ÐÇÆÚÎå
Total Parts In Design	:3

3 Integrated Circuits

Quantity:	References	Value	Order Code
2	U1, U2	DTFF	
1	U3	AND	

2017Äê2ÔÂ10ÈÕ ÐÇÆÚÎå ÏÂÎç 2:33:19

图 1-11　电路的元件清单

1.5 小结

本章主要学习了 Proteus ISIS 的基本操作，包括其工作界面、菜单、工具栏等，通过菜单使用实例使读者加深对基本入门知识的理解和掌握，为后续学习奠定基础。

1.6 习题

（1）新建并保存一个 Proteus 文件。

（2）在两个文件之间交换部分电路。

（3）从 Proteus ISIS 自带示例中选择一个示例，自动生成元件清单。

（4）从 Proteus ISIS 自带示例中选择一个示例，生成电气规则检查报告。

（5）从 Proteus ISIS 自带示例中选择一个示例，修改图纸的颜色。

第 2 章　Proteus ISIS 原理图设计与仿真

前面已经介绍了 Proteus ISIS 的主界面、菜单栏、工具栏等内容，本章主要讲解原理图设计，这也是进行仿真和 PCB 设计的前提条件。

2.1 Proteus ISIS 编辑环境设置

Proteus 电路设计是在 Proteus ISIS 中绘制的。Proteus ISIS 设计功能强大，具有很好的人机交互界面，使用方便，易于学习。Proteus ISIS 可运行于 Windows PE/2000/XP/7 以及更高版本的操作系统，其对 PC 配置要求不高。在 Proteus ISIS 中，可以按照自己的习惯对编辑环境设置，包括选择模板、图纸选型、文本设置等。

2.1.1　模板设置

新建文件时，首先选择合适的模板，模板体现出电路图的外观信息，如电路图的图形格式、文本格式、图形颜色等。设置模板，选择 Template→Set Design Defaults 选项，具体功能如图 2-1 所示。

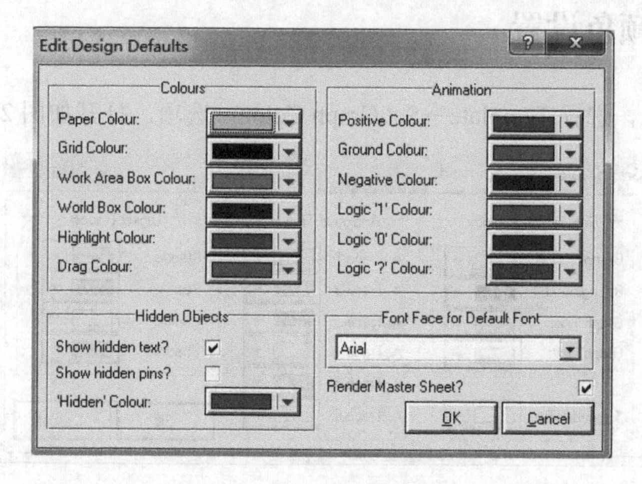

图 2-1　模板设置窗口

（1）Colours（颜色设置）。

模板设置对话框中的颜色属性包括以下几项内容。

- Paper Colour：设置编辑窗口和预览窗口的背景色。
- Grid Colour：设置整个编辑窗口内网格的颜色。
- Work Area Box Colour：设置预览窗口中改变编辑窗口位置的矩形边框的颜色，默认为绿色。

- World Box Colour：设置编辑窗口和预览窗口中最大边框的颜色，默认为蓝色。
- Highlight Colour：设置热点对象的颜色。
- Drag Colour：设置导线、图表、子电路图和元件等被拖曳时的颜色或者元件在放置前的颜色。

（2）Hidden Objects（隐藏属性）。

隐藏属性后如果有√代表显示，如果为空白代表隐藏。

- Show hidden text：是否在原理图中显示隐藏的文本，如图 2-2 所示，默认显示隐藏的文本。
- Show hidden pins：是否在原理图中显示隐藏的电源引脚，默认隐藏电源引脚。
- 'Hidden' Colour：设置被隐藏的元件的颜色。

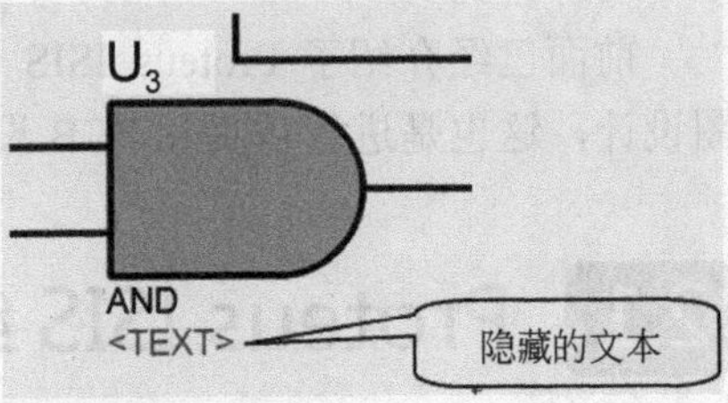

图 2-2　显示隐藏的文本

（3）Animation（仿真动态参数设置）。

- Positive Colour：设置导线接正极性或者高电位时的颜色。
- Ground Colour：设置零电势导线的颜色。
- Negative Colour：设置负极性导线颜色。
- Logic '1' Colour：逻辑电平 1 状态时的颜色。
- Logic '0' Colour：逻辑电平 0 状态时的颜色。
- Logic '?' Colour：设置不定状态或者浮动状态时的颜色。

2.1.2　图形颜色设置

设置图形颜色，选择 Template→Set Graph Colours 选项，打开如图 2-3 所示的对话框。

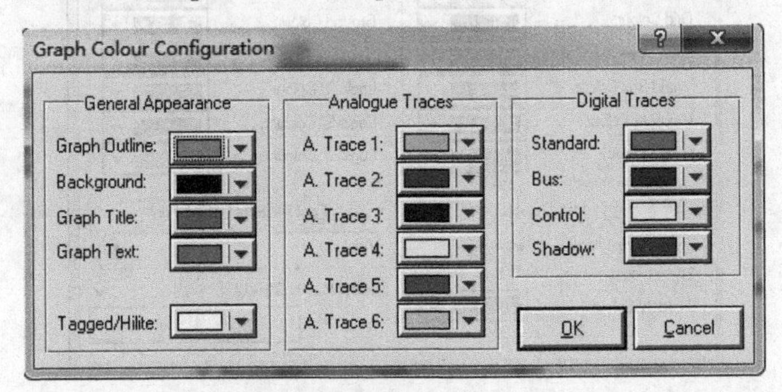

图 2-3　图形颜色设置对话框

（1）General Appearance（一般外观设置）。

- Graph Outline：图形轮廓设置。
- Background：背景颜色设置。
- Graph Title：图形标题背景颜色设置。
- Graph Text：图形坐标轴坐标值的标注色设置。

- Tagged/Hilite：图形中特殊位置或特殊轨迹的颜色设置。

（2）Analogue Traces（模拟路径图形颜色设置）。

- A. Trace 1：第一条轨迹的颜色。
- A. Trace 2：第二条轨迹的颜色。
- A. Trace 3：第三条轨迹的颜色。
- A. Trace 4：第四条轨迹的颜色。
- A. Trace 5：第五条轨迹的颜色。
- A. Trace 6：第六条轨迹的颜色。

当模拟路径超过 6 条时，系统自动开始按照第一条路径颜色排列，默认按照路径加入的顺序进行自动排列。

（3）Digital Traces（数字路径颜色设置）。

- Standard：标准颜色设置。
- Bus：总线颜色设置。
- Control：控制线颜色设置。
- Shadow：阴影线颜色设置。

2.1.3　图形风格设置

设置图形风格，选择 Template→Set Graphics Style 选项，打开如图 2-4 所示的对话框。

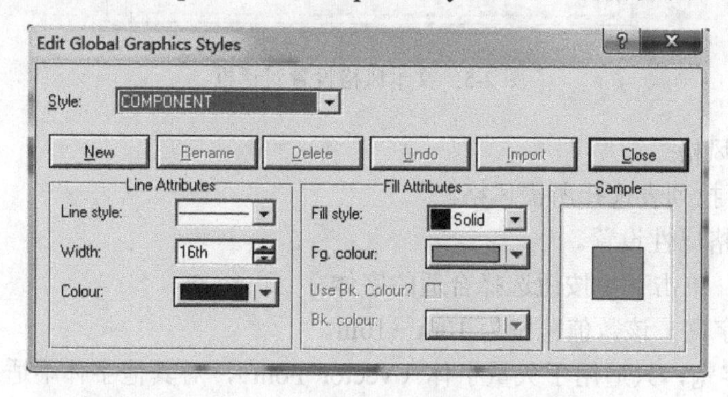

图 2-4　图形风格设置对话框

（1）Style（风格类型选择）。

单击 Style 下拉列表会列出所有的图形风格，选择其中一种风格后，系统会自动更新保存。

（2）Line Attributes（线性属性设置）。

- Line style：可以选择所需线型。
- Width：只有在选择实线线型时才需要设置线宽。
- Colour：修改线框颜色。

（3）Fill Attributes（填充属性设置）。

- Fill style：填充风格类型设置。

- Fg. colour：用于设置填充颜色。
- Use Bk. Colour：是否应用背景色。
- Bk. colour：背景色设置。

（4）Sample（预览窗口）。

显示当前设置的线型和填充风格的效果。

2.1.4 文本风格设置

设置文本，选择 Template→Set Text Style 选项，打开如图 2-5 所示的对话框。

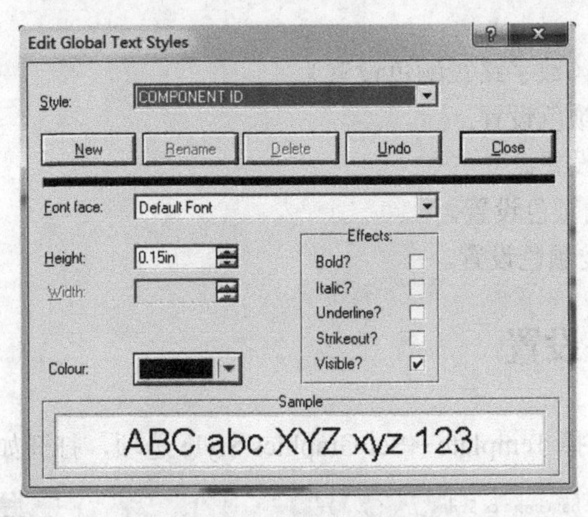

图 2-5 文本风格设置对话框

（1）Style（风格）。

单击 style 下拉列表选择所需风格。

（2）字体风格属性设置。

- Font face：单击下拉按钮选择合适的字体。
- Height：字高，该数值范围为 10th～10in。
- Width：字宽，只适用于矢量字体（Vector Font），对其他字体不适用，该数值范围为 10th～10in。
- Colour：字体颜色设置。
- Effects：设置字体效果，包括 Bold（粗体）、Italic（斜体）、Underline（下画线）、Strikeout（删除线）和 Visible（可见）。
- Sample：预览当前设置效果。

2.1.5 图形文本设置

设置图形文本，选择 Template→Set Graphics Text 选项，打开如图 2-6 所示的对话框。

（1）Font face：字体格式设置。

（2）Text Justification：文本对齐方式。

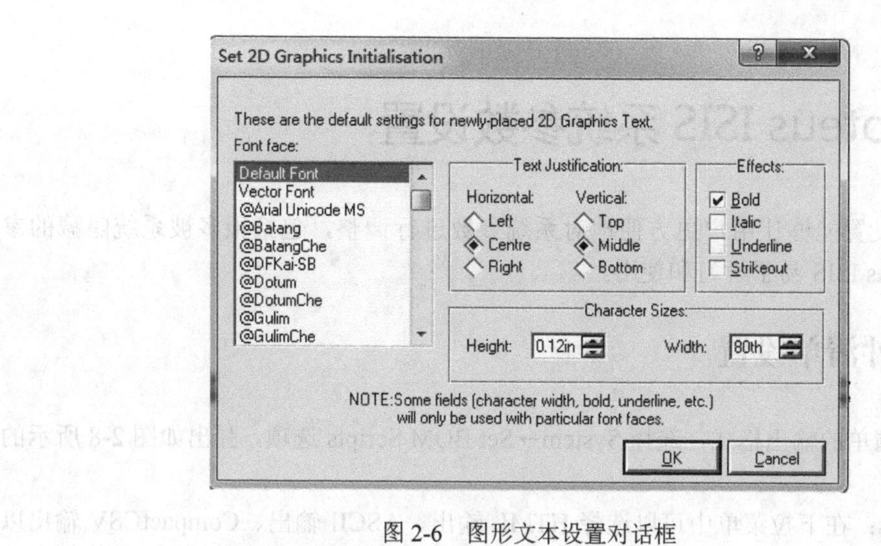

图 2-6　图形文本设置对话框

（3）Effects：设置字体效果。

（4）Character Sizes：设置字体大小，有 Height（高）和 Width（宽）两个参数。

2.1.6　节点属性设置

设置节点，选择 Template→Set Junction Dots 选项，打开如图 2-7 所示的对话框。在节点属性设置中，可以改变节点大小和形状。

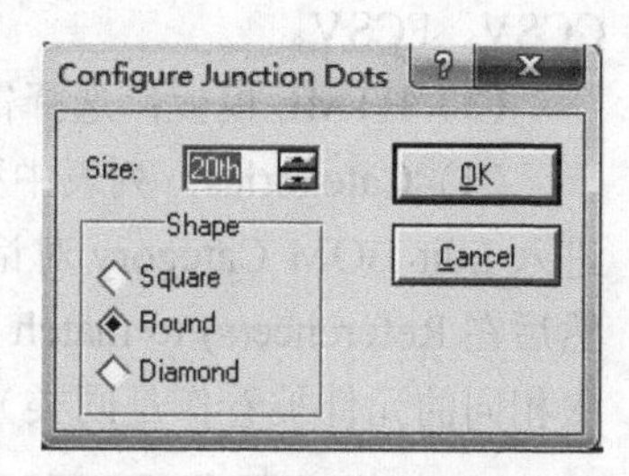

图 2-7　节点属性设置对话框

2.2　Proteus ISIS 编辑环境设置实例

【例 2-1】 修改设计文件的显示颜色

在实际的电路设计过程中，为更好地显示设计风格，需要对文件显示颜色进行修改。此时就可以应用模板菜单中的命令来实现，本实例就是一个修改设计文件相关参数的实例。

操作步骤

（1）新建一个设计文件，命名为 example2.1 并保存。

（2）选择 Template→Set Design Defaults 命令，在弹出的对话框中将 Paper Colour 设置为黑色，Grid Colour 设置为白色，此时可看到图纸变成了黑底白格模板。

（3）在元件选择窗口，选择 AT89C52，然后移动到设计窗口中。单击，可以看到一个阴影随着鼠标移动，再次单击，完成 AT89C52 放置元件的操作。

（4）选择 Template→Set Graphics Style 命令，在弹出的对话框中选择 Style 为 COMPONENT，Fg. colour 选择为绿色，此时可看到步骤（3）中放置的元件 AT89C52 变为绿色。

2.3 Proteus ISIS 系统参数设置

系统参数设置能够让用户更方便地对系统参数进行调整，包括很多被系统隐藏的参数，使得 Proteus ISIS 易于学习和使用。

2.3.1 元件清单设置

设置元件清单的输出格式，选择 System→Set BOM Scripts 选项，弹出如图 2-8 所示的对话框。

（1）Scripts：在下拉菜单中可以选择 HTML 输出、ASCII 输出、CompactCSV 输出以及 FullCSV 输出。

（2）Bill Of Materials Output Format：在输出格式菜单中可以选择 HTML、ASCII、CCSV、FCSV。

（3）HTML 模板：选择需要使用的模板。

（4）Categories：列表中列出的是已有的类，如果需要新加类，单击下方 Add 按钮，进入 Edit BOM Category 对话框，如图 2-9 所示，在 Category Heading 中输入 Subcircult，然后在 Reference(s) to match（匹配参考）中输入前缀 S（每个目录可以设定 4 个前缀，前缀相同的元件被看作是同类）。

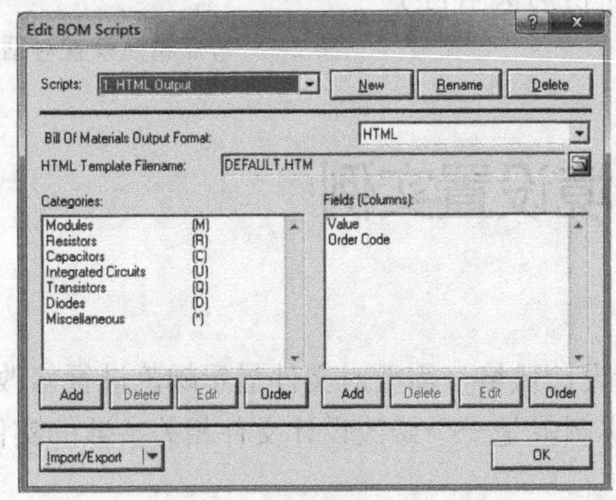

图 2-8　元件清单输出格式设置对话框

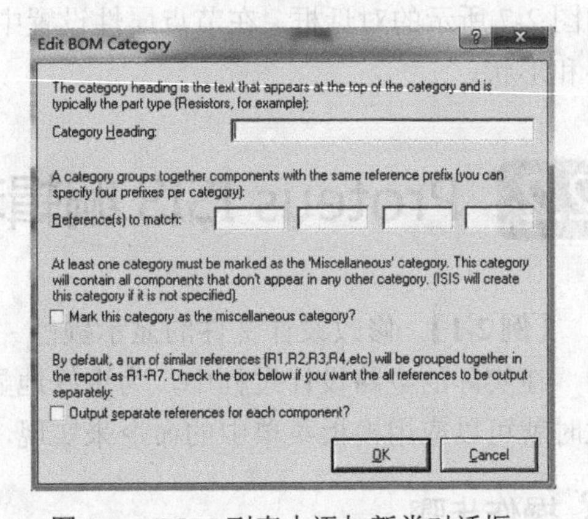

图 2-9　BOM 列表中添加新类对话框

（5）Fields（字段）：单击下方 Add 按钮，进入添加字段对话框，如图 2-10 所示。

- Component Property Name（元件属性名称）：单击 List 按钮会列出当前项目中所有元件的属性。
- Title For Column Heading（列标题）：列名称的输入框。
- Property Validation（属性确认）：在下拉框中可以选择 3 种属性。
- Column Width（In Characters）（列宽（字符数））：定义 ASCII 输出的列宽。
- Prefix/Suffix（前缀/后缀）：可以为元件属性输出设置一个前缀或者后缀。
- Default Field Value（默认字段值）：为未设定属性的元件设定一个属性值。

Edit BOM Field

A field defines a column of values to be output in the BOM report. You need to specify the property name (COST, STOCKCODE, etc.) for the property to be output:

Component Property Name: List

Title For Column Heading:

Property Validation: No Validation

The following field defines the column width for ASCII output (for other formats, the output will be clipped to this value):

Column Width (In Characters): 40

The component property value is output with a a prefix string before it and a suffix string after it. Leave these blank if they are not required:

Prefix (to go in front of value):

Suffix (to go after value):

Apply prefix/suffix to blank (empty) values?

You can specify a default value for where a property value isn't specified in a component:

Default Field Value:

For numeric property values (for example, component cost) you can have the values sub-totalled and totalled:

Output Sub-totals/Totals For This Field?

OK　Cancel

图 2-10　添加字段对话框

2.3.2　显示属性设置

选择 System→Set Display Options 选项，弹出如图 2-11 所示的对话框，可以对显示模式和动画参数进行设置。

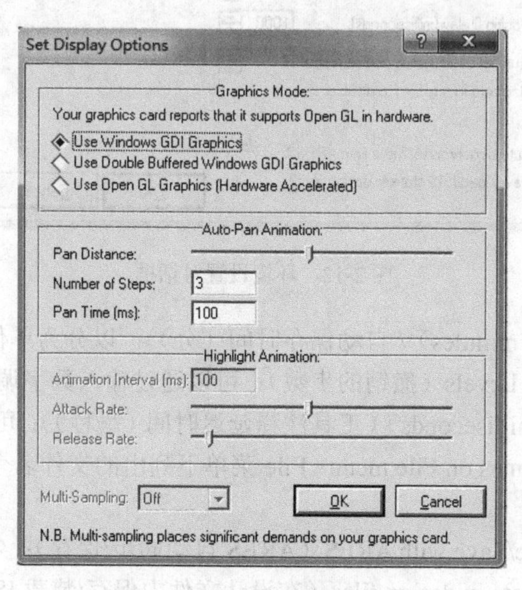

图 2-11　显示属性设置对话框

（1）Graphics Mode（图形模式），主要设置软件显示模式与计算机显卡的兼容模式，包含以下 3 个选择模式：

- Use Windows GDI Graphics：使用 Windows GDI 显卡。
- Use Double Buffered Windows GDI Graphics：使用双缓冲 Windows GDI 显卡。
- Use Open GL Graphics（Hardware Accelerated）：使用 Open GL 显卡，支持硬件加速。

（2）Auto-Pan Animation（自动平移动画），用于设置板卡平移控制参数。

- Pan Distance：设置平移距离。
- Number of Steps：设置平移步长，数值越大，滚动得越平滑。
- Pan Time（ms）：设置平移时间，设置参数为 100～500ms。

（3）Highlight Animation（高亮态动态参数），用于设置当鼠标放在元件上，使元件处于高亮状态时的参数。

- Attack Rate：设置鼠标放到元件上时元件转为高亮状态的速度。
- Release Rate：设置鼠标离开处于高亮状态的元件时高亮状态消失的速度。

（4）Multi-Sampling（采样率设置），3D 图形中物体边缘容易呈现锯齿，而抗锯齿的办法是使画面平滑自然，提高画面质量。抗锯齿采样率参数只适用于 Open GL 图形模式。

2.3.3 环境设置

选择 System→Set Environment 选项，弹出如图 2-12 所示的对话框，可以对环境参数进行设置。

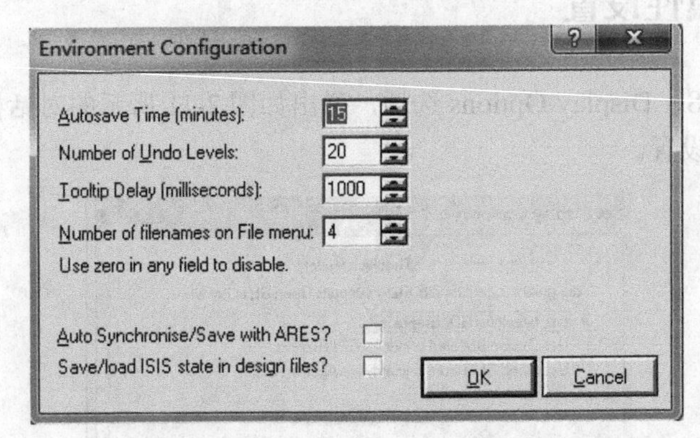

图 2-12 环境设置对话框

- Autosave Time（minutes）（自动保存时间（分））：以分为单位设置。
- Number of Undo Levels（撤销的步数）：可以通过输入数字调节。
- Tooltip Delay（milliseconds）（工具注释延迟时间（毫秒））：可以通过输入数字调节。
- Number of filenames on File menu（File 菜单下列出的文件名个数）：可以通过输入数字调节。
- Auto Synchronise/Save with ARES（ARES 自动同步/保存）：勾选激活，反之解除。
- Save/load ISIS state in design files（在设计文件中保存/装载 ISIS 状态）：勾选激活，反之解除。

2.3.4　快捷键设置

选择 System→Set Keyboard Mapping 选项，弹出如图 2-13 所示的对话框，可以对快捷键进行设置。

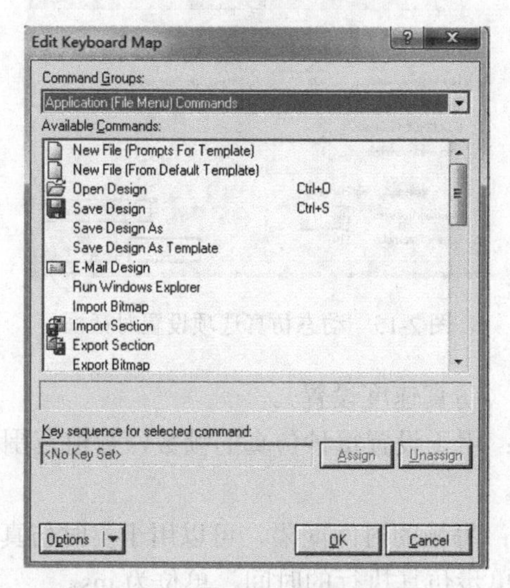

图 2-13　快捷键设置对话框

单击 Command Group（命令组）下拉列表选择不同命令，包括文件命令、工具命令、系统命令等。选择其中一个命令，在下方的 Key sequence for selected command（选中命令的键序列，即快捷键）输入框中，直接在键盘上按下自己需要的快捷键或者快捷键组合，框中会自动显示出来，然后单击 Assign 按钮表示确定。如果选中一个命令后单击 Unassign 按钮，表示取消快捷键。单击 Options 下拉列表，可以恢复系统默认设置，也可以将设置好的快捷键参数保存为 KeymapFiles 类型的文件。

2.3.5　文本编辑设置

选择 System→Set Text Editor 选项，弹出如图 2-14 所示的对话框，主要用于对文本对象进行字体、字形、大小和颜色等属性的设置。

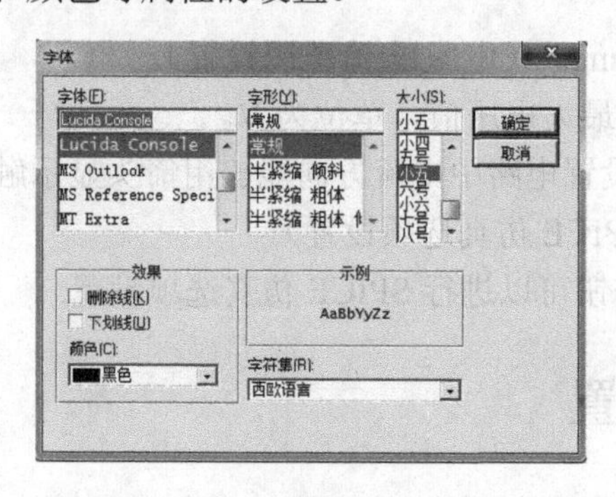

图 2-14　文本编辑设置对话框

2.3.6 动态仿真选项设置

选择 System→Set Animation Options 选项，弹出如图 2-15 所示的对话框。

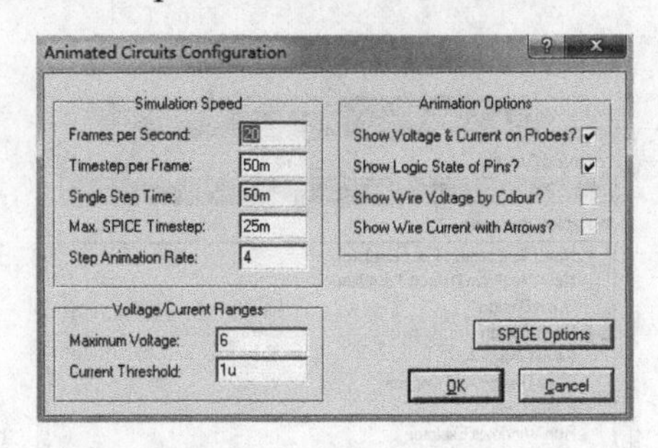

图 2-15 动态仿真选项设置对话框

（1）Simulation Speed（仿真速度设置）。

- Frames per Second：用于设置每秒仿真的帧数，数值范围为 1～50 的正整数，单位是 s，默认值是 20。
- Timestep per Frame：每帧的时间间隔，可以用于实时仿真控制，单位为 ms。
- Single Step Time：单步仿真执行的时间，单位为 ms。
- Max. SPICE Timestep：最大 SPICE 时间步长，单位为 ms。
- Step Animation Rate：单步仿真执行速率，用于设置单步执行时每秒执行几条命令语句，默认值为 4。

（2）Animation Options（动态选项设置）。

- Show Voltage & Current on Probes：是否显示电压和电流探针的值。选中表示显示，反之则不显示。
- Show Logic State of Pins：是否显示引脚上的逻辑状态电平，选中表示用不同颜色显示元件引脚上的电平，主要用于逻辑电路。
- Show Wire Voltage by Color：是否用不同颜色显示导线上的电压，选中表示显示，反之则不显示。
- Show Wire Current with Arrow：是否用箭头表示电流方向，选中表示用箭头显示，反之则不显示。

（3）Voltage/Current Ranges（电压/电流范围设置）。

- Maximum Voltage：最大电压值，单位为 V。
- Current Threshold：设置电路中电流方向能够用箭头显示触发的最小电流，单位为 A。

（4）SPICE Option（SPICE 仿真选项设置）。

单击 SPICE Options 按钮可以进行 SPICE 仿真选项设置。

2.3.7 仿真选项设置

选择 System→Set Simulator Options 选项，弹出如图 2-16 所示的对话框，该对话框中包含 Tolerances（容差）、MOSFET、Iteration（迭代）、Temperature（温度）、Transient（瞬变）和 DSIM 共 6 个选项卡。

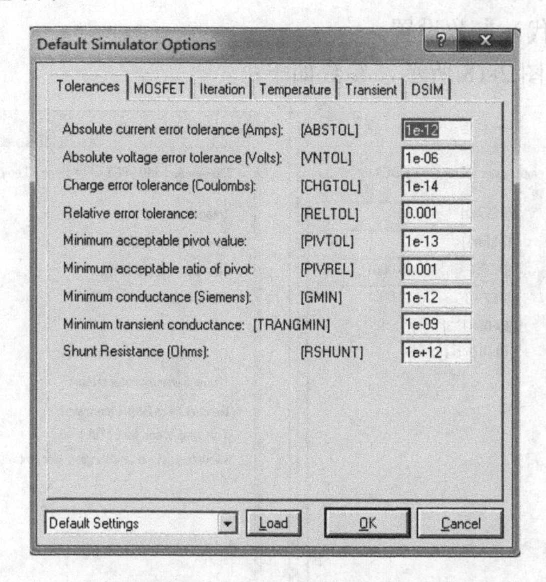

图 2-16　仿真选项设置对话框

（1）Tolerances（容差）参数设置。

Tolerances 选项卡如图 2-16 所示，该项中的参数都是用科学记数法表示的，参数如下：

- Absolute current error tolerance（Amps）[ABSTOL]：绝对电流误差，单位为安（A）。
- Absolute voltage error tolerance（Volts）[VNTOL]：绝对电压误差，单位为伏（V）。
- Charge error tolerance（Coulombs）[CHGTOL]：充电误差，单位为库（C）。
- Relative error tolerance[RELTOL]：相对误差。
- Minimum acceptable pivot value[PIVTOL]：最小中心值。
- Minimum acceptable ratio of pivot[PIVREL]：最小中心比率。
- Minimum conductance（Siemens）[GMIN]：最小电导，单位为西（S）。
- Minimum transient conductance[TRANGMIN]：最小瞬态电导，单位为西（S）。
- Shunt Resistance（Ohms）[RSHUNT]：分流电阻，单位为欧（Ω）。

（2）MOSFET 参数设置。

MOSFET 选项卡如图 2-17 所示，参数如下：

- MOS drain diffusion area（Metres）[DEFAD]：MOS 管漏极扩散面积，单位为平方米（m^2）。
- MOS source diffusion area（Metres）[DEFAS]：MOS 管源极扩散面积，单位为平方米（m^2）。
- MOS channel length（Metres）[DEFL]：MOS 管沟道长度，单位为米（m）。
- MOS channel width（Metres）[DEFW]：MOS 管沟道宽度，单位为米（m）。
- Use older MOS3 model [BADMOS3]：是否使用旧版的 MOS3 模型，通过勾选来确定使用/禁止。

- Use SPICE2 MOSFET limiting[OLDLIMIT]：是否使用 SPICE2 MOSFET 模型，通过勾选来确定使用/禁止。

（3）Iteration（迭代）参数设置。

Iteration 选项卡如图 2-18 所示，参数如下：

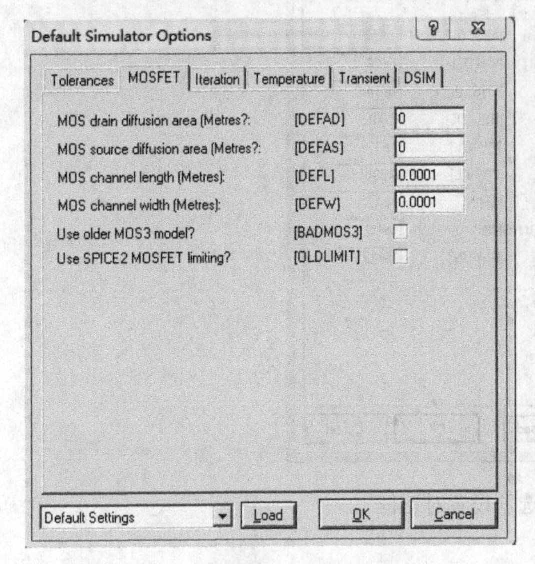

图 2-17　MOSFET 选项卡

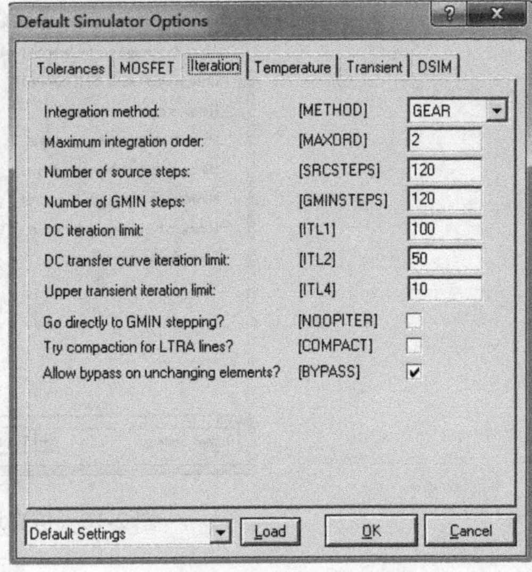

图 2-18　Iteration 选项卡

- Integration method[METHOD]：积分方法，系统提供两种积分方法，即 GEAR 法（齿轮法）和 TRAPEZOIDAL 法（阶梯法）。两者的区别主要是：TRAPEZOIDAL 法主要提供旧版 SPICE 的后向兼容，一般的幂指数小于 2；而 GEAR 法最大的幂指数可以大于 2，可以提供更为精确的时间步长。
- Maximum integration order[MAXORD]：积分幂的最大值。
- Number of source steps[SRCSTEPS]：程序步长数。
- Number of GMIN steps[GMINSTEPS]：GMIN 步长数。
- DC iteration limit[ITL1]：直流积分极限。
- DC transfer curve iteration limit[ITL2]：直流转移曲线极限。
- Upper transient iteration limit[ITL4]：瞬态积分上线。
- Go directly to GMIN stepping[NOOPITER]：是否直接进入 GMIN 步进。
- Try compaction for LTRA lines[COMPACT]：是否尝试压缩 LTRA 线。
- Allow bypass on unchanging elements[BYPASS]：是否允许旁路不可变的元件。

（4）Temperature（温度）参数设置。

Temperature 选项卡如图 2-19 所示，参数如下：

- Operating temperature[TEMP]：运行温度，单位为 ºC。
- Parameter measurement temperature[TNOM]：参数测量温度，单位为℃。

（5）Transient（瞬变）参数设置。

Transient 选项卡如图 2-20 所示，参数如下：

- Number of steps[NUMSTEPS]：步数。
- Truncation error over-estimation factor[TRTOL]：截断误差过高估计因子。
- Mixed Mode Timing Tolerance[ITOL]：混合模式时间容差。
- Minimum Analogue Timestep[TMIN]：最小模拟时间步长。

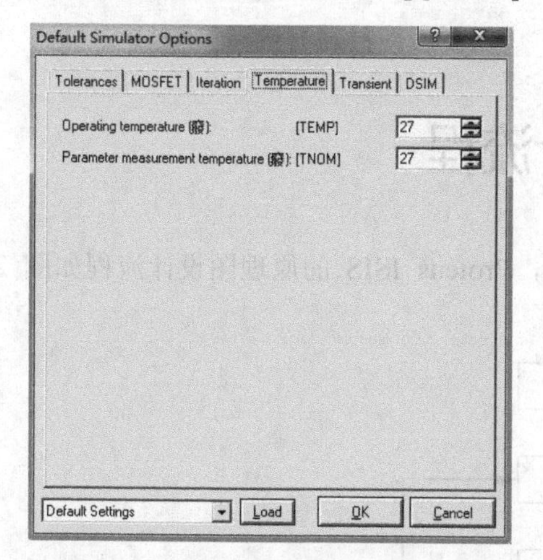

图 2-19　Temperature 选项卡

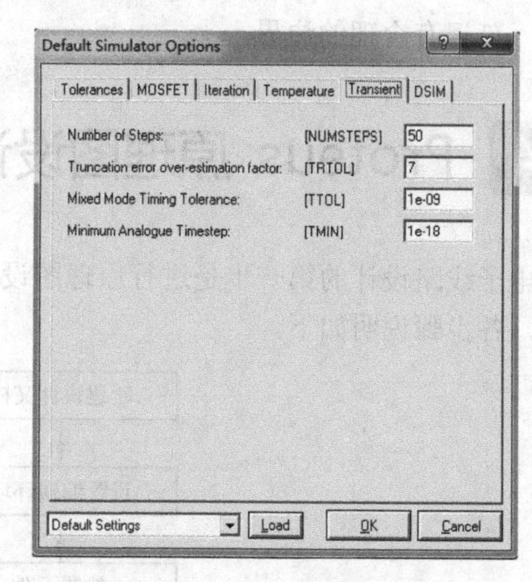

图 2-20　Transient 选项卡

（6）DSIM 参数设置。

DSIM 选项卡如图 2-21 所示，对话框主要包括两部分：Random Initialisation Values（随机初始值）和 Propagation Delay Scaling（传播延迟缩放比例）。

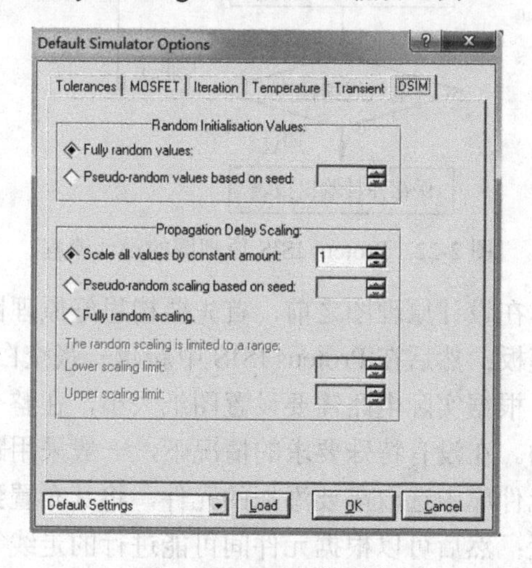

图 2-21　DSIM 选项卡

Random Initialisation Values（随机初始值）参数如下：

- Full random values：完全随机数，默认选项。
- Pseudo-random values based on seed：基于种子的伪随机数，其参数的修改有两种方法，可以直接在文本框中输入数值，也可以单击数值调节按钮。

Propagation Delay Scaling（传播延迟缩放比例）参数如下：

- Scale all values by constant amount：以恒定的量缩放所有的值。
- Pseudo-random scaling based on seed：基于种子的伪随机缩放。
- Fully random scaling：完全随机缩放比例。若选中此项，Lower scaling limit（缩放比例下限）和 Upper scaling limit（缩放比例上限）参数就可以进行设置，以确保随机延迟有合理的边界。

2.4 Proteus 原理图设计流程

电子线路设计的第一步是进行原理图设计，Proteus ISIS 的原理图设计流程如图 2-22 所示，各步骤说明如下。

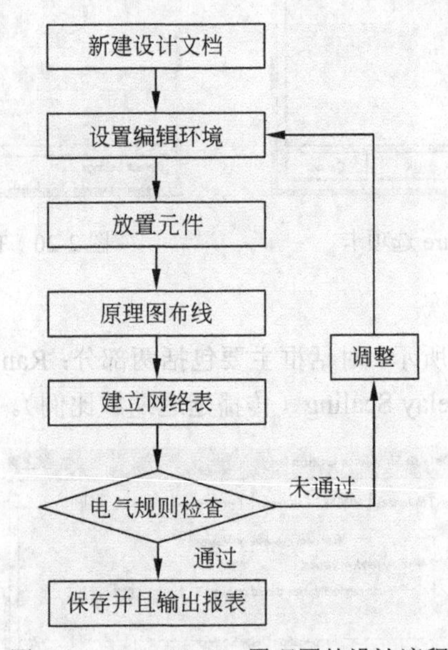

图 2-22　Proteus ISIS 原理图的设计流程

（1）新建设计文档。在设计原理图之前，首先要构思好原理图，要清楚设计的项目需要哪些电路，采用哪种模板；然后在 Proteus ISIS 中新建一张空白图纸。

（2）设置编辑环境。根据实际电路需要设置图纸大小，在整个设计过程中，图纸的大小是可以随时进行调整的。在没有特殊要求的情况下，一般采用默认模板。

（3）放置元件。从元件库中选取需要添加的元件，将其布置到图纸的合适位置，并对元件的相关参数进行设置；然后可以根据元件间可能进行的走线等联系，对元件的位置进行调整和修改，使得原理图美观、易懂。

（4）原理图布线。根据实际电路需要，利用导线、总线和标号等形式连接元件，最终构成一幅完整的电路原理图。

（5）建立网络表。完成以上步骤后，可以看到一张完整的电路图，但要完成电路板的设计，需要生成一个网络表文件。网络表是电路板与电路原理图之间的纽带。

（6）电气规则检查。完成原理图布线后，利用 Proteus ISIS 编辑环境提供的电气规则检查命令对原理图进行检查，根据系统提示错误检查报告对原理图进行修改。

（7）调整。如果原理图通过电气规则检查，那么整个原理图的设计过程就结束了；但对一般电路设计而言，尤其是较大的项目设计，通常需要多次修改，原理图设计才能通过电气规则检查。

（8）保存并且输出报表。Proteus ISIS 提供了多种报表输出格式，如果原理图设计没有问题，可以对设计好的原理图和报表进行存盘和输出打印。

2.5 Proteus ISIS 原理图绘制

前面已经介绍了 Proteus ISIS 编辑环境和系统参数的设置，本节主要讲解在 Proteus ISIS 环境下的原理图绘制。

2.5.1 新建原理图文件

首先进入 Proteus ISIS 编辑环境。选择 File→New Design 选项，在弹出的对话框中选择 DEFAULT 模板，并将新建的设计保存在根目录下，保存文件名为 New Project，如图 2-23 所示。

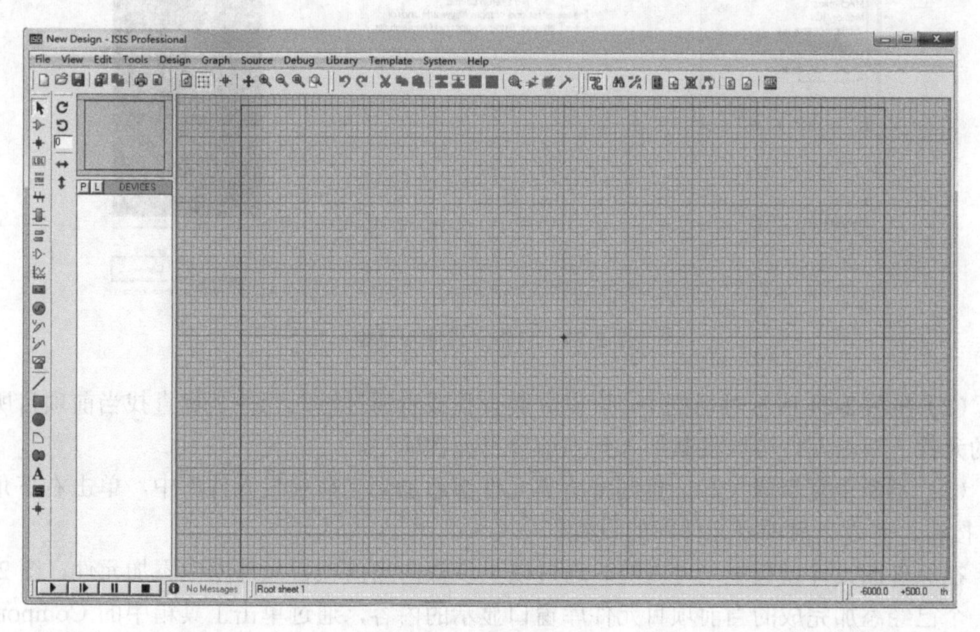

图 2-23　新建设计文档

2.5.2 元件操作

单击 Proteus ISIS 工具箱中的 Component Mode 按钮，即可以进入元件操作模式。在该模式下可以对当前设计中的元件进行操作，包括放置元件、调整元件、替换元件、编辑元件等。

1. 放置元件

Proteus ISIS 的原理图构建的基础是元件，因此，绘制原理图的第一步是放置元件，而对于放置元件而言，第一步则是需要将元件添加到当前项目中。

1）设置当前项目元件库

设置当前项目元件库的步骤如下：

（1）选择 Library→Pick Device/Symbol 选项或者按快捷键 P，可以打开如图 2-24 所示的自带元件库的对话框。

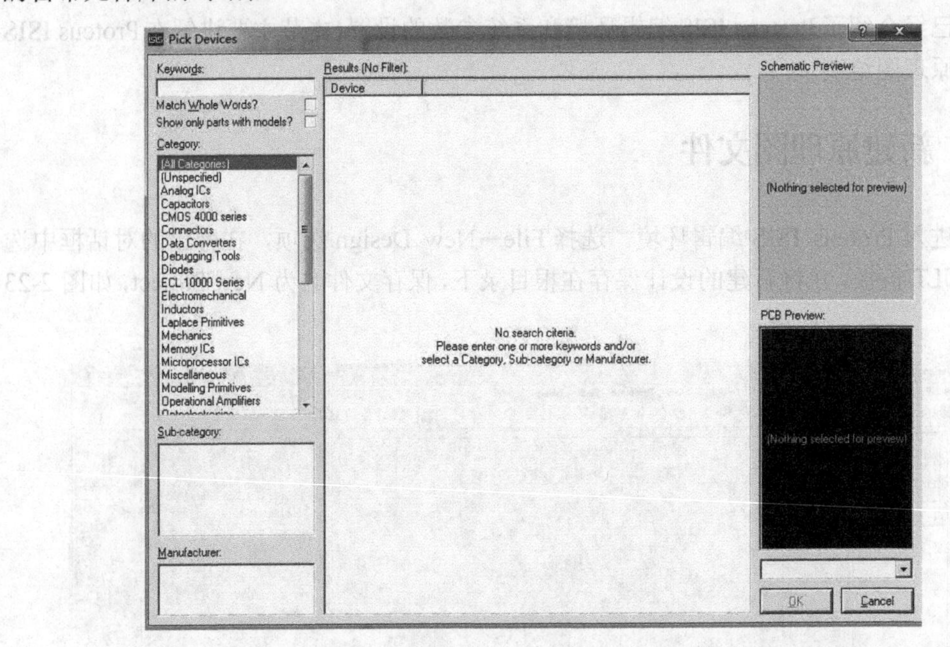

图 2-24　自带元件库对话框

（2）在图 2-24 所示对话框中，可以分类查找或者通过输入元件名称查找当前项目所需要的元件，双击元件可以将其加入到当前项目元件库中。

（3）不断重复步骤（2），直到将所需元件都添加到当前项目元件库中，单击右下角的 OK 按钮，完成当前项目元件库的设置。

在原理图设计过程中，可以随时通过以上步骤向当前项目元件库中添加元件，图 2-25 为一个已经添加完成的当前项目元件库窗口显示的内容，通过单击工具箱中的 Component Mode 按钮可以切换到该窗口，单击元件库中的元件可以显示其缩略图，如图 2-25 所示。

2）放置元件

放置当前项目元件的步骤如下：

（1）在当前项目元件库中选择一个元件。

（2）在当前项目的图纸操作区域中单击，出现该元件的虚影（默认情况下是红色），如图 2-26 所示，此时再单击，元件将被放置到图纸中单击的位置。

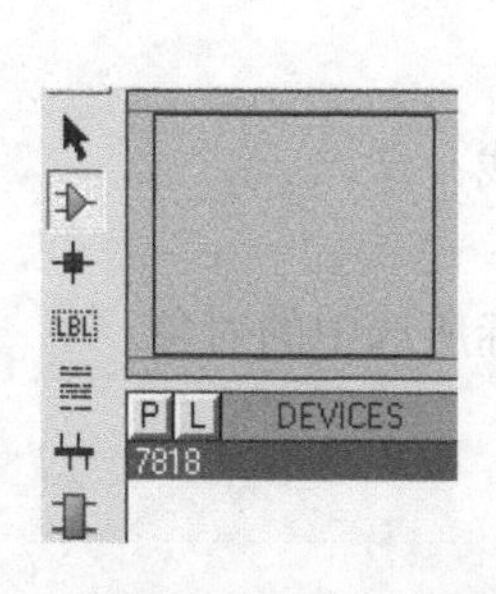

图 2-25　当前项目元件库窗口

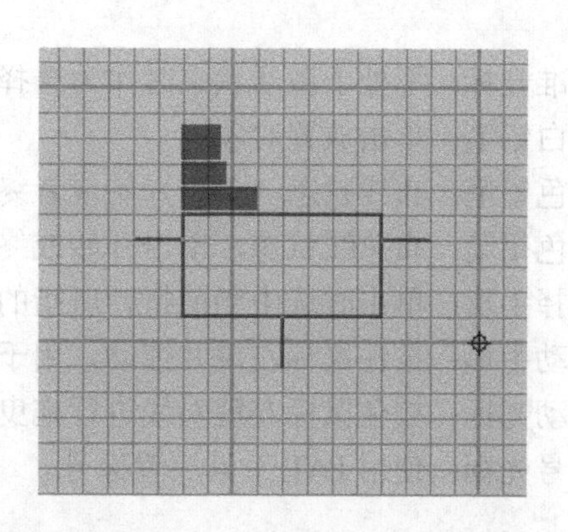

图 2-26　元件放置时的虚影

（3）放置元件后的图纸如图 2-27 所示，根据需要，可以通过鼠标滚轮调整图纸的视图大小或者通过鼠标滚轮按下之后的“提起”平移操作移动该元件的视图位置。

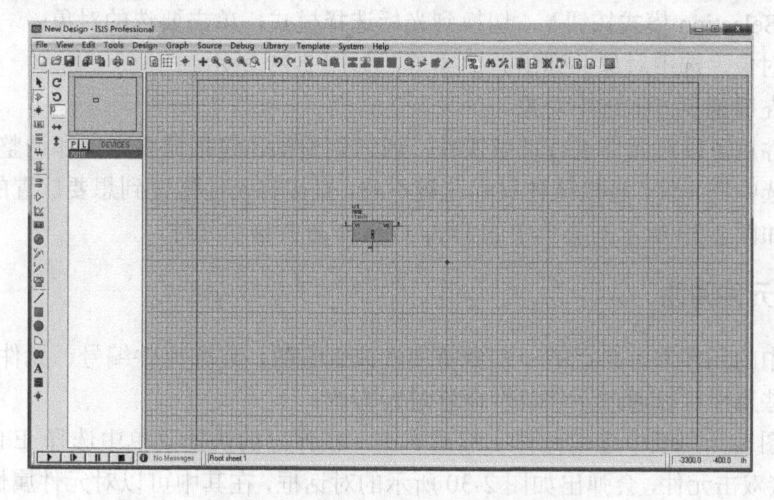

图 2-27　放置元件后当前项目的图纸

2. 元件的光标显示和功能

在 Proteus ISIS 中，当鼠标滑过对象（元件、总线、虚拟仪器）时会被虚线包围，如图 2-28 所示，此时光标形状也会根据其功能发生改变，这些光标形状和对应功能说明如下。

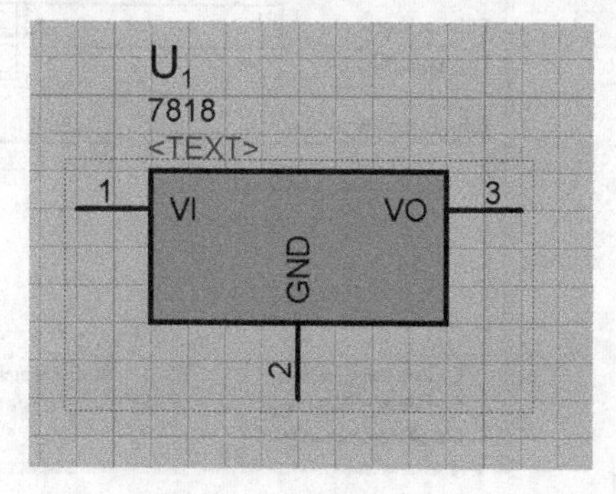

图 2-28　元件的鼠标显示

（1）标准光标：不处于激活状态时作为选择点。

（2）黑白铅笔：单击放置对象。

（3）绿色铅笔：布线状态，单击开始或者终止连线。

（4）蓝色铅笔：布总线状态，单击开始或终止布总线。

（5）选择手形：单击时选中当前指针所指的对象。

（6）移动手形：按住鼠标左键并拖动，用于移动鼠标所选中的对象。

（7）拖动光标：按住鼠标左键对线进行拖曳调整。

（8）标号光标：使用 PAT 工具放置标号。

3. 调整元件

完成元件的放置之后，还需要对元件位置和方向进行一些调整，在调整操作之前要先选中元件，选中对象有以下几种模式：

- 选择 Selection 模式按钮，切换到光标选择模式，单击要选的对象。
- 右击对象，选中对象并弹出右键菜单，如图 2-29 所示。
- 按住左键拖曳方框选中对象。

选中元件后可以对元件进行调整操作，通常调整操作包括调整方向和调整位置两种。如果要移动选中的元件，直接按住鼠标左键不放，直接将元件拖曳到想要放置的位置即可，也可以通过如图 2-29 所示的菜单中的 Drag Object 命令移动元件。

4. 设置元件属性

原理图中的元件都有自己的一些独特属性或者参数，比如元件编号、元件名称、电阻大小等，这些属性可以通过元件属性设置进行修改。

在原理图设计图纸中选中元件，然后右击，在弹出的快捷菜单中选择 Edit Properties 命令，或直接双击元件，会弹出如图 2-30 所示的对话框，在其中可以对元件属性进行编辑。

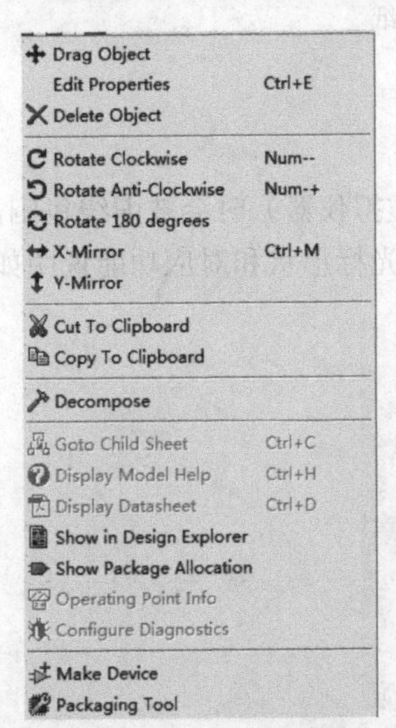

图 2-29 选中元件后的右键菜单

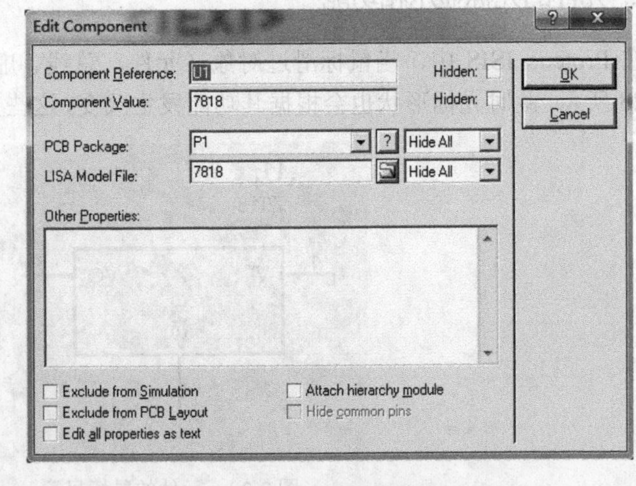

图 2-30 元件属性对话框

（1）元件编号。

在同一个设计电路中，每个元件有且只有一个编号，否则在生成网络报表时会报错。

在设置元件编号时，可以采用以下 3 种方式：开启 Tools 菜单中的实时标注功能，这样在放置一个元件时会自动为其产生一个编号；设计完成后，使用 Tools 菜单下的统一编号命令；打开元件属性设置对话框，修改 Component Reference 选项，为元件编号。

（2）元件标签。

元件标签是在原理图中用于标记该元件的编号和值的字符串，由元件属性 Component Reference 和 Component Value 两项组成。根据需要，有时需要移动元件标签，元件标签和元件的移动方法相同。

5. 替换元件

原理图设计中有时还会设计元件的替换，详细操作步骤如下：

（1）将用于替换当前元件的新元件添加到当前项目的元件库中。

（2）在编辑窗口空白处单击，并移动鼠标指针，使得新元件至少有一个引脚的末端与旧元件的某一引脚重合，然后单击，出现如图 2-31 所示的对话框，单击 OK 按钮，完成替换过程。

图 2-31　替换元件的提示对话框

2.5.3　布线操作

布线操作是指用引线将原理图中元件对应的引脚连接到一起形成电路网络的过程，可以分为普通布线操作、设置连线标签和总线布线操作 3 种。

1. 普通布线操作

在绘制电路过程中可以随时进行布线操作，将鼠标移到需要放置连线的第一个端点上，即可看到鼠标变成绿色铅笔状态，此时单击并且移动鼠标即可画出一条连线（此时铅笔会变成白色），当鼠标带着连线移动到需要放置连线的第二个端点上之后，铅笔图标又会变成绿色，此时单击即可完成画线。

如果不需要将当前正在画线的连线放置到另外一个已经存在的端点上，则可以在任意需要的位置处双击，即可完成连线的绘制。绘制连线完成后，可以通过拖动带连线的元件达到修改连线长度和位置等功能，这就是常说的“橡皮筋”功能。

2. 设置连线标签

单击工具箱中的 Wire Label Mode 按钮，可以进入连线标签操作模式，在该操作模式下可以对当前项目的连线进行标准操作。

与元件标签类似，连线标签同样表明该连线的唯一性。连线标签的具体操作方法如下：

（1）把鼠标指针指向需要放置标签的连线，被选中的连线变成虚线，鼠标指针处出现一个“×”，此时单击，出现 Edit Wire Label 对话框，如图 2-32 所示。

（2）在 Label 选项卡的 String 文本框中输入相应的文本作为连线标签。

（3）在 String 输入框的下方设置标签显示方式，包括显示方向和标签对齐方式。

如果想要删除连线标签，可以右击，在弹出的快捷菜单中选择 Delete Label 命令。

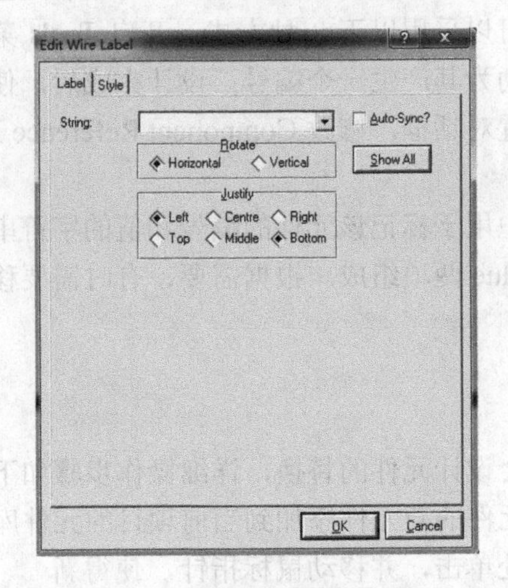

图 2-32　连线标签属性对话框

3. 总线布线操作

单击工具箱中的 Buses Mode 按钮，可以进入总线操作模式，可以进行总线和总线分支的放置和调整等操作。

总线设计的详细步骤如下：

（1）进入总线操作模式，鼠标的光标会变成加粗模式。

（2）在需要绘制总线起始位置处单击。

（3）在总线路径拐点处单击。

（4）在总线终点位置单击，然后右击，可以结束总线放置。

（5）放置总线分支，总线分支代表总线和普通连线的连接部分，如图 2-33 所示，其实质上就是普通连线，只是通常将其画成 45° 角的相互平行的斜线，这样使得电路图显得更加美观、易懂。

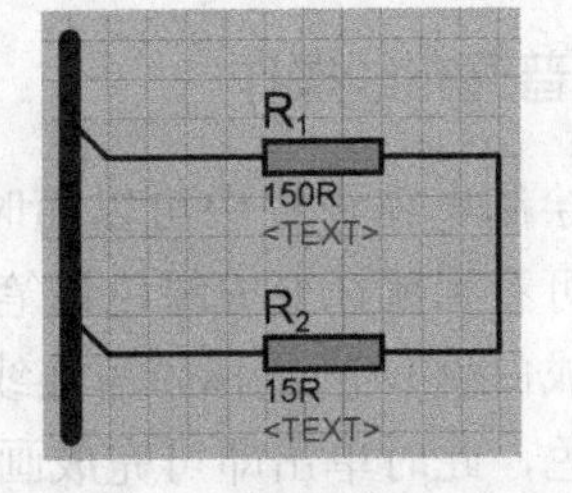

图 2-33　使用总线和总线分支连接电阻示意图

（6）放置总线标签，实质上总线标签也是连线标签，因此放置总线标签的方式和连线标签相同，此处不再赘述。

2.5.4　节点操作

节点是指两条或者多条电路线的交叉互连点，如图 2-34 所示。单击工具箱中的 Junction Dot Mode 按钮，可以进入节点操作模式。

关于节点的具体操作方法如下所示。

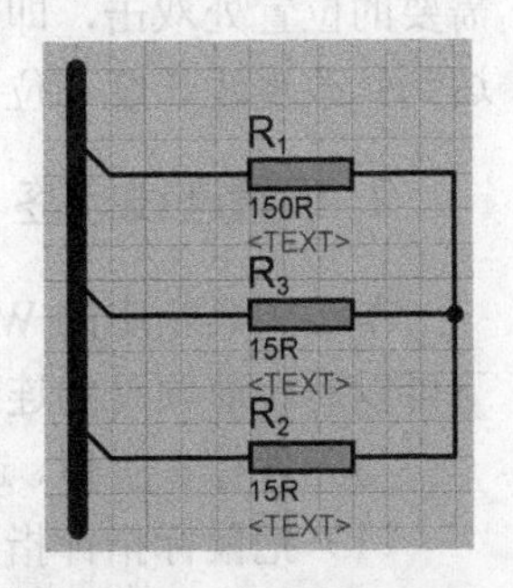

图 2-34　节点示意图

- 手动放置节点：在节点操作模式下，在编辑窗口需要放置节点的位置双击，即可放置节点。
- 自动放置节点：当从已经存在的电线上引出另外一条时，将会自动放置节点。
- 自动删除节点：当一条线或多条线被删除时，Proteus ISIS 会自动检测留下的节点处是否有连接的线，如果没有连接线，则会自动删除节点。

2.5.5　原理图设计的其他模式

前面已经介绍了 Component Mode、Wire Label Mode、Buses Mode 和 Junction Dot Mode，本节继续学习其他与原理图绘制有关的模式，即选择模式、子电路设计模式、终端设计模式和引脚设计模式。
- 选择模式。该模式主要用于选择元件，系统默认为选择模式。
- 子电路设计模式。在该模式下允许将一个复杂的电路作为当前设计电路的一个子模块存在，从而可以使得复杂电路设计实现模块化。
- 终端设计模式。在该模式下可以进行诸如总线接口、电源端口和地等终端设计，在 Proteus ISIS 中终端是指整个电路的输入输出接口。
- 引脚设计模式。在该模式下可以选择各种需要的引脚并且使用其进行相应设计，包括 DEFAULT、INVERT、POSCLK、SHORT、BUS 等。

2.5.6　二维图形设计模式

除了常用电路的相关设计外，Proteus ISIS 还在原理图设计中提供了一些二维图形设计模式，在这些设计模式下可以设计 Proteus ISIS 自带库中没有的模型（包括元件）。这些设计模式包括 Line Mode（画线模式）、Box Mode（矩形设计模式）、Circle Mode（圆形设计模式）、Arc Mode（圆弧设计模式）、Closed Path Mode（封闭区域设计模式）、Text Mode（文本编辑模式）、Symbols Mode（符号编辑模式）、Market Mode（标记模式）。

1. 画线模式

单击 Proteus ISIS 工具箱中的 2D Graphics Line Mode 按钮，可以进入画线模式。图 2-35 是画线模式下选中 COMPONENT 后的当前元件窗口和图纸预览窗口。

在画线模式下能够绘制各种二维线条，其详细操作步骤如下。

（1）进入画线模式。

（2）在画线模式下的选择窗口中选择画线的类型。

（3）在图纸上希望画线的开始位置处单击作为线的开始，将光标移动到希望结束的位置处单击结束画线。

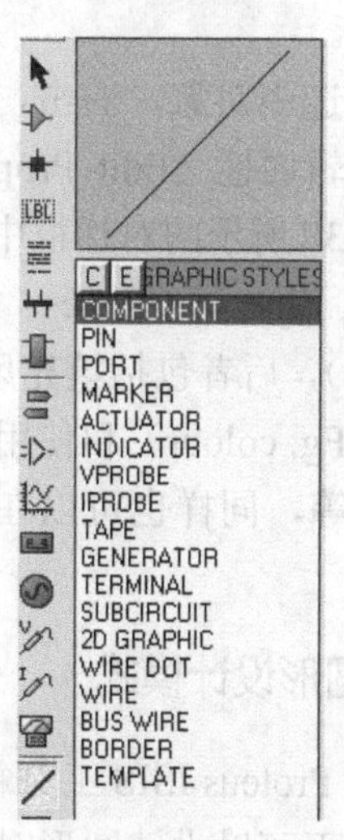

图 2-35　画线模式下选中 COMPONENT 后的当前元件窗口和图纸预览窗口

（4）选中线条，然后右击，在弹出的快捷菜单中选择编辑属性（Edit Properties）命令，在弹出的对话框中可以设置线条属性，如图 2-36 所示，包括线型（Line Style）、线宽（Width）、颜色（Color）等，并且在右侧看到预览图像。

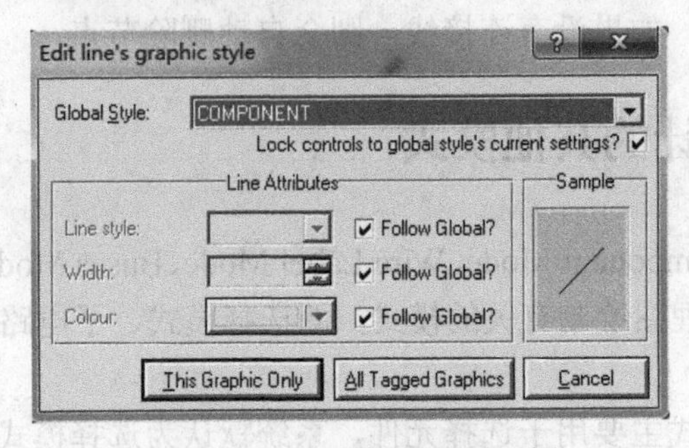

图 2-36　线条属性设置对话框

2. 矩形设计模式

单击 Proteus ISIS 工具箱中的 2D Graphics Box Mode 按钮■，可以进入矩形设计模式，在该模式下可以设计矩形或者正方形的块状对象。图 2-37 是矩形设计模式下选中 COMPONENT 后的当前元件窗口和图纸预览窗口。

与画线模式类似，选择窗体中提供了多种预置的种类供用户选择，其种类和线条完全相同。绘制矩形的详细操作步骤如下。

（1）进入矩形设计模式。

（2）选择需要设计的矩形对象的类型。

（3）在图纸中期望放置对象的位置处单击确定矩形对象的起始顶点，然后移动鼠标以确定对象的另外一个对角线顶点的位置，单击以完成放置。

（4）选中对象，右击，在弹出的快捷菜单中选择编辑属性（Edit Properties）命令，可以在如图 2-38 所示的对话框中设置对象的外部线条属性（Line Attributes）和填充属性（Fill Attributes），后者包括填充风格（Fill style）、填充颜色（Fg. colour）和使用背景颜色（Use Bk. Colour）等，同样也可以在右侧看到设置的图形预览。

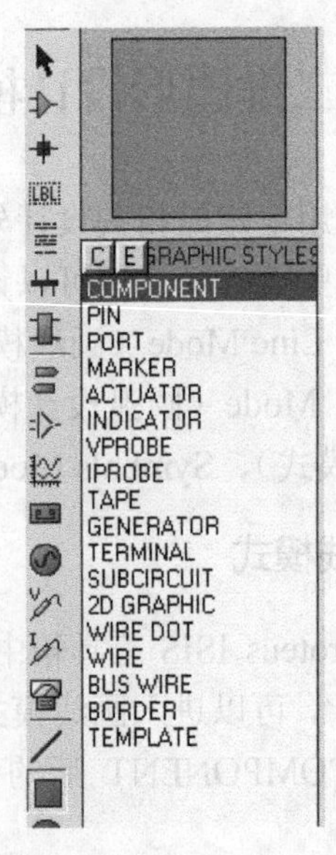

图 2-37　矩形设计模式下选中 COMPONENT 后的当前元件窗口和图纸预览窗口

3. 圆形设计模式

单击 Proteus ISIS 工具箱中的 2D Graphics Circle Mode 按钮●，可以进入圆形设计模式，在该模式下可以设计圆形对象。图 2-39 是圆形设计模式下选中 COMMPONENT 后的当前元件窗口和图纸预览窗口。

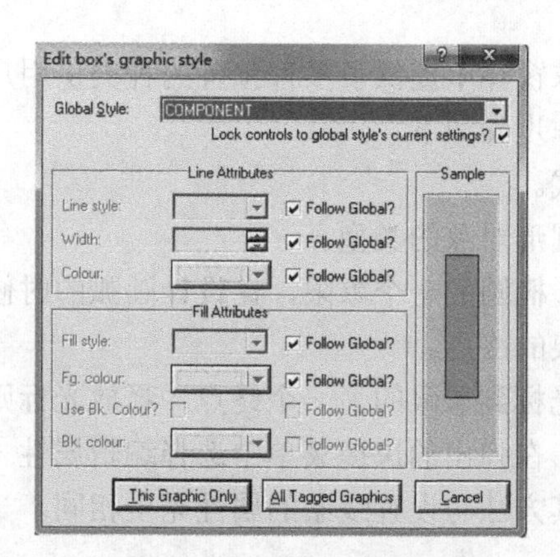

图 2-38　矩形属性设置对话框

和矩形设计模式类似，在对象窗体中提供了多种预置的种类供用户选择，其种类和线条完全相同。绘制圆形的详细操作步骤如下。

（1）进入圆形设计模式。

（2）选择需要设计的圆形对象的类型。

（3）在图纸中期望放置对象的位置处单击确定圆形对象的圆心位置，然后移动鼠标到圆形的圆周任何位置处单击完成设置。

（4）选中对象，右击，在弹出的快捷菜单中选择编辑属性（Edit Properties）命令，可以设置圆形对象的属性，其方法和绘制矩形对象完全相同，参考图 2-38。

4. 圆弧设计模式

单击 Proteus ISIS 工具箱中的 2D Graphics Arc Mode 按钮，可以进入圆弧设计模式，在该模式下可以设计各种圆弧曲线。图 2-40 是圆弧设计模式下选中 COMPONENT 下的当前元件窗口和图纸预览窗口。

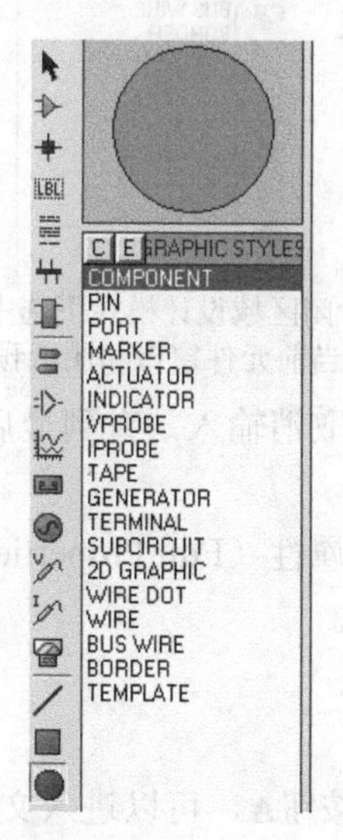

图 2-39　圆形设计模式下选中 COMPONENT 后的当前元件窗口和图纸预览窗口

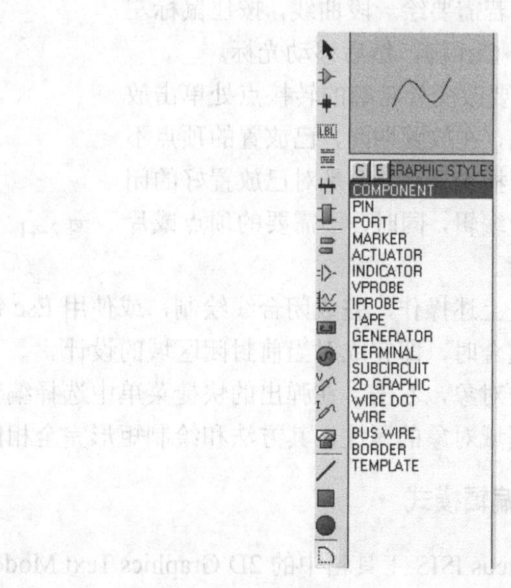

图 2-40　圆弧设计模式下选中 COMPONENT 后的当前元件窗口和图纸预览窗口

和画线模式类似，对象窗体中提供了多种预置的种类供用户选择，其种类和线条完全相同，绘制圆弧的详细操作步骤如下。

（1）进入圆弧设计模式。

（2）选择需要设计的圆形对象的类型。

（3）圆弧始终位于某一椭圆的一个象限，在设计圆弧的时候必须先定义这一象限，并且在图纸上单击以确定象限的终点。

（4）沿着该象限拖动光标到象限的另一个终点，释放光标则会得到对应的圆弧。

（5）选中对象，右击，在弹出的快捷菜单中选择编辑属性（Edit Properties）命令，可以设置圆弧对象的属性，其方法与设置线条的属性完全相同。

5. 封闭区域设计模式

单击 Proteus ISIS 工具箱中的 2D Graphics Closed Path Mode 按钮，可以进入封闭区域设计模式，在该模式下可以自由地在图纸上设计各种外轮廓的封闭区间（包括前面介绍过的正方形、矩形、圆形等）。图 2-41 是封闭区域设计模式下选中 INDICATOR 后的当前元件窗口和图纸预览窗口。

在 Proteus ISIS 中设计一个封闭区域空间的详细步骤如下。

（1）进入封闭区域设计模式。

（2）选择需要设计的封闭区域对象的类型。

（3）在图纸上希望放置闭合线的区域的外轮廓某点位置处单击，放置一个顶点。

（4）接下来若需要绘一段直线，则只需移动光标即可；若需要绘一段曲线，按住鼠标左键，同时按下 Ctrl 键，然后移动光标。

（5）在需要改变外轮廓的转接点处单击放置下一个顶点，在放置期间，已放置的顶点不可删除或进行撤销操作。但是对已放置好的闭合线可以进行编辑，同时，不需要的顶点或片段也可以删除。

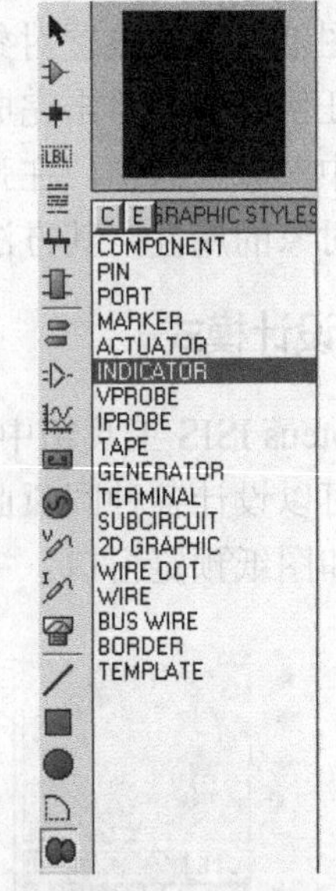

图 2-41 封闭区域设计模式下选中 INDICATOR 后的当前元件窗口和图纸预览窗口

（6）重复上述操作，完成闭合线绘制，或使用 Esc 键取消输入，直到最后一个顶点和第一个顶点重合时，即完成对当前封闭区域的设计。

（7）选中对象，右击，在弹出的快捷菜单中选择编辑属性（Edit Properties）命令，可以设置封闭区域对象的属性，其方法和绘制矩形完全相同。

6. 文本编辑模式

单击 Proteus ISIS 工具箱中的 2D Graphics Text Mode 按钮**A**，可以进入文本编辑模式，在该模式下可以在图纸上放置各种样式的文字内容。图 2-42 是文本编辑模式下选中 TAPE 后的当前元件窗口和图纸预览窗口。

在 Proteus ISIS 的文本编辑模式下，添加一段文本的详细操作步骤如下：

（1）进入文本编辑模式。

（2）选择需要输入的文本的类型。

（3）在图纸上单击，出现如图 2-43 所示的对话窗体，在 String 输入框内输入希望显示在图纸上的内容，然后修改这些文字的对齐方式（Justification）、字体（Font face）、字体大小（Height）、显示风格（Bold、Italic 等），此时可以在对话框的下方看到修改的效果。

（4）单击 OK 按钮在图纸上放置文字，此时可以选中这些文字之后使用右键菜单中的对应操作对该文字块做移动、旋转、镜像翻转等操作。

二维图形设计中的文本编辑模式适合输入较为简单的文本信息，其对文字字体、颜色等属性的设置更为简便，而在文本编辑操作模式下更适合输入复杂的文本信息。

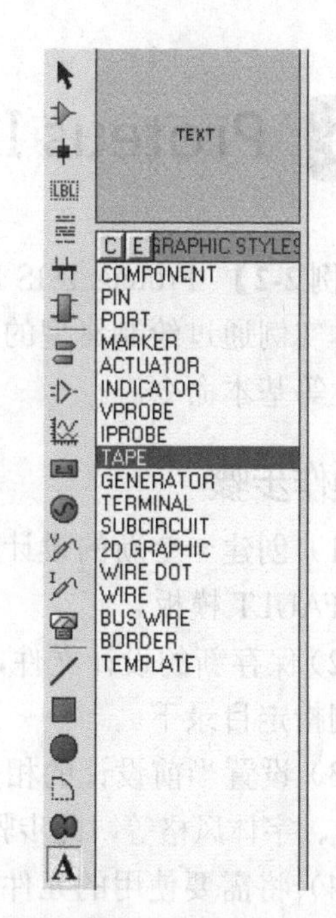

图 2-42　文本编辑模式下选中 TAPE 后的当前元件窗口和图纸预览窗口

7. 符号设计模式

单击 Proteus ISIS 工具箱中的 2D Graphics Symbols Mode 按钮，可以进入符号设计模式，该模式的说明将在第 6 章中进行详细介绍。

8. 标记设计模式

单击 Proteus ISIS 工具箱中的 2D Graphics Market Mode 按钮，可以进入标记设计模式，在该模式下可以在当前设计中做标记，或在设计元件时做符号使用。图 2-44 是标记设计模式下选中 ORIGIN 后的当前元件窗口和图纸预览窗口。

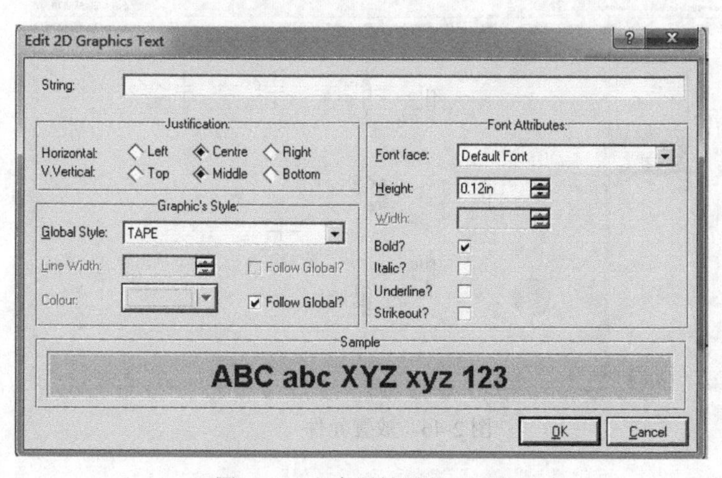

图 2-43　文本属性设置对话框

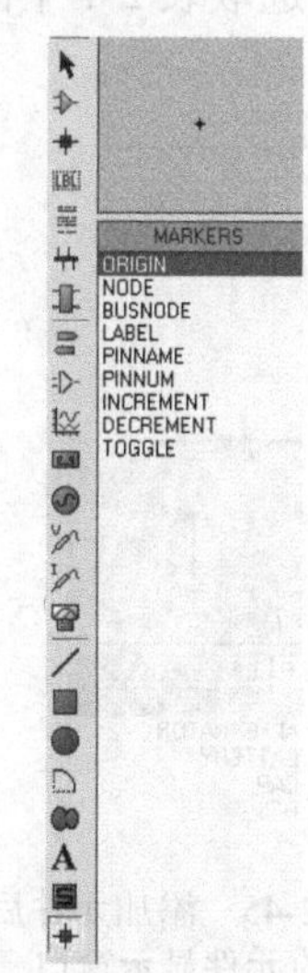

图 2-44　标记设计模式下选中 ORIGIN 后的当前元件窗口和图纸预览窗口

2.6 Proteus ISIS 原理图设计实例

【例 2-2】 Proteus ISIS 原理图设计

本实例通过绘制典型的共发射极放大电路，熟悉元件的选取、放置、导线的连接、编辑属性等基本命令。

操作步骤

（1）创建一个新的设计文件，选择 File→New Design 命令，然后在弹出的对话框中选择 DEFAULT 模板。

（2）保存新的设计文件，选择 File→Save Design 命令，将文件命名为 example3-1.DSN，保存到指定目录下。

（3）设置当前设计的相关参数，对工作环境进行设置，通常需要设置的有图纸大小、显示颜色、字体风格等，此步骤根据个人工作习惯进行设置即可。

（4）将需要使用的元件添加到本设计中，在元件选择窗口中单击P按钮，选择元件，本实例使用的元件列表如表 2-1 所示，添加之后的当前元件列表如图 2-45 所示。

表 2-1 共发射极放大电路元件

元件名称	所属类	所属子类
2SC2547	Transistors	NPN Transistors
CAP	Capacitors	Generic
RES	Resistors	Generic
BATTERY	Miscellaneous	
ALTERNATOR	Simulator Primitives	Sources

（5）选取表 2-1 中的所有元件后，按照图 2-46 放置好元件，然后将需要连线的元件连接好。

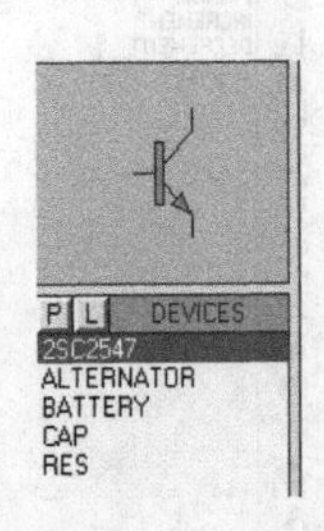

图 2-45 添加元件后的元件显示窗口

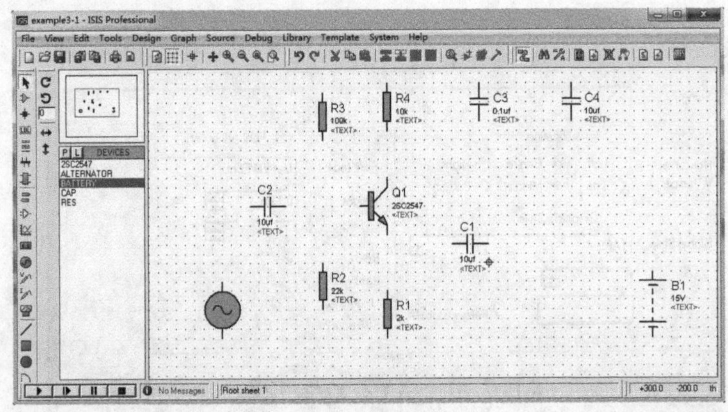

图 2-46 放置元件

（6）单击工具箱中的端口模式按钮，选择 GROUND（地端口），放置好后，进行连接，使得电路完整，如图 2-47 所示。

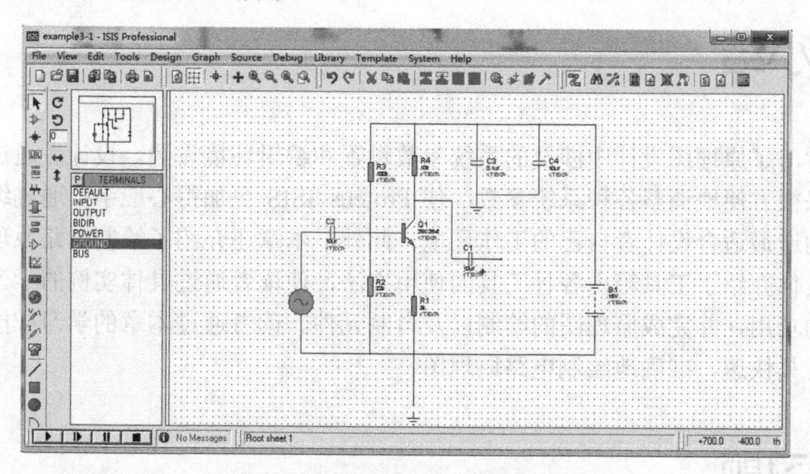

图 2-47　接地端口选择及连线操作

（7）双击需要编辑的元件，打开其属性修改对话框，对其进行数值修改，典型共发射极放大电路元件数值如表 2-2 所示，修改元件属性后，整个电路图就完成了。

表 2-2　典型共发射极放大电路元件数值

元 件 名	元 件 数 值	元 件 名	元 件 数 值
R_1	2000Ω	R_2	22kΩ
R_3	100kΩ	R_4	10kΩ
C_1	10μF	C_2	10μF
C_3	0.1μF	C_4	10μF
B_1	15V	VIN	0.1V　1000Hz

（8）进行电气规则检查，为检查电路设计的错误，完成绘制后，需要对其进行电气规则检查，选择 Tools→Electrical Rules Check 命令，自动对当前设计电路进行电气规则检查，并生成报告，如图 2-48 所示。

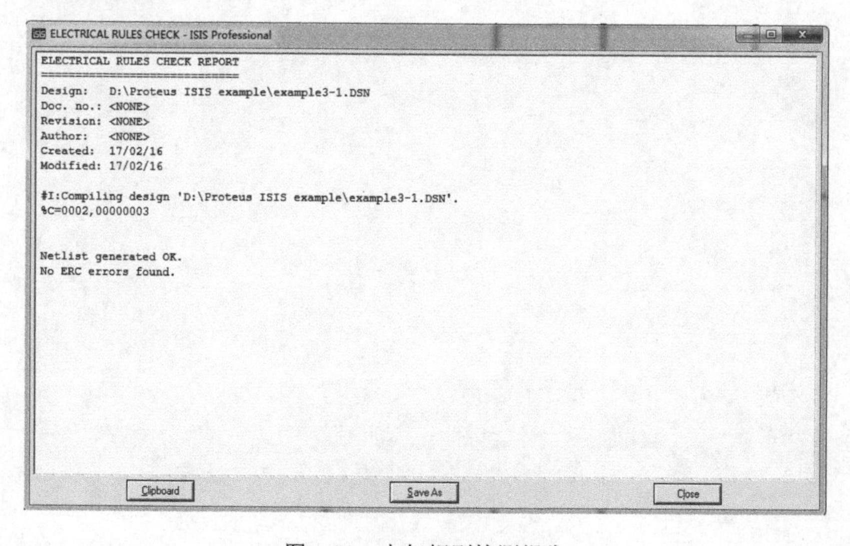

图 2-48　电气规则检测报告

2.7 小结

本章学习了原理图设计中涉及的系统参数设置和编辑环境设置。设计者通过系统参数的设置可以很方便地调整各种系统参数，使 Proteus ISIS 更加得心应手；通过编辑环境的设置可以构造最适合设计者自己的工作环境。此外，本章还介绍了绘制电路原理图的具体流程，并具体介绍了工具箱内各种工具的使用方法，使读者通过具体实例的学习了解和掌握工具箱的功用，并完成原理图的绘制以及自制元件。读者通过本章的学习应能够熟练地使用相关工具快速、准确地绘制电路原理图。

2.8 习题

（1）在 Proteus ISIS 中设置图纸尺寸并对图纸进行缩放。

（2）在 Proteus ISIS 中选取并放置一个运放 741 和两个电阻。

（3）对例 2-2 中放置的元件标签进行编辑。

（4）在 Proteus ISIS 中将两个 AT89C52 单片机的 P0 和 P2 引脚使用总线连接到一起。

（5）在 Proteus 的圆弧设计模式下绘制一段完整的正弦波。

第 3 章 Proteus ISIS 电路仿真

Proteus ISIS 电路仿真是指利用其提供的库元件及相应的数据模型，通过计算和分析表示当前设计电路工作状态的一种手段。通过仿真能使电路原理图像实物一样“运行”起来，可以提前验证设计思路是否合理，元件及参数选择是否正确，流程及程序设计是否可靠。本章将对 Proteus ISIS 电路仿真进行详细介绍。

3.1 电路仿真基础

Proteus ISIS 电路仿真包括两种不同的仿真方式：交互式仿真和基于图表的仿真。两种仿真方式详细说明如下：

- 交互式仿真：又称为实时仿真，用来检验用户设计的电路是否能够正常工作。交互式仿真利用 Proteus ISIS 提供的虚拟仪器实时监控仿真电路状态变化，可以实时直观地反映当前电路运行状态。
- 基于图表的仿真：又称为非实时仿真，用来研究电路的工作状态及进行细节测量。基于图表的仿真是一个将电路仿真过程和结果观测分开的过程，仿真结果被输出到 Proteus ISIS 提供的图表工具中，可以在仿真完成之后进行分析。

电路仿真工具包括虚拟仪器、探针、激励源、图表等，其详细说明如下：

- 虚拟仪器（Virtual Instruments）：是实际电路仪器的软件虚拟化版本，可以用于观测电路的运行状况，包括示波器、逻辑分析仪等。
- 探针（Probe）：用于记录所连接网络的状态。Proteus ISIS 提供了电压探针（Voltage Probe）和电流探针（Current Probe）两种探针工具，置于电路中可以用于采集和测量放置点电压或者电流信号。
- 激励源（Generator）：Proteus ISIS 提供了多种形式的激励源，在激励源模式下，用户可以在元件选择窗口中进行设置。此类元件属于有源元件，可以在 Active 库中找到。
- 图表（Graph）：图表分析可以对仿真结果进行直观的分析。更为重要的是，图表分析能够在仿真过程中放大一些需要特别观察的部分，进行一些细节上的分析。此外，当在实时中难以作出分析时，图表分析也是唯一的方法。

通过单击工具栏上对应的按钮，可以进入相应的仿真工具操作模式，这些按钮如图 3-1 所示。

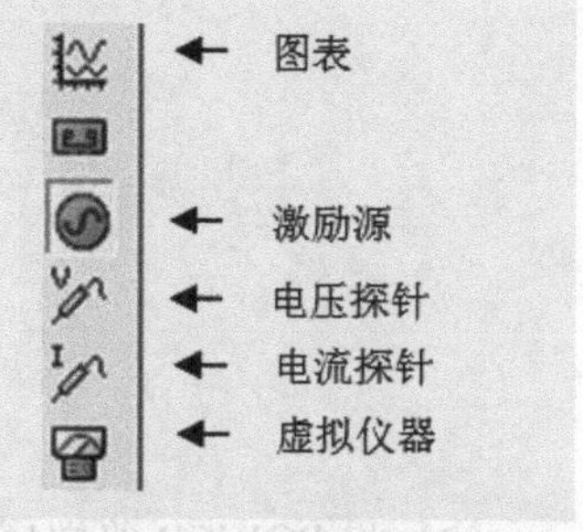

图 3-1 电路仿真工具按钮

3.2 交互式仿真

交互式仿真包括电路图设计、仿真工具设置、运行和观察电路状态等，其详细步骤如下：

（1）绘制需要仿真的电路原理图，与第 2 章介绍的原理图绘制方法相同，不再重复。

（2）设置电路的相应参数，包括输入激励源等。

（3）对电路进行电气规则检查。

（4）在需要测量的节点上放置对应仿真检测工具，如示波器等。

（5）运行仿真，通过相应的检测工具观测电路的运行状态并修改电路中的输入以观测电路输出变化。

【例 3-1】 Proteus ISIS 的交互式仿真

本实例以一个差分比例运算放大器为例进行交互式仿真。

操作步骤

（1）基础电路图绘制参考第 2 章的例 2-2，如图 3-2 所示，包括 1 个运算放大器 741、4 个电阻、2 个 POWER 终端和 1 个 GROUND 终端。

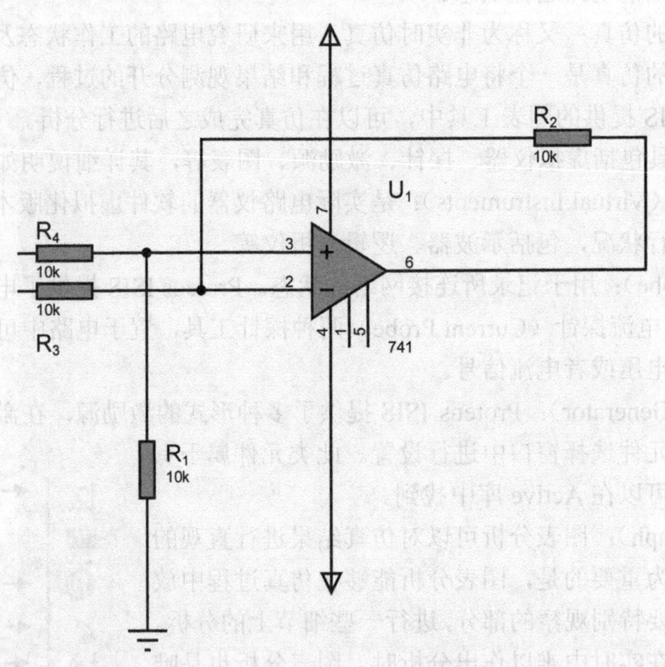

图 3-2　交互式仿真实例原理图

（2）将 POWER 终端属性分别设置为+12V 和−12V，4 个电阻值修改为 10kΩ。

（3）单击工具箱中的激励源按钮，然后选择 DC 源，如图 3-3 所示，在电阻 R_3 和 R_4 的输入端分别放置两个 DC 输入源。

（4）单击工具箱中的电压探针按钮，在 741 的输出端放一个电压探针，放置输入源和探针后的电路如图 3-3 所示。

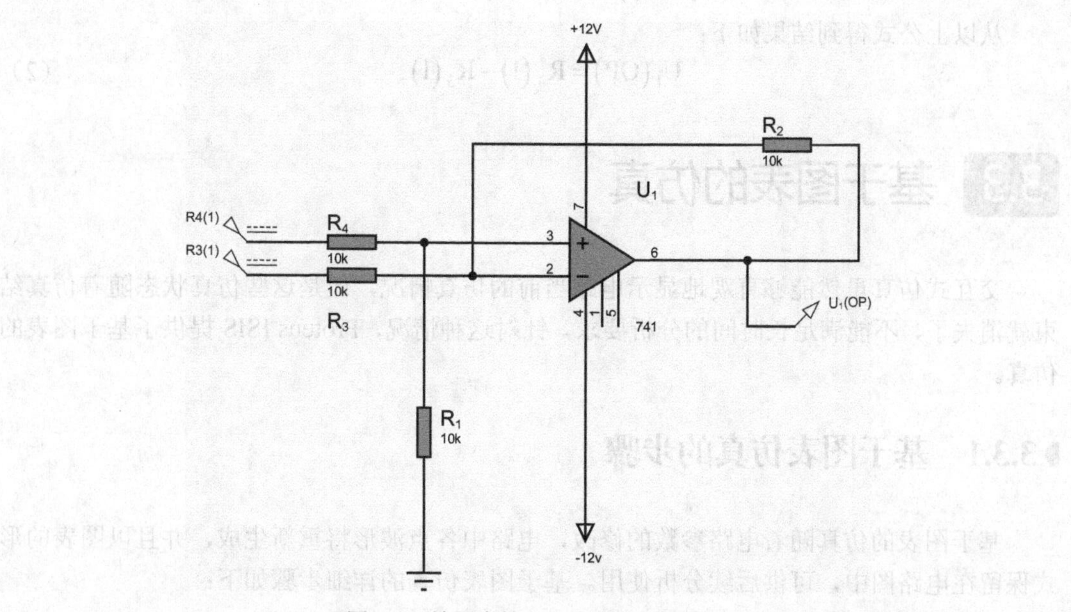

图 3-3　放置完输入源和探针的电路

（5）将输入源 $R_4(1)$和 $R_3(1)$的电压分别修改为 8V 和 5V。

（6）单击仿真工具栏的运行按钮，此时可以在电压探针 $U_1(OP)$上看到输出电压，如图 3-4 所示。

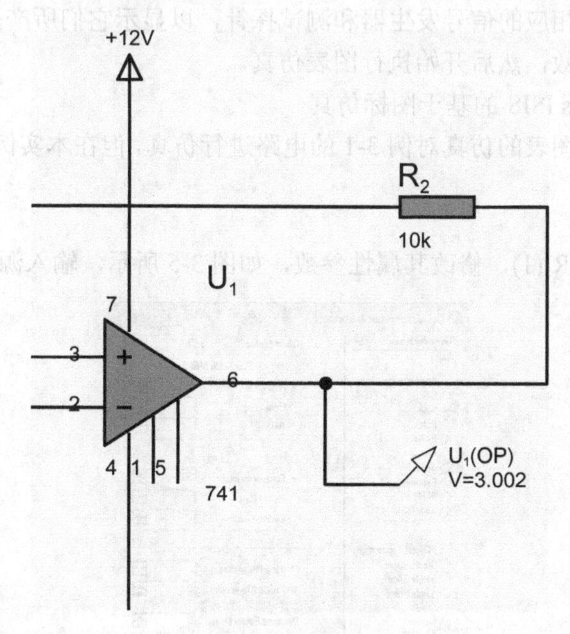

图 3-4　交互式仿真输出电压

本实例是一个典型的差分比例运算电路，根据电路原理可以得到如下计算公式：

$$U_1(OP)\left(\frac{R_1}{R_1+R_2}\right)=\left(\frac{R_1}{R_1+R_2}\right)\left(R_4(1)-R_3(1)\right) \quad (1)$$

从以上公式得到结果如下：

$$U_1(OP)=R_4(1)-R_3(1) \quad (2)$$

3.3 基于图表的仿真

交互式仿真虽然能够直观地显示电路当前的仿真情况，但是这些仿真状态随着仿真结束就消失了，不能满足长时间的分析要求，针对这种情况，Proteus ISIS 提供了基于图表的仿真。

3.3.1 基于图表仿真的步骤

基于图表的仿真随着电路参数的修改，电路中各点波形将重新生成，并且以图表的形式保留在电路图中，可供后续分析使用。基于图表仿真的详细步骤如下：

（1）绘制原理图。

（2）在需要仿真的端点添加激励源，在被观察的端点放置探针，然后编辑激励源和探针的属性。

（3）放置对应的仿真图表，如频率图形显示的频率分析。

（4）给图表添加相应的信号发生器和测试探针，以显示它们所产生的数据/记录。

（5）设置仿真参数，然后开始执行图表仿真。

【例 3-2】 Proteus ISIS 的基于图标仿真

本实例使用基于图表的仿真对例 3-1 的电路进行仿真，但在本实例中输入改为正弦波。

操作步骤

（1）双击输入源 $R_4(1)$，修改其属性参数，如图 3-5 所示，输入源 $R_3(1)$同 $R_4(1)$。

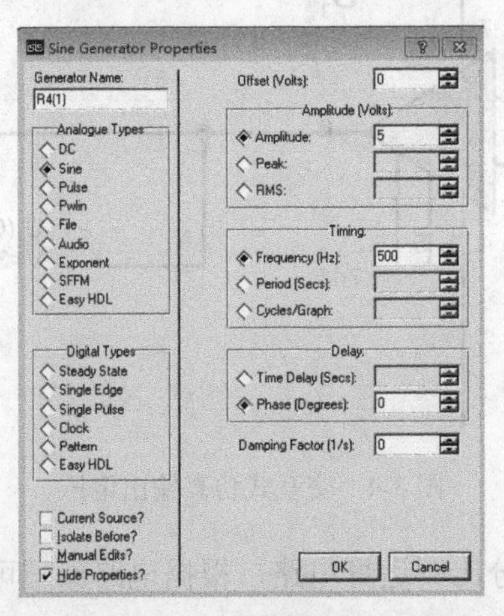

图 3-5　正弦波输入信号属性修改对话框

（2）在电路图中添加两个电压探针，用于监控激励源的输入信息，命名为 V_1 和 V_2，如图 3-6 所示。

（3）单击工具箱中的图形模式按钮，在元件窗口显示图形所对应的波形种类，如图 3-7 所示。

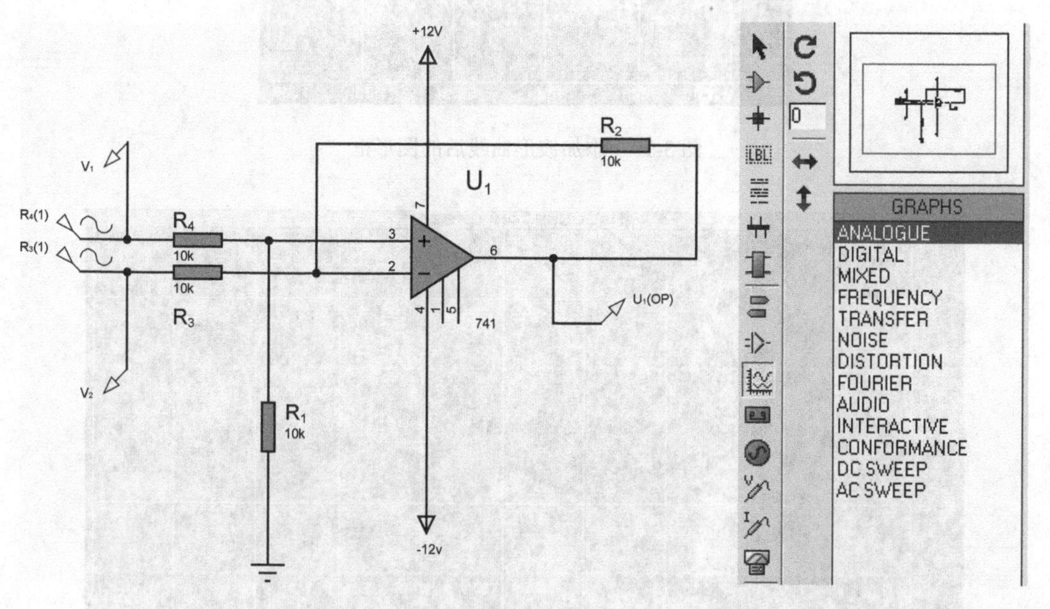

图 3-6　添加电压探针后的电路图　　　图 3-7　图形模式对应的波形种类

（4）选择模拟波形（ANALOGUE），并在电路图中绘制一个如图 3-8 所示的矩形框。

（5）在矩形框中添加对应探针的仿真曲线，选择 Graph→Add Trace 选项，打开如图 3-9 所示的对话框。

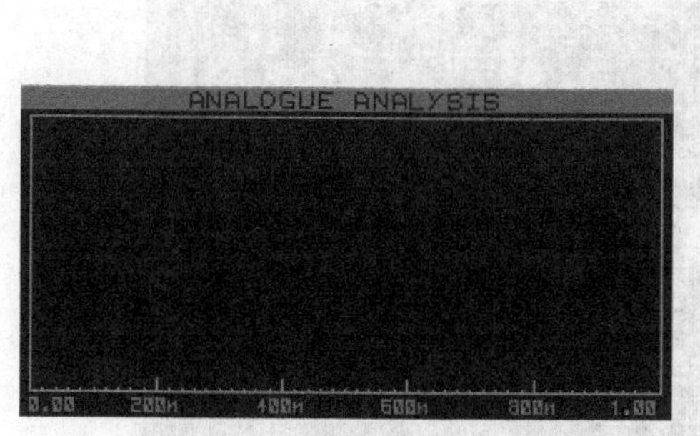

图 3-8　模拟波形矩形框

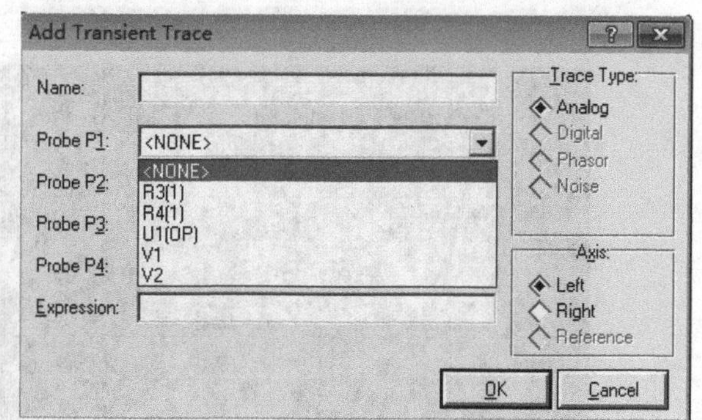

图 3-9　添加对应探针的仿真曲线对话框

（6）单击 Probe 的下拉菜单，能够选择对应探针，本实例首先选择 V_1，在 Name 中输入 V_1，单击 OK 按钮完成添加过程，此时在图形框中可以显示出对应的波形曲线名，如图 3-10 所示。重复步骤（5）和（6），完成 V_2 和 U_1(OP)的添加过程。

（7）选择 Graph→Simulate Graph（基于图表的仿真）选项，输出仿真波形结果如图 3-11 所示。

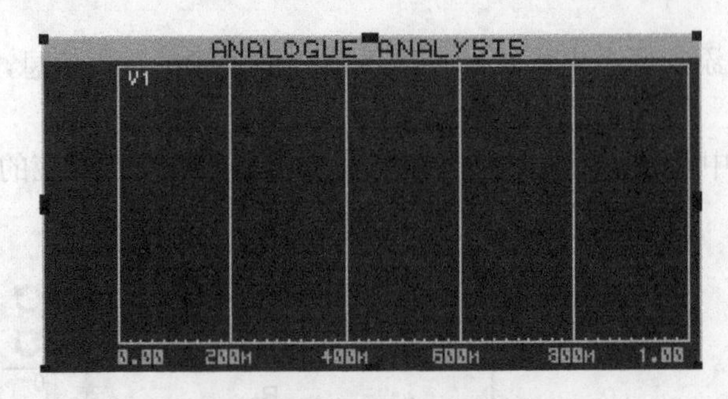

图 3-10　添加波形曲线后的图形框

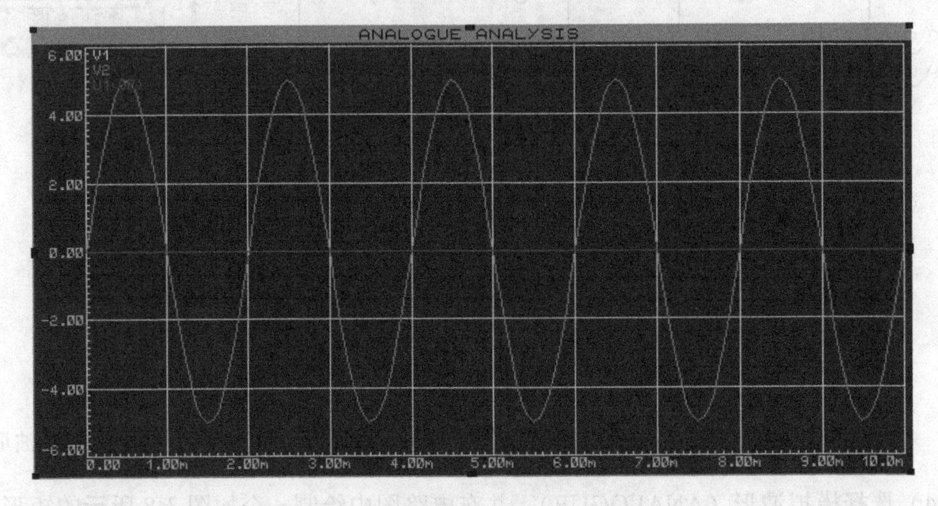

图 3-11　基于图表的仿真输出波形

（8）双击图表框体标题 ANALOGUE ANALYSIS，出现如图 3-12 所示的波形输出窗口。

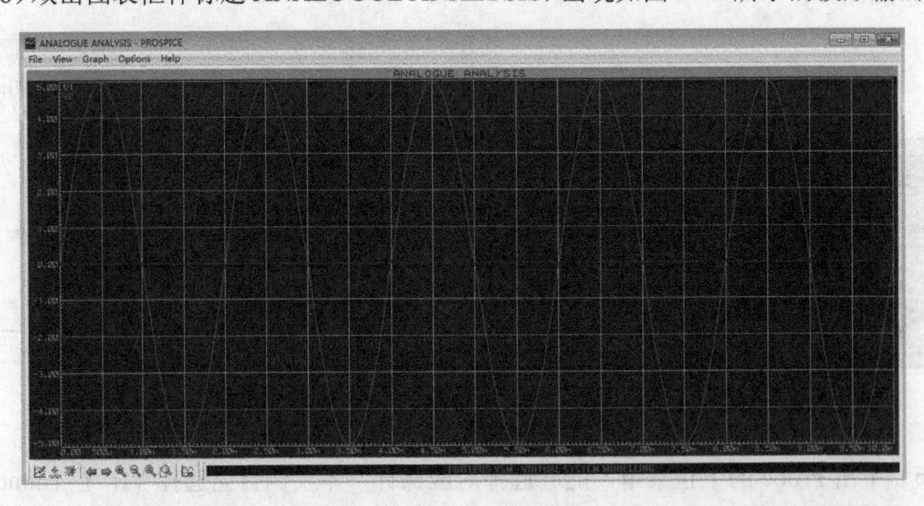

图 3-12　仿真波形输出窗口

（9）为方便查看输出波形，可以通过选择输出窗口的 Options→Set Graph Color 命令，将输出窗口背景设置为白色。

3.3.2　Proteus ISIS 的仿真图表

在 Proteus ISIS 中除了模拟仿真图表之外，还提供了如表 3-1 所示的多种图表。图表在仿真中是最重要的部分，它不仅是结果的显示媒介，而且定义了仿真类型。通过放置一个或若干个图表，用户可以观测到各种数据（数字逻辑输出、电压、阻抗等），即通过放置不同的图表来显示电路在各方面的特性。

表 3-1　仿真图表及含义

名　称	含　义
ANALOGUE	模拟分析图表
DIGITAL	数字分析图表
MIXED	混合分析图表
FREQUENCY	频率分析图表
TRANSFER	转移特性分析图表
NOISE	噪声分析图表
DISTORTION	失真分析图表
FOURIER	傅里叶分析图表
AUDIO	音频分析图表
INTERACTION	交互分析图表
CONFORMANCE	一致性分析图表
DC SWEEP	直流扫描分析图表
AC SWEEP	交流扫描分析图表

1. 模拟分析图表

模拟分析图表仿真是最基本的图表仿真之一，其主要应用在模拟电路中，用于绘制一条或者多条电压/电流等参数随时间变化的曲线，以时间轴为 *X* 轴，以电压/电流等为 *Y* 轴。因为测量值随时间的变化而变化，因此这种方法为瞬态分析法，也称为时域的暂态分析。

2. 数字分析图表

数字分析图表在瞬态仿真中用于绘制逻辑电平随时间变化的曲线，以 *X* 轴为时间轴，*Y* 轴显示垂直方向信号的积累，这个信号可以是单个的位数据，也可以是总线信号。数字图表分析又称为数字暂稳态分析。

3. 混合分析图表

混合分析图表以时间为 *X* 轴，同时将模拟信号和数字信号显示在同一图表上，以便观察和对比，只有混合分析图表具有这样的功能，混合分析图表又称为混合模式瞬态分析。

4. 频率分析图表

频率分析的作用是分析电路在不同频率工作状态下的运行情况。但不像频谱分析仪，所有频率一起被考虑，而是每次只可分析一个频率。所以，频率特性分析相当于在输入端接一个可改变频率的测试信号，在输出端接一个交流电表测量不同频率对应的输出，同时可得到输出信号的相位变化情况。频率特性分析还可以用来分析不同频率下的输入和输出阻抗。

此功能在非线性电路中使用时是没有实际意义的。因为频率特性分析的前提是假设电路为线性的，就是说，如果在输入端加一个标准的正弦波，在输出端也相应地得到一个标准的正弦波。实际中完全线性的电路是不存在的，但是大多数线性电路是在此分析允许范围内的。另外，由于系统是在线性情况下且引入复数算法（矩阵算法）进行的运算，其分析速度要比瞬态分析快许多。

频率分析图表用于绘制小信号电压增益或电流增益随频率变化的曲线，即绘制波特图，可描绘电路的幅频特性和相频特性。但它们都是以指定的输入发生器为参考。在进行频率分析时，图表的 *X* 轴表示频率，两个纵轴可分别显示幅值和相位。

5. 转移特性分析图表

该图表用于绘制半导体元件的转移特性曲线，每条曲线的 *Y* 轴是工作点电压或者电流值，*X* 轴为指定的信号，以 *X*-*Y* 进行扫描形成一条曲线，还可以指定一个激励源作为参考信号，以产生一组曲线。

6. 噪声分析图表

由于电阻或半导体元件会自然而然地产生噪声，这对电路工作会产生相当程度的影响。系统提供噪声分析就是将噪声对输出信号所造成的影响数字化，以供设计师评估电路性能。

在分析时，SPICE 模拟装置可以模拟电阻及半导体元件产生的热噪声，在进行噪声分析时，将线路中所有噪声的变化转变为电压的变化，在一定的频率范围内绘制出该值的变化情况，噪声电压与噪声带宽的平方根成正比，然后按相对频率绘制图形。图表轨迹的单位为 $V/\sqrt{Hz}$。

在基于噪声分析图表的仿真中，一般有等效输入噪声和输出噪声两种类型。在实际仿真中考虑的是一定的频率范围内输出噪声电路的增益。在仿真时，输出噪声探针放置在左侧的 *Y* 轴，等效输入噪声放在右侧的 *Y* 轴。噪声分析往往产生非常小的值（nV），所以常常使用 dB（分贝）来显示。0dB 的参考值为 $1V/\sqrt{Hz}$。

7. 失真分析图表

失真是由电路的传递函数中非线性元件产生的，线性元件组成的电路不会产生失真，SPICE 失真分析模型可以仿真二极管、双极性晶体管、JEFT 和 MOSFET。

失真分析图表用于确定由测试电路所引起的电平失真程度，失真分析图表用于显示随频率变化的二次和三次谐波失真电平。

8. 傅里叶分析图表

傅里叶分析是把时域分析转换为频域分析的一种方法，并不像利用示波器测试频率那样，傅里叶分析用于分析一个时域信号的直流分量、基波分量和谐波分量，即把时域信号进行傅里叶分析转换为频域信号，把信号转换为一组幅度和相位各不相同的正弦信号的和。

傅里叶分析首先要进行瞬态分析，然后进行快速傅里叶变换，在这个过程中要对时间域进行采样，采样满足奈奎斯特采样定理。简言之，就是观察的信号是采样频率的一半，由于其他原因有可能导致观察到的信号高于采样频率的一半，这时应该在进行傅里叶变换前选择不同类型的数据输入窗口。

在对电路进行傅里叶分析时，一般将线路中的交流激励源频率设置为基频，若电路中有多个交流激励源时，基频为这些信号频率的最小公倍数。

9. 音频分析图表

音频分析图表能够让设计者监听电路的输出（必须安装声卡），音频分析图表仿真与模拟仿真图表类似，不同之处在于音频分析图表仿真结束会产生 Windows 的 WAV 格式的时域文件，并通过声卡（采样频率为 11 025Hz、22 050Hz、44 100Hz）回放出来。轨迹线必须加载在图表的左侧 *Y* 轴。

10. 交互分析图表

交互式分析结合交互式仿真与图表仿真的特点。在仿真过程中，系统会建立交互式模型，但是分析结果是用一个瞬态分析图表记录和显示的。交互分析特别适用于观察电路仿真中某一个单独操作对电路产生的影响，例如，变阻器变化对电路的影响情况，相当于将示波器和逻辑分析仪结合在一个装置上。

分析过程中，系统按照混合模型瞬态分析的方法进行计算，不过仿真是在交互式模型下进行的，因此在仿真过程中，键盘、鼠标和开关等各种激励源的操作都会对电路仿真产生影响。同时，仿真速度也取决于交互式仿真中设置的时间步长。应当引起注意的是，在分析过程中，系统将获得大量数据，处理器每秒将会产生数百万个事件，产生的各种事件将占用大量内存，这就很容易使系统崩溃，所以不宜进行长时间仿真，这就是说，短时间仿真不能实现时，可应用逻辑分析仪。另外，和交互式仿真不同的是，许多组成电路不支持该分析。

通常可以借助交互式仿真中的虚拟仪器实现观察电路中的某一单独操作对电路产生的影响，但有时需要将结果用图表的方式显示出来，以便更详细地分析，这时就需要用交互式分析实现。

11. 一致性分析图表

一致性分析图表将两组数字仿真结果保存在图表中，然后比较这两组数字仿真的结果，快速测试出改变后的设计是否给电路带来不期望的副作用。一致性分析图表主要用于嵌入式系统的测试。将两组数字仿真结果分别称为测试结果和参考结果。

电路是否具有一致性，由在初始轨迹的每一个边沿处的测试结果与参考结果的比较情况来确定。初始轨迹线称为控制轨迹线，它以不同的颜色显示，以便与其他曲线区分。

12. 直流扫描分析图表

直流扫描分析主要观察电路的直流工作点，通过图表可以观察电路元件参数在定义范围内发生变化时对电路的工作状态造成的影响，例如，观察晶体管的放大倍数、电路工作温度等参数发生变化时对电路状态的影响，也可以通过扫描激励源参数值实现直流传输特性曲线绘制。

直流扫描是对电路工作点中的某个变量进行变换，得到频率与变量之间的关系曲线，最后将频率-变量关系转换为时间-变量关系显示出来。

13. 交流扫描分析图表

交流扫描分析图表可以建立一组反映元件在参数值发生线性变化时的频率特性曲线。它主要用来观测相关元件参数值发生变化时对电路频率特性的影响。

交流扫描分析时，系统内部完全按照普通的频率特性分析计算有关值，不同的是，由于元件参数不固定而增加了运算次数，每次相应地计算一个元件参数值对应的结果。

3.3.3 Proteus ISIS 的仿真图表输出窗口

本节以模拟图表分析为例，介绍基于图表仿真波形图形的输出窗口的使用方法，其他类型的图表输出窗口可以参考模拟分析图表的输出窗口。

一个完整的基于图表仿真的波形输出窗口如图 3-13 所示，包括标题栏、菜单栏、时间轴（*X* 轴）、电压轴（*Y* 轴）、快捷工具栏、时间显示栏和波形输出栏等。

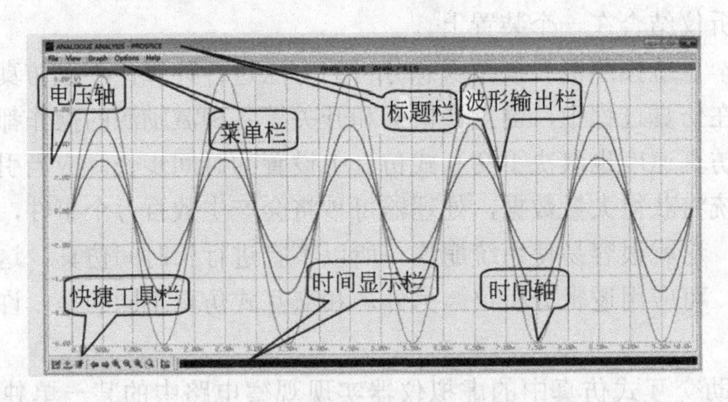

图 3-13 波形输出窗口说明

- 标题栏：给出的是当前进行图表仿真的图形框体名称。
- 菜单栏：和主菜单栏类似，包括一系列用于相应操作的菜单项，如 File、View、Graph、Options、Help 等。
- 波形输出栏：仿真波形输出窗口，在其中使用不同颜色来显示需要输出的波形，并且可以进行相应的操作，如放大、缩小或移动。
- 快捷工具栏：在快捷工具栏中，从左至右分别为 Edit Graph（编辑图形）、Add Trace（加入仿真曲线）、Simulate Graph（开始仿真）、Pan Graph Left（图形左移）、Pan Graph Right（图形右移）、Zoom In（放大）、Zoom Out（缩小）、Zoom All（显示全部图形）、Zoom to Area（局部放大）、View Log（查看仿真记录文件）。
- 电压轴和时间轴：在仿真波形输出窗口中，*X* 轴为输出波形的电压轴，用于显示当前点的电压大小，其有效区间由输出波形的大小自动确定；*Y* 轴为输出波形的时间轴，其长度由仿真时间决定，时间轴的单位都是 s（秒），可以通过放大或缩小操作来修改其当前显示的最小刻度值。

- 时间显示栏：在波形输出窗口中单击并拖动鼠标，会出现一条和 *X* 轴平行的选择线，该选择线所对应的 *Y* 轴时间点会在时间显示栏中显示出来，以告诉用户当前观察点的时间参数。

3.4 小结

本章介绍了两种不同的电路仿真方式，读者应了解并掌握两种电路仿真方式的优缺点以及适用的具体情况。本章还介绍了两种仿真方式的具体步骤，通过实例帮助读者掌握通过 Proteus ISIS 提供的原理图工具和仿真功能进行仿真的具体实现过程。

3.5 习题

（1）Proteus ISIS 的仿真分为几类？分别是什么？
（2）Proteus ISIS 的电路仿真工具包括哪几种？
（3）简述 Proteus ISIS 交互式仿真的步骤。
（4）简述 Proteus ISIS 基于图表仿真的步骤。
（5）Proteus ISIS 中提供的仿真图表包括哪几种？

第 4 章　Proteus ISIS 激励源

激励源和虚拟仪器是 Proteus ISIS 进行电路仿真最常用的两个模块，前者用于给整个电路提供输入信号，后者用于监测电路的输出信号。熟练并正确使用激励源和虚拟仪器是 Proteus ISIS 电路仿真的基础，本章将详细讲解这两个模块的使用方法。

Proteus ISIS 提供了 14 种激励源，用户利用这些激励源作为电路的输入信号，单击工具箱中的 Generator Mode 按钮，元件显示窗口中会显示出所有的激励源，详细说明如表 4-1 所示。

表 4-1　Proteus ISIS 激励源

名　称	说　明
DC	直流信号发生器
SINE	正弦波信号发生器
PULSE	脉冲信号发生器
EXP	指数脉冲信号发生器
SFFM	单频率调频波发生器
PWLIN	分段线性发生器
FILE	FILE 信号发生器
AUDIO	音频信号发生器
DSTATE	数字单稳态逻辑电平发生器
DEDGE	数字单边沿信号发生器
DPULSE	单周期数字脉冲发生器
DCLOCK	数字时钟信号发生器
DPATTERN	数字模式信号发生器
SCRIPTABLE	HDL 可编程逻辑语言信号发生器

4.1 直流信号发生器

直流信号发生器用于给电路提供模拟电压或电流，其只有单一的属性：电压值或电流值。

【例 4-1】 直流信号发生器的应用

本实例是直流信号发生器在 Proteus ISIS 中的应用情况，具体操作过程如下：

（1）在 Proteus ISIS 编辑环境中，单击工具箱中的 Generator Mode 按钮，出现如图 4-1 所示的激励源列表。

（2）选择 DC，则在预览窗口出现直流信号发生器的符号。

（3）在编辑窗口内双击，将直流信号发生器放置到编辑窗口中。

（4）双击直流信号发生器，出现如图 4-2 所示的对话框。

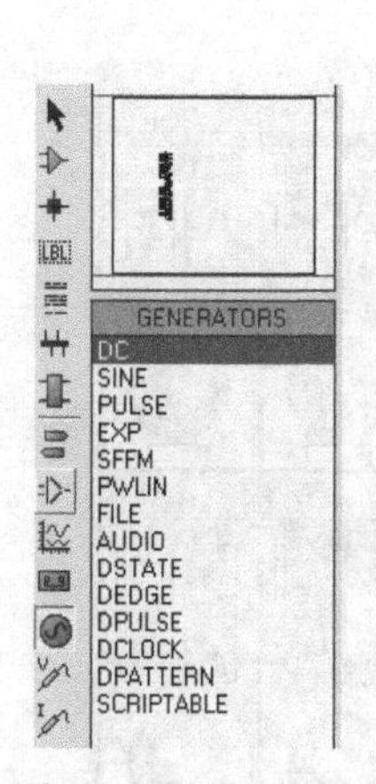

图 4-1 激励源列表

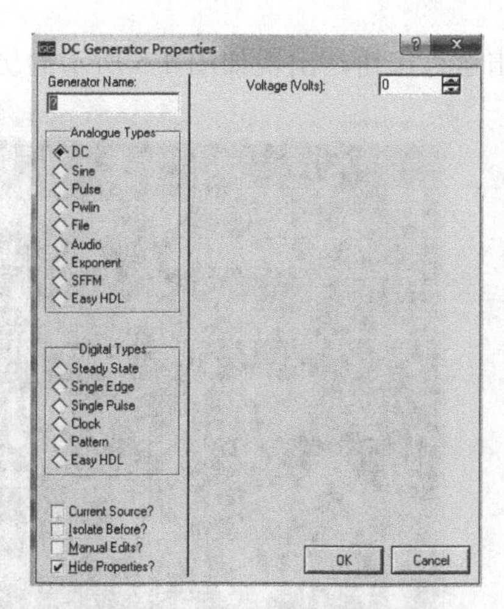

图 4-2 直流信号发生器属性对话框

（5）默认为直流电压源，可以在对话框右侧设置电压源的大小。

（6）如果需要直流电流源，则选中图 4-2 中左侧下面的 Current Source，右侧则出现设置电流值大小的标记，如图 4-3 所示。

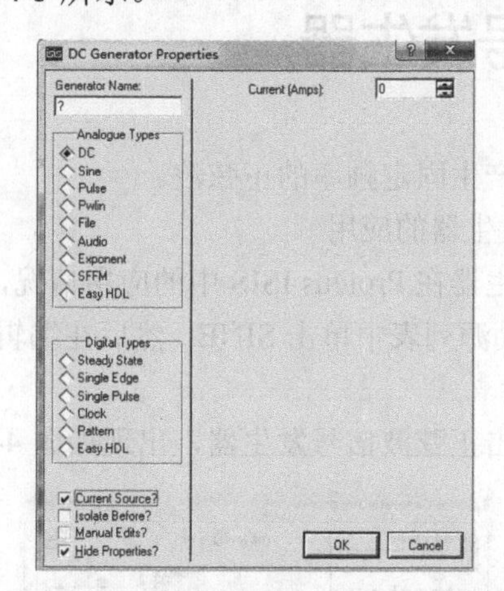

图 4-3 直流信号发生器属性对话框（电流源）

（7）利用虚拟仪器中的示波器可以观测直流信号发生器的输出，虚拟仪器将在 5.2 节进行详细介绍。单击工具箱中的 Virtual Instrument 按钮，选择 OSCILLOSCOPE（示波器），将其放置在编辑窗口中。

（8）连接直流信号发生器与示波器，如图 4-4 所示。

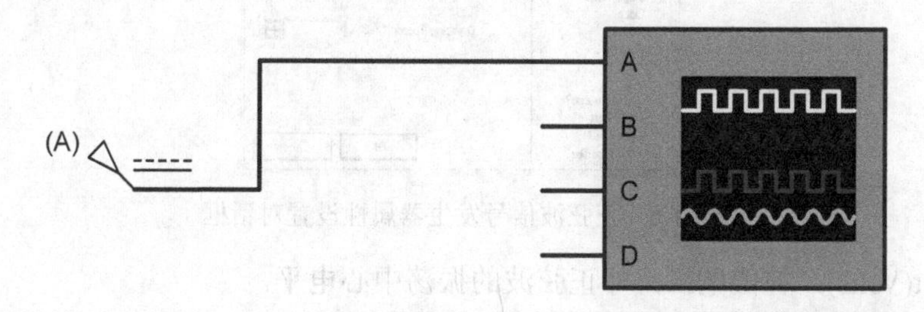

图 4-4 直流信号发生器与示波器的连接

（9）单击运行按钮，出现如图 4-5 所示的仿真波形。

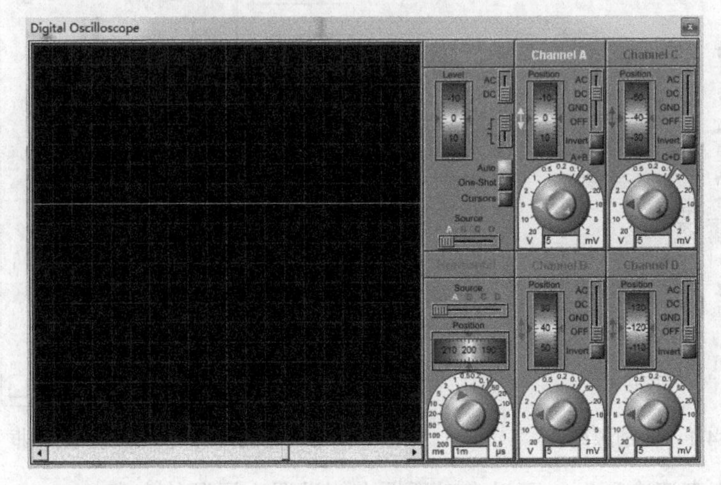

图 4-5　直流信号发生器输出波形

4.2 正弦波信号发生器

正弦波信号发生器用来产生固定频率的正弦波。

【例 4-2】 正弦波信号发生器的应用

本实例是正弦波信号发生器在 Proteus ISIS 中的应用情况，具体操作过程如下：

（1）在图 4-1 所示的激励源列表中单击 SINE，然后在编辑窗口中双击，将正弦波信号发生器放置在编辑窗口中。

（2）在编辑窗口中，双击正弦波信号发生器，出现如图 4-6 所示的对话框。

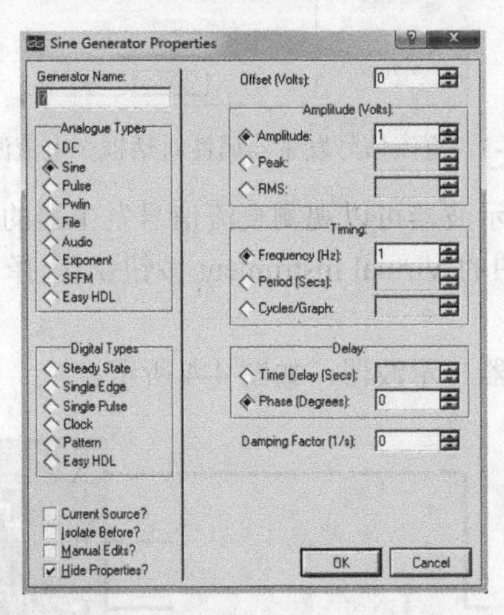

图 4-6　正弦波信号发生器属性设置对话框

- Offset(Volts)：补偿电压，即正弦波的振荡中心电平。
- Amplitude(Volts)：正弦波电压幅值有 3 种定义方法，其中 Amplitude 为振幅，即半波峰值电压，Peak 为峰值电压，RMS 为有效值电压。以上三项选一项即可。

- Timing：其中 Frequency(Hz)为频率，单位为赫兹；Period(Secs)为周期，单位为秒；Cycles/Graph 为占空比，要单独设置。前两项选一项即可。
- Delay：延时，指正弦波的相位，有两个选项，选填一个即可。其中 Time Delay(Secs)为时间轴的延时，单位为秒；Phase(Degrees)为相位，单位为度。

（3）在 Generator Name 文本框中输入正弦波信号发生器的名称，在各属性栏中设置相应的值。

（4）连接两个正弦波信号发生器到示波器上，为两个信号发生器设置名称，并在各属性栏中设置相应的值，如表 4-2 所示。

表 4-2　两个正弦波信号发生器属性设置

发生器名称	补偿电压/V	幅值/V	频率/kHz	相位/（°）
Sine Source 1	0	1	1	0
Sine Source 2	2	2	2	90

（5）用示波器观测输出，正弦信号发生器与示波器的连接如图 4-7 所示。

图 4-7　正弦信号发生器与示波器的连接

（6）单击运行按钮，输出波形如图 4-8 所示。

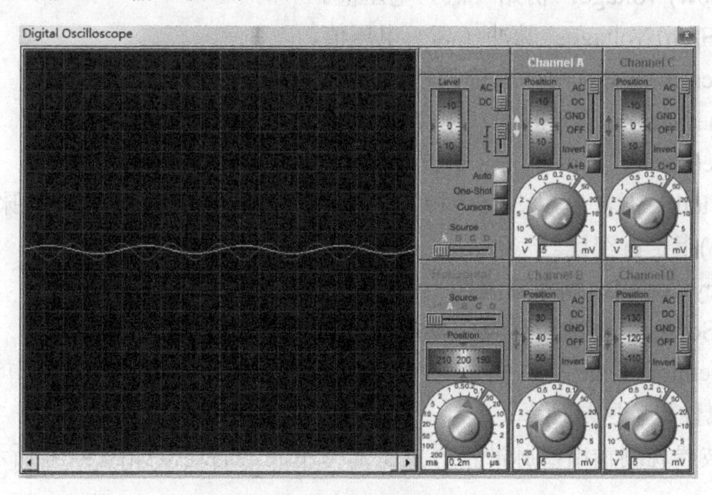

图 4-8　正弦波信号发生器输出波形

4.3 脉冲信号发生器

脉冲信号发生器能产生各种周期的输入信号，如方波、锯齿波、三角波及单周期短脉冲。

【例 4-3】脉冲信号发生器的应用

本实例是脉冲信号发生器在 Proteus ISIS 中的应用情况，具体操作过程如下：

（1）在图 4-1 所示的激励源列表中单击 PULSE，然后在编辑窗口中双击，将脉冲信号发生器放置在编辑窗口中。

（2）在编辑窗口中，双击脉冲信号发生器，出现如图 4-9 所示的对话框。

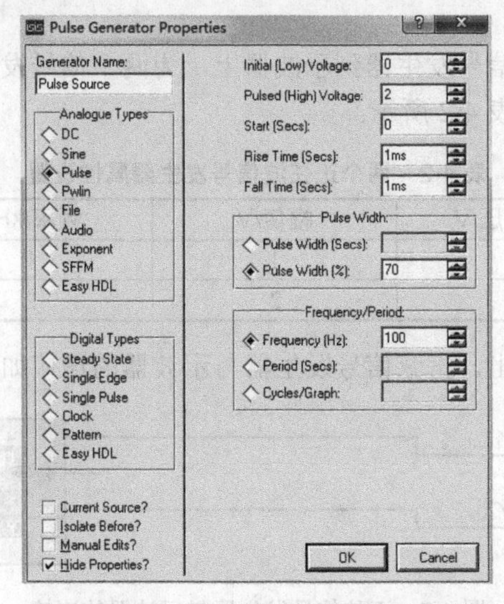

图 4-9 脉冲信号发生器属性设置对话框

- Initial (Low) Voltage：初始（低）电压值。
- Pulsed (High) Voltage：脉冲（高）电压值。
- Start (Secs)：起始时间（单位为秒）。
- Rise Time(Secs)：上升时间（单位为秒）。
- Fall Time(Secs)：下降时间（单位为秒）。
- Pulse Width：脉冲宽度。有两种设置办法，Pulse Width(Secs)指定脉冲宽度，Pulse Width(%)指定占空比。
- Frequency/Period：频率或周期。
- Current Source：脉冲信号发生器电流值设置。

（3）在 Generator Name 文本框中输入发生器的名称，在相应的属性栏中设置合适的值，如图 4-9 中的属性设置区域所示。

（4）用示波器观测输出，脉冲信号发生器与示波器的连接如图 4-10 所示。

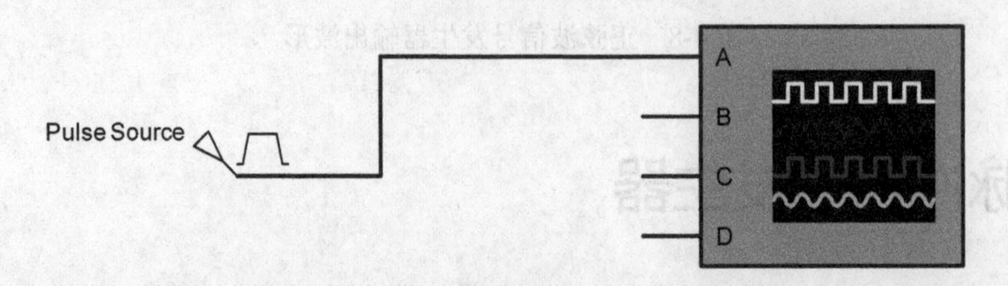

图 4-10 脉冲信号发生器与示波器的连接

（5）脉冲信号发生器的输出波形如图 4-11 所示。

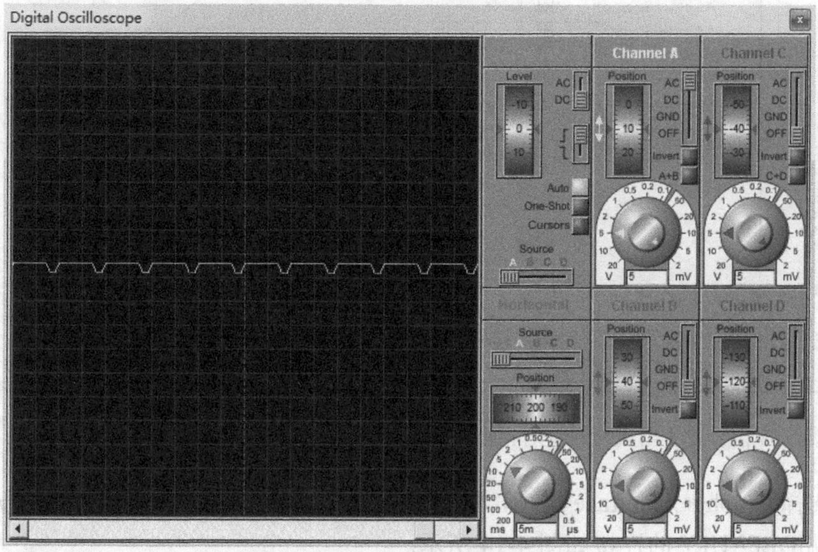

图 4-11 脉冲信号发生器输出波形

4.4 指数脉冲信号发生器

指数脉冲信号发生器是能够产生指数函数的输入信号。

【例 4-4】 指数脉冲信号发生器的应用

本实例是指数脉冲信号发生器在 Proteus ISIS 中的应用情况，具体操作过程如下：

（1）在图 4-1 所示的激励源列表中单击 EXP，然后在编辑窗口中双击，将指数脉冲信号发生器放置在编辑窗口中。

（2）在编辑窗口中，双击脉冲信号发生器，出现如图 4-12 所示的对话框。

- Initial (Low) Voltage：初始（低）电压值。
- Pulsed (High) Voltage：脉冲（高）电压值。
- Rise Start Time(Secs)：上升沿起始时间（单位为秒）。
- Rise Time Constant(Secs)：上升沿持续时间（单位为秒）。
- Fall Start Time(Secs)：下降沿起始时间（单位为秒）。
- Fall Time Constant(Secs)：下降沿持续时间（单位为秒）。

（3）在 Generator Name 文本框中输入发生器的名称，在相应的属性栏中设置合适的值，如图 4-12 中的属性设置区域所示。

（4）用模拟图表观测输出，单击工具箱中的 Graph Mode 按钮，选择 ANALOGUE 仿真图形，并将其放置在编辑窗口中，双击图表，设置其属性，如图 4-13 所示。

（5）单击工具箱中的 Terminal Mode 按钮，选择 DEFAULT 选项，将其放置在编辑窗口中。

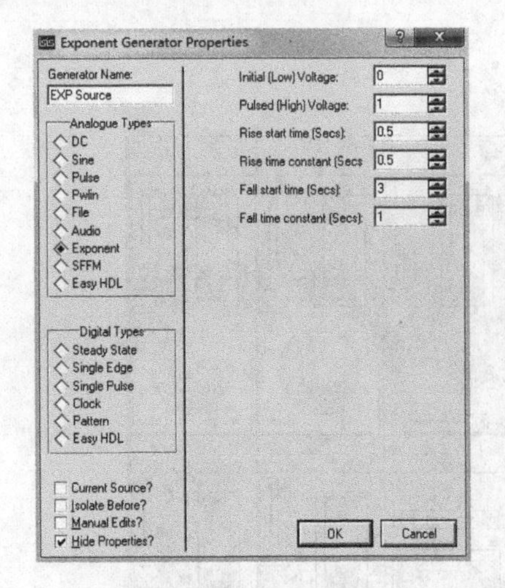

图 4-12　指数脉冲信号发生器属性设置对话框

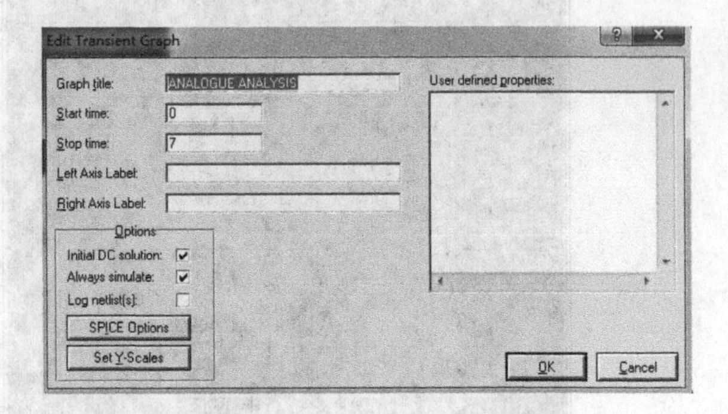

图 4-13　模拟图表属性设置对话框

（6）选择 Graph→Add trace 选项，将 EXP Source 添加到图表指针中，指数脉冲信号发生器与终端 DEFAULT 的连接如图 4-14 所示。

图 4-14　指数脉冲信号发生器与 DEFAULT 的连接

（7）选择 Graph→Simulate Graph 选项，对模拟图表进行仿真。指数脉冲信号发生器的输出波形如图 4-15 所示。

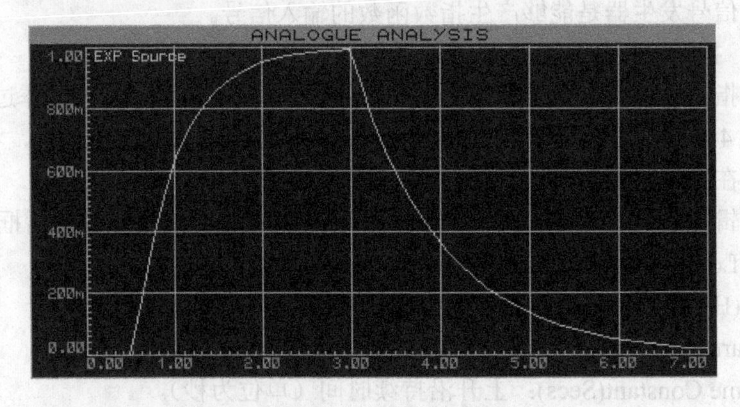

图 4-15　指数脉冲信号发生器输出波形

4.5 单频率调频波发生器

【例 4-5】　单频率调频波发生器的应用

本实例是单频率调频波发生器在 Proteus ISIS 中的应用情况，具体操作过程如下：

（1）在图4-1所示的激励源列表中单击SFFM，然后在编辑窗口中双击，将单频率调频波发生器放置在编辑窗口中。

（2）在编辑窗口中，双击单频率调频波发生器，出现如图4-16所示的对话框。

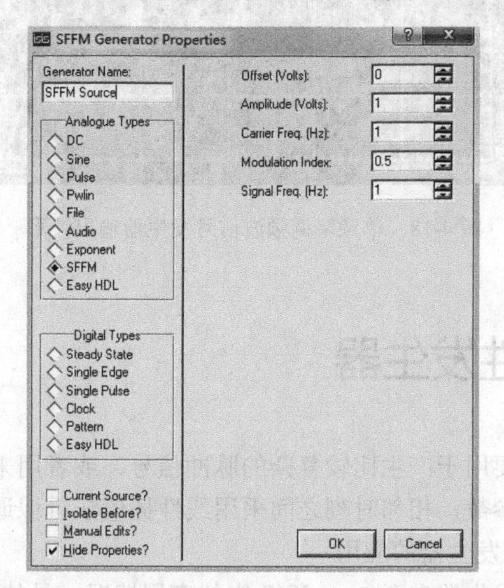

图4-16　单频率调频波发生器属性设置对话框

- Offset(Volts)：电压偏置值（单位为伏）。
- Amplitude(Volts)：电压幅值（单位为伏）。
- Carrier Freq(Hz)：载波频率（单位为赫）。
- Modulation Index：调制指数。
- Signal Freq(Hz)：信号频率（单位为赫）。

（3）在Generator Name文本框中输入发生器的名称，在相应的属性栏中设置合适的值，如图4-16中的属性设置区域所示。

（4）用模拟图表观测输出，单击工具箱中的Graph Mode按钮，选择ANALOGUE仿真图形，并将其放置在编辑窗口中，双击图表，设置其属性，将图4-13中Stop Time设置为3s。

（5）单击工具箱中的Terminal Mode按钮，选择DEFAULT选项，将其放置在编辑窗口中。

（6）选择Graph→Add trace选项，将SFFM Source添加到图表指针中，指数脉冲信号发生器与终端DEFAULT的连接如图4-17所示。

图4-17　单频率调频波信号发生器与DEFAULT的连接

（7）选择Graph→Simulate Graph选项，对模拟图表进行仿真。单频率调频波信号发生器的输出波形如图4-18所示。

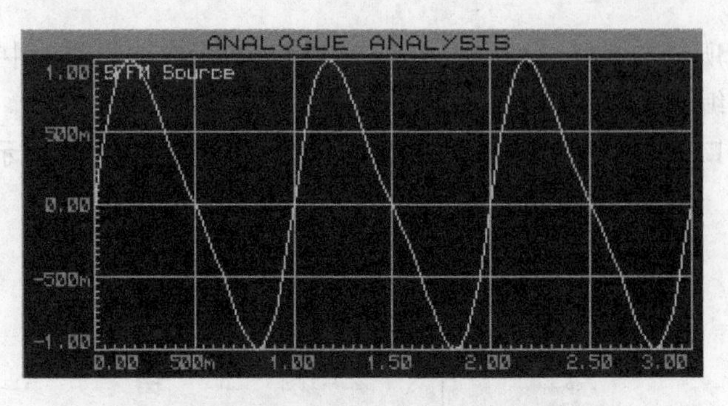

图 4-18　单频率调频波信号发生器输出波形

4.6 分段线性发生器

分段线性发生器主要用于产生比较复杂的脉冲信号，或者用来重现被测信号。输出波形有幅度值和时间两个参数，相邻时刻之间采用线性插值法近似逼近直线。

【例 4-6】 分段线性发生器的应用

本实例是分段线性发生器在 Proteus ISIS 中的应用情况，具体操作过程如下：

（1）在图 4-1 所示的激励源列表中单击 PWLIN，然后在编辑窗口中双击，将分段线性发生器放置在编辑窗口中。

（2）在编辑窗口中，双击分段线性发生器，出现如图 4-19 所示的对话框。

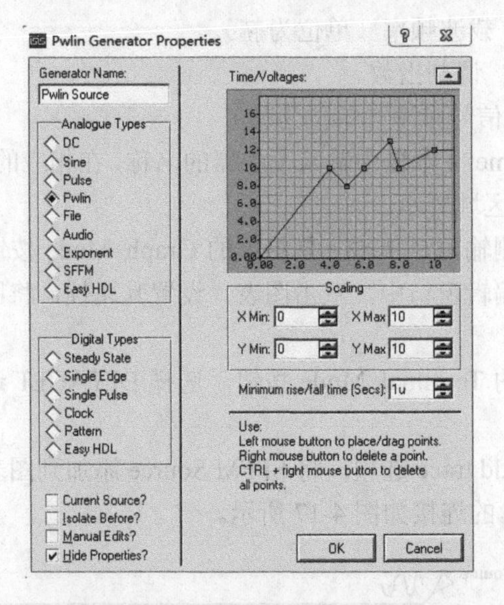

图 4-19　分段线性发生器属性设置对话框

- Time/Voltages：用于显示波形，X 轴为时间轴，Y 轴为电压轴，单击右上角的三角按钮，能够弹出放大的曲线编辑界面。
- Scaling：

➢ X Min：横坐标（时间）最小值显示。
➢ X Max：横坐标（时间）最大值显示。
➢ Y Min：纵坐标（时间）最小值显示。
➢ Y Max：纵坐标（时间）最大值显示。

• Minimum rise/fall time（Secs）：最小上升/下降时间（单位为秒）。

（3）在分段线性发生器的图形编辑窗口中，在任意点单击，则出现一条从原点到该点的一条直线，移动鼠标，在任意位置单击，又出现一条连接的直线，按照此种方法，可以编辑自己需要的任意分段线性曲线，如图 4-19 中的图形编辑窗口所示。

（4）用模拟图表观测输出，单击工具箱中的 Graph Mode 按钮，选择 ANALOGUE 仿真图形，并将其放置在编辑窗口中，双击图表，设置其属性，将图 4-13 中的 Stop Time 设置为 24s。

（5）单击工具箱中的 Terminal Mode 按钮，选择 DEFAULT 选项，将其放置在编辑窗口中。

（6）选择 Graph→Add trace 选项，将 SFFM Source 添加到图表指针中，分段线性发生器与终端 DEFAULT 的连接如图 4-20 所示。

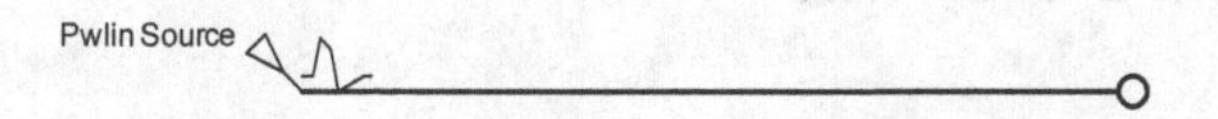

图 4-20　分段线性发生器与 DEFAULT 的连接

（7）选择 Graph→Simulate Graph 选项，对模拟图表进行仿真。分段线性发生器的输出波形如图 4-21 所示。

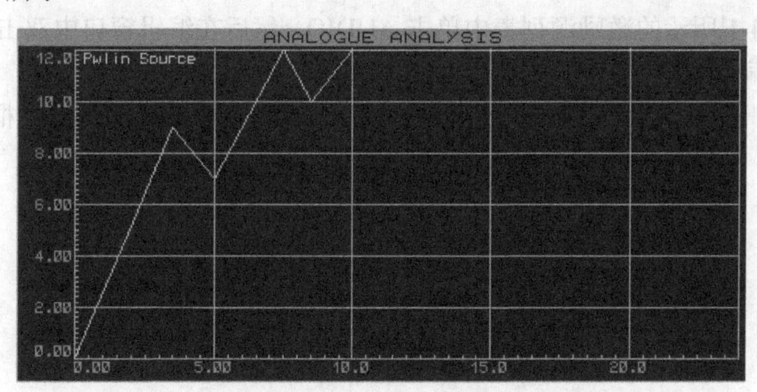

图 4-21　分段线性发生器输出波形

4.7 FILE 信号发生器

FILE 信号发生器的使用方法与分段线性发生器的完全相同，只是其中需要输入一个 ASCII 编码的文件给 Proteus 提供输入参考，如图 4-22 所示，该 ASCII 编码文件的具体编写方法可参照 Proteus 的帮助文件，在此不作介绍。

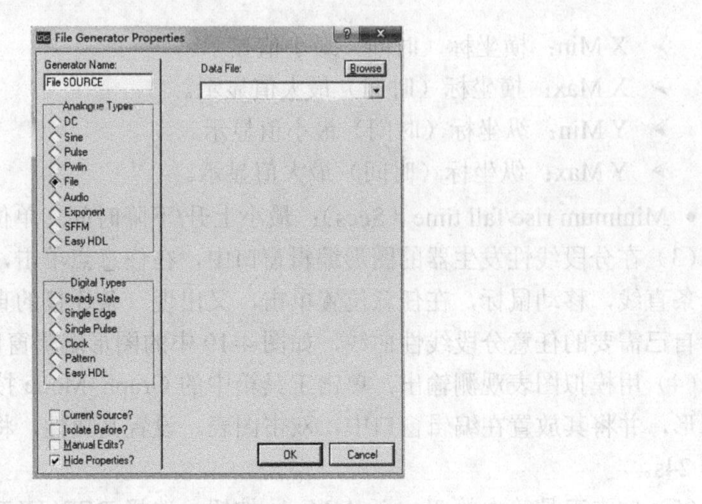

图 4-22　FILE 信号发生器属性设置对话框

4.8 音频信号发生器

音频信号发生器可以从音频（WAV）文件直接产生信号，结合音频图表仿真，使其作为电路的输入信号驱动电路。

【例 4-7】 音频信号发生器的应用

本实例是音频信号发生器在 Proteus ISIS 中的应用情况，具体操作过程如下：

（1）在图 4-1 所示的激励源列表中单击 AUDIO，然后在编辑窗口中双击，将音频信号发生器放置在编辑窗口中。

（2）在编辑窗口中，双击音频信号发生器，出现如图 4-23 所示的对话框。

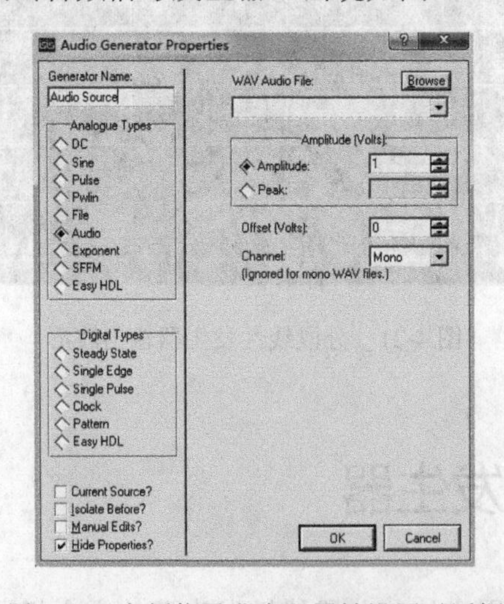

图 4-23　音频信号发生器属性设置对话框

- WAV Audio File：指定产生信号的 WAV 文件。

- Amplitude(Volts)：幅值（单位为伏），有两种形式，Amplitude 输出信号幅度是振幅偏移的绝对值，Peak 输出信号幅度是峰值。
- Offset(Volts)：补偿电压大小（单位为伏）。
- Channel：声道选择。

（3）在 Generator Name 文本框中输入发生器的名称，在相应的属性栏中设置合适的值，如图 4-23 中的属性设置区域所示，在 WAV Audio File 列表中，找到一个后缀为“.wav”的音频文件，加载进去。

（4）用音频图表观测输出，单击工具箱中的 Graph Mode 按钮，选择 AUDIO 仿真图表，并将其放置在编辑窗口中，双击图表，设置其属性，将图 4-13 中的 Stop Time 设置为 1s。

（5）单击工具箱中的 Terminal Mode 按钮，选择 DEFAULT 选项，将其放置在编辑窗口中。

（6）选择 Graph→Add trace 选项，将 SFFM Source 添加到图表指针中，音频信号发生器与终端 DEFAULT 的连接如图 4-24 所示。

图 4-24　音频信号发生器与 DEFAULT 的连接

（7）选择 Graph→Simulate Graph 选项，对音频图表进行仿真。音频信号发生器的输出波形如图 4-25 所示。

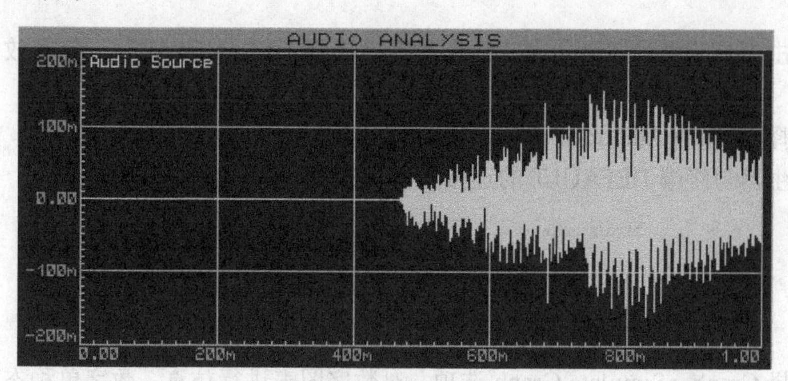

图 4-25　音频信号发生器输出波形

4.9 数字单稳态逻辑电平发生器

数字单稳态逻辑电平发生器用于产生单稳态逻辑电平，包括高低电平等。

【例 4-8】 数字单稳态逻辑电平发生器的应用

本实例是数字单稳态逻辑电平发生器在 Proteus ISIS 中的应用情况，具体操作过程如下：

（1）在图 4-1 所示的激励源列表中单击 DSTATE，然后在编辑窗口中双击，将数字单稳态逻辑电平发生器放置在编辑窗口中。

（2）在编辑窗口中，双击数字单稳态逻辑电平发生器，出现如图 4-26 所示的对话框。

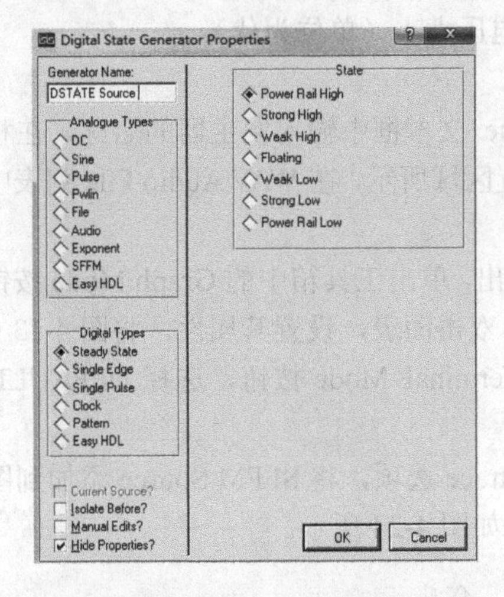

图 4-26　数字单稳态逻辑电平发生器属性设置对话框

（3）在 Generator Name 文本框中输入发生器的名称，在相应的属性栏中设置合适的值，如图 4-26 中的属性设置区域所示。

（4）用数字图表观测输出，并将其放置在编辑窗口中，设置其属性，将 Stop Time 设置为 1s。

（5）单击工具箱中的 Terminal Mode 按钮，选择 DEFAULT 选项，将其放置在编辑窗口中。

（6）选择 Graph→Add trace 选项，将 DSTATE Source 添加到图表指针中，数字单稳态逻辑电平发生器与终端 DEFAULT 的连接如图 4-27 所示。

图 4-27　数字单稳态逻辑电平发生器与 DEFAULT 的连接

（7）选择 Graph→Simulate Graph 选项，对数字图表进行仿真。数字单稳态逻辑电平发生器的输出波形如图 4-28 所示。

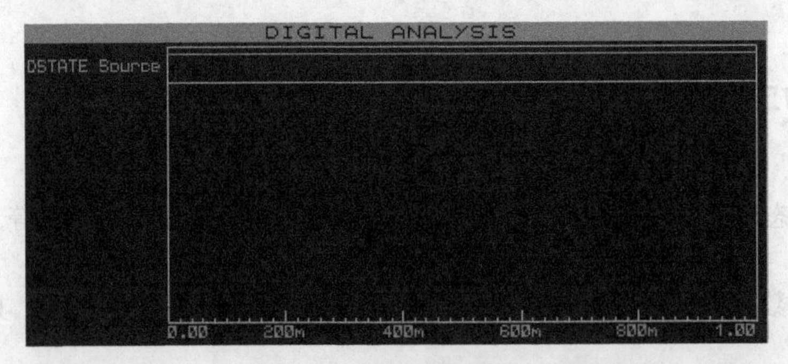

图 4-28　数字单稳态逻辑电平发生器输出波形

4.10 数字单边沿信号发生器

数字单边沿信号发生器主要用于产生数字单边沿脉冲信号，有正脉冲信号（高电平到低电平上升沿信号）或者负脉冲信号（低电平到高电平下降沿信号）。数字单边沿信号发生器的使用方法与数字单稳态逻辑电平发生器的完全相同，在此不作介绍。其属性设置对话框如图 4-29 所示，主要参数说明如下：

（1）Edge Polarity：脉冲极性。包括以下两项：

- Positive(Low-To-High) Edge：正边沿，由低电平跳到高电平。
- Negative(High-To-Low) Edge：负边沿，由高电平跳到低电平。

（2）Edge At(Secs)：边沿产生的时刻（单位为秒），翻转后就保持不变。

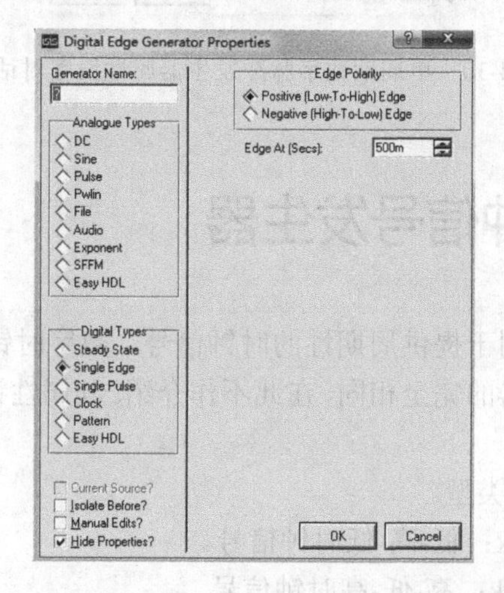

图 4-29　数字单边沿信号发生器属性设置对话框

4.11 单周期数字脉冲发生器

单周期数字脉冲发生器主要产生周期性的电平高低变化的数字脉冲信号。单周期数字脉冲发生器的使用方法与数字单稳态逻辑电平发生器的完全相同，在此不作介绍。其属性设置对话框如图 4-30 所示，主要参数说明如下：

（1）Pulse Polarity：脉冲极性。

- Positive(Low-High-Low) Pulse：正脉冲，由低电平到高电平再到低电平。
- Negative(High-Low-High) Edge：负脉冲，由高电平到低电平再到高电平。

（2）Pulse Timing：脉冲时长。

- Start Time(Secs)：开始时间，单位为秒。
- Pulse Width(Secs)：脉冲宽度，单位为秒。

- Stop Time(Secs)：停止时间，单位为秒。

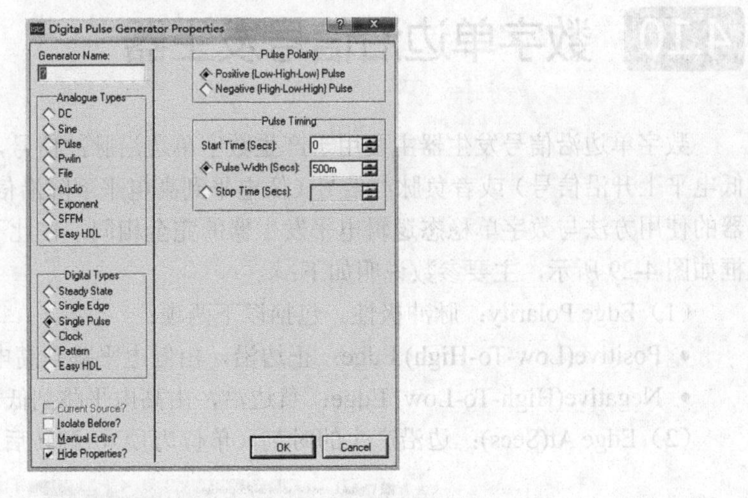

图 4-30　单周期数字脉冲发生器属性设置对话框

4.12 数字时钟信号发生器

数字时钟信号发生器用于提供周期性的时钟信号。数字时钟信号发生器的使用方法与数字单稳态逻辑电平发生器的完全相同，在此不作介绍。其属性设置对话框如图 4-31 所示，主要参数说明如下：

（1）Clock Type：时钟类型。

- Low-High-Low Clock：低-高-低时钟信号。
- High-Low-High Clock：高-低-高时钟信号。

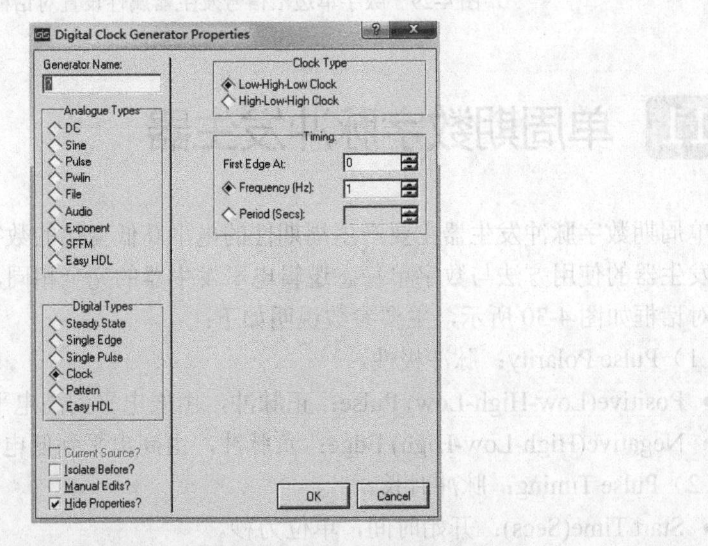

图 4-31　数字时钟信号发生器属性设置对话框

（2）Timing：时间。

- First Edge At：第一个时钟沿出现的时间。
- Frequency(Hz)：频率（单位为赫）。
- Period(Secs)：周期（单位为秒）。

4.13 数字模式信号发生器

数字模式信号发生器可以产生任意形式的逻辑电平序列，利用数字模式信号发生器可以产生数字电路中的以下信号。

（1）单边沿信号：可以产生低-高或者高-低的单边沿信号。

（2）单脉冲信号：可以产生正脉冲和负脉冲。

（3）时钟信号：可以任意设置占空比的连续脉冲信号，可以设置初始值、第一个边沿的起始时间、周期（频率）、一个周期内的脉冲数等参数。

（4）可以形成任意的时序。

数字模式信号发生器的使用方法与数字单稳态逻辑电平发生器的完全相同，在此不作介绍。其属性设置对话框如图 4-32 所示，主要参数说明如下：

（1）Initial State：初始状态。

（2）First Edge At(Secs)：第一个时钟沿出现的时间（单位为秒）。

（3）Timing：时间。

- Equal Mark/Space Timing：选择是使用 1∶1 占空比还是自定义占空比。
- Pulse width(Secs)：脉冲宽度（单位为秒）。
- Space Time(Secs)：低电平期间（单位为秒）。

（4）Transitions：转换。

- Continuous Sequence of Pulse：连续脉冲序列。

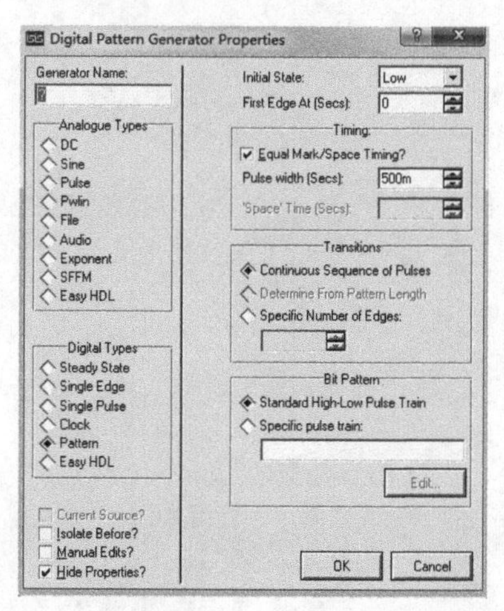

图 4-32　数字模式信号发生器属性设置对话框

- Determine From Pattern Length：由数据模式长度决定。
- Specific Number of Edges：指定边沿数。

（5）Bit Pattern：位模式。

- Standard High-Low Pulse Train：标准高低脉冲序列。
- Specific pulse train：指定脉冲序列。

4.14 HDL 可编程逻辑语言信号发生器

HDL 可编程逻辑语言信号发生器支持使用 HDL 语言进行编程来控制输出对应波形，有兴趣的读者可以查阅相关资料。

4.15 小结

本章介绍了 Proteus ISIS 提供的激励源，读者应了解并掌握激励源的功能和设置方法。本章通过实例的方式对激励源的使用进行了详细讲解，以帮助读者正确、熟练地使用激励源。

4.16 习题

（1）Proteus ISIS 提供了多少种激励源?分别是什么？

（2）脉冲信号发生器可以产生何种输入信号？

第 5 章 Proteus ISIS 虚拟仪器

除了仿真图表之外，Proteus ISIS 还提供了大量虚拟仪器用于在交互式实时仿真中观察电路的当前状态，提供了 13 种虚拟仪器，包括示波器、逻辑分析仪、定时计数器、虚拟终端、SPI 调试器、I^{2}C 调试器、功率计、信号发生器、模式发生器、直流电压表、交流电压表、直流电流表和交流电流表。下面分别介绍每种虚拟仪器的功能。

5.1 示波器

示波器（oscilloscope）是用来观察电路某个点的波形变化的仪器，是 Proteus ISIS 电路仿真中最常用的虚拟仪器。Proteus ISIS 提供的是 4 通道的示波器，可以分别工作在单模式（分别对 4 个通道波形进行测试），也可以工作在 *X-Y* 模式、A+B 和 C+D 模式。其原理图符号如图 5-1 所示。

单击交互式仿真按钮中的 Play 按钮 ▶，弹出示波器虚拟仿真界面，如图 5-2 所示，主要由波形显示区、触发区、水平位置设置区和 4 个通道参数设置区组成。

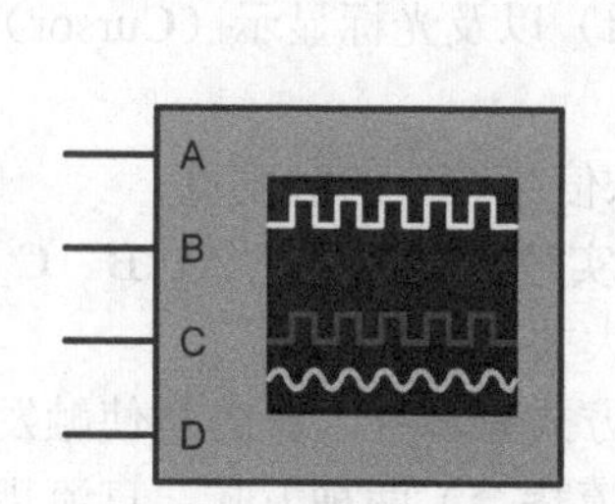

图 5-1 示波器的原理图符号

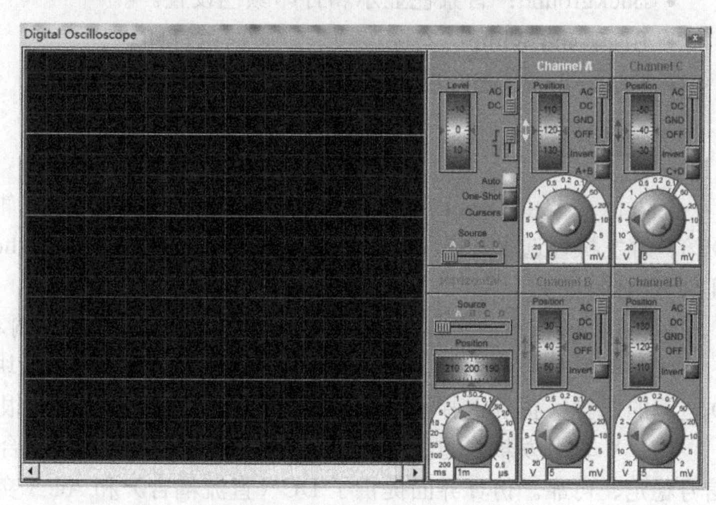

图 5-2 示波器虚拟仿真界面

1. 波形显示区

波形显示区主要用来显示 4 个通道的波形。默认 A 通道波形为黄色，B 通道波形为蓝色，C 通道波形为红色，D 通道波形为绿色。可以对其波形颜色和背景色等参数进行修改，在示波器虚拟仿真界面的任何位置右击，弹出快捷菜单，如图 5-3 所示。其中：

（1）Delete Cursor：删除当前指针坐标。

（2）Clear All Cursors：删除所有指针坐标。

（3）Print：打印波形。此外，还可以打印出各通道及示波器的相关信息。

（4）Setup：设置。选择该命令弹出颜色设置对话框，如图 5-4 所示。

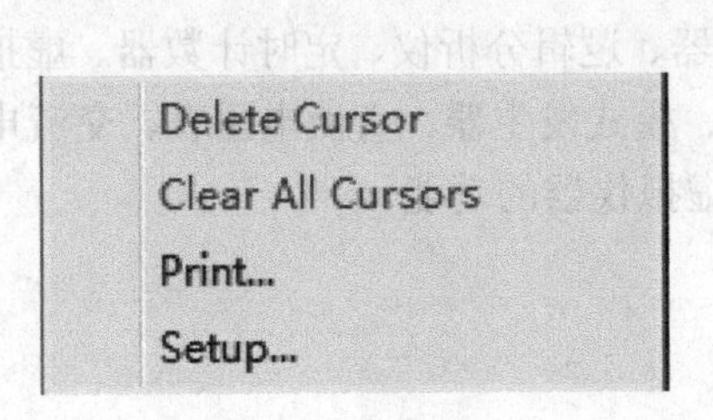

图 5-3　快捷菜单

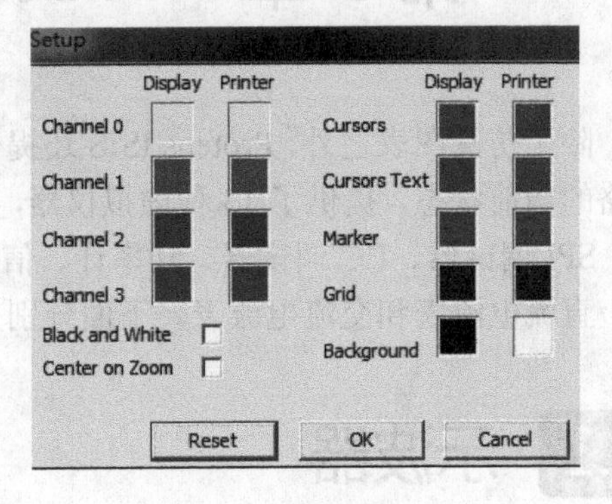

图 5-4　设置对话框

- Channel 0 至 Channel 3：设置 4 个通道的显示（Display）和打印（Printer）颜色。
- Cursors：指针坐标显示和打印颜色设置。
- Cursors Text：坐标值显示和打印颜色设置。
- Marker：标记线（零起点线）显示和打印颜色设置。
- Grid：网格线显示和打印颜色设置。
- Background：背景色显示和打印颜色设置。
- Black and White：勾选该项表示黑白色打印。
- Center on Zoom：以光标为中心放大到整张图纸打印。

2. 触发区

触发区主要由 Level 旋钮、触发信号选择（Source）、Y 轴触发耦合方式选择（AC 和 DC）、触发极性选择（、）、捕捉方式选择（Auto、One-shot）以及光标显示（Cursor）几部分组成。

（1）Level 按钮。触发电平调节电位器旋钮，用于选择输入信号波形的触发点。

（2）触发信号的选择。默认为 A 通道信号，通过单击滑块实现触发信号在 A、B、C、D 之间的选择。正确选择触发信号对波形显示稳定、清晰有很大关系。

（3）Y 轴触发耦合方式选择。触发信号到触发电路的耦合方式有多种，目的是使触发信号稳定、可靠。仿真界面提供了 DC（直流耦合）和 AC（交流耦合）两种方式。直流耦合（DC）是不隔断触发信号的直流分量。当触发信号的频率较低或者触发信号的占空比很大时，使用直流耦合较好。交流耦合（DC）又称电容耦合，它只允许用触发信号的交流分量触发，触发信号的直流分量被隔断。通常在不考虑 AC 分量时使用这种耦合方式，已形成稳定触发。但是如果触发信号的频率小于 10Hz，会造成触发困难。

（4）触发极性选择。为了使扫描信号与被测信号同步，可以设定一些条件，将被测信号不断地与这些条件相比较，只有当被测信号满足这些条件时才启动扫描，从而使得扫描的频率与被测信号相同或存在整数倍的关系，也就是同步，称这些条件为触发条件。仿真界面提供了下降沿触发、上升沿触发两种触发条件。

（5）捕捉方式。有两种：Auto（自动捕捉），适用于实时观察信号；One-Shot（单次捕捉），当捕捉完成以后显示区波形保持不变，因此这种方式适用于波形的测量。

（6）光标显示。如果要测量某点的坐标值，则直接单击就会显示出该点的坐标值；如果要测量两点间的时间差，则单击起点，按住鼠标左键不放，水平拖到终点，释放鼠标，即可测量出两点间的时间差并显示；如果要测量两点间的电压差，则单击起点，按住鼠标左键不放，垂直拖动到终点，释放鼠标，即可自动测出两点间的压差并显示。

3. 水平位置设置区

- ：*X* 轴参数设置，默认为时间轴。也可以是 A、B、C、D 4 个通道的信号源，主要用于形成 *X-Y* 模式。
- Position：垂直坐标轴选择（*Y* 轴）。鼠标移至滚轮上，按住左键左右拖动就可以实现 *Y* 轴位置变化。*X* 轴和 *Y* 轴交叉处坐标为（0，0）。

时基控制按钮如图 5-5 所示。其范围为 200ms/div～0.5μs/div，以 2.5 倍增益精确设置。通过调节粗调旋钮或者微调旋钮改变每格扫描的时间基数，并自动将每格所代表的时间在下面的文本框中显示出来，也可以直接在文本框中输入时间值。通过时基可以算出信号的频率和周期。

4. 通道参数设置区

示波器提供了 A、B、C、D 4 个通道，各通道的参数相同，这里以 A 通道为例。

- Position：通道在垂直方向的位置选择。鼠标移至滚轮上，按住左键上下拖动就可以实现垂直位置的改变。
- 耦合方式：有直流耦合和交流耦合两种方式。
- GND：输入端接地。在测量前，将输入信号接地，可以将输入信号和基准线对准。
- Off：关闭信号。
- Invert：将输入信号反向操作。
- 按钮：结合 Invert 按钮可以实现 A+B、A−B、B−A 操作，同理可以完成 C+D、C−D、D−C 操作。

5．*Y* 轴增益调整按钮

Y 轴增益调整按钮如图 5-6 所示，用来调整 *Y* 轴每格代表的电压值。其增益范围为 20v/div～2mv/div，以 2.5 倍增益精确设置。通过调节粗调旋钮或者微调旋钮改变每格代表的电压值，并自动将每格所代表的电压值在下面的文本框中显示出来，也可以直接在文本框中输入电压值。通过该值可以算出波形的幅值、峰值和 RMS（有效值）。

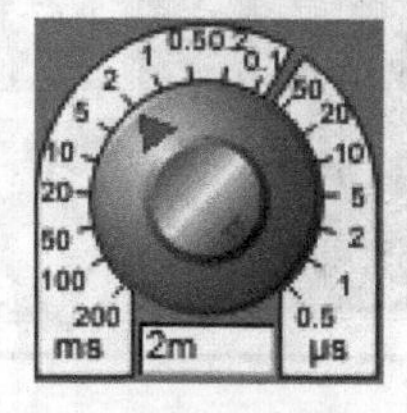

图 5-5　时基控制按钮

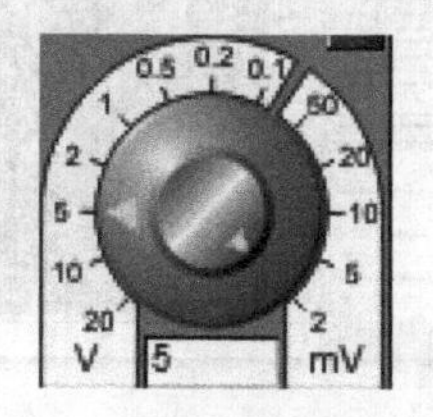

图 5-6　*Y* 轴增益调整按钮

5.2 逻辑分析仪

逻辑分析仪（logic analyser）是通过将连续记录的输入信号存入大的捕捉缓冲器进行工作的。这是一个采样过程，具有可调的分辨率，用于定义可以记录的最短脉冲。在触发期间，驱动数据捕捉处理暂停，并检测输入数据。触发前后的数据都可以显示。因其具有非常大的捕捉缓冲器（可存放 10 000 个采样数据），因此支持放大/缩小显示和全局显示。同时，用户还可移动测量标记，对脉冲宽度进行精确定时测量。

逻辑分析仪的原理图符号如图 5-7 所示。其中，A0～A15 为 16 路数字信号输入，B0～B3 为总线输入，每条总线支持 16 位数据，主要用于接单片机的动态输出信号。运行后，可以显示 A0～A15、B0～B3 的数据输入波形。

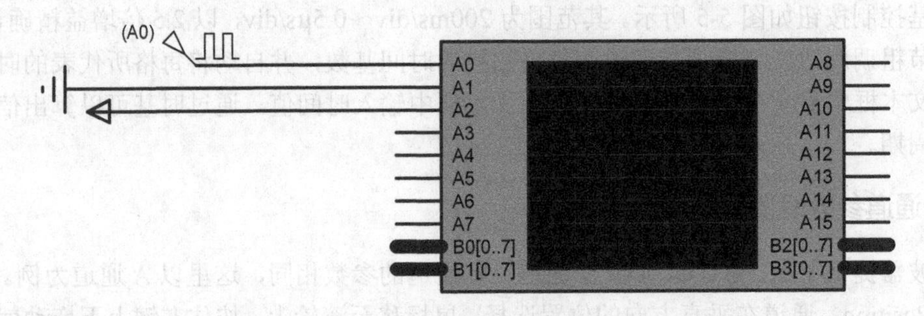

图 5-7　逻辑分析仪的原理图符号

【例 5-1】　逻辑分析仪的使用方法

（1）把逻辑分析仪放置到原理图编辑区，在 A0 输入端接 10Hz 的方波信号，A1 接低电平，A2 接高电平。

（2）单击仿真运行按钮 ▶ ，出现操作界面，如图 5-8 所示。

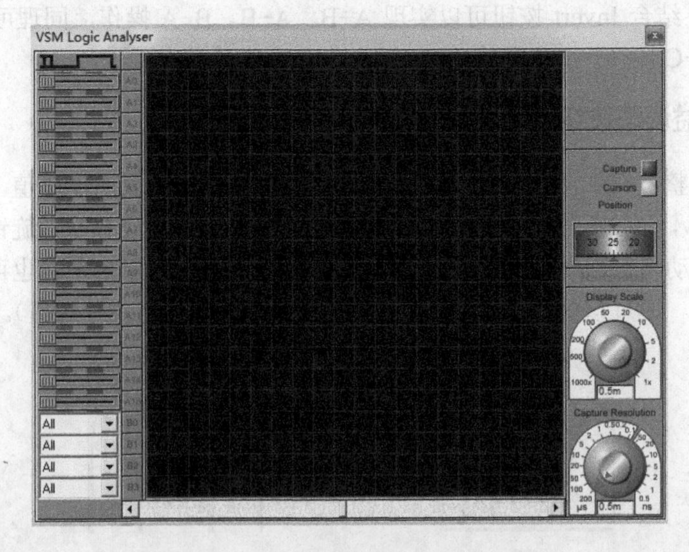

图 5-8　逻辑分析仪的仿真操作界面

(3) 先调整分辨率，类似于示波器的扫描频率，如图 5-8 所示调整捕捉分辨率（Capture Resolution），单击 Cursors（光标）按钮使其不再显示。单击 Capture（捕捉）按钮，开始显示波形，该按钮先变红，再变绿，稍后显示如图 5-9 所示的波形。

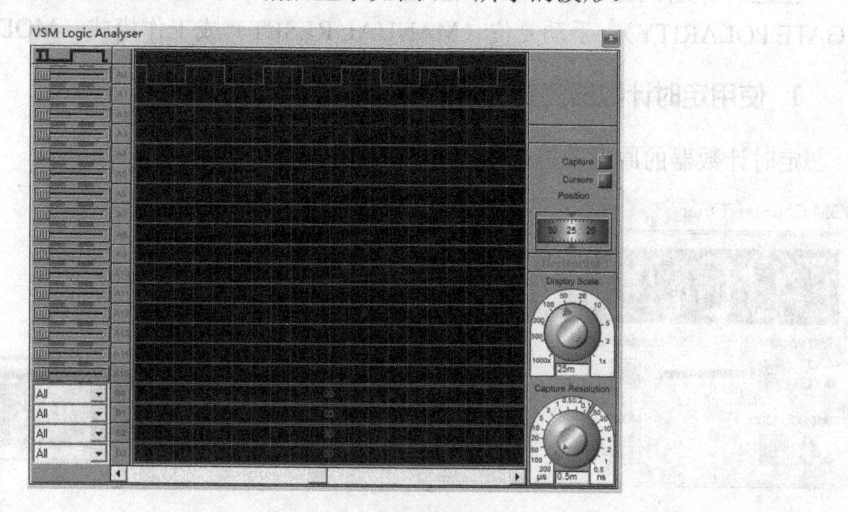

图 5-9 逻辑分析仪的仿真结果

(4) 调整 Display Scale（水平显示）按钮，或者在图形区滚动鼠标滚轮，可调节波形，使其左右移动。

(5) 如果希望的波形没有出现，可以再次调整分辨率，然后单击捕捉按钮，就能重新生成波形。

(6) Cursors 光标按下后，在图形区单击，可标记横坐标的数值，即可以测出波形的周期、脉宽等。

从图 5-9 可以观察到，A0 通道显示方波，A1 通道显示低电平，A2 通道显示高电平，A1 和 A2 两条线紧挨着。其他没有接线的输入 A3～A15 一律显示低电平。B0～B3 由于不是单线而是总线，所以会显示高低电平两条线，如有输入，波形应为平时分析存储器读写时序时见到的数据或地址的变形。

5.3 定时计数器

Proteus ISIS 提供的定时计数器（counter timer）是一个通用的数据仪器，可用于测量时间间隔、信号频率和脉冲数。

定时计数器支持以下操作模式。

- 计时器方式（显示秒），分辨率为 1μs。
- 计时器方式（显示时、分、秒），分辨率为 1ms。
- 频率计数方式，分辨率为 1Hz。
- 计数器方式，最大计数值为 99 999 999。
- 计时器、频率数或计数值既在虚拟仪器界面显示，也在定时计数器的弹出式窗口显示。在仿真期间，选择 Debug→VSM Counter Timer，即可打开虚拟定时计数器弹出式窗口，如图 5-10 所示。

在这一弹出式窗口中，手动选择复位电平极性（RESET POLARITY）、门信号极性（GATE POLARITY）、手动复位（MANUAL RESET）或工作模式（MODE）。

1. 使用定时计数器测量时间间隔

定时计数器的原理图符号如图 5-11 所示。

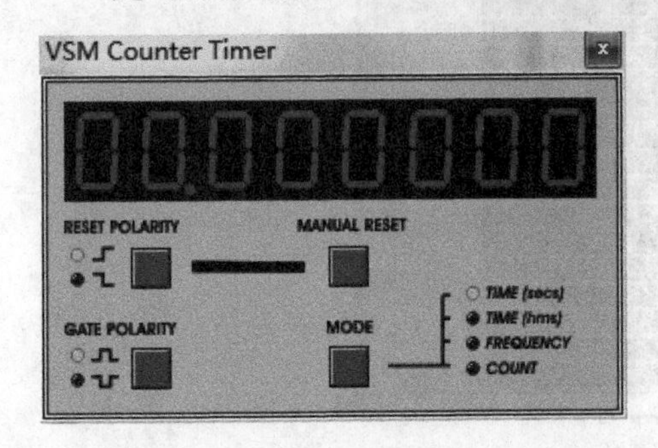

图 5-10 虚拟定时计数器弹出式窗口

图 5-11 定时计数器的原理图符号

（1）CLK：时钟引脚。将鼠标放置在 COUNTER TIMER 之上，并使用快捷键 Ctrl+E 打开编辑对话框进行设置，如图 5-12 所示。

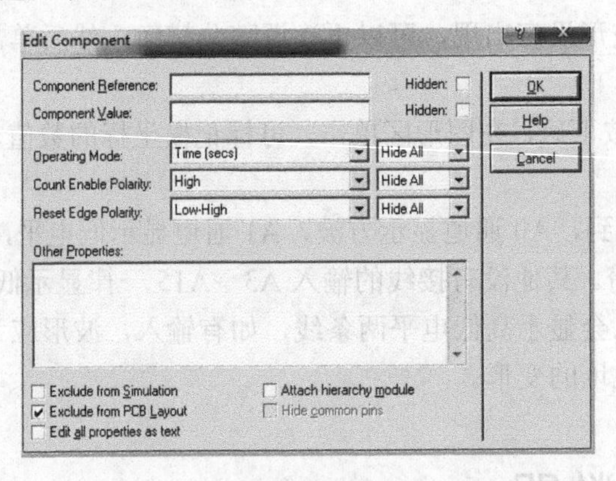

图 5-12 定时计数器编辑对话框

① Operating Mode：工作模式选择。

- Default：默认方式，系统设置为计数方式。
- Time（secs）：定时方式，相当于一个秒表，最多计 100s，精确到 1μs。CLK 端无须外加输入信号，内部自动计时，由 CE 和 RST 端来控制暂停或重新从零开始计时。
- Time（hms）：定时方式，相当于一个具有时、分、秒的时钟，最多计 10h，精确到 1ms。CLK 端无须外加输入信号，内部自动计时，由 CE 和 RST 端来控制暂停或重新从零开始计时。
- Frequency：测频方式，在 CE 有效和 RST 没有复位的情况下，能稳定显示 CLK 外加的数字波频率。

- Count：计数方式，能够计外加时钟信号 CLK 的周期数，如图 5-11 中的计数显示，最多计满 8 位，即 99 999 999。

② Count Enable Polarity：设置计数使能极性。

③ Reset Edge Polarity：复位信号边沿极性。

根据电路要求，选择需要的计时模式（secs 或 hms）以及 CE 和 RST 功能的逻辑极性。退出编辑窗口，运行仿真。

（2）CE：时钟使能引脚。当需要使能信号时，可将使能控制信号链接到这一引脚；如果不需要时钟使能，可以将这一引脚悬空。

（3）RST：复位引脚。这一引脚可以使计时器复位、归零。如果不需要复位功能，也可以将这一引脚悬空。

复位引脚（RST pin）为边沿触发方式，而不是电平触发方式。如果想要使定时器计数器保持为零，可同时使用 CE 和 RST 引脚。

定时计数器的弹出式窗口提供了 MANUAL RESET（手动复位）按钮。这一按钮可在仿真的任何时间复位计数器。这一功能在嵌入式系统中是非常有用的。使用这一功能，可以对程序的特定部分进行仿真。

2. 使用定时计数器测量数字信号的频率

（1）将待测信号连接到 CLK 时钟引脚。在测量频率模式下，CE 和 RST 引脚无效。

（2）将鼠标放置在 COUNTER TIMER 之上，并使用组合快捷键 Ctrl+E 打开编辑对话框，选择频率计数方式。

（3）退出编辑对话框，运行仿真。频率计的工作原理为：在仿真期间计算每秒信号上升沿的数量，因此需要输入信号稳定，并且在完整的 1s 内有效。同时，如果仿真不是在实时速率下进行的（如 CPU 超负荷运行），则频率计将在相对较长的时间内实时输出频率值。

定时计数器为纯数字元件。对于低电平模拟信号的频率测量，需要将待测信号通过 ADC 元件及其他逻辑开关转换，然后送入定时计数器 CLK 引脚。同时，由于模拟仿真的速率是数字仿真的 1/1000 倍，因而定时计数器不适合测量频率高于 10kHz 的模拟振荡电路的频率。在这种情况下，用户可以使用虚拟示波器（或图表）来测量信号周期。

3. 使用定时计数器计数数字脉冲

（1）将鼠标放置在 COUNTER TIMER 之上，并使用快捷键 Ctrl+E 打开编辑对话框进行设置。

（2）选择需要的计数模式（secs 或 hms）以及 CE 和 RST 功能的逻辑极性。

（3）退出编辑窗口，运行仿真。

5.4 虚拟终端

Proteus ISIS 提供的虚拟终端（virtual terminal）相当于键盘和屏幕的双重功能，免去了上位机系统的仿真模型，使用户在用到单片机与上位机之间的串行通信时，直接由虚拟终端经 RS232 模型与单片机之间异步发送或接收数据。虚拟终端在运行仿真时会弹出一个仿真界面，当由 PC 向单片机发送数据时，可以和实际的键盘关联，用户可以从键盘经虚拟终端输入数据；当接收到单片机发送过来的数据后，虚拟终端相当于一个显示器，会显示相应信息。

1. 虚拟终端的特性

虚拟终端有以下特性：

- 全双工：以 ASCII 码的方式显示接收的串行数据，同时以 ASCII 码的方式传输键盘信号。
- 简单的两线串行数据接口：RXD——接收数据；TXD——发送数据。
- 简单的两线硬件握手方式：RTS——发送准备好；CTS——清除发送数据。
- 波特率范围为 300～57 600b/s。
- 7 或 8 个数据位。
- 包含奇校验、偶校验、无校验。
- 具有 0、1 或 2 位停止位。
- 除硬件握手外，系统还提供了 XON/XOFF 软件握手方式。
- 可对 RX/TX 和 RTS/CTS 引脚输出极性不变或极性反向的信号。

2. 使用虚拟终端

虚拟终端的原理图符号如图 5-13 所示，有 4 个外部引脚，其说明如下。

- RXD：数据接收端。
- TXD：数据发送端。
- RTS：请求发送信号。
- CTS：清除发送，是对 RTS 的响应信号。

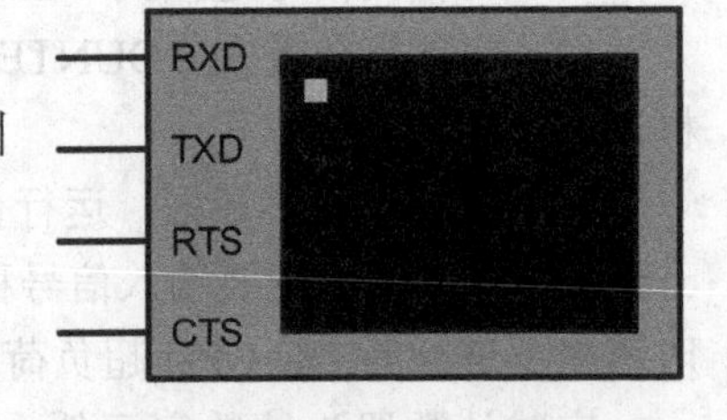

图 5-13　虚拟终端的原理图符号

将虚拟终端的 RX 和 TX 引脚连接到待测系统的输出线和输入线上。RX 为输入端，TX 为输出端。

如果待测系统使用硬件握手方式，须将 RTS 和 CTS 引脚连接到数据流控制线上。RTS 为输出信号，表明虚拟仪器已准备好接收数据。而 CTS 为输入信号，在虚拟终端发送数据前，这一信号必须为高电平（或浮动）。

选中虚拟仪器并单击，出现如图 5-14 所示的虚拟终端属性设置对话框。

- Band Rate：波特率，范围为 300～57 600b/s。
- Data Bits：传输的数据位数，7 位或 8 位。
- Parity：奇偶校验位，包含奇校验、偶校验、无校验。
- Stop Bits：停止位，具有 0、1 或 2 位停止位。
- Send XON/XOFF：第 9 位发送允许/禁止。

选择合适电路的波特率、数据长度、奇偶校验、流控制方式和极性设置。设置完成后，开始仿真。在仿真界面中，单击运行按钮 ▶ ，将弹出虚拟终端窗口，如图 5-15 所示。

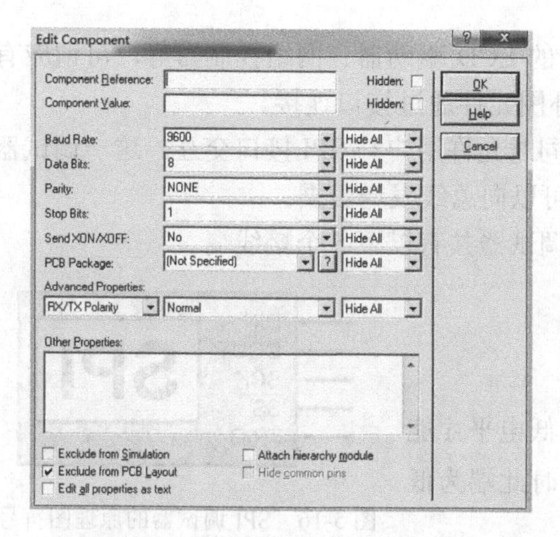

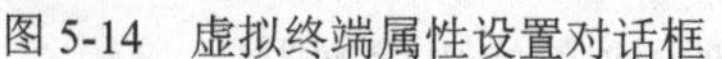
图 5-14　虚拟终端属性设置对话框

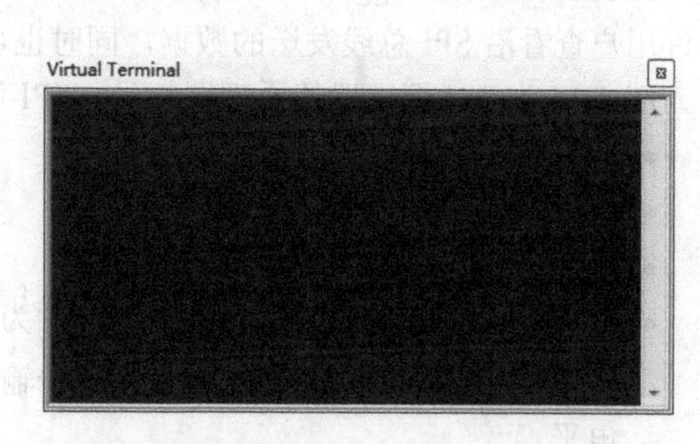

图 5-15　虚拟终端的仿真界面

当其接收到数据时，会立即在终端上显示；当传输数据到系统时，将光标置于虚拟终端屏幕，使用 PC 键盘输入数据。

仿真开始后，在虚拟终端仿真界面中右击，将弹出菜单选项，可以根据需要选择相应的操作。这一菜单可实现清屏、停止显示、复制或粘贴等操作，同时还可以选择屏幕的显示方式。

虚拟终端支持 ASCII 控制代码 CR（0Dh）、BS（0x08h）和 BEL（0x07h）。而其他的代码，包括 LF（0x0A），将被忽略。

虚拟终端为纯数字模型，因此其引脚没有特殊电平要求，也就是说，可以直接将其连接到 CPU 或 UART，而不需要通过 RS232 的驱动元件（如具有逻辑电平转换的 MAX232）。

RX 和 TX 引脚的默认值是高电平，因此静止状态为高电平，其起始位为逻辑低，而停止位为逻辑高。数据位中，逻辑高代表 1，而逻辑低代表 0。这与多数微控制器 UATR 的定义兼容，并且与诸如 6850 和 8250 的定义也兼容。当与上述不符时（如将虚拟终端连接到 RS232 驱动元件的输出端），用户需要设置 RX/TX 的极性反向。

RTS 和 CTS 引脚的默认值也为高电平。如果希望将这些引脚连接到反向控制线（如 RTS/CTS），用户需要设置 RTS/CTS 的极性反向。

在默认状况下，虚拟终端不显示用户输入的字符，也就是说，主系统将驱动输出终端显示用户输入的字符。如果用户希望显示输入的字符，须从右键菜单中选择 Echo Typed Characters 命令。

使用 TEXT 属性预定义传输数据。这一功能使得电路在启动时就传输数据。例如，在 TEXT 中输入 TEXT="Hello World"，系统将会传输 Hello World 到电路。

5.5 SPI 调试器

串行设备接口（Serial Peripheral Interface，SPI）总线系统是 Motorola 公司提出的一种同步串行外设接口，允许 MCU 与各种外围设备以同步串行通信方式交换信息。其外围设备种类繁多，从简单的 TTL 移位寄存器到复杂的 LCD 驱动器、网络控制器等，可谓应有尽有。SPI 总线可直接与厂家生产的多种标准外围元件通过接口连接。

SPI Protocol Debugger（SPI 协议调试器）同时允许用户与 SPI 接口交互。这一调试器允许用户查看沿 SPI 总线发送的数据，同时也可以向总线发送数据。

图 5-16 为 SPI 调试器的原理图符号，SPI 调试器共有以下 5 个接线端。

- DIN：接线数据端。
- DOUT：输出数据端。
- SCK：连接总线时钟端。
- $\overline{SS}$：从模式选择端。从模式时，必须为低电平才能使终端响应；主模式时，当数据正传输时此端为低电平。
- TRIG：输入引脚，能够把下一个存储序列放到 SPI 的输出序列中。

图 5-16　SPI 调试器的原理图符号

双击 SPI 原理图符号，可以打开它的属性设置对话框，如图 5-17 所示，对话框主要参数如下：

- SPI Mode：有 3 种工作模式可以选择，Monitor 为监控模式，Master 为主要模式，Slave 为从模式。
- Master clock frequency in Hz：主模式时钟频率（Hz）。
- SCK Idle state is：SCK 空闲状态为高电平或低电平，选择一个。
- Sampling edge：采样边沿，指定 DIN 引脚采样的边沿，选择 SCK 从空闲到激活状态或从激活状态到空闲状态。
- Bit order：位顺序，指定一个传输数据的位顺序，可先传送最高有效位（MSB），也可先传送最低有效位（LSB）。

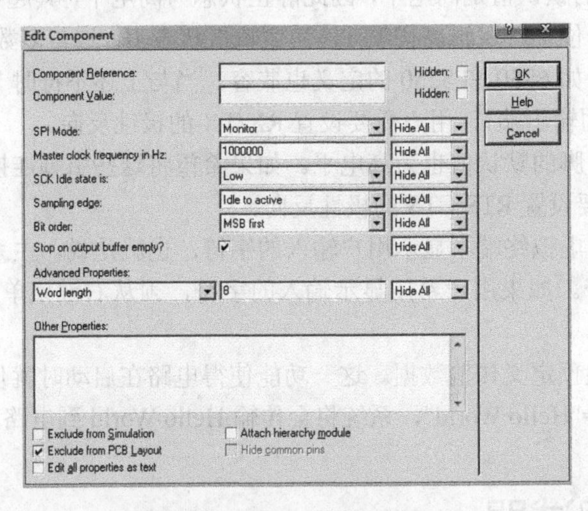

图 5-17　SPI 属性设置对话框

【例 5-2】 使用 SPI 调试器接收数据

（1）将 SCK 和 DIN 引脚连接到电路的相应引脚。

（2）将鼠标放置在 SPI 调试器上，并使用快捷键 Ctrl+E 打开编辑对话框进行设置。

（3）设置 SPI 调试器字长、位顺序、SCK 空闲状态和采样边沿等属性。

（4）单击 Play 按钮 ▶ ，开始仿真。此时，将弹出调试器运行窗口，如图 5-18 所示，接收的数据将显示在窗口中。

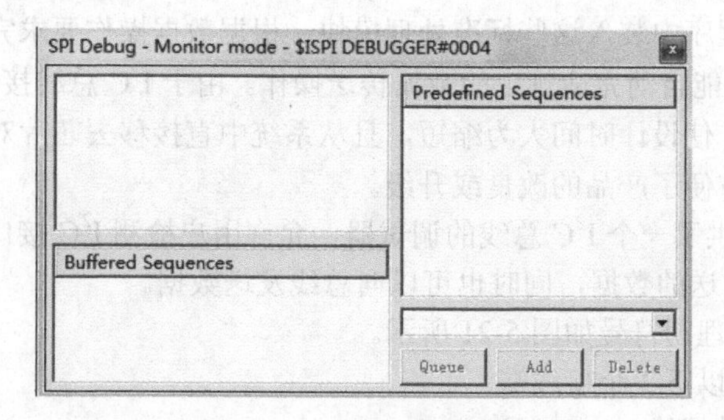

图 5-18　SPI 调试器运行窗口

【例 5-3】　使用 SPI 调试器传输数据

（1）将 SCK 和 DIN 引脚连接到电路的相应引脚。

（2）将鼠标放置在 SPI 调试器上，并使用快捷键 Ctrl+E 打开编辑对话框进行设置。

（3）设置 SPI 调试器字长、位顺序、SCK 空闲状态和采样边沿等属性。

（4）单击 Play 按钮 ▶ 启动仿真，并调出 SPI 调试器的弹出式窗口。

（5）在弹出式窗口右下方输入需要传输的数据，如图 5-19 所示。

（6）当输入了需要传输的数据后，既可以直接传输数据，也可以单击 Add 按钮，将数据存放到 Predefined Sequences 列表中，以备后续使用。

（7）当暂停仿真时，若序列输入窗口为空时，也可选择预定义序列，单击 Queue 按钮，将任意预定义序列复制到缓冲器序列中，如图 5-20 所示。

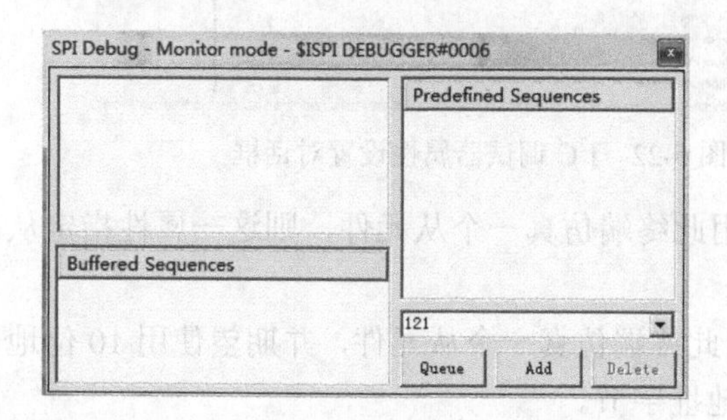

图 5-19　在 SPI 调试器运行窗口中输入传输数据

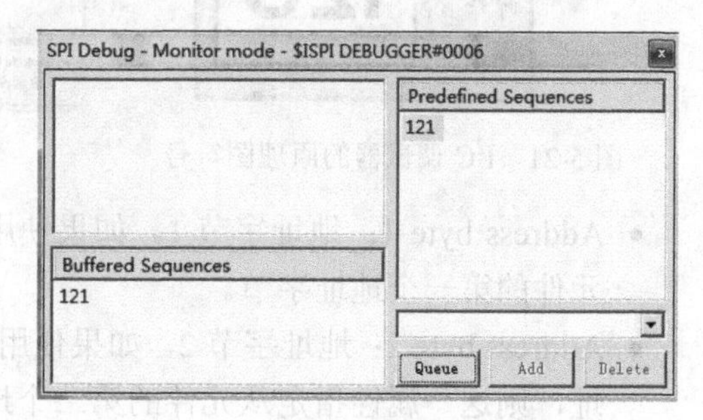

图 5-20　使用缓冲器序列传输数据

（8）当再次激活仿真时，这一序列将被传输。

5.6　I²C 调试器

I²C（Intel IC）总线是 Philips 公司推出的芯片间串行传输总线。它只要两根线（串行时钟线 SCL 和串行数据线 SDA）就能实现总线上各元件的全双工同步数据传送，可以极为方便地构成系统和外围元件扩展系统。I^2C 总线采用元件地址的硬件设置方法，避免了通过软件寻址元件片选线的方法，使硬件系统的扩展简单灵活。按照 I^2C 总线规范，总线传输过程中的所有状态都生成相应的状态码，系统的主机能够依照状态码自动地进行总线管理，用户只要在程序中装入这些标准处理模块，根据数据操作要求完成 I^2C 总线的初始化，启动 I^2C 总线就能自动完成规定的数据传送操作。由于 I^2C 总线接口已集成在芯片内，用户无须设计接口，使设计时间大为缩短，且从系统中直接移去芯片对总线上的其他芯片没有影响，这样就方便了产品的改良或升级。

Proteus ISIS 提供了一个 I^2C 总线的调试器，允许用户检测 I^2C 接口并与之交互，用户可以查看 I^2C 总线发送的数据，同时也可以向总线发送数据。

I^2C 调试器的原理图符号如图 5-21 所示。

I^2C 调试器共有以下 3 个接线端。

- SDA：双向数据线。
- SCL：双向输入端，连接时钟。
- TRIG：触发输入，能引起存储序列被连续地放置到输出队列中。

双击该元件，打开属性设置对话框，如图 5-22 所示。

图 5-21　I^2C 调试器的原理图符号

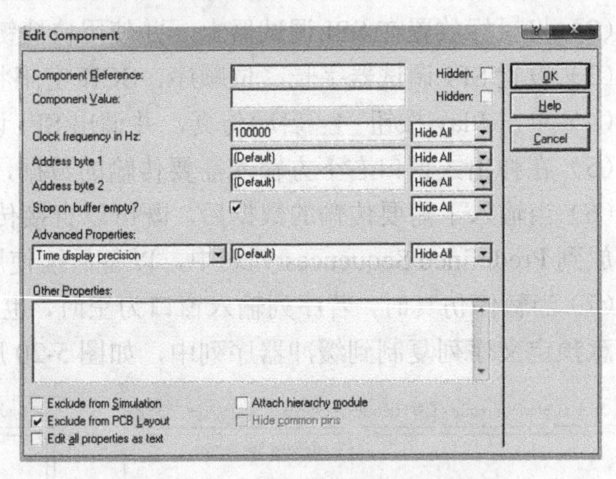

图 5-22　I^2C 调试器属性设置对话框

- Address byte 1：地址字节 1。如果使用此终端仿真一个从元件，则这一属性指定从元件的第一个地址字节。
- Address byte 2：地址字节 2。如果使用此终端仿真一个从元件，并期望使用 10 位地址，则这一属性指定从元件的第二个地址字节。

I^2C 调试器的仿真运行界面与 SPI 类似。

I^2C 调试器具有许多用户可配置的属性（用于传输数据）。所有的属性都可通过编辑元件对话框进行编辑（选中元件并单击，即可弹出编辑元件对话框）。各个属性的详细内容如下。

- Address byte 1：地址字节 1。如果用户使用这一终端仿真一个从元件，这一属性用于指定从元件的第一个地址字节。主机使用最低有效位以指示是传输一个读或写操作还是被忽略（进行寻址时）。如果这一属性设置框为默认值或为空，这一终端将不被作为从元件。
- Address byte 2：地址字节 2。如果用户使用这一终端仿真一个从元件，并期望使用 10 位地址，这一属性用于指定从元件的第二个地址字节。如果这一属性设置框为空，则假定地址为 7 位。

- Stop on buffer empty：缓冲器为空时停止。指定当输出缓冲器为空并且一个字节要求被发送时是否仿真停止。
- Advanced Properties：在这一设置中允许用户指定预先存放输出序列的文本文件的名称。如果这一属性设置为空，序列作为元件属性的一部分进行保存。

除以上属性外，当接收数据时，I^2C 终端需要使用一种特殊的序列句法。这一句法出现在输入数据显示窗口（调试器窗口左上方），包括序列起始（sequence starts）和确认接收（acknowledges）。显示的序列字符如下：

- S——Start Sequence。
- Sr——Restart Sequence。
- P——Stop Sequence。
- N ——Negative Acknowledge received。
- A——Acknowledge received。

5.7 信号发生器

在进行 Proteus ISIS 的电路仿真时，常常需要给电路提供一些输入激励信号，如果这些信号是模拟的，则可以使用 Proteus 的信号发生器（signal generator）。Proteus 的信号发生器主要有以下功能：

- 产生方波、锯齿波、三角波和正弦波。
- 输出频率范围为 0～12MHz，提供 8 个可调范围。
- 输出幅值为 0～12V，提供 4 个可调范围。
- 提供幅值和频率的调制输入和输出。

信号发生器的原理图符号如图 5-23 所示。

信号发生器有输出非调制波和调制波两大功能。通常使用它的输出非调制波功能来产生正弦波、三角波和锯齿波；方波则采用专用的脉冲发生器产生比较方便，主要用于数字电路中。

在用于非调制波发生器时，信号发生器的下面两个接头 AM 和 FM 悬空不接，右面两个接头中的“+”端接至电路的信号输入端，“-”端接地。

单击 Play 按钮 ▶ ，出现如图 5-24 所示的界面。

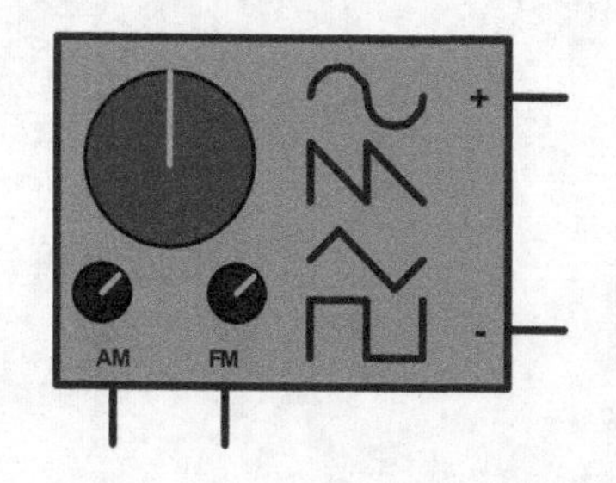

图 5-23 信号发生器的原理图符号

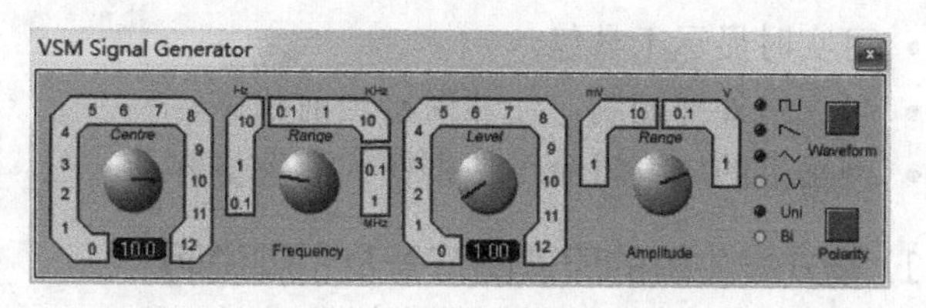

图 5-24 信号发生器仿真运行界面

最右端两个方形的按钮中，上面一个用来选择波形，下面一个用来选择信号电路的极性，即是双极型（Bi）还是单极型（Uni）三极管电路，以和外电路匹配。最左边两个旋钮用来选择信号频率，左边是微调，右边是粗调。中间两个旋钮用来选择信号的幅值，左边是微调，右边是粗调。如果在运行过程中关闭了信号发生器，则需要从主菜单 Debug 中选取最下面的 VSN Signal Generator 来重现。

设置频率盘度，以满足应用电路的需求。当 Centre 的指针放置在 1 的位置时，Range 值表明所发生信号的频率。

设置幅度盘度，以满足应用电路的需求。当 Level 的指针放置在 1 的位置时，Range 值表明所发生信号的幅度，幅值为输出电平的峰值。

单击 Waveform 按钮，代表波形类型的 LED 灯将会点亮，从而选择适合电路的输出信号。

使用 AM/FM 调制输入，信号发生器模型支持调幅波和调频波的输出。幅值输入和频率输入具有以下特性：

- 调制输入的增益由 Frequency Range 和 Amplitude Range 分别按照 Hz/V 和 V/V 进行设置。
- 调制输入的电压范围为-12～12V。
- 调制输入的输入阻抗为无穷大。
- 调制输入的电压为倍乘 Range 设置值与 Centre/Level 值的乘积，倍乘后的值为幅度的瞬时输出频率。

例如，如果 Frequency Range 设置为 1kHz，同时 Frequency Centre 设置为 2.0，则 2V 的调频信号的输出频率为 4kHz。

5.8 模式发生器

模式发生器（pattern generator）是数字版的信号发生器，它支持 8 位 1KB 的模拟信号，同时具有以下特征：

- 既可以在基于图表的仿真中使用，也可以在交互式仿真中使用。
- 支持内部和外部时钟模式及触发模式。
- 使用游标调整时钟刻度盘或触发器刻度盘。
- 十六进制或十进制网格显示模式。
- 在需要高精度设置时，可直接输入指定的值。
- 可以加载或保存模式脚本文件。
- 可单步执行。
- 可实时显示工具包。
- 可使用外部控制，使其保持当前状态。
- 网格上的块编辑命令使得模式配置更容易。

1. 模式发生器的原理图符号及引脚说明

模式发生器的原理图符号如图 5-25 所示，各接线端含义如下：

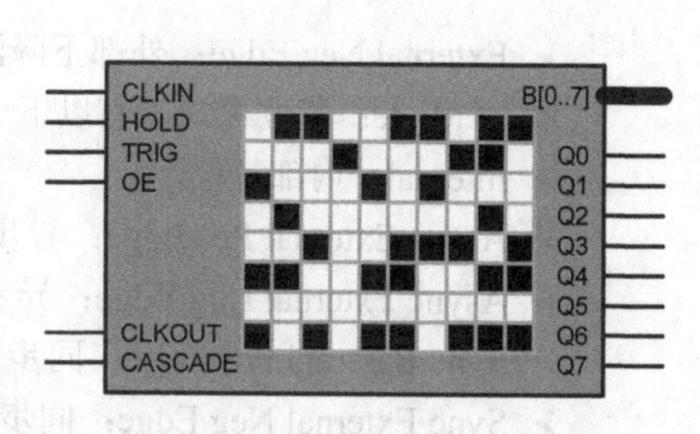

图 5-25　模式发生器的原理图符号

- CLKIN：外部时钟信号输入端，系统提供两种外部时钟模式。
- HOLD：外部输入信号，用来保持模式发生器目前的状态，高电平有效。
- TRIG：触发输入端，用于将外部触发脉冲信号反馈到模式发生器。系统提供 5 种外部触发模式。
- OE：输出使能信号输入端，高电平有效，模式发生器可输出模式信号。
- CLKOUT：时钟输出端，当模式发生器使用的是外部时钟时，可以用于镜像内部时钟脉冲。
- CASCADE：级联输出端，用于模式发生器的级联，当模式发生器的第一位被驱动并且保持高电平时，此端输出高电平，保持到下一位被驱动之后一个周期时间。
- B0～B7 和 Q0～Q7 分别为数据输入端和输出端。

2. 模式发生器的属性设置对话框

双击模式发生器的原理图符号，弹出其属性设置对话框，如图 5-26 所示。

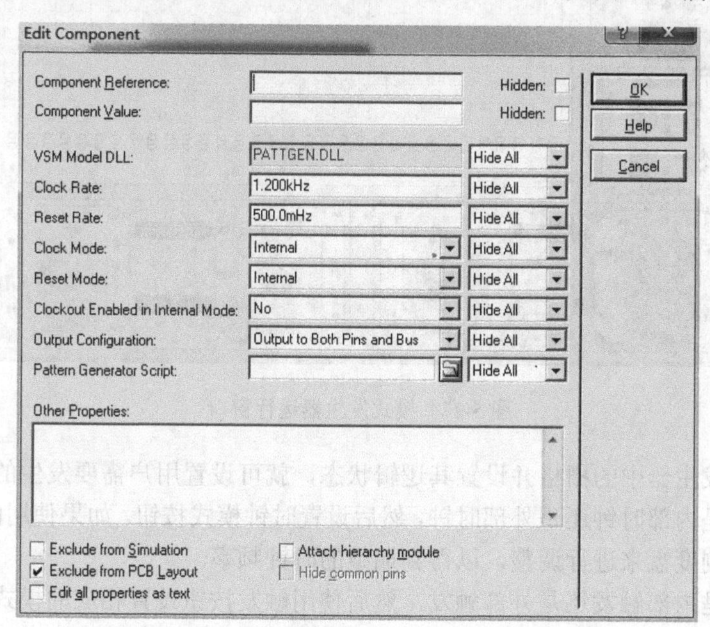

图 5-26　模式发生器属性设置对话框

- Clock Rate：时钟频率。
- Reset Rate：复位频率。
- Clock Mode：时钟模式，有以下 3 种。
  - ➢ Internal：内部时钟。
  - ➢ External Pos Edge：外部上升沿时钟。

  - ➢ External Neg Edge：外部下降沿时钟。
- Reset Mode：复位模式，有以下 5 种。
  - ➢ Internal：内部复位。
  - ➢ Async External Pos Edge：异步外部上升沿脉冲。
  - ➢ Async External Neg Edge：异步外部下降沿脉冲。
  - ➢ Sync External Pos Edge：同步外部上升沿脉冲。
  - ➢ Sync External Neg Edge：同步外部下降沿脉冲。
- Clockout Enabled in Internal Mode：内部模式下时钟输出使能端。
- Output Configuration：输出配置，共 3 种。
  - ➢ Output to Both Pins and Bus：引脚和总线均输出。
  - ➢ Output to Pins Only：仅在引脚输出。
  - ➢ Output to Bus Only：仅在总线输出。
- Output Generator Script：模式发生器脚本文件。

在仿真界面中，单击 Play 按钮，将弹出模式发生器运行窗口，如图 5-27 所示。

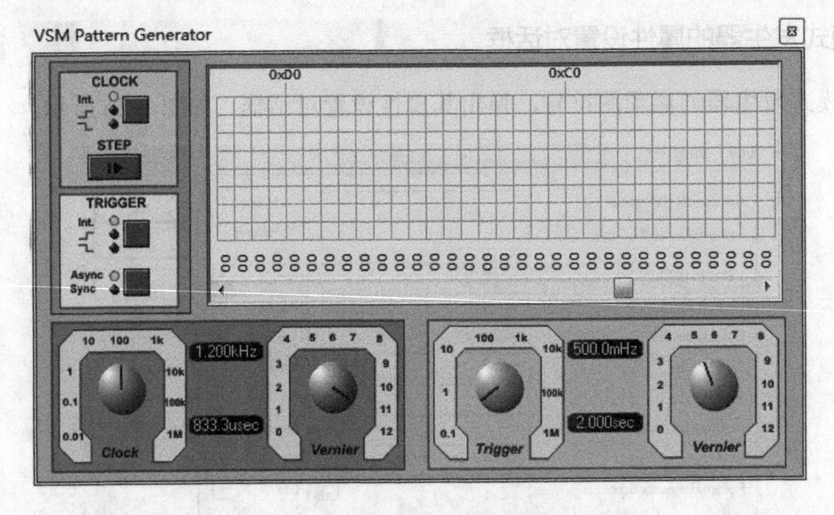

图 5-27　模式发生器运行窗口

单击模式发生器中的栅格并设置其逻辑状态，就可设置用户需要发生的模式。

确定时钟是内部时钟还是外部时钟，然后设置时钟模式按钮。如果使用的是内部时钟，可以通过时钟刻度盘来进行调整，以得到期望的时钟频率。

确定触发是内部触发还是外部触发，然后使用触发按钮设置相应的模式。如果是外部触发，用户要考虑是同步时钟触发还是异步时钟触发；如果是内部触发，可通过触发刻度盘来进行调整，以得到期望的触发频率。

单击仿真界面中的 Play 按钮，即可输出相应的模式。如果期望得到单时钟周期的模拟信号，须在仿真控制面板单击 Step 按钮，然后使用 Step 按钮使栅格向左移动。

3. 时钟模式（Clocking Modes）

时钟模式分为内部时钟和外部时钟两种。

（1）内部时钟（Internal Clocking）。

内部时钟是负沿脉冲。

内部时钟既可在仿真之前使用元件编辑对话框指定，也可在仿真暂停期间使用时钟模式按钮指定。

当时钟输出引脚（Clockout Pin）被激活时，可镜像内部时钟。在默认状况下，这一选项是无效的，因为它可能导致仿真故障，尤其在高频时钟仿真时更容易引发恶性事件。但是，如果要使用这一引脚，可以使用模式发生器的编辑元件对话框来激活。

（2）外部时钟（External Clocking）。

有两种外部时钟模式：负沿脉冲（low-high-low）和正沿脉冲（high-low-high）。

使用外部连线，将外部时钟脉冲连接到时钟输入引脚（Clockin），并选择一种时钟模式。

当在外部时钟模式下时，可以在仿真前编辑元件或仿真暂停期间改变外部时钟模式。

4. 触发模式（Trigger Modes）

触发模式分为内部触发、外部异步正脉冲触发和外部同步正脉冲触发 3 种。

（1）内部触发（Internal Trigger）。

模式发生器的内部触发模式是按照指定的间隔触发。如果时钟是内部时钟，则时钟脉冲在这一触发点复位。

（2）外部异步正脉冲触发（External Asynchronous Positive Trigger）。

触发器在触发引脚由正沿转换指定。当触发发生时，触发器立即动作，下一个时钟边沿（即在位时钟的 1/2 处，与复位时间相同）实现由低到高转换。

（3）外部同步正脉冲触发（External Synchronous Positive Trigger）。

触发器在触发引脚由正沿转换指定。触发被锁定，和下一个时钟的下降沿同步动作。

5. 外部同步负脉冲触发器

触发器在触发引脚由负沿转换指定。触发被锁定，和下一个时钟的下降沿同步动作。

6. 外部保持（External hold）

保持模式发生器的当前状态：如果想要在一段时间内保持模式，可以在期望保持的那段时间内使保持引脚（hold pin）为高电平。

如果使用的是内部时钟，在释放保持引脚的同时，模式发生器将重新启动。也就是说，保持引脚在时钟周期的一半变为高电平。然后，当释放保持引脚时，下一位将要在以后的每半个时钟周期时驱动输出引脚。

当保持引脚为高电平时，则内部时钟被暂停。当释放保持引脚时，时钟将在相对于一个时钟周期的暂停点重新启动。

7. 附加功能（Additional Functionality）

（1）加载和保存模式脚本。在栅格上右击，将弹出快捷菜单，如图 5-28 所示。

从弹出的快捷菜单中选择相关的选项，则可加载或保存模式脚本。如果要在多个设计中使用特殊模式，这一方法是非常有用的。

模式脚本为纯文本文件，各字节间由逗号分隔。每个字节代表栅格上的一栏。以分号起始的行被作为注释行，并且被剖析器忽略。在默认状况下，字节格式为十六进制。当用户创建脚本文件时，输入值可以使用十进制、二进制或十六进制。

（2）为刻度盘设置指定值。可以通过双击合适的刻度盘指定位和触发频率的精确值。双击后，将出现浮动的编辑框，如图 5-29 所示。

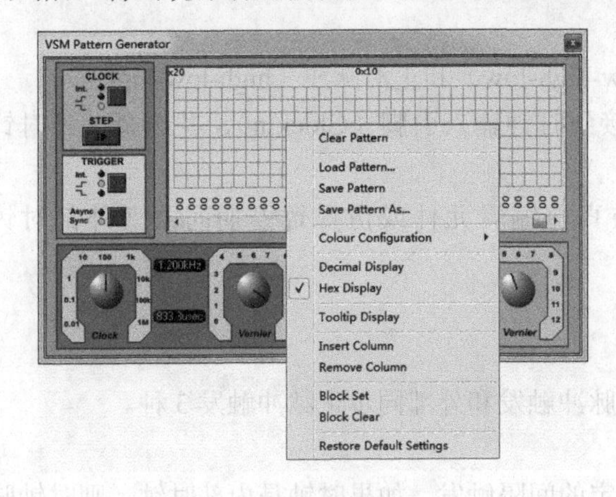

图 5-28　快捷菜单

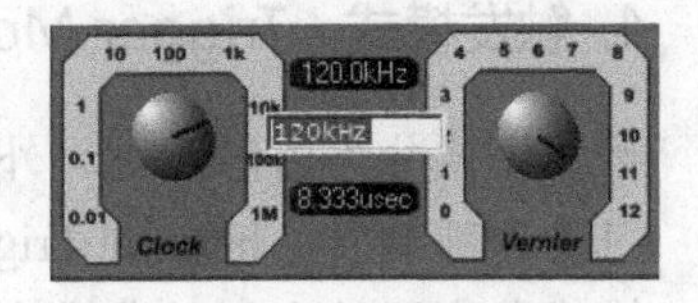

图 5-29　用浮动编辑框设置刻度盘

可以将设置值输入到其中。在默认状况下，输入值被作为频率，同时，也可以通过为输入值加上合适的后缀（如 sec、ms 等）指定输入值的类型。此外，如果希望触发为时钟的精确倍乘，可以附加期望的倍乘后缀（如 5bits）。

按 Enter 键、Esc 键或单击模式发生器窗口的任何其他部分确认输入。通过对编辑元件对话框的适当设置，可以指定这些值的周期，以便进行仿真。

（3）设定模式栅格的值。在显示当前栏值的文本上单击，可以指定栅格上该栏中的任何一个值。单击后，将出现一个浮动的编辑框，如图 5-30 所示。

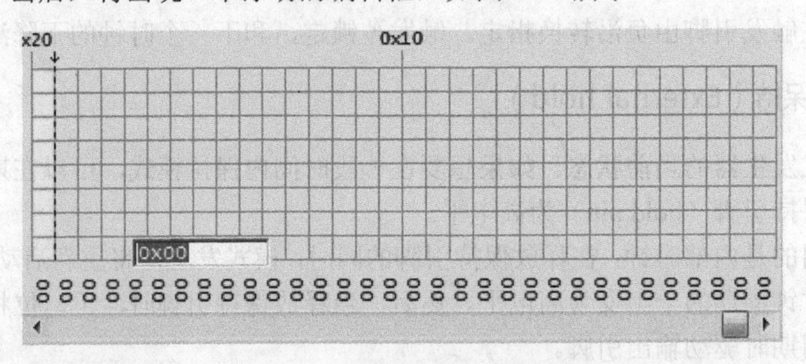

图 5-30　用浮动编辑框设置栅格

可在框中输入期望值，可以输入十进制值、十六进制值或二进制值。

按 Enter 键、Esc 键或单击模式发生器窗口的任何其他部位确认输入。还可以使用快捷键 Ctrl+I 设置想要编辑的栏，而使用快捷键 Ctrl+Shift+I 清除这一栏。

5.9 电压表和电流表

Proteus ISIS 提供了 4 种电表，分别是 DC voltmeter（直流电压表）、DC ammeter（直流电流表）、AC voltmeter（交流电压表）、AC ammeter（交流电流表）。这 4 个电表的使用方法和实际的交、直流电表一样，电压表并联在被测电压两端，电流表串联在电路中，要注意方向。运行仿真时，直流电表出现负值，说明电表的极性接反了，两个交流表显示的是有效值。

在 Proteus ISIS 的界面中，选择虚拟仪器图标，在出现的元件列表中，分别把上述 4 种电表放置在原理图编辑区域中。4 种电表的原理图符号如图 5-31 所示。

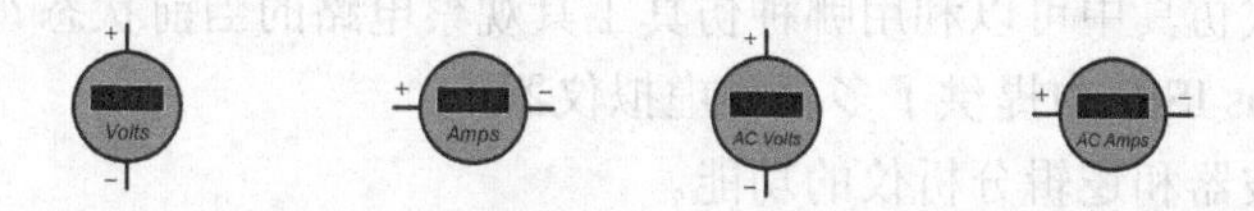

图 5-31　4 种电表的原理图符号

双击任一电表的原理图符号，出现其属性对话框，如图 5-32 所示（以交流电压表为例）。

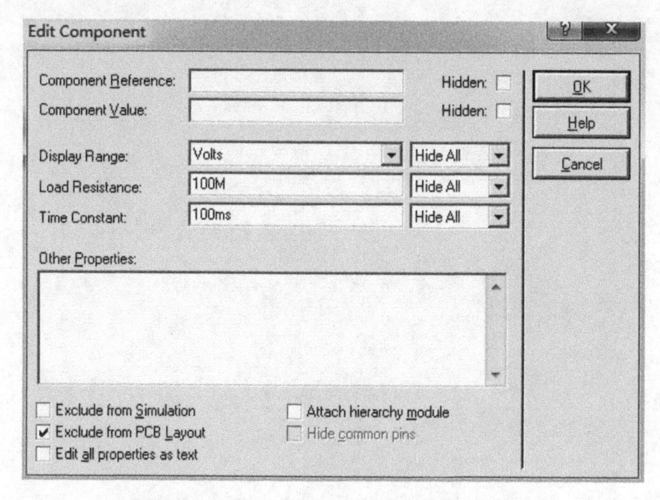

图 5-32　交流电压表的属性设置对话框

电压表和电流表的属性说明如下。

- Display Range：显示值，也就是对应的电压表和电流表的刻度值。电压表通常有 Volts（伏）、MilliVolts（毫伏）、MicroVolts（微伏）3 个选项，与电流表的安培（Amps）、毫安（MilliAmps）和微安（MicroAmps）相对应。
- Load Resistance：电压表或电流表本身的内阻大小默认为 100MΩ，通常需要设置为一个比较大的值。
- Time Constant：持续时间。

交流电压表和交流电流表显示的是在用户定义的时间常量内电压或电流的平均值（RMS）。

5.10 小结

本章学习了 Proteus ISIS 提供的虚拟仪器，对虚拟仪器的特点和使用方法进行了详细讲解，并给出了具体的使用实例。读者通过学习，应该能够根据实际的应用情况熟练地使用虚拟仪器完成电路仿真过程。

5.11 习题

（1）在交互式仿真中可以利用哪种仿真工具观察电路的当前状态？

（2）在 Proteus ISIS 中提供了多少种虚拟仪器？

（3）简述示波器和逻辑分析仪的功能。

第 6 章　Proteus ISIS 中的模拟电路仿真

在电子产品设计中，模拟电路设计是非常重要的内容。同样，在电子信息类各专业中，模拟电路也是一门重要的专业基础课。Proteus ISIS 具有很好的模拟电路仿真能力，通过仿真环境可以在计算机上进行模拟电路设计的几乎所有工作。可以将学生和设计者从传统的模拟电路实验中解放出来，极大地提高效率。

6.1　二极管电路实验

二极管又称晶体二极管，在二极管内部有一个 PN 结和两个引线。PN 结赋予了二极管单向导电性，这个特性使得晶体二极管在电子设计中有着广泛的应用。本节介绍二极管的基础知识，并通过一系列与二极管有关的实验来帮助读者理解二极管的特性和掌握二极管的应用知识。

6.1.1　二极管基础

自然界中的材料根据导电能力可以分为导体、绝缘体和半导体。常见的导体有铜和铝等，常见的绝缘体有橡胶、塑料等。半导体（semiconductor）指常温下导电性能介于导体（conductor）与绝缘体（insulator）之间的材料，常见的半导体材料有硅（Si）和锗（Ge）。一般把纯净的半导体称为本征半导体。在本征半导体中掺入微量的元素硼（B）或者钾（K）就会形成 P 型半导体，掺入微量的元素磷（P）就会形成 N 型半导体。

在半导体硅或锗的区域掺入微量的三价元素硼使之成为 P 型半导体，另一个区域掺入微量的元素磷使之成为 N 型半导体，在 P 型和 N 型半导体的交界处就形成一个 PN 结。一个 PN 结就是一个二极管，P 区的引线称为阳极，N 区的引线称为阴极，如图 6-1 所示。

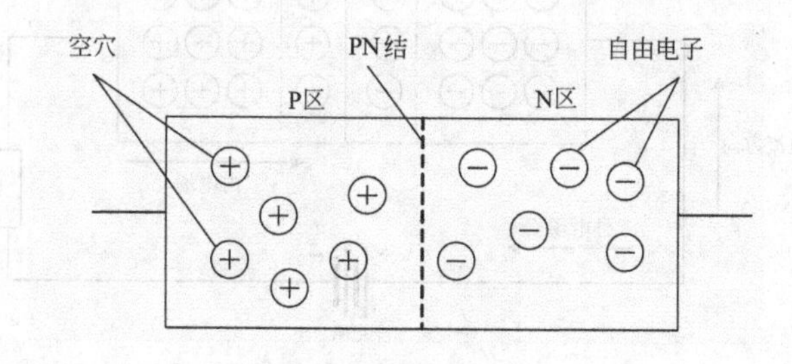

图 6-1　结型二极管

在 PN 结形成的过程中，靠近 PN 结的电子会飘过 PN 结进入 P 区域并与 PN 结附近的空穴复合。由于电子穿过 PN 结并与空穴复合，在 PN 结附近留下了带正电的五价原子。

同样，当电子与 P 区中的空穴复合后，三价原子带负电。其结果是在 PN 结的 N 边出现正离子，P 边出现负离子。PN 结两侧出现的正负离子产生了耗尽区势垒电位（VB）。势垒电位与温度有关。一般在室温下，硅半导体的势垒电位约为 0.7V，锗半导体的势垒电位为 0.3V。由于锗半导体制作的二极管很少使用，所以多数情况下，在分析二极管电路时，将势垒电位看作 0.7V。

N 区中的电子为了进入 P 区，必须克服正离子的吸引力和负离子的排斥力。在离子层建立后，PN 结内的区域实际上已经耗尽了导电电子和空穴，所以称为耗尽区，如图 6-2 所示。带电粒子要越过这个界限做进一步的移动，必须克服势垒电位。

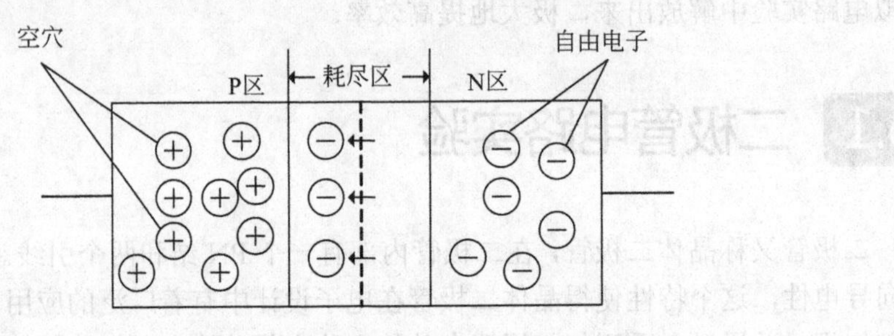

图 6-2　二极管的耗尽区

1. 二极管的正向偏置

PN 结正向偏置（forward bias）时，外部电场的方向是从 P 区指向 N 区，显然与内电场的方向相反，这时外电场驱使 P 区的空穴进入空间电荷区抵消一部分负空间电荷，同时 N 区的自由电子进入空间电荷区抵消一部分正空间电荷，结果使空间电荷区变窄，内电场被削弱。内电场的削弱使多数载流子（多子）的扩散运动得以增强，形成较大的扩散电流（扩散电流由多子的定向移动形成，通常简称为电流），如图 6-3 所示。在一定范围内，外电场愈强，正向电流愈大，PN 结对正向电流呈低电阻状态，这种情况在电子技术中称为 PN 结的正向导通。

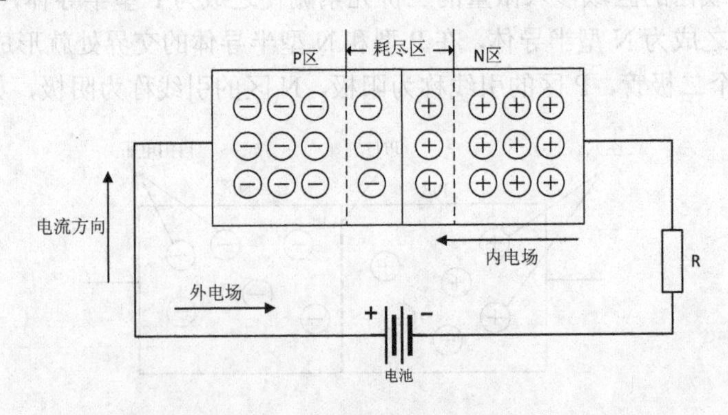

图 6-3　二极管的正向偏置

半导体在无外加电压的情况下，扩散运动和漂移运动处于动态平衡，动态平衡状态下通过 PN 结的电流为零。这时，如果在 PN 结两端加上电压，扩散与漂移运动的平衡就会被破坏，PN 结将显示出其单向导电的性能。

2. 二极管的反向偏置

PN 结反向偏置（reverse bias）时，外加电场与空间电荷区的内电场方向一致，同样会导致扩散与漂移运动平衡状态的破坏。外加电场驱使空间电荷区两侧的空穴和自由电子移走，使空间电荷区变宽，内电场增强，造成多数载流子扩散运动难于进行，同时加强了少数载流子（少子）的漂移运动，形成由 N 区流向 P 区的反向电流。但由于常温下少数载流子恒定且数量不多，故反向电流极小。电流小说明 PN 结的反向电阻很高，通常可以认为反向偏置的 PN 结不导电，基本上处于截止状态，这种情况在电子技术中称为 PN 结的反向阻断，如图 6-4 所示。

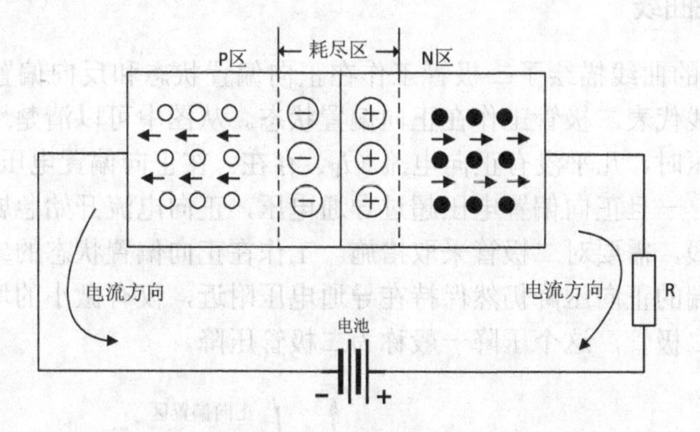

图 6-4　二极管的反向偏置

当外加的反向电压在一定范围内变化时，反向电流几乎不随外加电压的变化而变化。这是因为反向电流是由少子漂移形成的，在热激发下，少子数量增多，PN 结反向电流增大。换句话说，只要温度不发生变化，少数载流子的浓度就不变，即使反向电压在允许的范围内增加再多，也无法使少子的数量增加，反向电流趋于恒定，因此反向电流又称为反向饱和电流。值得注意的是，反向电流是造成电路噪声的主要原因之一，因此，在设计电路时，必须考虑温度补偿问题。

二极管工作在正向偏置时，呈现出低电阻的特征，具有较大的正向扩散电流；而当二极管工作在反向偏置时，呈现出高电阻特征，具有很小的反向漂移电流。因此，二极管具有单向导电特性。

3. 反向击穿电压

当二极管工作在反向偏置状态时，二极管必须在最大反向偏置电压下保持高阻特征而不被击穿。这个保证二极管不被击穿的最大反向偏置电压就是反向击穿电压（peak inverse voltage）。不同的二极管具有不同的反向击穿电压，在电路中应用时，要根据具体的需求选择具有不同反向击穿电压的二极管。

如果二极管的反向偏置电压持续增加到一个足够大的电压值，二极管会表现出雪崩效应。在材料掺杂浓度较低的 PN 结中，当 PN 结反向电压增加时，空间电荷区中的电场随之增强。这样，通过空间电荷区的电子和空穴获得的能量就会在电场作用下增大，在晶体中运动的电子和空穴将不断地与晶体原子发生碰撞，当电子和空穴的能量足够大时，通过这样的碰撞可使共价键中的电子激发形成自由电子－空穴对。新产生的电子和空穴也向相反的方向运动，重新获得能量，通过碰撞再产生电子－空穴对，这就是载流子的倍增效应。当反向电压增大到某一数值后，载流子的倍增情况就像在陡峻的积雪山坡上发生雪崩一样，载流子增加得多而快，这样，反向电流剧增，PN 结就发生雪崩击穿。利用该特点可制作高反压二极管。

绝大多数二极管不允许工作在反向击穿状态，但是有一类二极管——齐纳二极管，专门工作在反向击穿状态。由于反向击穿状态下二极管内阻很低，因此需要对二极管用合适的电阻进行限流，防止二极管损坏。

4. 二极管特性曲线

如图 6-5 所示的曲线描绘了二极管工作在正向偏置状态和反向偏置状态时的特性曲线。第一象限的曲线代表二极管工作在正向偏置状态。从图中可以清楚地看出，在正向偏置电压低于导通电压时，几乎没有正向电流（I_F）存在。在正向偏置电压接近导通电压时，正向电流开始增加。一旦正向偏置电压超过导通电压，正向电流开始急剧增长。因此，为了防止二极管被烧毁，需要对二极管采取措施。工作在正向偏置状态的二极管即使处于导通状态，二极管两端的正向压降仍然保持在导通电压附近，仅有微小的增长。对于工作在正向偏置状态下的二极管，这个压降一般称为二极管压降。

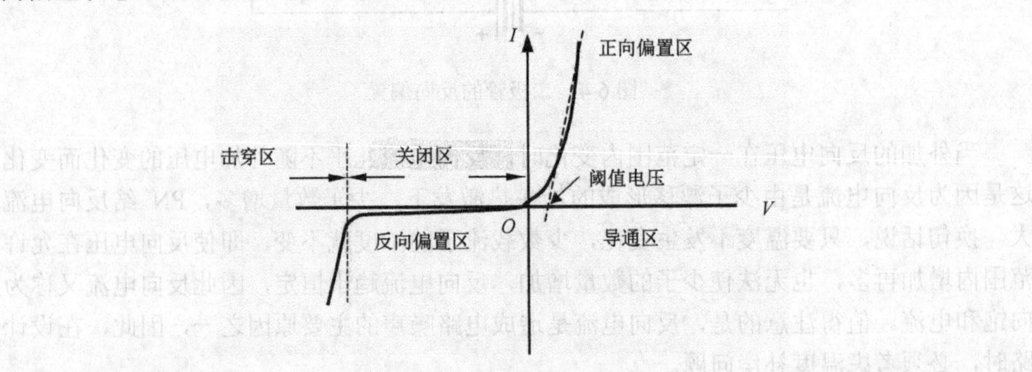

图 6-5　二极管特性曲线

第三象限的曲线代表二极管工作在反向偏置状态。当反向偏置电压增加时，在反向偏置电压没有超过击穿电压之前，反向电流几乎为零。这个几乎为零的反向电流称为漏电流。当反向偏置电流继续增大时，一旦超过了击穿电压，反向电流会以非常陡峭的曲线增长。这个很大的电流会损坏二极管。对大多数普通二极管来说，并不会工作在反向偏置状态下。而对大多数整流二极管来说，其反向击穿电压在 50V 左右。

5. 二极管符号

常用二极管的符号如图 6-6 所示。一般来说，二极管符号由三角形和直线组成，三角形一侧为二极管的阳极，直线一侧为阴极。

图 6-6 中的 8 个符号依次代表普通二极管、发光二极管、光敏二极管、肖特基二极管、隧道二极管、变容二极管、齐纳二极管、瞬变抑制二极管。

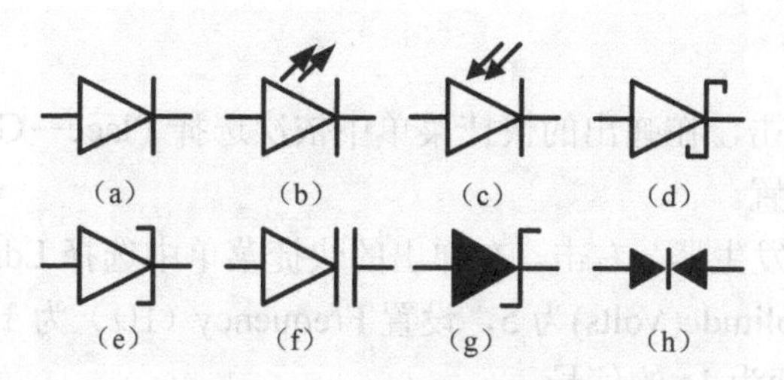

图 6-6　常用二极管符号

6.1.2　二极管正向导通实验

如图 6-7 所示的二极管工作在正向偏置状态。其中电阻 R_1 是限流电阻。这个电路中，二极管 D_1 两端所施加的正向偏置电压超过了 0.7V，达到了 12V，显然二极管将导通。二极管导通后的典型压降为 0.7V。因此，可以很容易地计算出通过电阻 R_1 和二极管 D_1 的电流为：

$$I_F = \frac{V_B - 0.7}{R_1} = \frac{12V - 0.7V}{1k\Omega} = 0.0113A$$

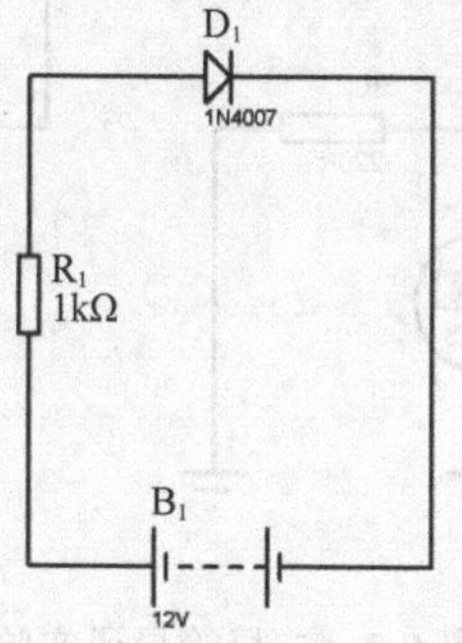

图 6-7　工作在正向偏置状态的二极管

【例 6-1】　正向导通实验

本节采用发光二极管进行正向导通实验。采用发光二极管的原因是可以在实验时直观地观察到发光二极管的导通。发光二极管 D_1 与限流电阻 R_1 串联，在 D_1 的阳极接上正弦波形发生器。正弦波形发生器产生的波形是正弦波。采用正弦波形发生器的原因是需要让加在发光二极管阳极的电压在 0～5V 之间波动，其波形如图 6-8 所示。这样二极管可以间歇地点亮和熄灭。

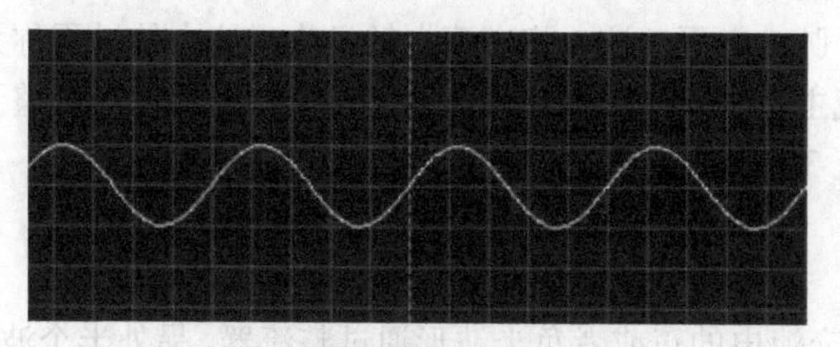

图 6-8　正弦波形发生器产生的波形

操作步骤

（1）在原理图上右击，在弹出的快捷菜单中依次选择 Place→Generator→SINE 命令，将元件放置在合适的位置。

（2）选中正弦波形发生器，右击，在弹出的快捷菜单中选择 Edit Properties 命令。在弹出的对话框中设置 Amplitude(Volts)为 5，设置 Frequency（Hz）为 1。这时正弦波形发生器将产生幅值为 5V，周期为 1s 的信号。

（3）在原理图上右击，在弹出的快捷菜单中依次选择 Place→Component→From Libraries 命令。在弹出的对话框中，在 Keywords 文本框中输入 LED-RED，选择该元件，并单击 OK 按钮。再将 DEVICES 列表中的 LED-RED 元件放置在原理图上。

（4）操作同上，选择元件名为 3WATT220R 的电阻元件，放置在原理图上。

（5）在原理图上右击，在弹出的快捷菜单中选择 Place→Virtual Instrument→OSCILLOSCOPE 命令，并将其放在合适的位置。

（6）如果需要观察二极管阴极和阳极的电压，可以同样在原理图上放置两个 DC VOLTMETER 元件，并将其分别连接到二极管 D_1 的阴极和阳极。

（7）按照图 6-7 所示对各个元件进行连接，得到如图 6-9 所示的原理图。

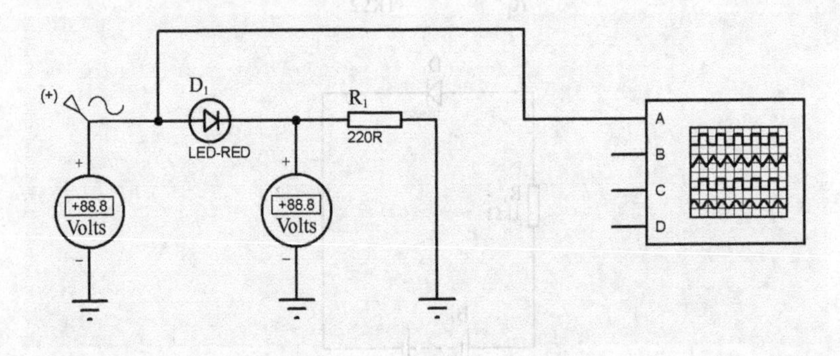

图 6-9　二极管导通实验

在顶部菜单栏中选择 Debug→Start/Stop Animation 命令开始仿真。现在可以观察到发光二极管间歇地发光和熄灭，同时可以观察到连接 D_1 阳极和阴极的伏特表读数的变化。

6.1.3　二极管整流实验

电子系统的正常运行离不开稳定的电源，为了获得直流电源，最常用的方法是：将电网中的交流电经电源变压器产生合适的交流电压，再利用二极管的单向导电特性将其转变为单方向（即直流）脉动电压，这一将交流电转换为直流电的过程称为整流。大多数整流电路由变压器、整流主电路、滤波器和稳压输出电路等组成。其中整流电路有半波整流、全波整流和桥式整流 3 种。

1. 半波整流

在半波整流中，交流电的正或者负半波形通过整流器，另外半个波形被阻挡，如图 6-10

所示。实现一个半波整流器只需要一个整流二极管。由于只有一半的波形能通过整流器，平均电压相对较低，这是因为一半的能量被浪费了。交流电通过整流二极管后产生一个脉冲直流电。因为只有一半的波形通过整流二极管，因此产生的直流电的纹波较大。如果使用这样的直流电作为电源，在接入负载之前，需要使用较复杂的滤波电路来产生较为干净的直流电。

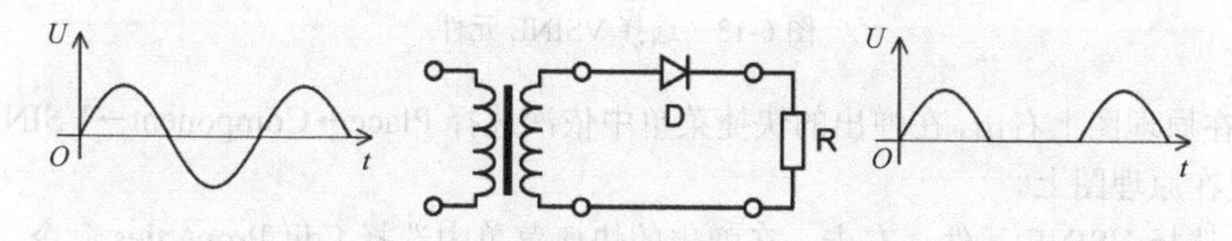

图 6-10　半波整流，使用一个二极管

2. 全波整流

与半波整流不同，一个全波整流电路将交流电的全部能量转换为直流电。正波形和负波形都可以通过整流电路转换为直流电。采用全波整流，因为全部的能量都被使用，因此，产生的直流电的平均电压相对半波整流较高。一个全波整流电路至少需要一个带中央抽头的变压器和两个整流二极管，如图 6-11 所示，或者一个普通变压器和 4 个整流二极管，如图 6-12 所示。

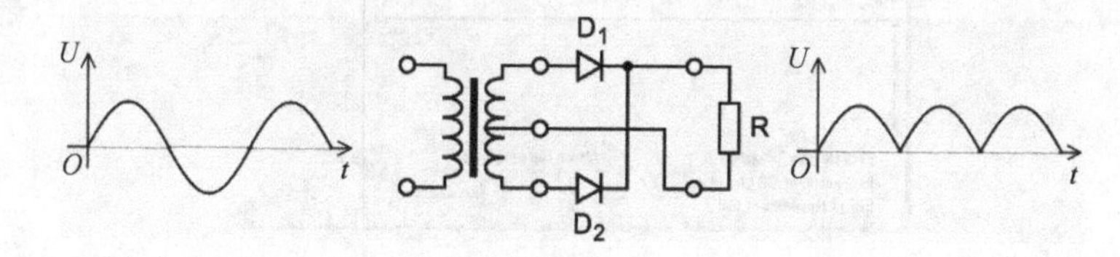

图 6-11　全波整流，使用两个二极管

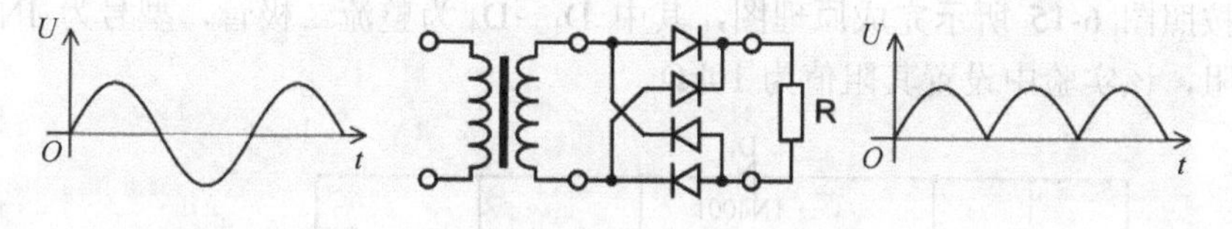

图 6-12　全波整流，使用 4 个二极管

【例 6-2】　二极管整流实验

本实验仿真一个二极管全波整流电路，通过实验了解如何通过二极管将交流电转换为直流电。本实验要求一个交流电源（输入信号）。在 Proteus ISIS 中，可以使用 VSINE 元件作为交流电源使用。

操作步骤

（1）在原理图上右击，在弹出的快捷菜单中依次选择 Place→Component→From Libraries 命令，在弹出的对话框中的 keywords 中输入 VSINE，并按回车键。双击 Results 列表中的 VSINE 元件，将其添加到元件列表中，如图 6-13 所示。

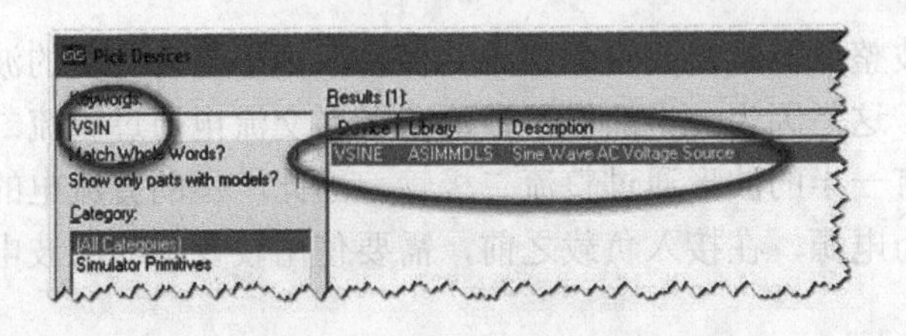

图 6-13　选择 VSINE 元件

（2）在原理图上右击，在弹出的快捷菜单中依次选择 Place→Component→VSINE 命令，将其放置在原理图上。

（3）选择 VSINE 元件，右击，在弹出的快捷菜单中选择 Edit Properties 命令，在弹出的对话框中按如图 6-14 所示进行设置。设置该元件的参数如下：Amplitude 为 12(V)，Frequency 为 50(Hz)。这将产生一个幅值为 12V，周期为 50Hz 的交流电信号。在仿真中，该电源用来模拟通过变压器降压后的变压器次级输出。

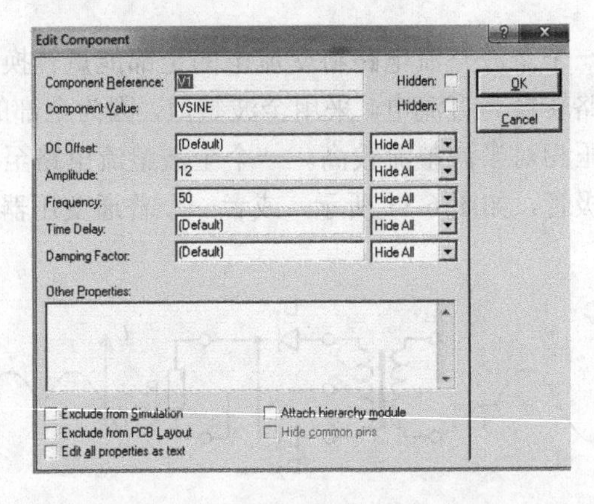

图 6-14　设置 VSINE 波形发生器

（4）按照图 6-15 所示完成原理图，其中 D_1～D_4 为整流二极管，型号为 IN4001。R_1 为负载电阻，该实验中设置其阻值为 10kΩ。

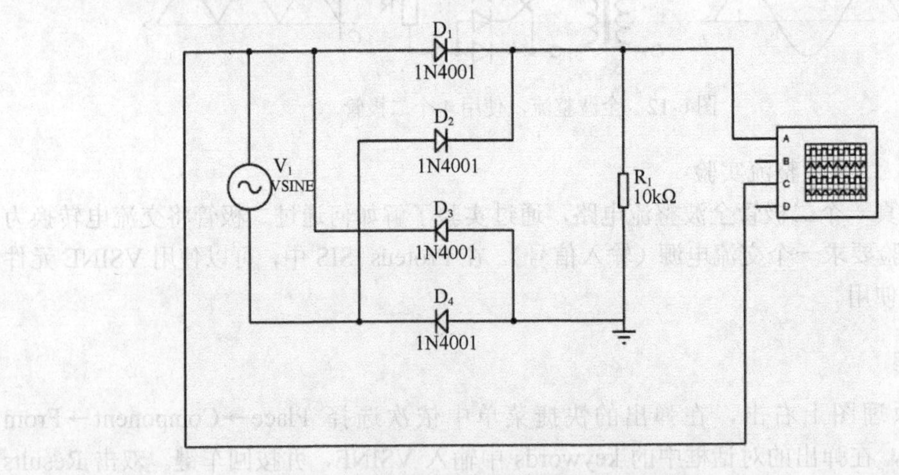

图 6-15　二极管全波整流电路图

（5）在原理图上右击，在弹出的快捷菜单中依次选择 Place→Virtual Instrument→OSCILLOSCOPE 命令，并将元件放置在合适的位置。最后将负载电阻 R_1 的两端接在虚拟示波器的 A、C 输入端子上。

在顶部菜单栏中选择 Debug→Start/Stop Animation 命令开始仿真，仿真结果如图 6-16 所示，波形图中上方的信号是整流后的电压曲线，显示全波整流后的输出信号是直流信号。下方红色的信号是整流之前的电压曲线。从图中可以明显地看出两个曲线的关系。交流输入电压的负半周经过二极管 D_3、D_4 后成为直流信号，此时二极管 D_1、D_2 工作在反向偏置状态下。不论交流信号在正半周还是在负半周，由于经过整流后流过负载电阻的电流反向都是相同的，所以输出电压是直流电压。

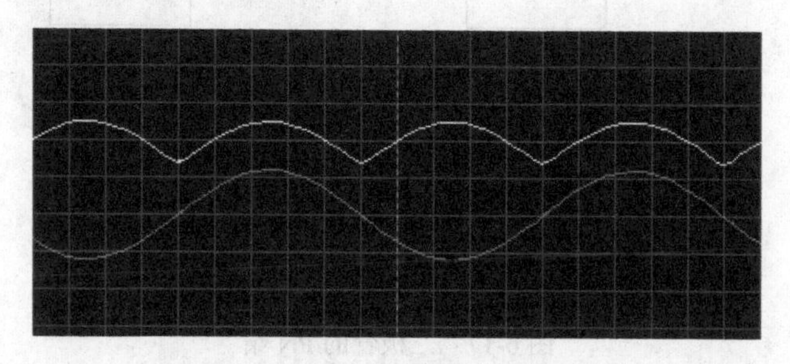

图 6-16　全波整形前后的电压曲线

6.2　三极管电路实验

三极管一般包含两种类型：双极性晶体管和场效应管。本节中使用的三极管是双极性三极管。双极性晶体管是 1947 年在贝尔实验室发明的，被视为 20 世纪最重要的发明之一，因为几乎所有的电子电路都需要它。在电子电路中，三极管是一种控制电流的半导体元件，其作用是把微弱的信号放大成幅度值较大的电信号，也用作无触点开关。晶体三极管是基本半导体元件之一，具有电流放大作用，是电子电路的核心元件。三极管是在一块半导体基片上制作两个相距很近的 PN 结，把整块半导体分成 3 部分，中间部分是基区，两侧部分是发射区和集电区，这 3 个区的排列方式有 PNP 和 NPN 两种。

6.2.1　三极管基础

晶体三极管（以下简称三极管）按材料分为两种：锗管和硅管。而每一种又有 NPN 和 PNP 两种结构形式，但使用最多的是硅 NPN 和锗 PNP 两种三极管（其中，N 表示在高纯度硅中加入磷，以取代一些硅原子，在电压刺激下产生自由电子导电；而 P 是加入硼取代硅，产生大量空穴以利于导电）。

双极型晶体管是由 3 个掺杂的半导体区域构成的。这 3 个区域分别称为发射区、基区和集电区。3 个区域被两个 PN 结隔开。双极型晶体管有两种类型。一种有两个 N 区，中间夹着一个 P 区薄层，称为 NPN 型晶体管，如图 6-17（a）所示；另一种有两个 P 区，中间夹着一个 N 区薄层，称为 PNP 型晶体管，如图 6-17（b）所示。

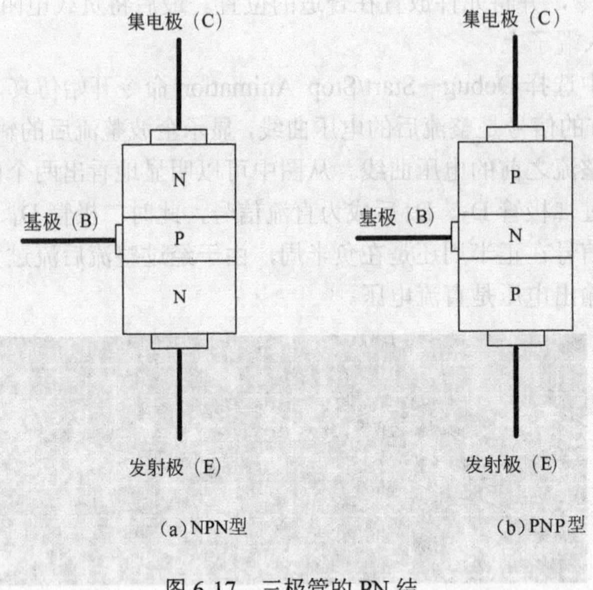

图 6-17　三极管的 PN 结

基区与发射区之间的 PN 结称为发射结。基区与集电极之间的 PN 结称为集电结。每个区有一个引线，分别对应发射区、基区、集电区，并分别用 E、B、C 表示。图 6-18 所示是 NPN 型和 PNP 型三极管的电路符号。

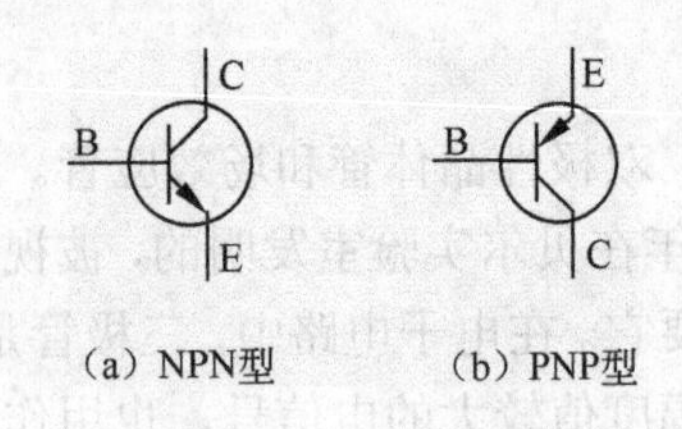

图 6-18　三极管符号

为了使晶体管正常工作，必须在两个 PN 结上提供外部直流偏置电压，以建立合适的工作条件。对 NPN 型和 PNP 型三极管来说，就是使 BE 结工作在正向偏置状态，BC 结工作在反向偏置状态。简而言之，不论是 NPN 型三极管还是 PNP 型三极管，PN 结都工作在相同的偏置状态下，但两者的电压极性和电流方向不同。

1. 三极管的放大作用

制造三极管时，会使发射区的多数载流子浓度大于基区的多数载流子浓度，同时基区做得很薄。这样，在三极管工作时，发射区的多数载流子（电子）与基区的多数载流子（空穴）很容易越过发射结构向相反的方向扩散。但是因为前者的浓度大于后者，所以通过发射结的电流基本上是电子流。这个电子流被称为发射极电流 I_e。由于基区很薄且集电结的反向偏置，注入基区的电子大部分越过集电结进入集电区而形成集电极电流 I_c，剩下的较少的部分的电子（约 1%～10%）在基区的空穴复合，被复合的基区空穴由基极电源重新补充，从而形成了基极电流 I_b。

根据电流的原理，可以得到 $I_e=I_c+I_b$。这样，在基极补充一个很小的 I_b，就可以在集电极上得到一个较大的 I_c。这就是三极管的放大作用。I_c 与 I_b 会维持一个比例关系，这个比例用 β 表示，即 $\beta=I_c/I_b$，称为直流放大系数。而集电极电流的变化量 ΔI_c 与基极电流的变化量 ΔI_b 之比称为交流放大系数，即 $\beta_{ac}=\Delta I_c/\Delta I_b$。在低频时，交流放大系数与直流放大系数值相差不大，所以在很多情况下，对 β 和 β_{ac} 不加严格区分。

2. 三极管的开关作用

三极管由 PN 结组成，根据 PN 结的偏置特性，三极管有截止、放大和饱和 3 种工作状态。

- 截止状态。两个 PN 结均工作在反向偏置状态下，此时三极管呈现出高阻特性，类似于开关的关断。此时 I_b 几乎为 0，那么集电极电流 I_c 几乎等于集电极穿透电流，而这个电流非常小，所以 I_c 也几乎等于 0。
- 放大状态。发射结正向偏置，集电结反向偏置。该状态在三极管被用作电子开关时又称为活动状态（Active）。
- 饱和状态。两个 PN 结都处在正向偏置状态下，此时三极管呈现出低阻抗特性，类似于开关的闭合。此时发射极处于正向偏置状态下，且基极电流逐渐增大，那么集电极电流也会逐渐增大，V_{ce} 会随着 R_c 两端压降的增加而减小。当基极电流增大到使 V_{cc} 完全降在 R_c 上时，集电极-发射极之间就没有电压，这种情形称为饱和。饱和电流可以这样计算：$I_{sat}=V_{cc}/R_c$。当基极电流足够大，产生饱和作用后，继续增大基极电流就不会影响到集电极电流，而且集电极电流与基极电流之间的放大系数关系不再有效。

由于电荷的建立与消失过程，三极管从截止区到饱和区的过渡是需要一定时间才能完成的。

图 6-19 是 NPN 型三极管的典型电路图，图 6-20 是三极管的工作曲线。

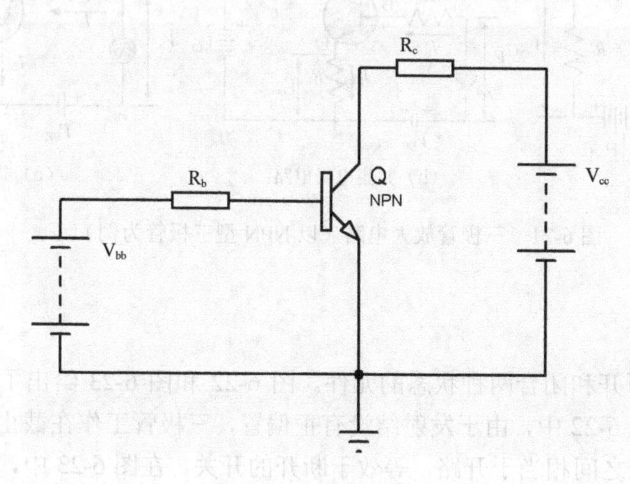

图 6-19　三极管工作电路

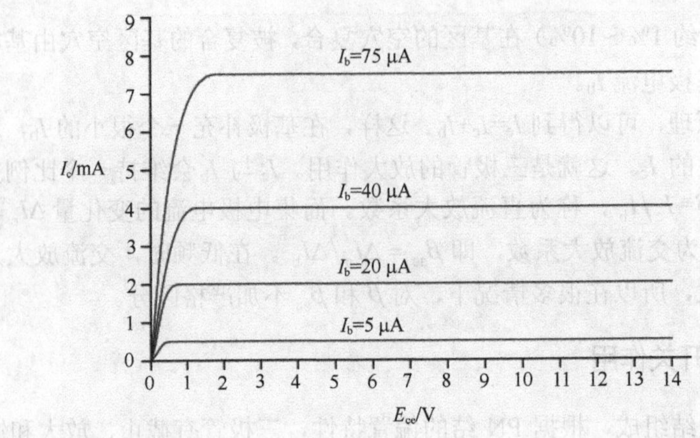

图 6-20　三极管的工作曲线（Y 轴为集电极电流，X 轴为集电极-发射极电压）

6.2.2　三极管的应用

由于三极管的放大特性和开关特性，在电路设计中，三极管常用作信号放大电路和电流开关电路的核心元件。三极管用在放大电路中有 3 种使用形态，分别是共射极电路、共集电极电路和共基极电路。这 3 种电路根据其特性分别应用在不同的场合。

1. 放大电路

以输入信号与输出信号的位置为依据，可以将三极管放大电路分为共射极电路、共集电极电路和共基极电路。

- 共射极电路：信号由基极输入，集电极输出，如图 6-21（a）所示。
- 共集电极电路：信号由基极输入，发射极输出，如图 6-21（b）所示。
- 共基极电路：信号由发射极输入，集电极输出，如图 6-21（c）所示。

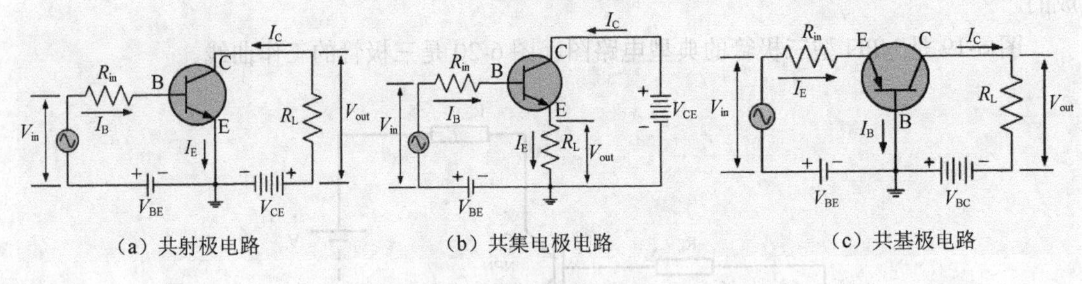

图 6-21　三极管放大电路（以 NPN 型三极管为例）

2. 开关电路

开关是工作在断开和闭合两种状态的元件。图 6-22 和图 6-23 给出了三极管用作开关时的基本原理。在图 6-22 中，由于发射结没有正偏置，三极管工作在截止区。在这种情况下，集电极与发射极之间相当于开路，等效于断开的开关。在图 6-23 中，由于发射结正偏置，且基极电流大得足以使集电极电流达到饱和，三极管处于饱和状态。在这种情况下，集电极和发射极之间相当于短路，等效于闭合的开关。

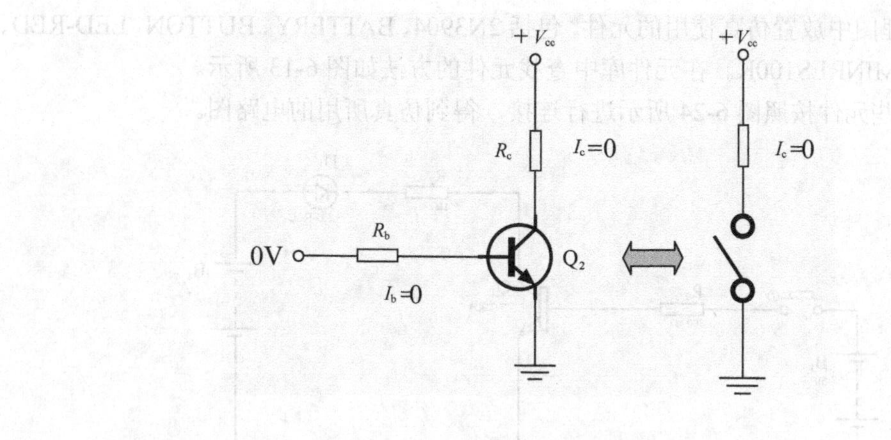

图 6-22　三极管开关电路（断开）

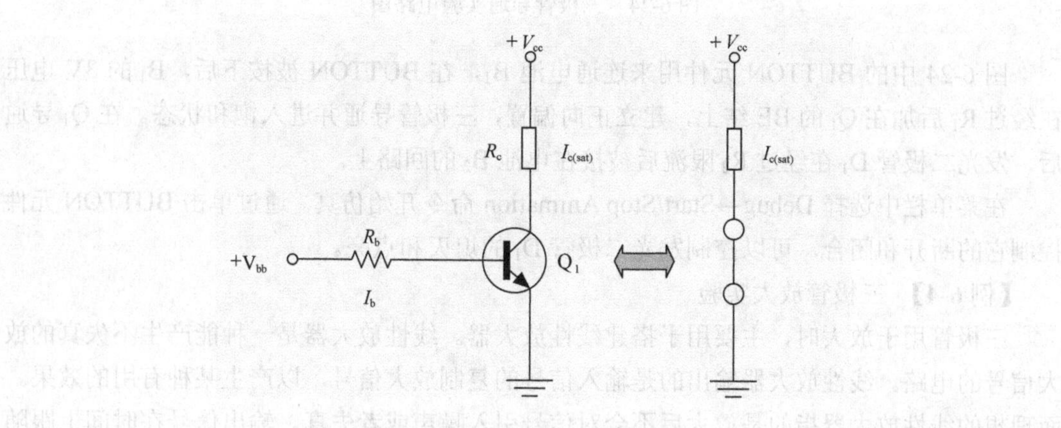

图 6-23　三极管开关电路（闭合）

当三极管的发射极和集电极相当于闭合开关时，由于电流通过两个 PN 结时会有一定的压降，这个压降大约是 0.1V，所以加在负载电阻上的电压大约是 V_{cc}–0.1（单位为 V）。

【例 6-3】 三极管导通实验

本节通过实验学习如何使用三极管作为电子开关。由于对硅三极管而言，其基极和射极接面的正向偏压值约为 0.6V，因此，要使三极管截止，V_{be} 必须低于 0.6V，以使三极管的基极电流为零。通常在设计时，为了可以确保三极管处于截止状态，往往使 V_{be} 值低于 0.3V。当然，输入电压越接近零便越能保证三极管开关处于截止状态。例如，当 V_{be}=0.6V 时，发光二极管不亮；当 V_{be}=0.8V 时，发光二极管点亮。

要将电流传送到负载上，则三极管的集电极与射极必须短路，就像机械开关的闭合动作一样。这就必须使 V_{be} 达到足够高的电压，以驱动三极管使其进入饱和工作区工作。三极管呈饱和状态时，集电极电流相当大，几乎使得整个电源电压均跨在负载电阻上，则 V_{ce} 接近于 0，而使三极管的集电极和射极几乎呈短路状态。例如，当 V_{be} 约为 3V 时，V_{ce} 约为 0.49V。

操作步骤

（1）在原理图中放置仿真使用的元件，包括 2N3904、BATTERY、BUTTON，LED-RED、MINRES1K、MINRES100K。在元件库中查找元件的方法如图 6-13 所示。

（2）将这些元件按照图 6-24 所示进行连接，得到仿真所用的电路图。

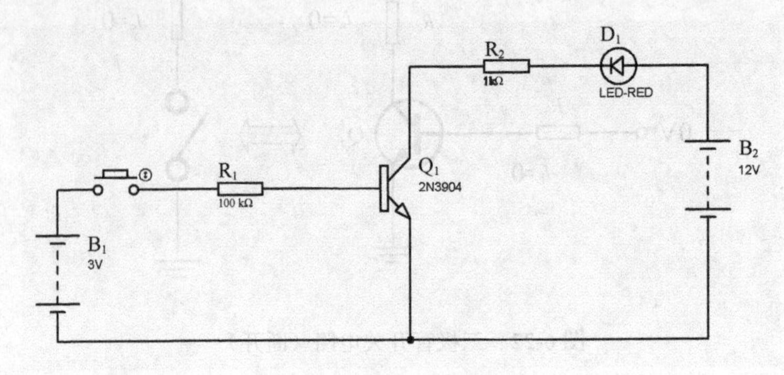

图 6-24　三极管导通实验电路图

图 6-24 中的 BUTTON 元件用来连通电池 B_1，在 BUTTON 被按下后，B_1 的 3V 电压在经过 R_1 后加在 Q_1 的 BE 结上，建立正向偏置，三极管导通并进入饱和状态。在 Q_1 导通后，发光二极管 D_1 在经过 R_2 限流后被接在电池 B_2 的回路上。

在菜单栏中选择 Debug→Start/Stop Animation 命令开始仿真。通过单击 BUTTON 元件控制它的断开和闭合，可以控制发光二极管 D_1 的熄灭和点亮。

【例 6-4】 三极管放大实验

三极管用于放大时，主要用于搭建线性放大器。线性放大器是一种能产生不失真的放大信号的电路。线性放大器输出的是输入信号的复制放大信号，以产生某种有用的效果。而理想的线性放大器指的是放大后不会对信号引入噪声或者失真。输出信号在时间上跟随输入信号变化，并在任何时刻与输入信号保持同样的放大倍数，这个放大倍数在放大电路中称为增益。

共射极放大器是 3 个基本单级晶体管放大器结构之一，通常用于电压放大器。如图 6-25 所示，在这个电路中，基极作为输入端，集电极作为输出端，发射极作为共用端。在共射极放大电路中，输入信号是由三极管的基极与发射极两端输入的，再在交流通路里看，输出信号由三极管的集电极和发射极获得。对交流信号而言，发射极是共同端，所以称这种电路为共射极放大电路。共射极放大电路有以下几个基本特征：

- 输入信号与输出信号反相。
- 有电压放大作用。
- 有电流放大作用。
- 功率增益最高（与共集电极、共基极比较）。
- 适用于电压放大与功率放大电路。

本节使用 2N3904 作为放大电路的核心元件，配以其他辅助元件，搭建一个共射极放大电路。2N3904 是一个设计为通用的信号放大器和电子开关的元件。

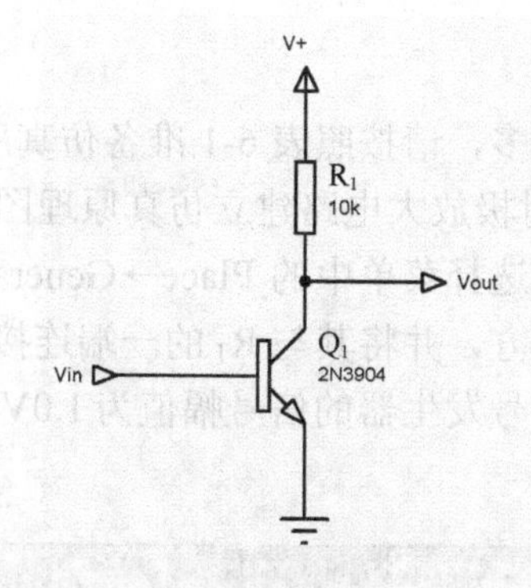

图 6-25　共射极放大电路

本实验所用元件及参数如表 6-1 所示。仿真实验所用电路图如图 6-26 所示，依照此电路图在 Proteus ISIS 中建立仿真环境，并进行仿真。

表 6-1　共射极放大电路元件列表

元　件	类　型	参 数 值
R_1	电阻	620Ω
R_2	电阻	27kΩ
R_3	电阻	3.9kΩ
R_4	电阻	4.7kΩ
R_5	电阻	200Ω
R_6	电阻	270Ω
R_7	电阻	2.7kΩ
C_1	电容	2.2μF
C_2	电容	47μF
C_3	电容	1μF
Q_1	三极管	2N3904

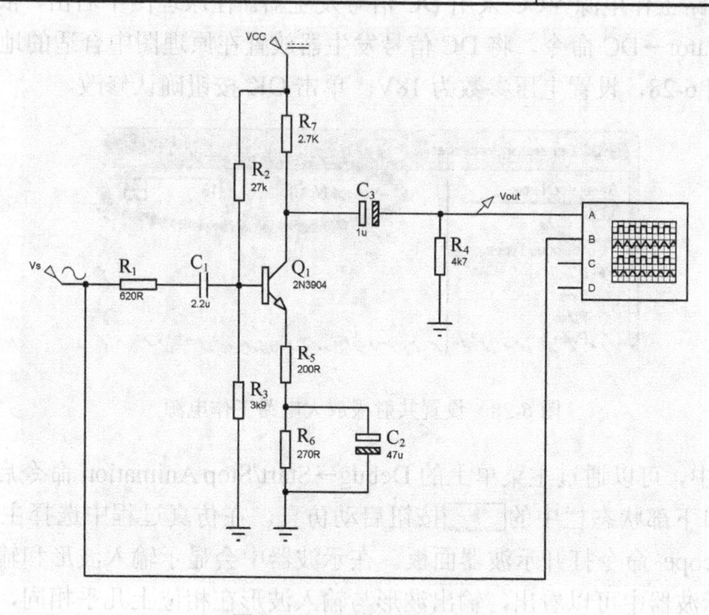

图 6-26　共射极放大电路

操作步骤

（1）本实验中使用的元件较多，请按照表 6-1 准备仿真所用元件。

（2）按照图 6-26 所示的共射极放大电路建立仿真原理图。

（3）在原理图中右击，依次选择菜单中的 Place→Generator→SINE 命令。将正弦信号发生器放置在原理图中合适的地方，并将其与 R_1 的一端连接。

（4）参照图 6-27，设置正弦信号发生器的信号幅值为 1.0V，时序参数 Frequency 为 50Hz。单击 OK 按钮确认修改。

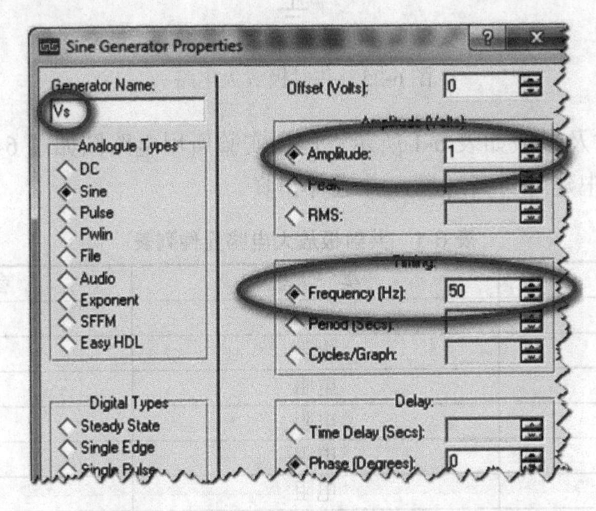

图 6-27　共射极放大电路输入信号源设置

（5）在原理图中添加虚拟示波器，并按照图 6-26 所示将输入信号和输出信号分别接入虚拟示波器的 A、B 端子。

（6）放大电路工作电源 VCC 采用 DC 信号发生器。在原理图中右击，依次选择菜单中的 Place→Generator→DC 命令。将 DC 信号发生器放置在原理图中合适的地方。

（7）参照图 6-28，设置电压参数为 18V。单击 OK 按钮确认修改。

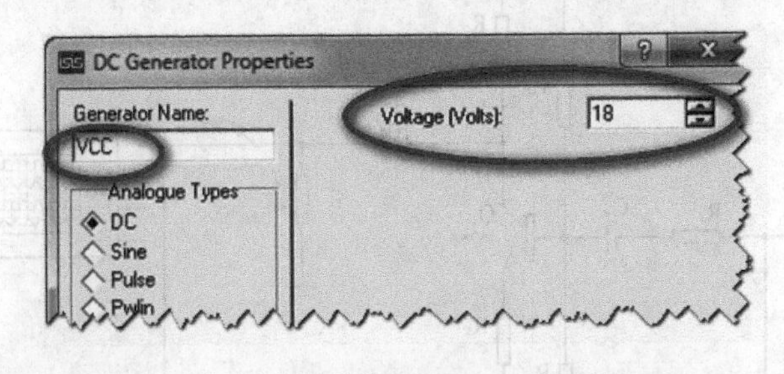

图 6-28　设置共射极放大电路工作电源

在 Proteus 中，可以通过主菜单上的 Debug→Start/Stop Animation 命令启动仿真，也可以通过单击窗口下部状态栏中的 ▶ 按钮启动仿真。在仿真过程中选择主菜单 Debug→Digital Oscilloscope 命令打开示波器面板。在示波器中会显示输入波形和输出波形，如图 6-29 所示。从示波器中可以看出，输出波形与输入波形在相位上几乎相同，在波形幅值上输出波形是输入波形的数倍，且在不同的相位上，放大倍数保持相对恒定的值。

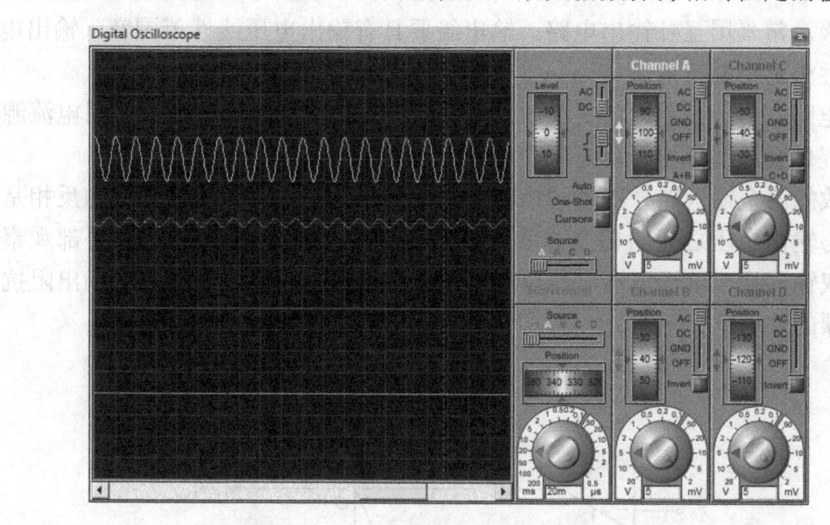

图 6-29　共射极放大电路示波器输出波形

6.3 运算放大器电路实验

运算放大器简称运放。在实际电路中，运算放大器通常结合反馈网络共同组成某种功能模块。由于它早期应用于模拟计算机中，用以实现数学运算，故得名运算放大器，一直沿用至今。运放是一种多用途的集成电路，也是最通用、用途最广泛的线性集成电路。尽管运放由多个晶体管、二极管和电阻组成，但是可以将它看作一个元件。我们更注重它的外部电路及特性而不是它的内部结构。

集成运放电路由输入级、中间级、输出级和偏置电路 4 部分组成，如图 6-30 所示，该电路有两个输入端和一个输出端。两个输入端分别是正输入（同相输入端）和负输入（反相输入端）。

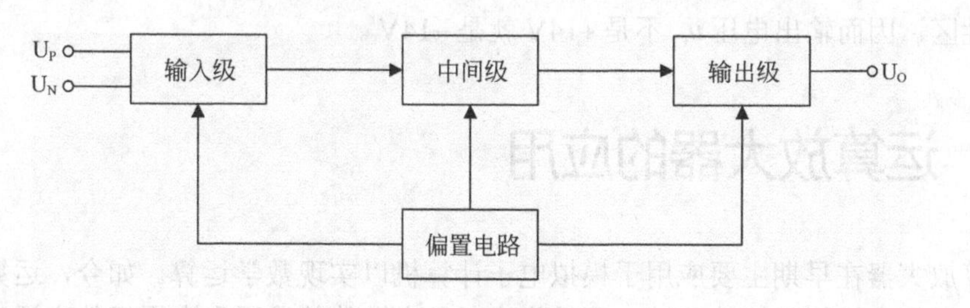

图 6-30　集成运放框图

- 输入级。又称前置级，通常是一个双端输入的差分放大电路。它具有输入电阻高、差模放大倍数大、抑制共模信号能力强、静态电流小的特点。输入级的品质决定了运放的大多数性能参数。
- 中间级。是整个放大电路的主放大器，它决定了整个运放的放大能力。中间级多采用共射放大电路，且采用复合管作为放大信号，以恒流源作为集电极负载。

- 输出级。常采用互补输出电路。输出级要具有输出电压线性范围宽、输出电阻小、非线性失真小的特点。
- 偏置电路。用于设置运放各级放大电路的静态工作点。运放一般采用电流源电路为各级提供合适的集电极静态工作电流。

集成运放的两个输入端分别为同相输入端和反相输入端，这里的同相和反相是指运放的输入电压与输出电压之间的相位关系，其符号如图 6-31（a）所示。从外部观察，集成运放是一个双输入端、单输出端、具有高差模放大倍数、高输入阻抗、低输出阻抗、能较好地抑制稳漂的差动放大电路。

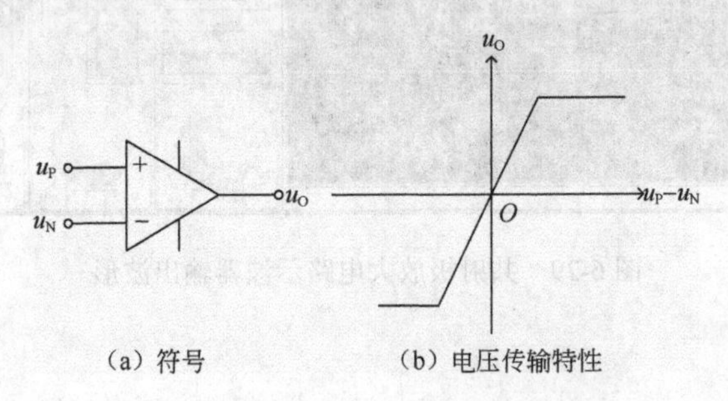

（a）符号　　（b）电压传输特性

图 6-31　集成运放的符号与电压传输特性

集成运放的输出电压 u_O 与输入电压 u_P-u_N（同相输入端与反相输入端之间的电压差）关系曲线称为电压传输特性，即 $u_O=f(u_P-u_N)$。对于正负两路电源供电的集成运放，其电压传输特性如图 6-31（b）所示。从曲线可以看出，集成运放有线性放大区（称为线性区）和饱和区（称为非线性区）两部分。在线性区，曲线的斜率为电压放大倍数；在非线性区，输出电压只有两种可能的情况，$+U_{OM}$ 或 $-U_{OM}$。

由于集成运放放大的是差模信号，且没有通过外电路引入反馈，故称其电压放大倍数为差模开环放大倍数，记作 A_{od}，因为当集成运放工作在线性区时 $u_O=A_{od}(u_P-u_N)$。通常 A_{od} 非常高，可达几万至几十万倍，因此集成运放电压传输特性中的线性区非常窄。如果输出电压的最大值 $\pm U_{OM}=\pm 14\text{V}$，$A_{od}=5\times 10^5$，那么当 $|u_P-u_N|>28\mu\text{V}$ 时，集成运放就进入非线性区，因而输出电压 u_O 不是 +14V 就是 −14V。

6.4 运算放大器的应用

运算放大器在早期主要应用于模拟电子计算机以实现数学运算。如今，运算放大器的应用已远远超出模拟运算的范畴，而是作为一种高性能的通用和专用组件广泛应用于各种电子设备中。本节将通过对几种典型的运放电路的仿真介绍运放元件的使用。

6.4.1 电压跟随器电路

电压跟随器，就是输出电压跟随输入电压，即输出电压等于输入电压的电路。它的特点是：输入阻抗高，而输出阻抗低，可以低至几欧姆。跟随器电路牺牲了电压的放大倍数，以换取高输入阻抗和低输出阻抗。因此电压跟随器没有放大输入电压，它的功能是提高输出能力，以适应不同的负载。

在电路中，电压跟随器一般作为缓冲级及隔离级。因为，电压放大器的输出阻抗一般比较高，通常在几千欧到几十千欧，如果后级的输入阻抗比较小，那么信号就会有相当的部分损耗在前级的输出电阻上。在这种情况下，就需要电压跟随器进行缓冲，起到承上启下的作用。应用电压跟随器的另外一个好处就是提高了输入阻抗，使输入电容的容量可以大幅度减小，为应用高品质的电容提供了前提保证。

本实验中使用的运算放大器是用途广泛的 LM324。该元件带有真差动输入的四运算放大器，具有真正的差分输入。与单电源应用场合的标准运算放大器相比，LM324 有一些显著优点。该四运算放大器可以工作在低到 3.0V 或者高到 32V 的电源下，静态电流为 MC1741 的静态电流的 1/5。共模输入范围包括负电源，因而消除了在许多应用场合中采用外部偏置元件的必要性。应用领域包括传感器放大器。直流增益模块和所有传统的运算放大器可以更容易地在单电源系统中实现的电路。例如，可直接操作的 LM324 系列可以用在数字系统中，它能轻松地提供所需的接口电路，而无需额外的±15V 电源标准的 5V 电源电压。

电压跟随器原理图如图 6-32 所示。电压跟随器电路是从同相比例放大电路简化而来的，如图 6-33 所示。输出电压与输入电压的关系为 $u_O=(1+\frac{R_2}{R_1})u_I$，如果 R_2 的阻值为 0，则 $u_O=u_I$，且与 R_1 的阻值无关。于是图 6-33 所示的同相比例放大电路可以简化为图 6-32 的电压跟随器电路。

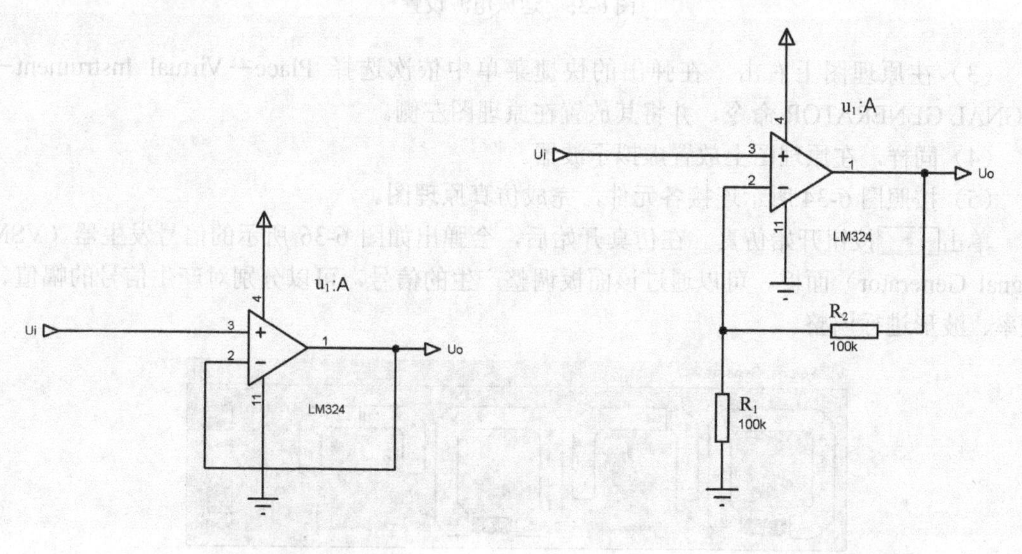

图 6-32　电压跟随器原理图　　图 6-33　同相比例放大电路

【例 6-5】　电压跟随器仿真实验

本仿真实验采用如图 6-34 所示的电路。仿真中需要用到的输入信号由信号发生器产生，输出信号由虚拟示波器采集并显示。

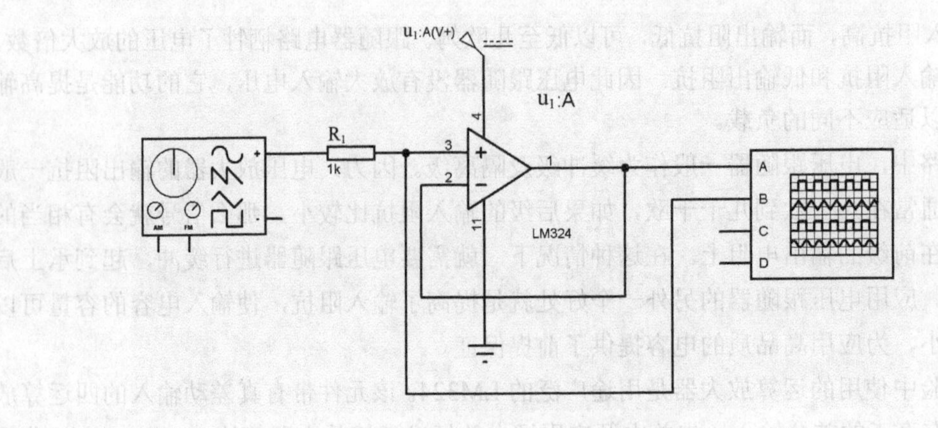

图 6-34　电压跟随器仿真电路图

操作步骤

（1）在原理图上放置 1kΩ 电阻和 LM324 集成运放。

（2）在原理图上放置 DC 信号发生器，并按照图 6-35 所示进行设置，其电压为 12V。

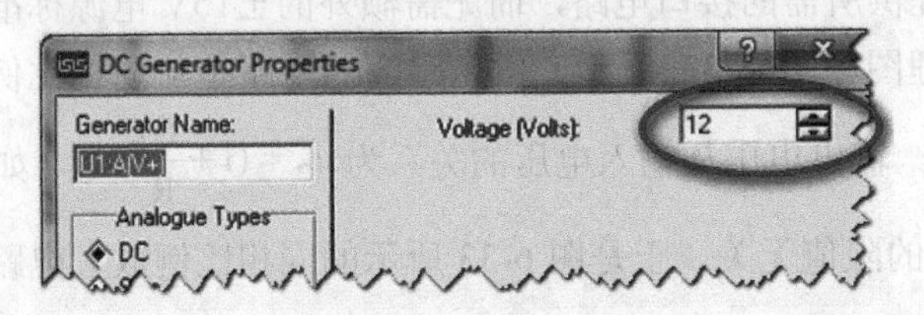

图 6-35　运放电源设置

（3）在原理图上右击，在弹出的快捷菜单中依次选择 Place→Virtual Instrument→SIGNAL GENERATOR 命令，并将其放置在原理图左侧。

（4）同样，在原理图上放置虚拟示波器。

（5）按照图 6-34 所示连接各元件，完成仿真原理图。

单击▶按钮开始仿真。在仿真开始后，会弹出如图 6-36 所示的信号发生器（VSM Signal Generator）面板。可以通过该面板调整产生的信号，可以分别对产生信号的幅值、频率、波形进行调整。

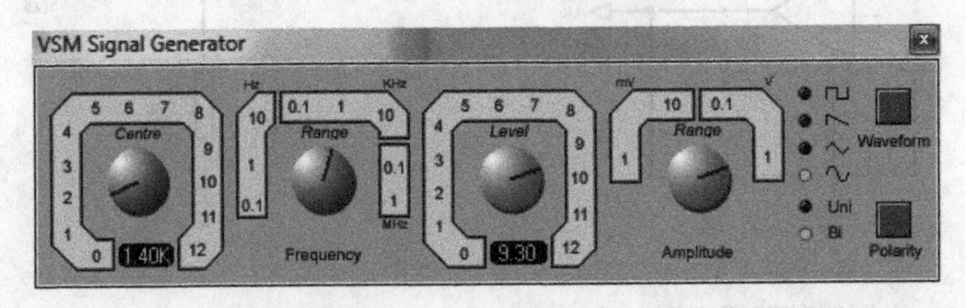

图 6-36　信号发生器面板

仿真结果波形如图 6-37 所示。在仿真中通过信号发生器面板调整输入波形后可以看到，输出波形跟随输入波形进行变化，且幅值一致。

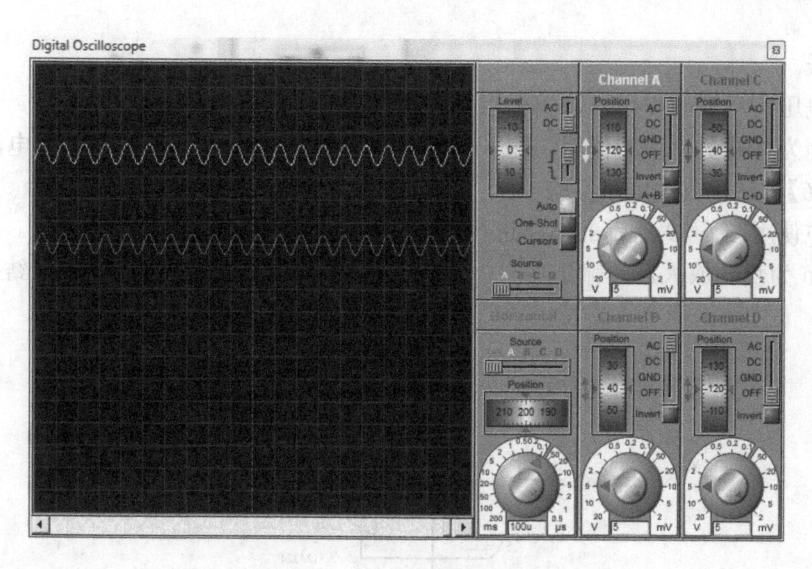

图 6-37　电压跟随器仿真波形

6.4.2　反相放大电路

反相放大电路又称反向比例运算电路。如图 6-38 所示，输入电压（u_I）通过电阻 R_2 作用于运放的反相输入端，故输出电压（u_O）与输入电压（u_I）反相。

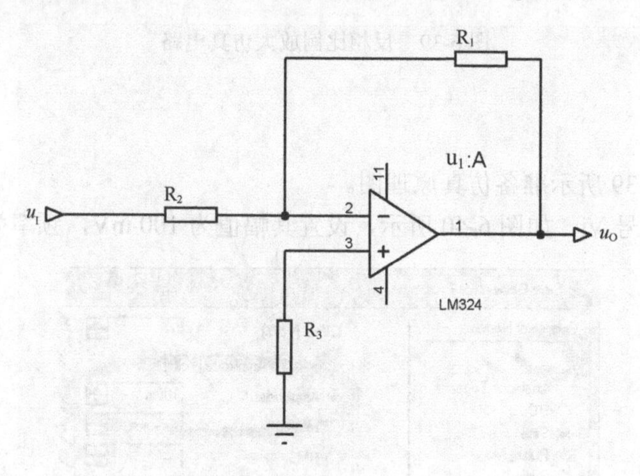

图 6-38　反相比例放大电路

电阻 R_1 跨接在集成运放的输出端与反相输入端，引入了电压并联负反馈。同相输入端通过电阻 R_3 接地，R_3 作为补偿电阻，以保证运放输入级差分放大电路的对称性。根据虚短和虚断的概念，可以得出运放正反相输入端的电位都几乎为零，可以看作是虚地。运放反相输入端的电流等于流过 R_2 的电流，可得 $u_I - u_N/R_2 = u_N - u_O/R_3$，其中 u_N 为运放反相输入端电压，由于 u_N 电位为虚地，可得 $u_O = -R_1/R_2\, u_I$。

由此可以看出，反相放大电路有如下特点：

（1）运放的反相输入端为虚地，因此它的共模输入电压可以视为零，对运放的共模抑制比要求低。

（2）电压负反馈的作用，输出电阻小，可以视为零。

（3）因为并联负反馈的作用，输入电阻较小，可以视为 R_2。因此对输入电流有要求。

【例 6-6】 反相放大电路实验

本节中使用图 6-39 所示的电路进行运放的反相比例放大电路的仿真实验。其中 Vi 为信号源，Vo 为反相放大后的输出信号。本次实验通过模拟分析图来观察实验结果。

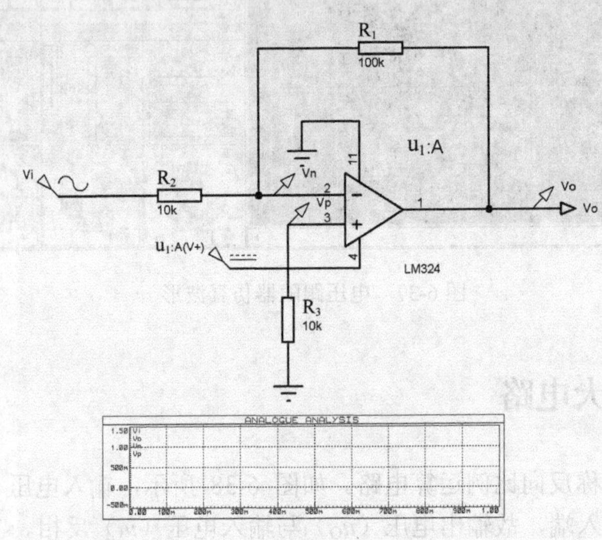

图 6-39 反相比例放大仿真电路

操作步骤

（1）按照图 6-39 所示准备仿真原理图。

（2）对输入信号 Vi，如图 6-40 所示，设置其幅值为 100 mV，频率为 10Hz。

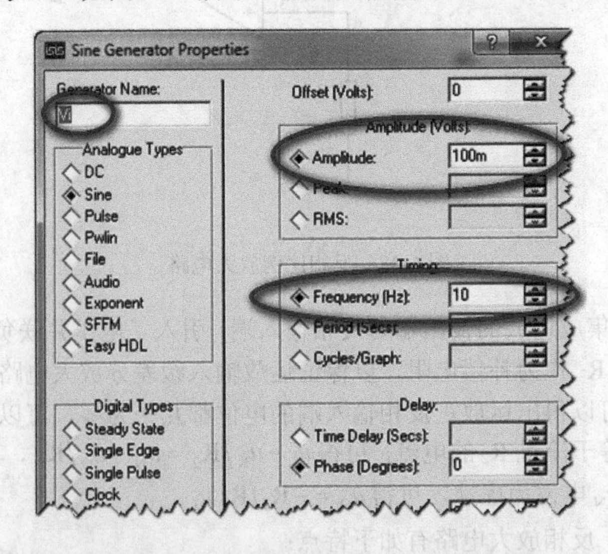

图 6-40 设置反相比例放大电路的输入信号

（3）对于运放的工作电源，按照图 6-41 所示，设置其电压为 12V。

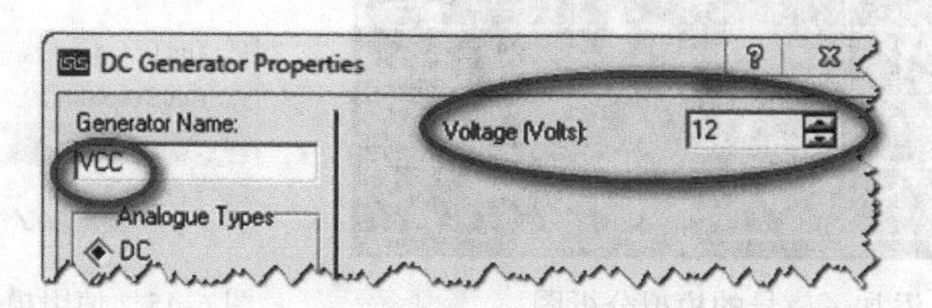

图 6-41　反相比例放大电路电源设置

（4）按照图 6-39 所示，在运放的同相输入端和反相输入端分别放置电压探针（Voltage Probe），并分别命名为 Vp、Vn。在运放的输出端放置电压探针，并命名为 Vo。

（5）在原理图中右击，在弹出菜单中依次选择 Place→Graphs→ANALOGUE 命令，将模拟分析图放置在原理图上。也可以在主窗口左侧工具条上选择按钮，再从 GRAPHS 列表中选择 ANALOGUE，然后在原理图中单击放置模拟分析图。

（6）在模拟分析图上右击，在弹出的快捷菜单中选择 Add Traces 命令，如图 6-42 所示。

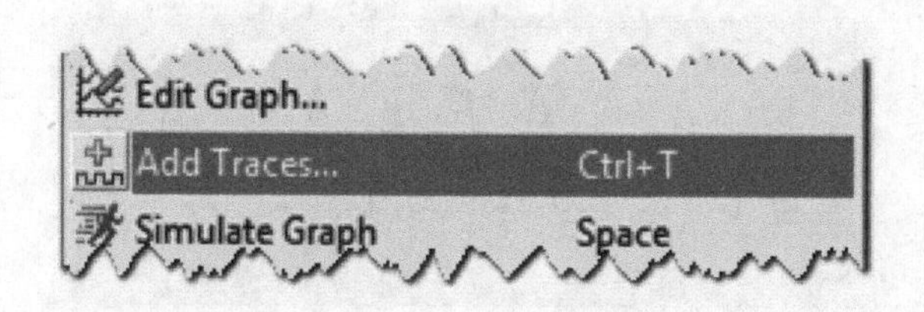

图 6-42　添加 Traces

（7）在弹出的 Add Transient Trace 对话框中，在 Probe P1 下拉列表中选择 Vi，如图 6-43 所示。单击 OK 按钮，将 Vi 信号添加到模拟分析图中。

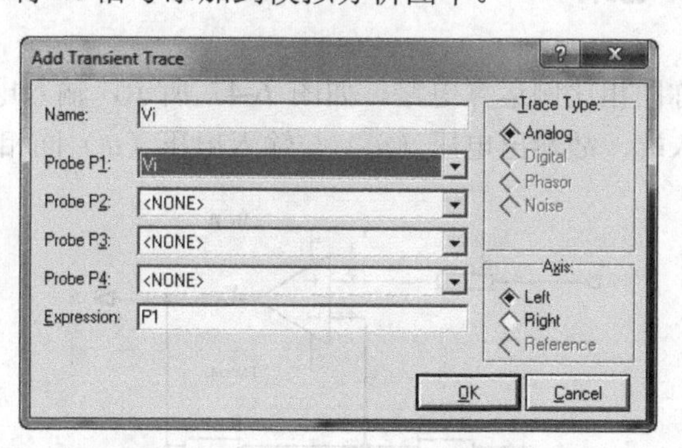

图 6-43　添加信号到模拟分析图中

（8）同样的方法将 Vp、Vn、Vo 信号添加到模拟分析图中。操作结果如图 6-44 所示。

由于本例中没有使用示波器，而是通过分析图（GRAPH）来观察信号，因此仿真的方法有所不同。如果按照通常的方法开始仿真，则图 6-44 中没有波形显示。

要在分析图中显示波形，需要首先停止仿真。然后在图 6-44 所示的元件上右击，在弹出的快捷菜单中选择 Simulate Graph 命令，或选择该模拟分析图后按空格键，即可开始仿真，如图 6-45 所示。

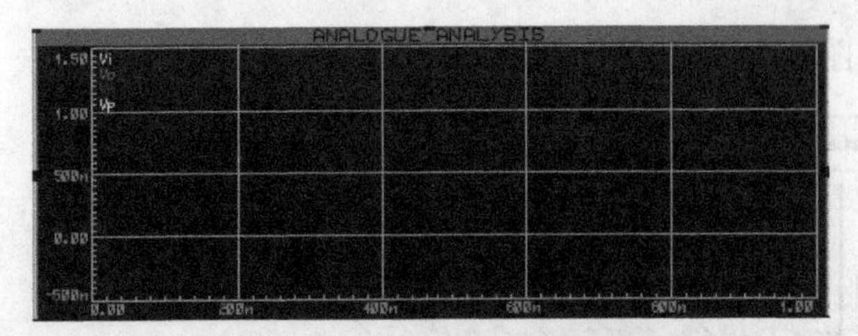

图 6-44　添加了信号的模拟分析图

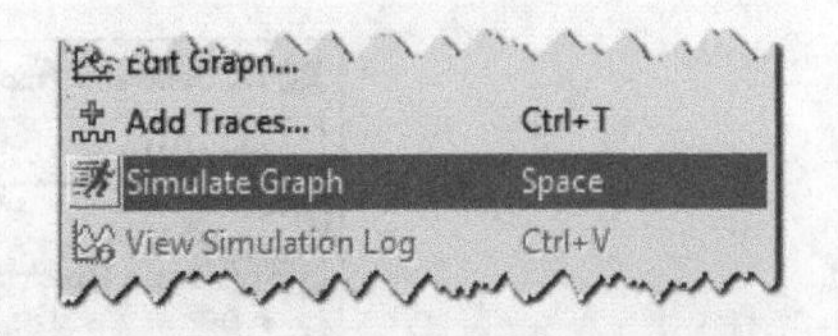

图 6-45　使用模拟分析图进行仿真

在图中没有数据的时候，图 6-44 所示的元件顶部显示红色；当图中已有仿真数据后，元件顶部显示绿色。

随后才会显示如图 6-46 所示的波形。显然本例中的电路图中运放电路的增益为-10。因此对于幅值为 0.1V 的输入信号，经过放大电路后，输出信号幅值应该为 1.0V，输入输出的波形同样都是正弦波，且相位基本相差 180°。观察图 6-46，可以得到 Vo 幅值为 1.0V。而 Vn 和 Vp 的幅值为零。

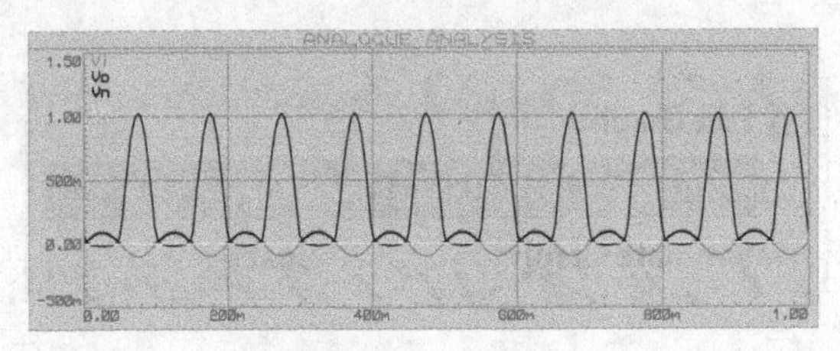

图 6-46　仿真结果

6.4.3　同相放大电路

同相放大电路又称同相比例运算电路。如图 6-47 所示，输入电压（u_i）通过电阻 R_2 作用于运放的同项输入端，故输出电压（u_o）与输入电压（u_i）同相。

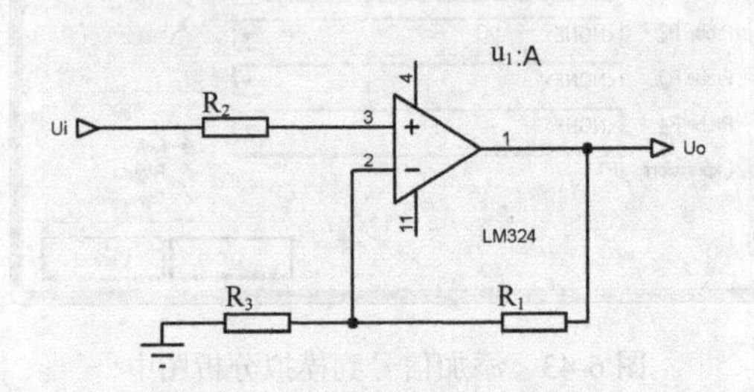

图 6-47　同相比例放大电路

电阻 R_1 跨接在集成运放的输出端与反相输入端，引入了电压串联负反馈。反相输入端通过电阻 R_3 接地，R_3 作为补偿电阻。由于电路引入了电压串联负反馈，故可以认为输入电阻为无穷大，而输出电阻为零。根据虚短和虚断的概念可以得出运放正反相输入端的电位都和输入电压相等。所以有 $u_n - 0/R_2 = u_o - u_n/R_1$，整理可以得到 $u_o = (1+\frac{R_1}{R_3})u_i$。可见同相比例放大电路的输出电压大于或等于输入电压，且当反馈电阻为 0 时，输出电压跟随输入电压。此时，同相放大电路退化为电压跟随器。

同相比例放大电路有以下特点：

- 由于引入了电压串联负反馈，所以输入电阻也被放大。
- 同理，输入电阻也等比例地减小，可视为 0。
- 共模电压等于输入电压，因此对集成运放的共模抑制比要求较高。

【例 6-7】 同相放大电路实验

本节中使用图 6-48 所示的电路进行运放的反相比例放大电路的仿真。图中 Vi 为信号源，本仿真中使用正弦信号发生器产生的信号作为放大电路的输入，按如图 6-49 所示设置信号源，将信号幅值设置为 0.1V，频率设置为 10Hz。运放的电源使用 DC 信号发生器，在电路图中放置一个 DC 信号发生器，按如图 6-50 所示设置其电压幅值为 12V，并将其命名为 VCC。

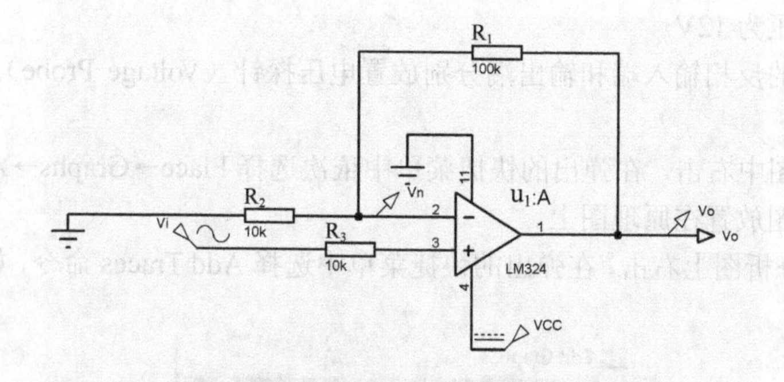

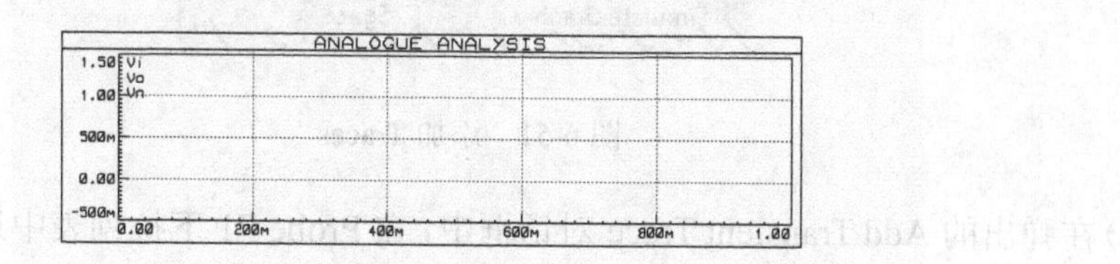

图 6-48　同相比例放大仿真电路及其模拟分析图

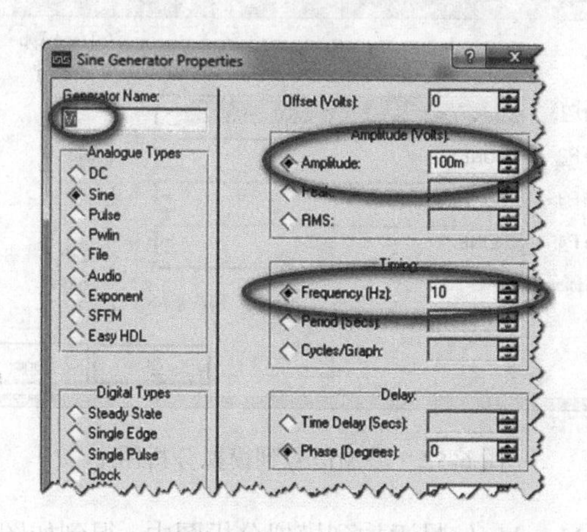

图 6-49　同相比例放大电路的输入信号设置

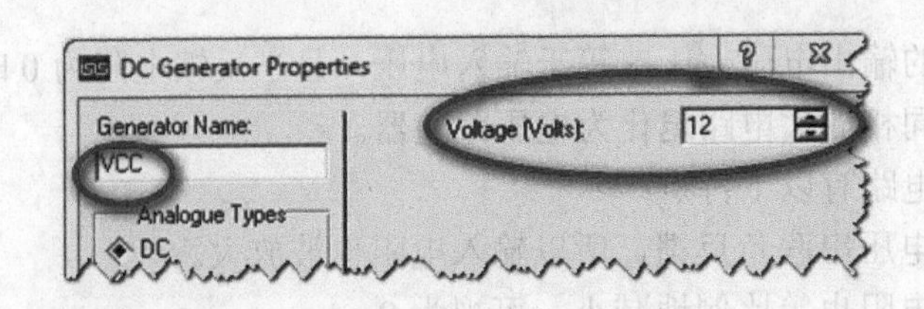

图 6-50　同相比例放大电路电源设置

操作步骤

（1）按照图 6-48 所示准备仿真原理图。

（2）在图中添加正弦信号发生器作为信号源，并命名为 Vi。

（3）对 Vi 按照图 6-49 所示，设置其幅值为 100mV，频率为 10Hz。

（4）在原理图中放置 DC 信号发生器作为运放工作电源，命名为 VCC。按照图 6-50 所示，设置其电压为 12V。

（5）在运放的反相输入端和输出端分别放置电压探针（Voltage Probe），命名为 Vn 和 Vo。

（6）在原理图中右击，在弹出的快捷菜单中依次选择 Place→Graphs→ANALOGUE 命令，将模拟分析图放置在原理图上。

（7）在模拟分析图上右击，在弹出的快捷菜单中选择 Add Traces 命令，如图 6-51 所示。

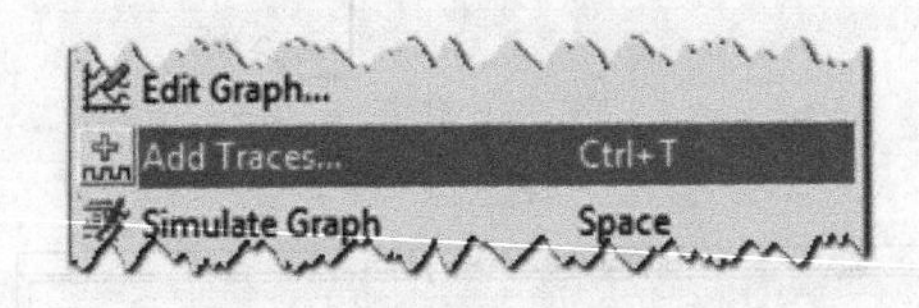

图 6-51　添加 Traces

（8）在弹出的 Add Transient Trace 对话框中，在 Probe P1 下拉列表中选择 Vi，如图 6-52 所示。单击 OK 按钮确定，将 Vi 信号添加到模拟分析图中。

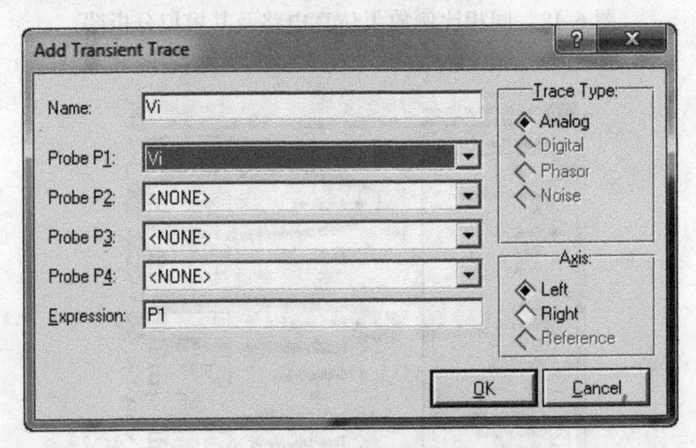

图 6-52　添加信号到模拟分析图中

（9）用同样的方法将 Vn、Vo 信号添加到模拟分析图中，得到如图 6-53 所示的模拟分析图。

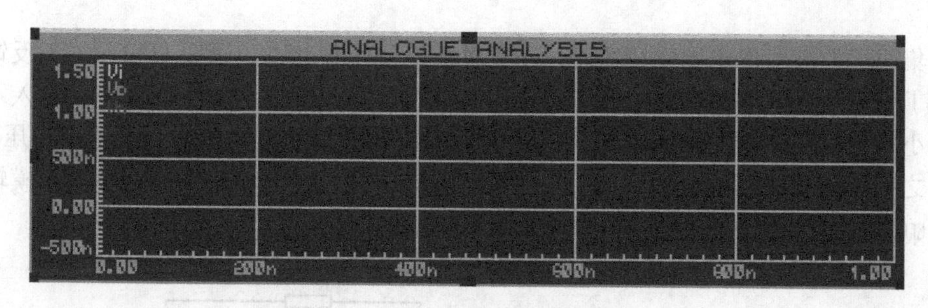

图 6-53　添加了信号的模拟分析图

在图 6-53 所示的元件上右击，在弹出的快捷菜单中选择 Simulate Graph 命令开始仿真。然后才会显示如图 6-54 所示的波形。很明显，本例的电路图中运放电路的增益为 11。因此对于幅值为 0.1V 的输入信号，经过放大电路后，输出信号应该幅值为 1.1V，输入和输出的波形同样都是正弦波，且相位基本一致。观察图 6-54，可以得到 Vo 幅值为 1.1V。

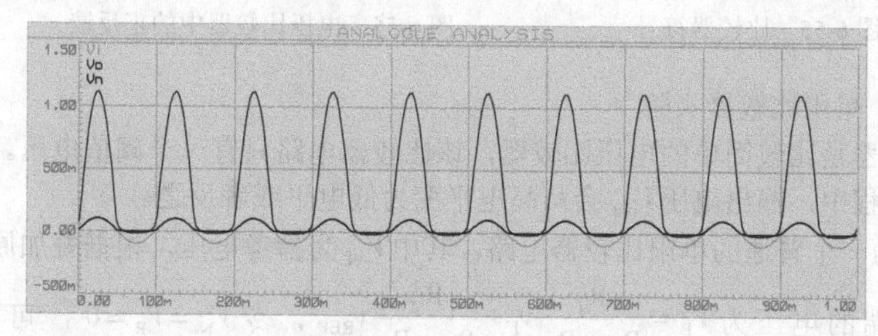

图 6-54　仿真结果

6.4.4 比较器

在电子设计中，经常需要对两个或多个信号电压进行比较以产生代表信号差异的数字信号。为了实现这种功能，可以用专用的比较器来实现电压比较功能，但是也可以通过使用运放来实现。这两种电路也存在着差异。比较器用于开环系统，旨在从其输出端驱动逻辑电路，以及在高速条件下工作，通常比较稳定。运算放大器的用途不同于比较器，过驱时可能会饱和，使得恢复速度相对较慢。施加较大差分电压时，很多运算放大器的输入级都会出现异常表现，实际上，运算放大器的差分输入电压范围通常存在限制。运算放大器输出也很少兼容逻辑电路。本节仍然使用通用的集成运算放大器 LM324 来进行比较器电路实验。

电压比较器的输出电压 v_O 与输入电压 v_I 的关系可以用函数 $v_O = f(v_I)$ 来表示。这个函数代表了电压比较器的电压传输特性。输入电压 v_I 是模拟信号，可以是电路允许的任何输入电压，而输出电压 v_O 只有两种状态：高电平或低电平，这样才可以表示比较的结果。使输出电压 v_O 从高电平跃变到低电平或者反之的输出电压称为阈值电压，用 v_T 来表示。

比较器在电路中通常用如图 6-55 所示的符号来表示。从图中可以看出，一个比较器有两个输入端和一个输出端。其中 V_+ 和 V_- 为信号输入端，V_{out} 为信号输出端。当信号 V_+ 大于 V_- 时，输出信号 V_{out} 为高电平；反之，输出信号 V_{out} 为低电平。

当集成运放被用作电压比较器时，不是处于开环工作状态，就是只引入了正反馈，如图 6-56 所示。对于理想运放，由于差模增益为无穷大，只要同相输入端和反相输入端之间有无穷小的电压差，输出电压就将达到正的最大值或者负的最大值。显然输出电压 V_{out} 与 $V_{+}-V_{-}$ 之间不再是线性的关系，此时，运放工作在非线性区。由于理想运放的差模输入电阻为无限大，所以净输入电流为 0，也就是 $i_{p}=i_{n}=0$ 。

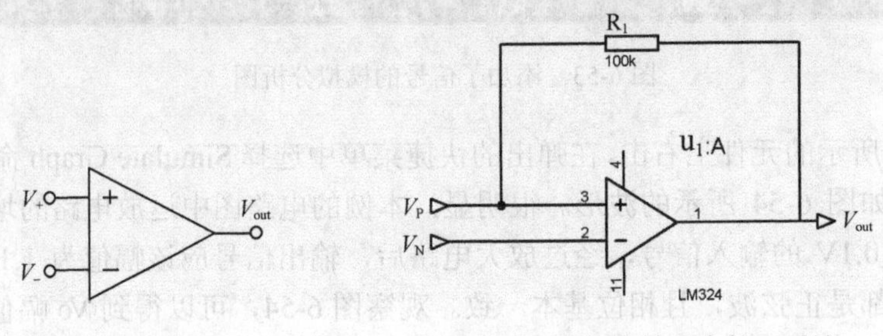

图 6-55　比较器符号　　　　图 6-56　电压比较器中的正反馈

【**例 6-8**】　单限比较器实验

单限比较器是比较简单的电压比较器，该比较器电路只有一个阈值电压。在输入电压发生变化的过程中，输出电压 V_{out} 会从高电平变为低电平或者反之。

图 6-57 为一个普通的单限比较器电路，其中 V_{ref} 为参考电压，根据叠加原理，集成运放同相输入端的电压为 $V_{P}=\frac{R_1}{R_1+R_2}v_1+\frac{R_2}{R_1+R_2}v_{REF}$ ，令 $V_{N}=V_{P}=0$ ，可得阈值电压 $V_{T}=-\frac{R_2}{R_1}v_{REF}$ 。此电路中 $R_1=R_2=100K\Omega$ ，故阈值电压 $V_{T}=-V_{REF}=-1.0V$ 。

根据本章前面的实验步骤，在 Proteus ISIS 中搭建如图 6-57 所示的电路。其中 Vref 为直流源，用来产生 1.0V 的参考电压，Vcc 为集成运放供电电源，电压值设置为 3.3V。Vi 为输入信号，使用正弦信号发生器，设置信号幅值为 1.0V，频率为 2Hz。最后在运放的输出端添加一个电压探针（Voltage Probe），命名为 Vo。分别将 Vi、Vref 和 Vo 作为 Trace 添加到模拟信号分析图中。仿真后得到如图 6-58 所示的结果。其他元件型号及参数详见图 6-57 中的仿真实验电路。

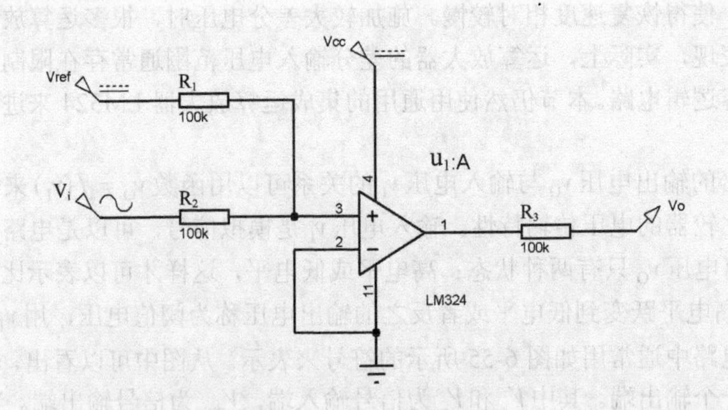

图 6-57　单限比较器实验电路

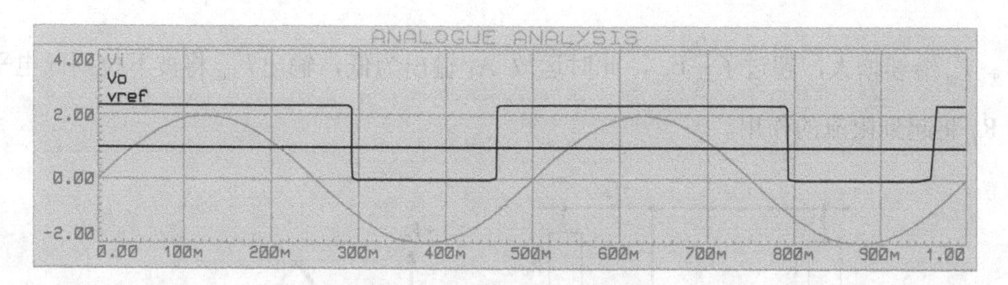

图 6-58　单限比较器实验结果

从图 6-58 可以看出，输入信号为幅值 1.0V 的正弦波信号，而输出信号为幅值 3.3V 的方波信号。双击模拟信号分析图的绿色标题栏，可以将波形图以单独的窗口打开，如图 6-59 所示。在图中可以精确地测量输出信号方波的第一个下降沿对应着输入信号为-1.0V 的时刻。同样，第一个上升沿也对应着输入电压为-1.0V 的时刻，也就是阈值电压为-1.0V。通过实验结果，可以得出单限比较器的电路设计实现了-1.0V 的阈值电压且工作正常的结论。

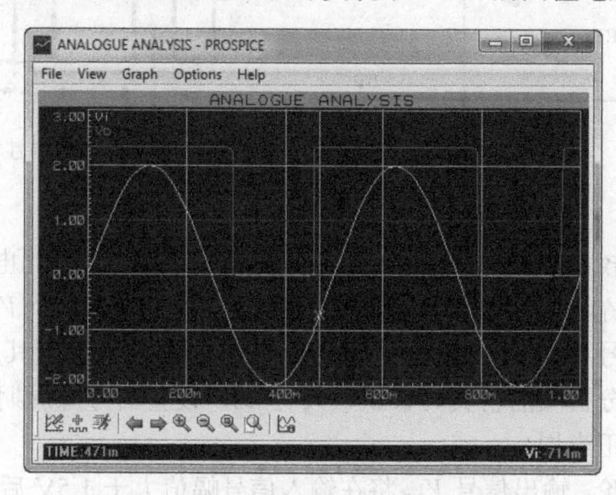

图 6-59　单限比较器仿真结果放大显示

【例 6-9】 窗口比较器实验

窗口比较器由一个反相比较器和一个非反相比较器组成。图 6-57 所示的电路即为非反相比较器，其特点是输入信号接入集成运放的同相输入端。而反相比较器正相反，其输入信号接入集成运放的反相输入端。图 6-60 为一个窗口比较器的示意图。

与单限比较器不同，窗口比较器不是比较单一的参考电压，根据输入信号高于或者低于参考电压而给出高电平或者低电平的输出，而是同时比较两个参考电压，一个是 $V_{REF(LOWER)}$，另一个是 $V_{REF(UPPER)}$。这两个参考电压分别施加在反相比较器的同相输入端和非反相比较器的反相输入端。图 6-60 中在 V_{cc} 和 GND 之间有 3 个相同阻值的电阻 R 进行分压，得到这两个参考电压 $V_{REF(UPPER)}=\dfrac{2}{3}V_{cc}$ 和 $V_{REF(UPPER)}=\dfrac{1}{3}V_{cc}$。假设输入电压 V_{in} 从 0 开始增大，当 V_{in} 第一次超过 $\dfrac{1}{3}V_{cc}$ 时，运放 A_2 进入饱和状态，V_{out} 经过 R_L 的上拉成为高电平。V_{in} 继续增大，但是在没有超过 $\dfrac{2}{3}V_{cc}$ 时，输出保持，这个输出信号保持高电平的阶段称为窗口。V_{in} 继续增大，超过了 $\frac{2}{3}V_{cc}$，此时运放 A_1 输出为低，输出 V_{out} 将被下拉到低电平，此时 R_L 将起到限流的作用。

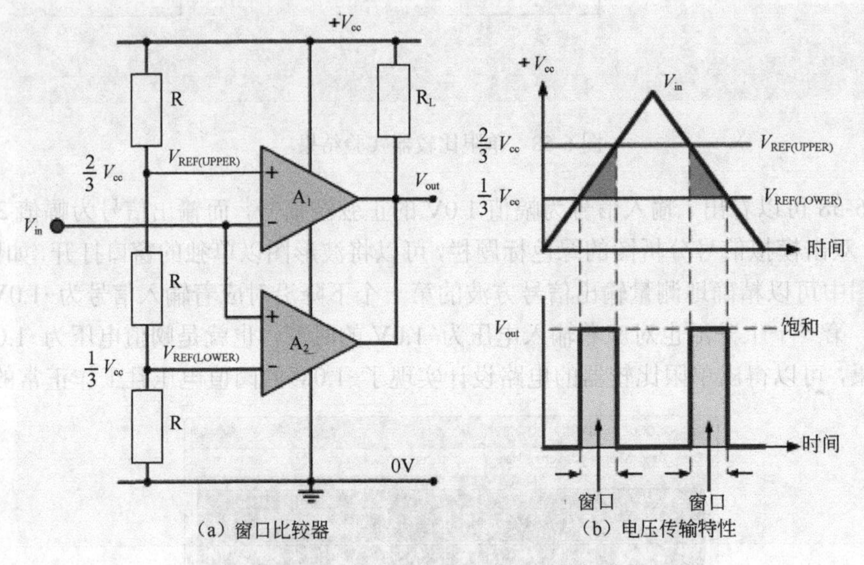

（a）窗口比较器 （b）电压传输特性

图 6-60 窗口比较器及其电压传输特性

为了验证双限比较器的原理，采用如图 6-61 所示的仿真电路。此电路中有 3 个电压源，分别是 V_{cc}、V_{upper} 和 V_{lower}。其中 V_{cc} 设置为 5V，V_{upper} 设置为 2.5V，V_{lower} 设置为 1.5V。此电路所使用的输入信号 V_{in} 为正弦波信号源，参考图 6-62 所示设置其属性。这样设置输入信号源的原因是模拟分析图的仿真时长默认只有 1s，设置信号源周期为 2s 可以正好在仿真中使用其正弦波的正半周。

根据本节中的理论，输出信号 V_{out} 将在输入信号幅值大于 1.5V 后输出为高电平，并一直持续到输入信号增大至 2.5V，然后输出低电平。仿真结果如图 6-63 所示。

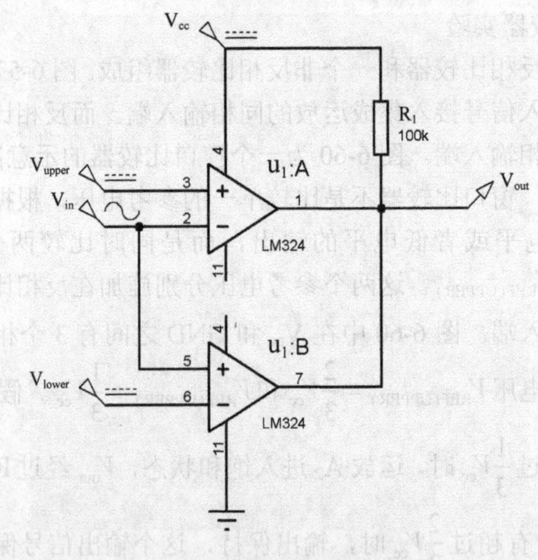

图 6-61 双限比较器仿真电路

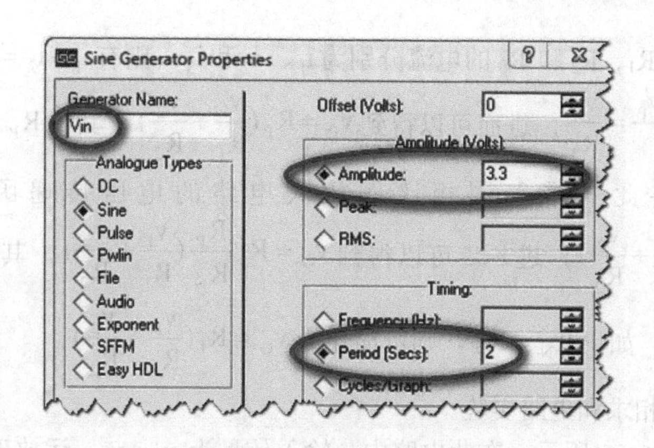

图 6-62　双限比较器输入信号设置

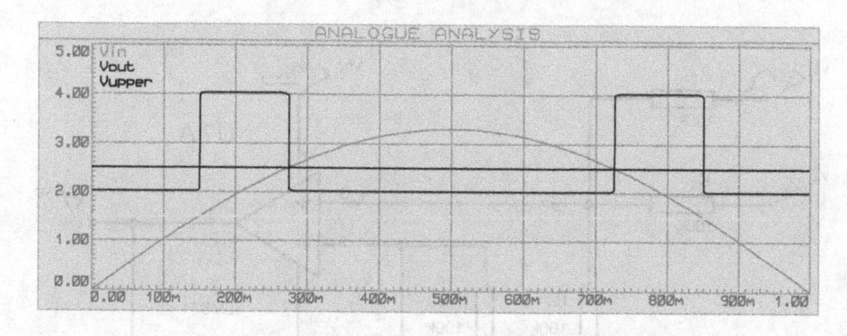

图 6-63　双限比较器仿真结果

6.4.5　同相求和电路

顾名思义，运算放大器的命名说明这种电路具有信号运算的功能。能够实现多个输入信号按照比例求和或者求差的电路称为加减运算电路。本节通过设计一个同相求和电路来演示使用集成运放实现信号处理功能的方法。

对于反相比例放大电路来说，运放的反相输入端相当于虚地，反馈回路的电流等于输入电流。如果输入电流由几个输入电压共同产生，那么反馈电流通过反馈电阻形成的输出电压就会与几个输入电压之和成比例关系。以两个输入信号相加为例，其运算电路如图 6-64 所示。

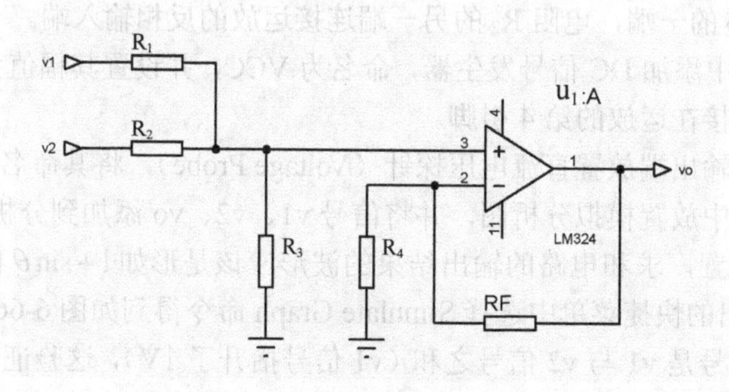

图 6-64　同相求和电路

假设流过电阻 R_1、R_2 和 R_3 的电流分别为 i_1、i_2 和 i_3，则有 $i_1+i_2=i_3$。根据这个等式可得 $\frac{v_1-v_P}{R_1}+\frac{v_2-v_P}{R_2}=\frac{v_P}{R_3}$，进而可以得到 $v_P=R_P(\frac{v_1}{R_1}+\frac{v_2}{R_2})$，其中 $R_P=R_1\|R_2$，为其等效并联电阻。将此式带入同相比例放大电路的电压传递函数公式，可得 $v_O=(1+\frac{R_f}{R_4})R_P(\frac{v_1}{R_1}+\frac{v_2}{R_2})$，进一步可以得到 $v_O=R_f\frac{R_P}{R_N}(\frac{v_1}{R_1}+\frac{v_2}{R_2})$，其中 $R_N=R_4\|R_f$，为其等效并联电阻。如果 $R_N=R_P$，则可简化为 $v_O=R_f(\frac{v_1}{R_1}+\frac{v_2}{R_2})$。

【例 6-10】 同相求和电路实验

仿真电路如图 6-65 所示。在此电路中，输入信号为 v_1、v_2，运放工作电源为 VCC。本实验使用运放同相求和电路来对两个输入信号 v_1 与 v_2 做加法。

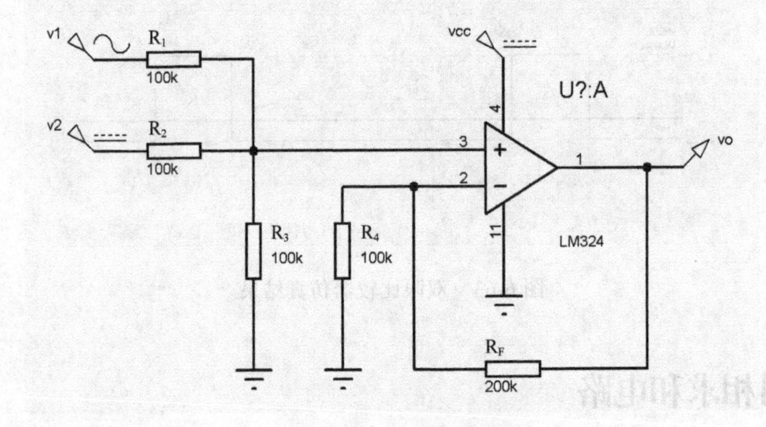

图 6-65　同相求和仿真电路

操作步骤

（1）按如图 6-65 所示建立原理图。

（2）在原理图中添加正弦波信号发生器，命名为 v1，并设置其幅值为 1.0V，周期设置为 1s。将该信号发生器连接在电阻 R_1 的一端，电阻 R1 的另一端连接运放的同相输入端。

（3）在原理图中添加 DC 信号发生器，命名为 v2，并设置其幅值为 1.0V。将该信号发生器连接在电阻 R_2 的一端，电阻 R_2 的另一端连接运放的反相输入端。

（4）在原理图中添加 DC 信号发生器，命名为 VCC，并设置其幅值为 5.0V。将其作为运放的工作电源连接在运放的第 4 引脚。

（5）在运放的输出端放置直流电压探针（Voltage Probe），将其命名为 vo。

（6）在原理图中放置模拟分析图，并将信号 v1、v2、vo 添加到分析图中。

根据这样的设置，求和电路的输出结果的波形应该是形如 $1+\sin\theta$ 的波形。在模拟分析图上右击，在弹出的快捷菜单中选择 Simulate Graph 命令得到如图 6-66 所示的仿真结果。从图中可见，vo 信号是 v1 与 v2 信号之和（v1 信号抬升了 1V），这验证了求和电路设计的正确性。

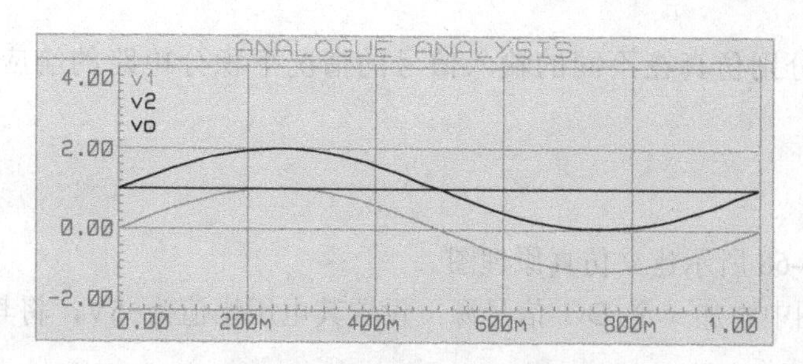

图 6-66　同相求和电路仿真结果

6.4.6 积分电路

积分运算与微分运算互为逆运算，本节首先学习积分电路。图 6-67 是使用集成运放进行积分运算的原理性电路。在该电路中运放的同相输入端通过电阻 R_2 接地，故 $v_N = v_P = 0$，为虚地。而通过电容 C 的电流等于通过电阻 R_1 的电流，于是 $v_o = -\frac{1}{C}\int i_c dt = -\frac{1}{R_1 C}\int v_i dt$。

【例 6-11】 积分电路实验

本实验的电路如图 6-68 所示。该电路比图 6-67 中的基本积分电路多了反馈电阻 R_F。这是因为在实际应用中，为了防止低频信号增益过大，常在电容上并联一个电阻加以限制。

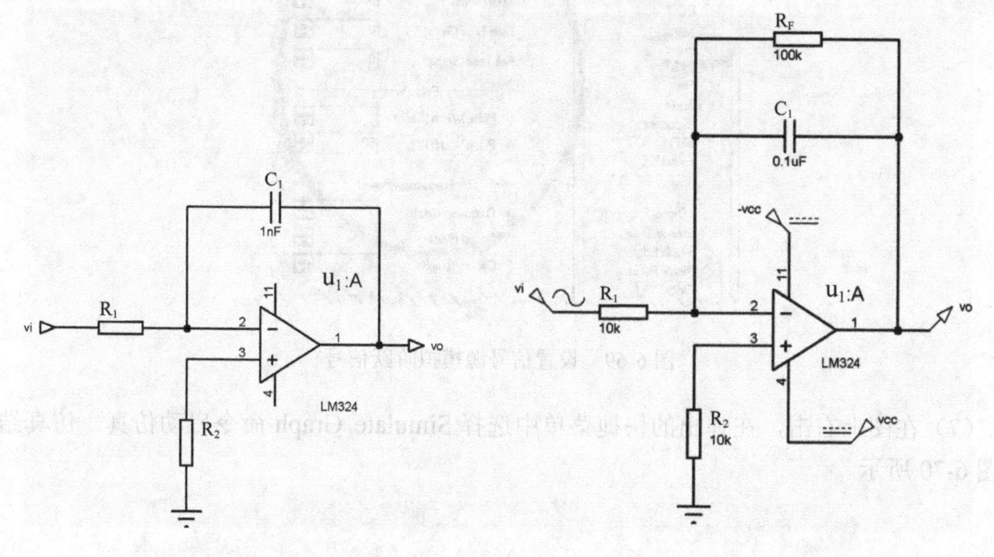

图 6-67　基本积分电路　　　　图 6-68　积分运算仿真电路

考虑从某一时刻 t_0 到另一时刻 t_1 的积分，则 $v_o = -\frac{1}{RC}\int_{t_0}^{t_1} v_i dt + v_o(t_0)$。当输入信号为阶跃信号时，$t_0$ 时刻电容 C_1 上的电压为 0，则输出电压是斜率为 $-\frac{1}{RC}$ 的直线。首先设置本例中输入电阻 R_1 阻值为 10kΩ，反馈电阻 R_F 阻值为 100kΩ，电容 C_1 容值为 1μF，集成运放工作在±5.0V 下。

本次实验将分别仿真在不同的输入信号的情况下积分电路的响应，实验操作步骤如下。

操作步骤

（1）按如图 6-68 所示建立仿真原理图。

（2）在原理图中添加一个 DC 信号源，设置其电压幅值为-5V，将其连接到运放的负电源引脚。

（3）在原理图中添加一个 DC 信号源，设置其电压幅值为 5V，将其连接到运放的正电源引脚。

（4）在原理图中右击，在弹出的快捷菜单中依次选择 Place→Generator→PULSE 命令，在图中放置一个脉冲发生器，命名为 vi。将其连接到 R_1 的一端，R_1 的另一端连接到运放的反相输入端。

（5）在原理图上放置一个模拟分析图（ANALOGUE GRAPH），并将 vi、vo 添加到分析图中。

（6）为了模拟一个阶跃信号，对信号源 vi 按图 6-69 所示进行设置。

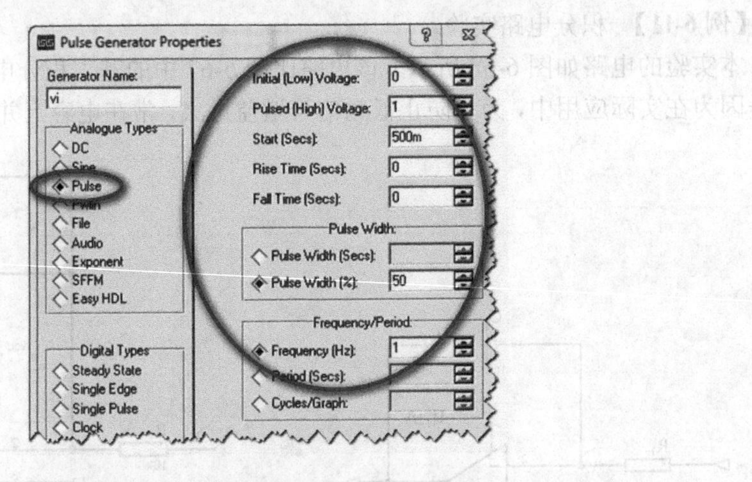

图 6-69　设置信号源模拟阶跃信号

（7）在图上右击，在弹出的快捷菜单中选择 Simulate Graph 命令启动仿真。仿真结果如图 6-70 所示。

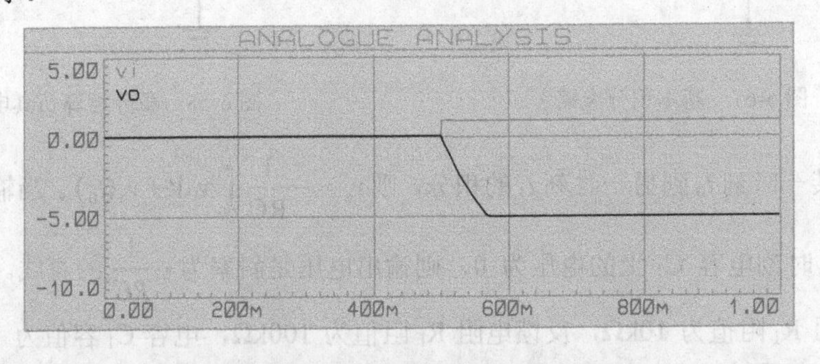

图 6-70　输入信号为阶跃信号时的积分输出

（8）按如图 6-71 所示设置输入信号 vi 为方波信号。

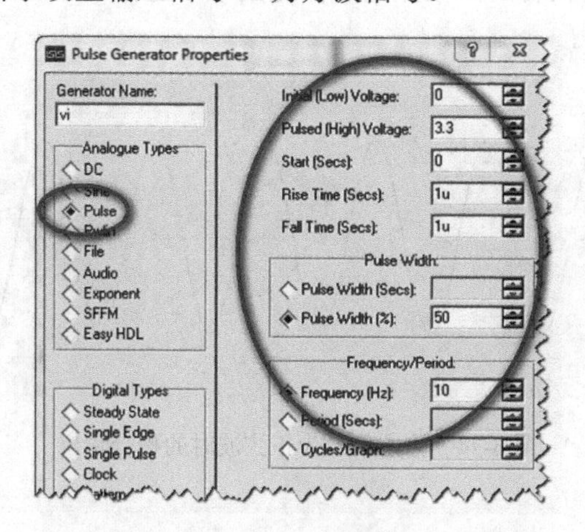

图 6-71　设置积分电路输入信号为方波

（9）在图上右击，在弹出的快捷菜单中选择 Simulate Graph 命令启动仿真。仿真结果如图 6-72 所示。

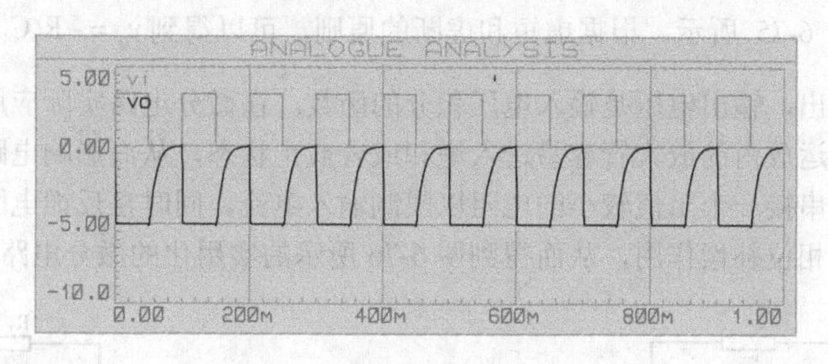

图 6-72　输入信号为方波时的积分输出

（10）按如图 6-73 所示设置输入信号 vi 为正弦波。

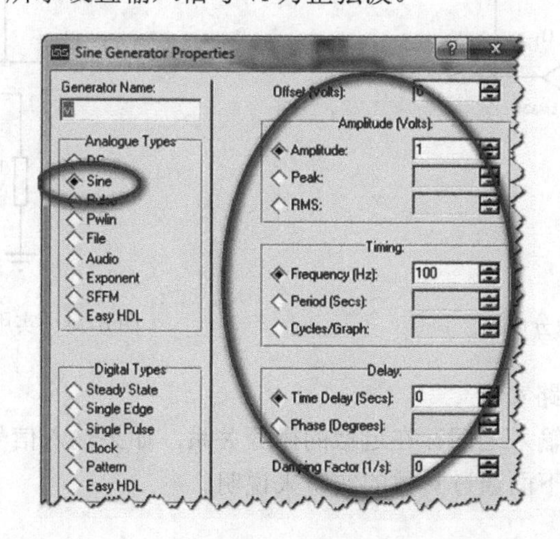

图 6-73　设置积分电路输入信号为正弦波

（11）在模拟分析图上右击，在弹出的快捷菜单中选择 Simulate Graph 命令启动仿真。仿真结果如图 6-74 所示。

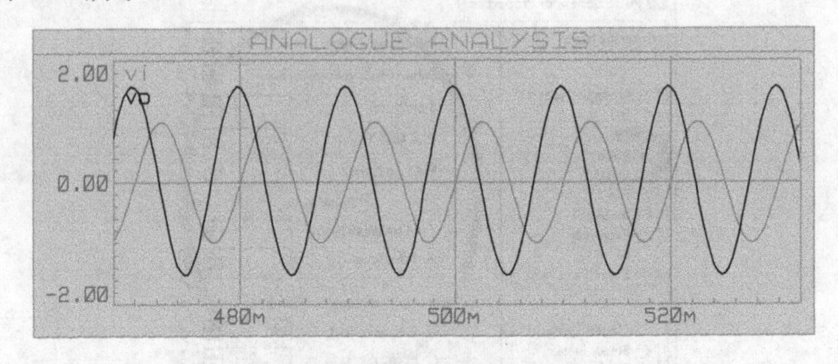

图 6-74　输入信号为正弦波时的积分输出

6.4.7　微分电路

微分运算与积分运算互为逆运算，将图 6-67 电路中的 R_1 与 C_1 位置互换即可得到基本微分电路，如图 6-75 所示。根据虚短和虚断的原则，可以得到 $v_o = -R_1C_1\frac{dv_i}{dt}$。从此电压传输函数可以看出，输出电压是输入电压积分的函数。在微分电路实际应用中，当输入电压发生变化时，运放内的放大管容易进入饱和或者截止状态，从而影响电路的工作。解决办法是在输入端串接一个阻值较小的电阻以限制输入电流，同时在反馈电阻上并接一个小容量电容以起到相位补偿作用，从而得到图 6-76 所示的实用化的微分电路。

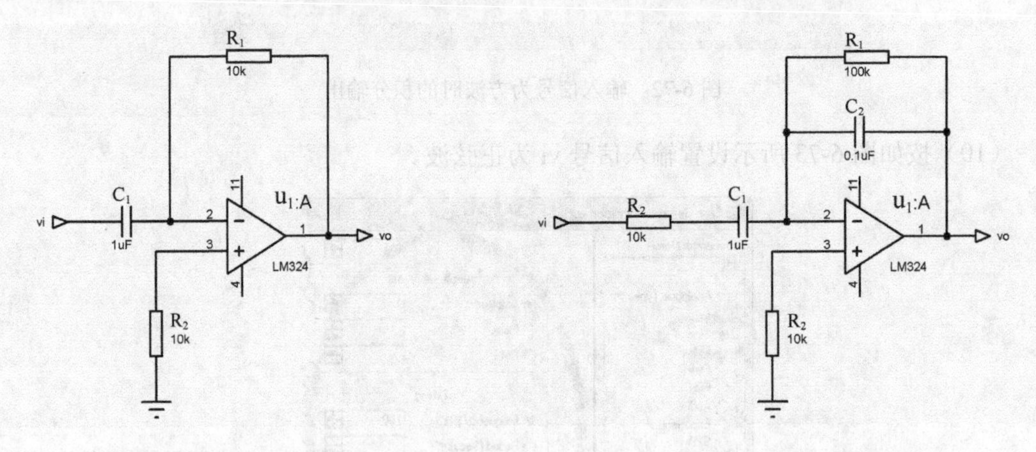

图 6-75　基本微分电路

图 6-76　实用化的微分电路

【例 6-12】　微分电路实验

微分电路的输出与输入之间存在近似的微分关系，如果输入信号为方波，则通过维分电路后将得到锯齿波。下面通过具体的实验来说明。

操作步骤

（1）建立如图 6-77 所示的仿真电路。

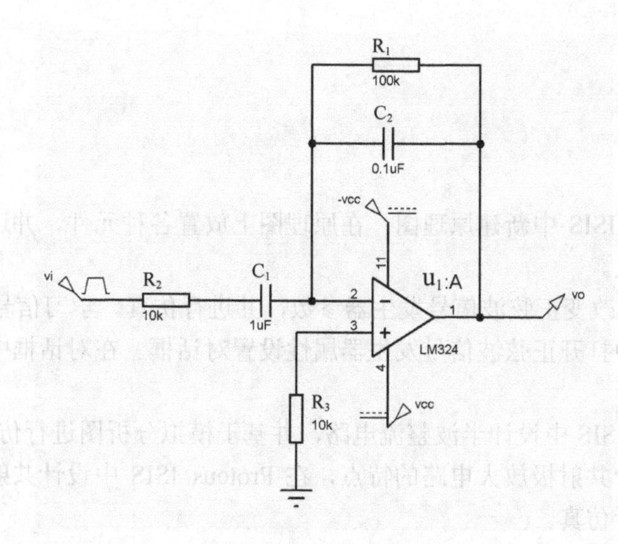

图 6-77　微分仿真电路

（2）该电路中的输入信号为方波，幅值为 1.0V，频率为 2Hz。集成运放工作在±5.0V 下。

仿真后得到如图 6-78 所示的波形，其中 vo 信号为锯齿波，可见该电路对输入信号进行了微分运算。

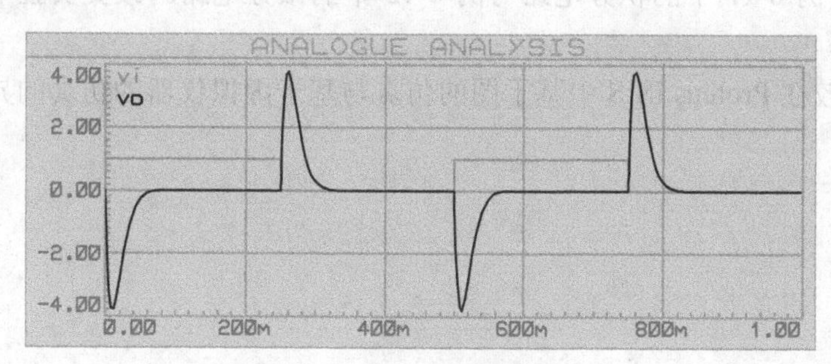

图 6-78　微分电路仿真结果

6.5 小结

晶体管，主要是二极管和三极管，是模拟电子技术中的重要基础元件。二极管的单向导电性使整流电路成为可能，打通了交流电与直流电之间的相位鸿沟。三极管的开关特性使得开关可以由电信号控制，放大特性使得便携式的各种设备成为可能。模拟信号的运算是集成运算放大器重要且典型的应用领域。本章通过使用集成运放设计并模拟了电压跟随器、电压比较器、同相比例放大电路、反相比例放大电路、求和、积分和微分电路，以帮助读者巩固运放的基础知识，并介绍了使用 Proteus ISIS 进行电路设计仿真的方法。

本章回顾了模拟电子技术中的部分内容，并通过实例介绍了如何使用 Proteus ISIS 中集成的 PROSPICE 工具对二极管、三极管、集成运放等模拟元件进行仿真，证明了 Proteus ISIS 是模拟电子技术教学和设计的良好工具。

6.6 习题

（1）在 Proteus ISIS 中新建原理图，在原理图上放置各种元件，并连接元件管脚，掌握绘制原理图的方法。

（2）在例 6-1 中改变正弦波信号发生器参数，并进行仿真。学习信号发生器的用法。

（3）在例 6-1 中打开正弦波信号发生器属性设置对话框。在对话框中改变信号发生器类型，并进行仿真。

（4）在 Proteus ISIS 中设计半波整流电路，并基于模拟分析图进行仿真。

（5）试述三极管共射极放大电路的特点，在 Proteus ISIS 中设计共射极放大电路，并基于模拟分析图进行仿真。

（6）试述三极管共基极放大电路的特点，在 Proteus ISIS 中设计共基极放大电路，并基于模拟分析图进行仿真。

（7）参考例 6-10，设计 3 个输入信号的同相求和电路，并进行基于模拟分析图的仿真。

（8）试改造例 6-7 中的实验电路，使用示波器观察输入信号与输出信号。

（9）试比较例 6-11 中的积分电路与例 6-12 中的微分电路。改变实验中的输入信号特征，并重新仿真。

（10）试比较在 Proteus ISIS 中基于图的仿真与基于虚拟仪器的仿真的异同。

第 7 章 Proteus ISIS 中的数字电路仿真

自然界中的物理量的变化规律不外乎两类。一类物理量的变化在时间上或者数值上是连续的，这一类物理量称作模拟量。另一类物理量的变化在时间上和数量上都是离散的，也就是说在时间上是不连续的，变化发生在不连续的一些瞬间，这一类物理量可以称作数字量。在第 6 章通过模拟电路及其分析回顾了模拟电路设计的相关知识，在本章将通过对数字电路进行分析和实验来掌握使用 Proteus ISIS 进行数字电路仿真和分析的相关知识。

7.1 数字电路基础

数字信号通常用数码的形式表示，不同的数码可以表示的数量不同。用数码表示数量时，一位不够时可以用进位记数制的方法组成多位数码使用。多位数码中每一位的构成方法以及从低位到高位的进位规则称为数制。数字电路中常使用的数制除了日常熟悉的十进制以外，主要是二进制和十六进制。

二进制是目前数字电路中应用最为广泛的数制。在二进制数中，每一位仅有 0 和 1 两种可能的数码，也就是记数基数为 2。低位和高位之间的进位关系是逢二进一，因此称为二进制。

任何一个二进制数都可以展开为 $D=\sum k_i 2^i$ 的形式，并用该公式计算出它表示的十进制数的大小。同样，任何一个十六进制数都可以展开为 $D=\sum k_i 16^i$ 的形式，并用该公式计算出它表示的十进制数的大小。

综合二进制数和十六进制数的展开公式，可以得出一个一般的 N 进制数按照十进制展开的普遍形式：$D=\sum k_i N^i$，N 称为数制的基数，k_i 为第 i 位的系数，N^i 称为第 i 位的权。可见，任何一个十进制数都可以用 N 进制数来表示，而且可以互相转换。而在数字电路中的基本门电路输出也只有两个有效状态：高电平或者低电平。这样，任何一个二进制数中的位在电路中都可以用某一个门电路的输出来表示。因此，二进制数是跨越物理量与电子电路中间鸿沟的桥梁。

1. 数字信号

数字信号是指自变量是离散的、因变量也是离散的信号。或者说数字信号是离散时间信号的数字化表示。数字信号有两种来源。一种是信号本身就是离散的，例如开关在每个固定时间点的状态只有开或者关两种，如果将开关断开定义为信号 0，开关闭合定义为信号 1，则其在一段时间范围内可用如图 7-1 所示的信号表示。另一种是可由模拟信号通过模数转换获得。

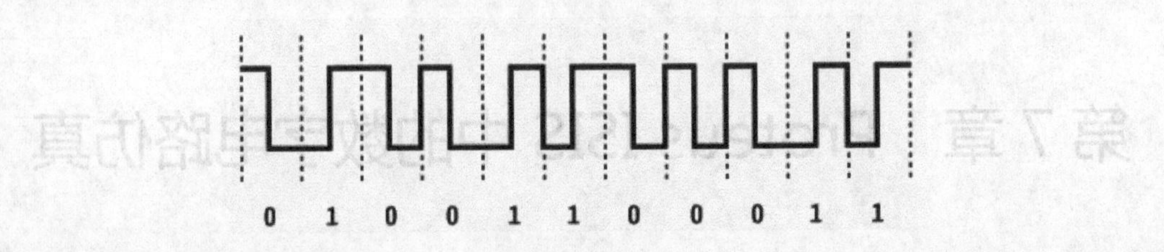

图 7-1 数字信号

模拟信号是一组随时间改变的数据，如某地方的温度变化，汽车在行驶过程中的速度，或电路中某节点的电压幅度等。有些模拟信号可以用数学函数来表示，其中时间是自变量，而信号本身则作为因变量。离散时间信号是模拟信号的采样结果：离散信号的取值只在某些固定的时间点有定义（其他地方没有定义），而不像模拟信号那样在时间轴上具有连续不断的取值。如图 7-2 所示，信号变化是连续的，但是如果只关心在固定时间间隔的时间点上的信号幅值，则可以将连续时间信号看作是在有限个观察点（时刻）的信号值的序列。在每一个观察点上的信号幅值称为采样值（sample）。

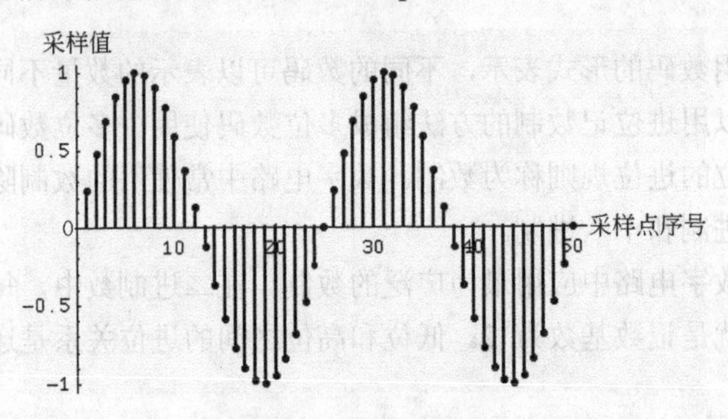

图 7-2 离散时间信号

若离散时间信号在各个采样点上的取值只是原来模拟信号取值（可能需要无限长的数字来表示）的一个近似，那么就可以用有限字长（字长根据近似的精确程度而有所不同）来表示所有的采样点取值，这样的离散时间信号称为数字信号。将一组精确测量的数值用有限字长的数值来表示的过程称为量化（quantization）或数字化（digitalization）。从概念上讲，数字信号是量化的离散时间信号，而离散时间信号则是已经采样的模拟信号。

随着电子技术的飞速发展，数字信号的应用也日益广泛。很多现代的媒体处理工具，尤其是需要和计算机相连的仪器，都从原来的模拟信号表示方式改为数字信号表示方式。日常常见的例子包括手机、视频或音频播放器和数码相机等。

而数字信号是以二进制数来表示的，因此信号的量化精度一般以比特（bit）来衡量。

2. 逻辑信号

逻辑信号是数字信号的一种表达。在计算机或者其他的数字系统中，一个只具有两种电压取值以代表布尔 0 或 1 的波形可称作逻辑信号。通常可以将逻辑信号看作是数字信号在计算机或者数字电路中的表达。通常在将信号看作逻辑值并用数字逻辑的方法处理时将信号称为逻辑信号，而在数字电路中出现的信号称为数字信号。但是在实际应用中经常可以将数字信号和逻辑信号这两个名称混用而不会引起误解，具体的意义可以通过上下文来区分，也可以不加区分，而将其统称为数字逻辑信号。

3. 数字逻辑

数字逻辑是数字电路逻辑的简称，它的内容是应用数字电路进行数字系统逻辑设计。数字逻辑电路是由与门、或门、非门等门电路组合形成的逻辑电路。按其结构可以分为组合逻辑电路和时序逻辑电路。组合逻辑电路没有存储功能，其全部功能都可以由基本的门电路搭接实现。而时序逻辑电路需要由触发器、锁存器以及门电路结合才能实现。将组合逻辑电路和时序逻辑电路结合起来，能够实现具有复杂功能的电子电路，如电子计算机。

数字逻辑的部分理论建立在数理逻辑，特别是布尔代数和时序机的理论基础上。数字逻辑可分为组合逻辑和时序逻辑。在一个逻辑系统中，输出结果仅取决于当前各输入值的称组合逻辑；输出结果既由当前各输入值决定，又由过去的输入值决定的称时序逻辑。组合逻辑不包含存储元件，时序逻辑至少包含一个存储元件。

数字逻辑的应用范围极广，日常生活的决策过程是组合逻辑的典型例子，电话号码的拨号和号码锁的开启过程则是时序逻辑的典型例子。数字逻辑在数字电路设计中有广泛的用途。

对于组合逻辑，任意时刻的输出仅取决于该时刻的输入，而与逻辑表达式原来的状态无关。在表达方式上，一个组合逻辑电路可以由一个逻辑方程或真值表来表示。组合逻辑框图如图 7-3 所示。

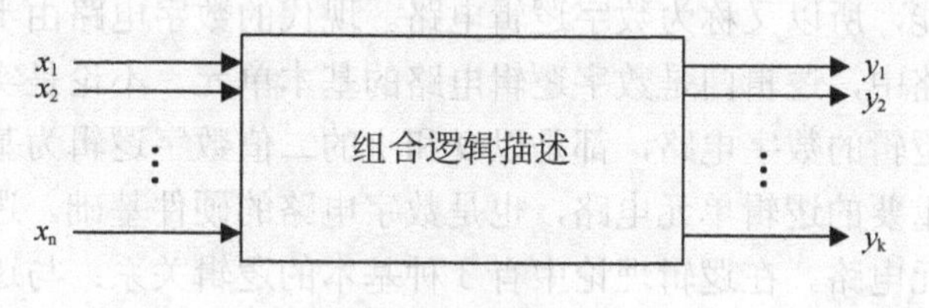

图 7-3　组合逻辑框图

图 7-3 的组合逻辑描述可以用下面的函数表示：

$$\begin{cases} y_1 = f_1(x_1, x_2, \cdots, x_n) \\ y_2 = f_2(x_1, x_2, \cdots, x_n) \\ \vdots \\ y_n = f_n(x_1, x_2, \cdots, x_n) \end{cases}$$

从组合逻辑的特点可以得出以下结论，它的输出与逻辑的历史状态无关，因此它也不应该包含存储单元。这是组合逻辑的共同特点，也是区分组合逻辑与时序逻辑的出发点。

时序逻辑与组合逻辑不同，在时序逻辑中，任意时刻的输出不仅取决于当时的输入，还取决于逻辑原来的状态。这样的逻辑称为时序逻辑。时序逻辑可以用图 7-4 所示的框图来描述。从图中可以看出，时序逻辑有两个特点。第一，包含组合逻辑和存储逻辑两个部分，而存储描述是必不可少的。如果没有存储描述，那么它就退化为组合逻辑。第二，存储逻辑的输出必须反馈到组合逻辑的输入端，与输入信号一起决定时序逻辑的输出。

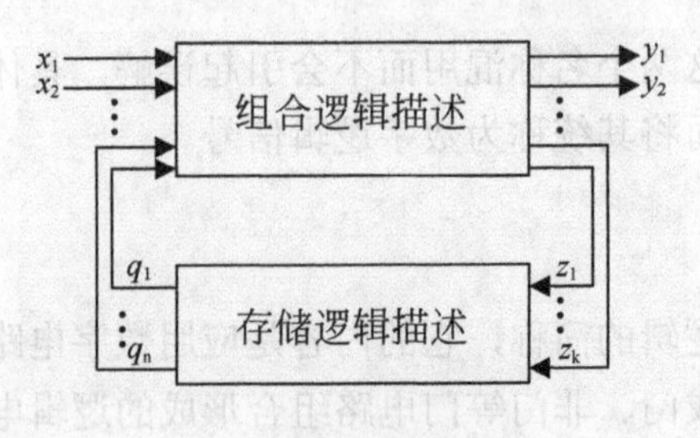

图 7-4　时序逻辑描述

时序逻辑中的存储逻辑的主要实现方法是触发器。在同步时序逻辑电路中，所有触发器的状态都是在同一个时钟信号的同步下同时发生的。而在异步时序逻辑电路中，触发器的状态发生变化是不同步的，也就是驱动不同的触发器的时钟可能不是同一个。在未指明的情况下，通常所说的时序电路指的是同步时序逻辑电路。因此在本书中，时序逻辑和时序逻辑电路指的是同步时序逻辑和同步时序逻辑电路。

由于时序逻辑具有状态，其工作时存储逻辑所存储的信息的每一种可能都可以编码成为一个状态，且其状态数量是有限的，因此，时序逻辑也称状态逻辑或有限状态逻辑。根据状态机理论，状态机可以分为摩尔型状态机和米利型状态机。关于时序逻辑的设计方法将在后面通过实验介绍。关于时序逻辑更详细的内容请参考其他教材。

4. 数字电路

用数字信号完成对数子量进行算术运算和逻辑运算的电路称为数字电路。它具有逻辑运算和逻辑处理功能，所以又称为数字逻辑电路。现代的数字电路由半导体集成电路等元件构成，在数字电路中，逻辑门是数字逻辑电路的基本单元。不论是实现组合逻辑的数字电路还是实现时序逻辑的数字电路，都是以 0 和 1 的二值数字逻辑为基础。

逻辑门是一种重要的逻辑单元电路，也是数字电路的硬件基础。逻辑门是能实现一定因果逻辑关系的单元电路。在逻辑理论中有 3 种基本的逻辑关系：与逻辑、或逻辑和非逻辑。在数字电路中，与其对应的有 3 种基本逻辑门电路：与门、或门和非门。

- 与门。决定一个事件的所有条件都具备时，该事件才会发生。例如，当开关 A 和 B 都闭合时，灯才会亮。与门的逻辑符号如图 7-5（a）所示。其逻辑可以表示为 $Y=A\&B$。
- 或门。决定一个事件的几个条件中，只要最少有一个条件具备，该事件就会发生。例如，只要开关 A 或者 B 闭合，那么灯就会亮。或门的逻辑符号如图 7-5（b）所示。其逻辑可以表示为 $Y=A\mid B$。
- 非门。非逻辑就是否定。以灯和开关来举例，就是开关闭合，灯不亮；开关断开，灯亮。或门的逻辑符号如图 7-5（c）所示。其逻辑可以表示为 $Y=\sim A$ 或者 $Y=\overline{A}$。

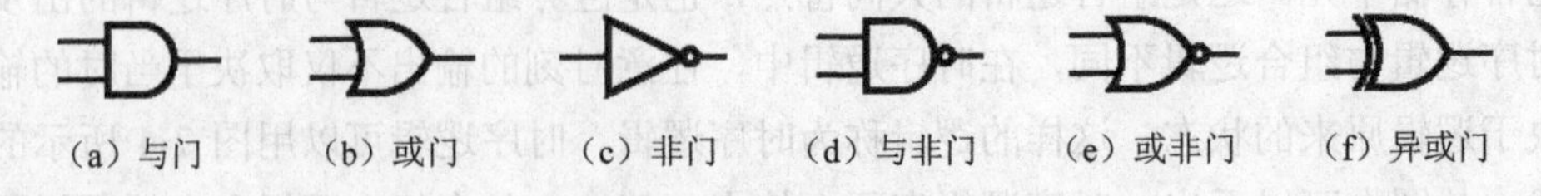

（a）与门　（b）或门　（c）非门　（d）与非门　（e）或非门　（f）异或门

图 7-5　逻辑门符号

除了与门、或门、非门 3 种基本逻辑门之外，常用的逻辑门还有复合逻辑门，主要有与非门、或非门。

- 与非门。将与门和非门串联就得到与非门，也就是将与门的输出取反得到与非门。与非门的逻辑符号如图 7-5（d）所示。其逻辑可以表示为$Y=\overline{A\&B}$。
- 或非门。将或门和非门串联就得到或非门，也就是将或门的输出取反得到或非门。或非门的逻辑符号如图 7-5（e）所示。其逻辑可以表示为$Y=\overline{A|B}$。

除此之外，还有一种特别的逻辑关系——异或关系。与异或关系对应的门称为异或门，其逻辑符号如图 7-5（f）所示。仍以灯和开关为例，当开关 A 或者 B 状态都是开或者闭时，灯熄灭；当开关 A 和 B 的状态不一致时，灯点亮。异或逻辑可以表示为$Y=A\oplus B$。如果将异或门和非门串联，则可以得到同或关系。仍然以开关为例，同或关系是：当开关 A 或者 B 状态都是开或者闭时，灯点亮；当开关 A 和 B 的状态不一致时，灯熄灭。同或逻辑可以表示为$Y=A\odot B$。

7.2 基础门电路

7.1 节介绍了在数字逻辑电路中有与门、或门、非门、与非门、或非门、异或门这几种基本的逻辑门电路。不论简单或是复杂的数字电子电路，组合逻辑或是时序逻辑，都由这些基本的门电路搭建而来。本节通过实验来学习基本门电路的特性。

本节中的实验内容都是通过开关、发光二极管（LED）、基本逻辑门组成的。通过触发开关来模拟逻辑门的二值逻辑输入，用开关闭合代表输入 1，用开关断开代表输入 0；用发光二极管的点亮表示逻辑门输出 1，用熄灭来表示逻辑门输出 0。

【例 7-1】 与门实验

本实验所用的与门仿真电路如图 7-6 所示，与门的两个输入端分别连接开关，并通过电阻上拉。在开关 K_1 或者 K_2 没有闭合时，输入端通过电阻上拉到高电平，经过与门进行逻辑运算后输出为高电平。此高电平驱动 NPN 型三极管 Q_1 的基极，使其进入饱和状态，三极管起到电子开关的作用。此时发光二极管 D_1 被点亮。

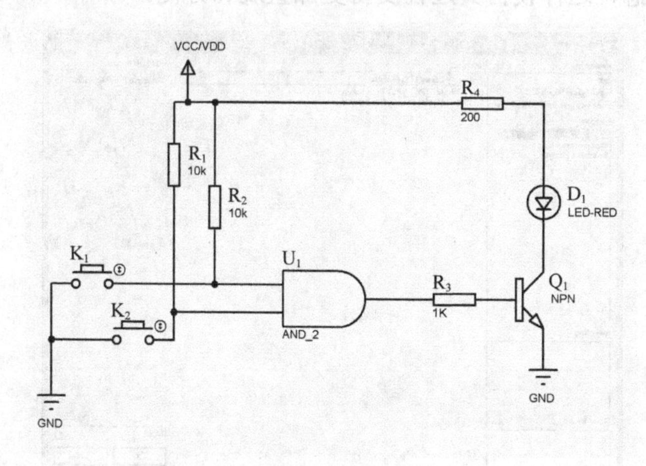

图 7-6　与门仿真电路

当 K_1 或 K_2 中的任意一个开关被按下时，与门输入端被强制下拉到低电平。与逻辑的输入中有任意一个或多个是低电平，则输出为低电平。经过与门进行逻辑运算后，输出为低电平。此低电平作用于 Q_1 的基极，使 Q_1 进入截止状态。此时发光二极管 D_1 熄灭。

为了进行本试验，请首先按照图 7-6 建立仿真电路。其中 R_1、R_2 阻值为 10kΩ，R_3 阻值为 1kΩ，R_4 阻值为 200Ω，Q_1 选用 NPN 型三极管。

操作步骤

（1）本实验中使用的三极管没有具体型号，为 Proteus ISIS 中专为仿真提供的三极管。如图 7-7 所示，在 Keywords 中输入 NPN，在 Results 列表中选择 Generic NPN Bipolar Transistor，将其加入到 Devices 列表中，并放置在仿真原理图上。

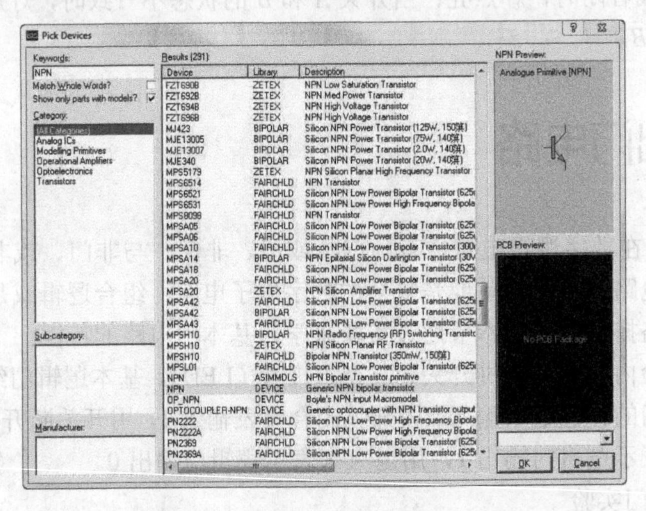

图 7-7　选择通用 NPN 型三极管

（2）同样在 Keywords 中输入 button，从元件列表中选择 ACTIVE 库中的 SPST Push Button 元件，作为仿真所用的开关，如图 7-8 所示。选用此开关元件的原因是在仿真时可以用鼠标改变其状态，这样使仿真过程变得更加直观和方便。

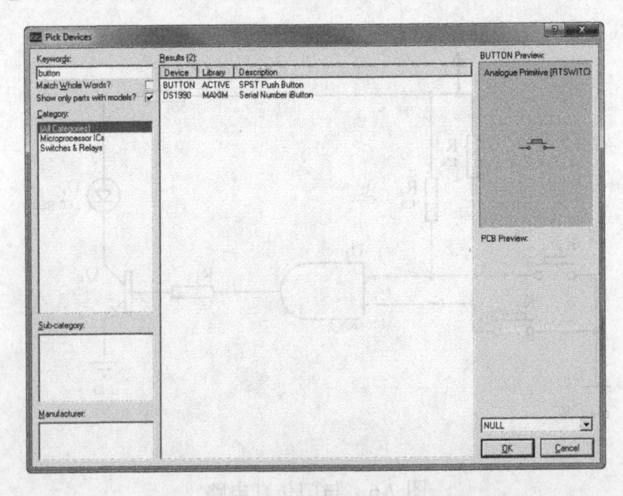

图 7-8　选择仿真用的开关元件

（3）在库中找到名为 AND_2 的元件，此元件为 ACTIVE 库中的 Simple Two Input AND Gate，如图 7-9 所示。此与门元件有两个输入端。如果要使用三输入与门，请使用 AND_3 为关键字在库中搜索。

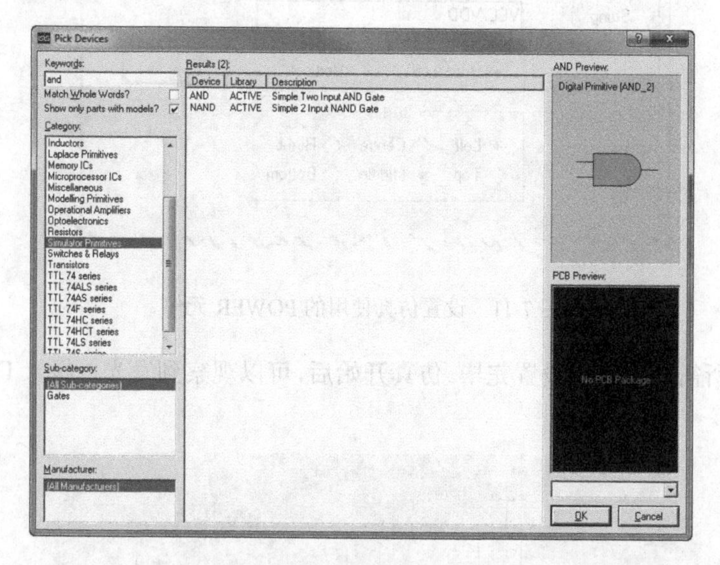

图 7-9 选择仿真用的与门元件

（4）仿真原理图输入完成后，在主菜单中选择 Config→Config Power Rails 命令，设置仿真用的电源为 5V，如图 7-10 所示。

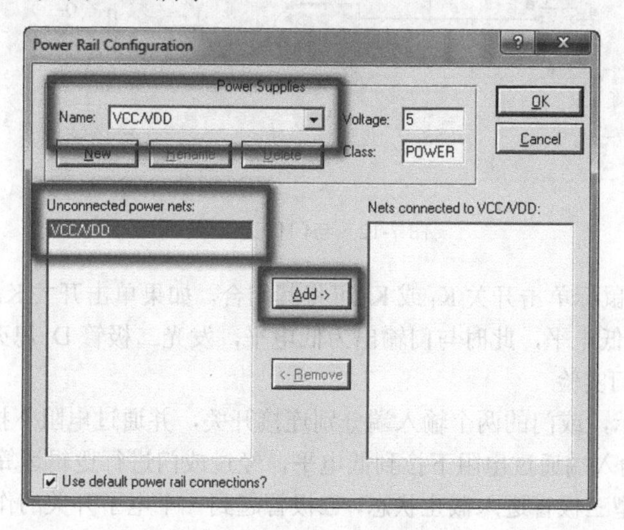

图 7-10 设置仿真电源

（5）在 Name 下拉列表框中选择 VCC/VDD，这是 Power Rail 的名字。

（6）在 Unconnected power nets 列表中选择 VCC/VDD，这是网络名。

（7）单击 Add 按钮，将其添加到 Nets connected to VCC/VDD 列表中，建立 VCC/VDD 网络与 VCC/VDD Power Rail 的连接。

（8）在仿真电路中设置 POWER 元件，标签使用 VCC/VDD，如图 7-11 所示。

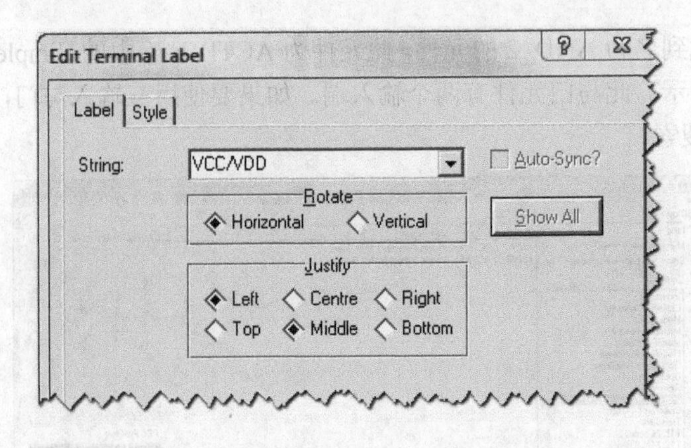

图 7-11　设置仿真使用的 POWER 元件

至此仿真所需的元件已设置完毕。仿真开始后，可以观察到发光二极管 D_1 直接被点亮，如图 7-12 所示。

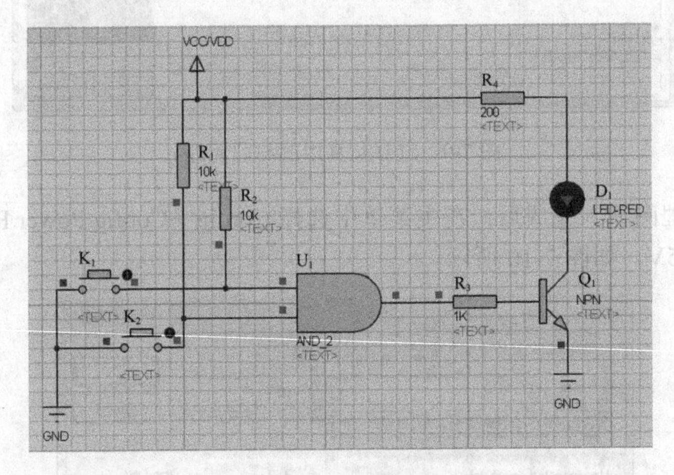

图 7-12　与门仿真结果

在仿真时，用鼠标单击开关 K_1 或 K_2 可将其闭合。如果单击开关 K_1，则与门的其中一个输入会被下拉到低电平，此时与门输出为低电平，发光二极管 D_1 熄灭。

【例 7-2】 或门实验

如图 7-13 所示，或门的两个输入端分别连接开关，并通过电阻下拉。在开关 K_1 或者 K_2 没有闭合时，输入端通过电阻下拉到低电平，经过或门进行逻辑运算后输出为低电平。此低电平使 NPN 型三极管进入截止状态，三极管起到一个电子开关的作用。此时发光二极管 D_1 熄灭。

当开关 K_1 或 K_2 中的任意一个被按下时，或门输入端被强制上拉到高电平。或逻辑的输入中有任意一个或多个是高电平时，经过或门进行逻辑运算后，输出为高电平。此高电平作用于 Q_1 的基极，使 Q_1 进入饱和状态，此时发光二极管 D_1 点亮。

建立或门仿真电路的过程与前述与门仿真实验的过程一致，此处不再赘述。两者的区别是，本实验中的基本逻辑元件是名为 OR_2 的二输入或门。在元件库中查找此元件的方法可参考图 7-9。

当仿真开始后，U_1的两个输入由于下拉的原因都是低电平，U_1的输出为低电平，因此发光二极管 D_1熄灭。在仿真时用鼠标单击开关 K_1或 K_2可将其闭合，U_1的输入端中的某一个将因为上拉作用变为高电平，经过或门逻辑运算后，U_1输出为高电平。因此，发光二极管 D_1将会被点亮。仿真结果如图 7-14 所示。

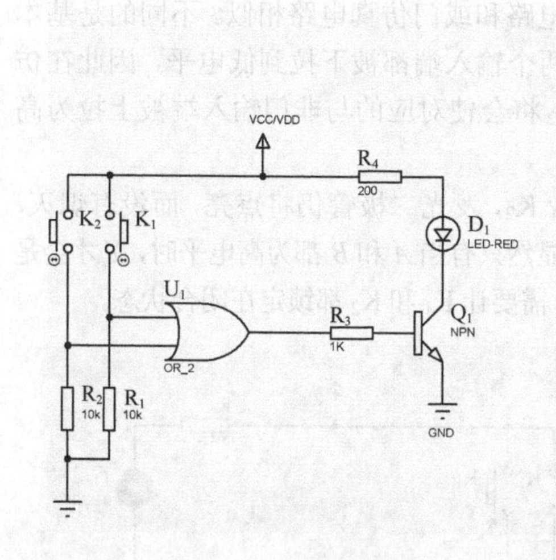

图 7-13　或门仿真电路

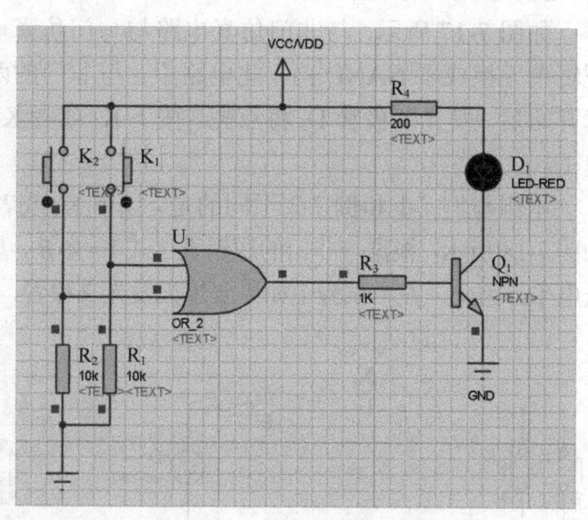

图 7-14　或门仿真结果

注意，在仿真开始时，发光二极管是熄灭的，这与图 7-12 中的情况正相反。

【例 7-3】 非门实验

如图 7-15 所示，非门的输入端连接开关，并通过电阻下拉。在开关 K_1没有闭合时，输入端通过电阻下拉到低电平，经过非门进行逻辑运算后输出为高电平。此高电平使 NPN 型三极管进入饱和状态，三极管起到一个电子开关的作用。此时，发光二极管 D_1点亮。

当开关 K_1被按下时，非门输入端被强制上拉到高电平。经过非门进行逻辑运算后，输出为低电平。此低电平作用于 Q_1的基极，使 Q_1进入截止状态。此时发光二极管 D_1熄灭。仿真结果如图 7-16 所示。

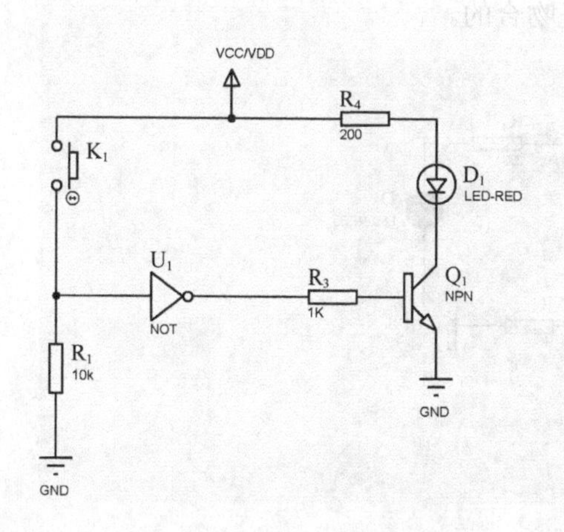

图 7-15　非门仿真电路

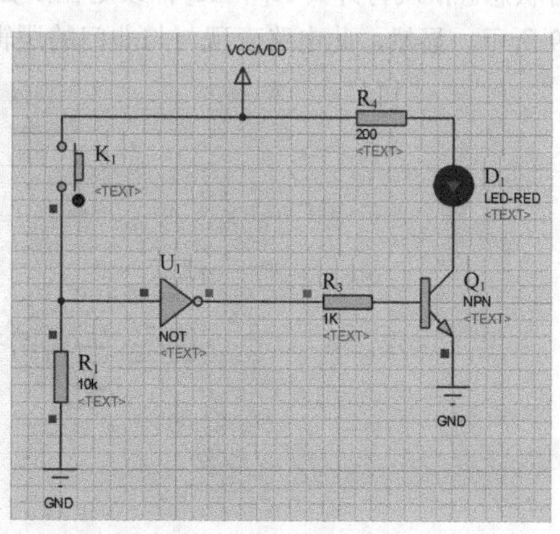

图 7-16　非门仿真结果

在本试验中，仿真开始后发光二极管 D_1 即点亮，这是因为非门输入端被下拉到低电平。如果希望仿真开始后发光二极管是熄灭状态，只需将按钮开关 K_1 和电阻 R_1 的位置互换即可。

【例 7-4】 与非门实验

如图 7-17 所示，与非门仿真电路与与门仿真电路和或门仿真电路相似。不同的是基本逻辑单元换成了 NAND 门。此电路中，与非门的两个输入端都被下拉到低电平，因此在仿真开始后，发光二极管 D_1 将点亮。按下 K_1 或者 K_2 将会使对应的与非门输入端被上拉为高电平。

本例与例 7-1 和例 7-2 不同的是，按下 K_1 或者 K_2，发光二极管仍将点亮，而没有熄灭，如图 7-18 所示。根据与非门的逻辑表达式 $Y=\overline{A\bullet B}$，显然只有当 A 和 B 都为高电平时，Y 才会是低电平。因此，在本试验中如果要熄灭发光二极管，需要让 K_1 和 K_2 都锁定在闭合状态。

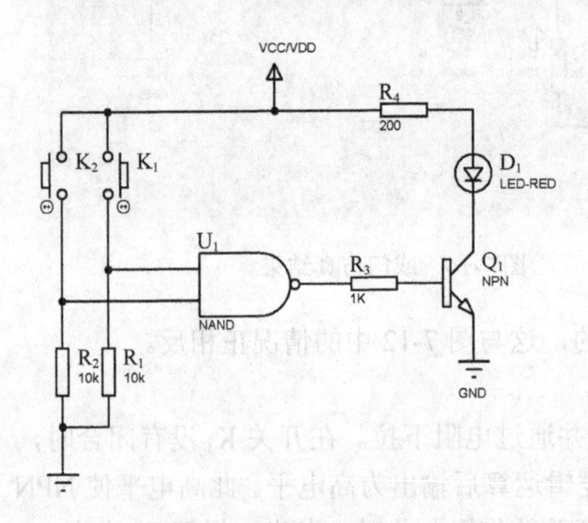

图 7-17　与非门仿真电路

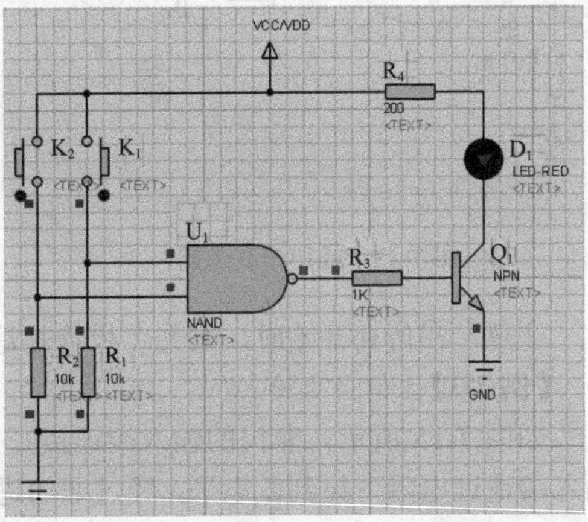

图 7-18　与非门仿真结果

为了让开关锁定在闭合状态，可以单击按钮开关元件下方的小红点，开关将会锁定在闭合状态。依次将开关 K_1 和 K_2 都锁定在闭合状态，可以观察到发光二极管 D_1 熄灭，如图 7-19 所示。显然，此电路表现与与非门的逻辑是吻合的。

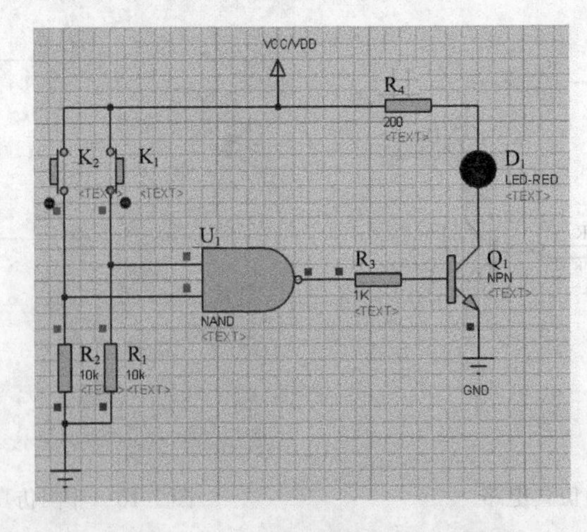

图 7-19　与非门实验锁定开关状态

【例 7-5】 异或门实验

仿真电路如图 7-20 所示。根据异或门的逻辑方程，在此电路中，异或门的两个输入端分别为不同的真值时才能将二极管点亮。因此，仿真开始时，发光二极管是熄灭的，此时异或门的两个输入端都是低电平。

开始仿真后，单击 K_1 和 K_2 中任意一个使其闭合，将使异或门两个输入端输入的电平不同，此时异或门将输出高电平，发光二极管 D_1 点亮，如图 7-21 所示。

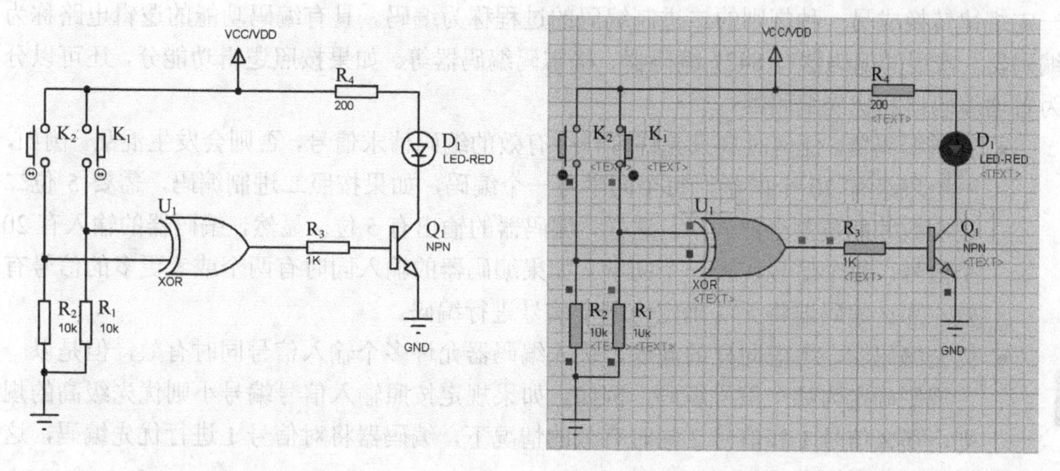

图 7-20 异或门仿真电路

图 7-21 异或门仿真结果

如果将实验电路中的按钮开关 K_1 和 K_2 都按下，则异或门的两个输入端将都是低电平，异或门输出也将变为低电平，此时发光二极管又熄灭。

7.3 组合逻辑电路基础

如前所述，组合逻辑电路的特点是输出信号只是该时刻的输入信号的函数，与其他时刻的输入状态无关，因此它是无记忆功能的。组合逻辑电路在电子系统设计中应用广泛，但是因为其没有存储元件，所以组合逻辑一般用来实现较简单的逻辑功能，如编码器、译码器、数据选择器等，或者在复杂的时序逻辑电路中作为整体功能的一部分。对于组合逻辑问题的描述，就是将文字描述的设计要求抽象为一个逻辑表达式。通常的方法是：先建立输入输出逻辑变量的真值表，再由真值表写出逻辑表达式。有些情况下，可由设计要求直接建立逻辑表达式。对于简单的组合逻辑，设计者可以直接得出其逻辑表达式。根据逻辑表达式可以转换为具体的电路实现。逻辑表达式中的每一个运算都由具体的基本逻辑元件完成。这个由逻辑表达式到数字电路的转换过程是自然的、直观的。而对于较复杂的组合逻辑电路，其输入、输出较多，关系复杂。此时可以通过真值表来设计。每一个具体的组合电路描述可以得到一个唯一的真值表。通过这个真值表可以得到未化简的逻辑表达式。然后使用类似于卡洛图的化简方法，将未化简的逻辑表达式转换为最简形式，再转换为数字电路。

本节通过设计实现编码电路、译码电路等基本的常用组合逻辑电路来介绍使用 Proteus

ISIS 进行组合逻辑设计的方法。

7.3.1 编码电路

在数字系统中，常需要将某一输入信息变换为某一特定的代码输出。而在数字电路中，输入信息是二进制信息，输出信息则是按照一定规律排列的二进制信息。将输入信息按照一定规律转换成另一种规则的二进制编码的过程称为编码。具有编码功能的逻辑电路称为编码器。常用的编码器有 8421 编码器、格雷码编码器等。如果按照逻辑功能分，还可以分为普通编码器和优先编码器。

- 普通编码器。任何时刻只允许有一个有效的编码请求信号，否则会发生混乱。例如，一个班级有 20 个同学，每个同学有一个编码，如果按照二进制编码，需要 5 位二进制数才能覆盖全部同学。这样，编码器的输出有 5 位。显然，编码器的输入有 20 个信号。每个信号代表一个同学。如果编码器的输入同时有两个或者更多的信号有效，那么编码器将无法确定为哪个信号进行编码。
- 优先编码器。考虑同样的问题，优先编码器允许多个输入信号同时有效，但是以一定规则确定为哪个信号编码。例如，如果规定按照输入信号编号小则优先级高的规则，那么信号 1 和信号 2 同时有效的情况下，编码器将对信号 1 进行优先编码，这样就避免了混乱。

从这个例子可以看出，简单编码器的一个特点就是编码器的输入信号多于输出信号。显然未编码的信息位数多于编码为二进制后的信息位数。

本节以一个优先编码器为例讲解在 Proteus ISIS 中进行设计和仿真的过程。

74LS148 是一个常用的 3-8 优先编码器。其真值表如表 7-1 所示。从真值表可以看出，当输入 7 为低电平时，其他输入被忽略。编码输出为 000。而输入 0 优先级最低，只有当其他输入端都无效时，编码器才会输出其对应的编码 111。

表 7-1　SN74LS148 真值表

输入									输出				
EI	0	1	2	3	4	5	6	7	A2	A1	A0	GS	EO
H	×	×	×	×	×	×	×	×	H	H	H	H	H
L	H	H	H	H	H	H	H	H	H	H	H	H	L
L	×	×	×	×	×	×	×	L	L	L	L	L	H
L	×	×	×	×	×	×	L	H	L	L	H	L	H
L	×	×	×	×	×	L	H	H	L	H	L	L	H
L	×	×	×	×	L	H	H	H	L	H	H	L	H
L	×	×	×	L	H	H	H	H	H	L	L	L	H
L	×	×	L	H	H	H	H	H	H	L	H	L	H
L	×	L	H	H	H	H	H	H	H	H	L	L	H
L	L	H	H	H	H	H	H	H	H	H	H	L	H

说明：H 表示高电平，L 表示低电平，×表示无关。

3-8 优先编码器 74LS148 为低电平有效，对输入输出以及控制端都是如此。因此，输入端 7 为低电平代表输入有效，对它的编码输出也是 000，而不是 111。

要设计这样一个优先编码器，首先要得到从输入到输出的逻辑方程。为了简化设计，本试验采用 2-4 优先编码器作为例子，且将信号有效电平修改为高电平，得到如表 7-2 所示的真值表。

表 7-2　2-4 优先编码器真值表

输入				输出	
d_0	d_1	d_2	d_3	A_1	A_0
×	×	×	1	1	1
×	×	1	0	1	0
×	1	0	0	0	1
1	0	0	0	0	0
0	0	0	0	×	×

表 7-2 中的真值表最后一行表示：如果所有的输入端都是低电平，那么输出无意义。根据这个真值表，可以得到如下的逻辑方程：

$$A_1 = d_2 + d_3$$

$$A_0 = \overline{d_2}d_1 + d_3$$

根据上面的逻辑方程，可以得到如图 7-22 所示的 2-4 优先编码器原理图。可见一个 2-4 优先编码器只需要 4 个基本逻辑门。为了对该电路进行仿真，需要额外的数字电路进行辅助。

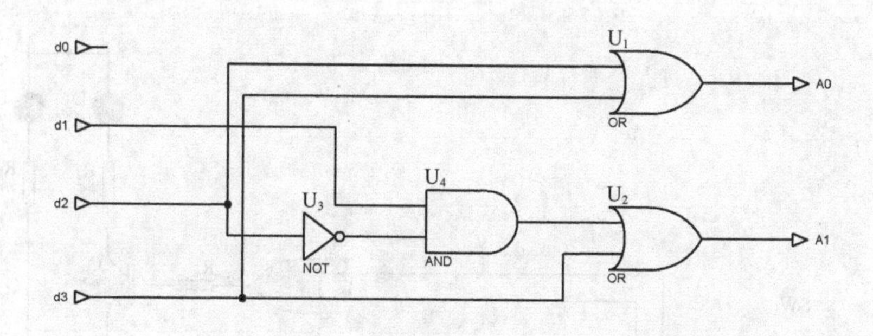

图 7-22　2-4 优先编码器原理图

【例 7-6】　优先编码器实验

采用如图 7-23 所示的电路进行仿真实验。首先输入信号采用多路旋钮开关产生。d_1、d_2、d_3 这 3 根线被电阻下拉。d_0 由于在逻辑简化过程中被简化了，没有参与逻辑运算，因此在原理图中被省略。旋钮开关的特点是有一个公共端，当旋钮开关转动时，公共端分别与某一个电极连通。通过旋钮开关可以模拟任意时刻只有一个信号有效的一组信号。当旋钮开关与某根线连接时，对应的信号被电源上拉到高电平，而其他的信号则由于下拉的作用保持低电平。

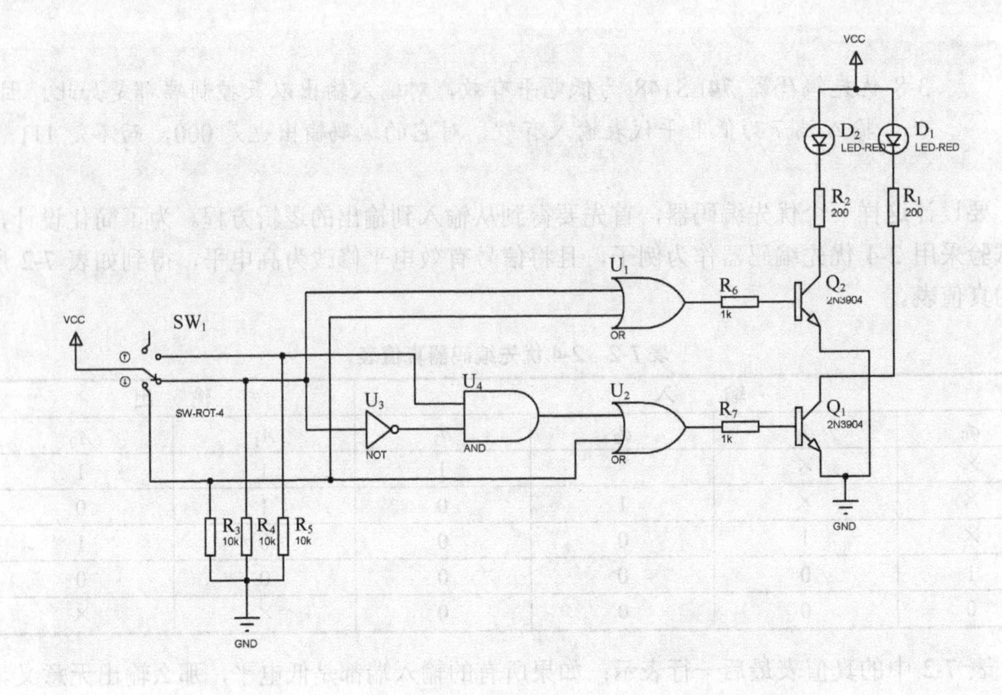

图 7-23　2-4 优先编码器仿真实验原理图

该实验电路在开始仿真时，旋钮开关的位置位于 0 的位置，经过 2-4 编码器编码后，U_1 和 U_2 分别输出 0。因此发光二极管 D_1 和 D_2 都熄灭。用鼠标操纵旋钮开关切换到 1、2 或者 3 的位置，可以观察到发光二极管的点亮和熄灭。仿真实验结果如图 7-24 所示，此时的旋钮开关位于 2 的位置，发光二极管 D_2 点亮，D_1 熄灭，代表二进制数 10，也就是 2。

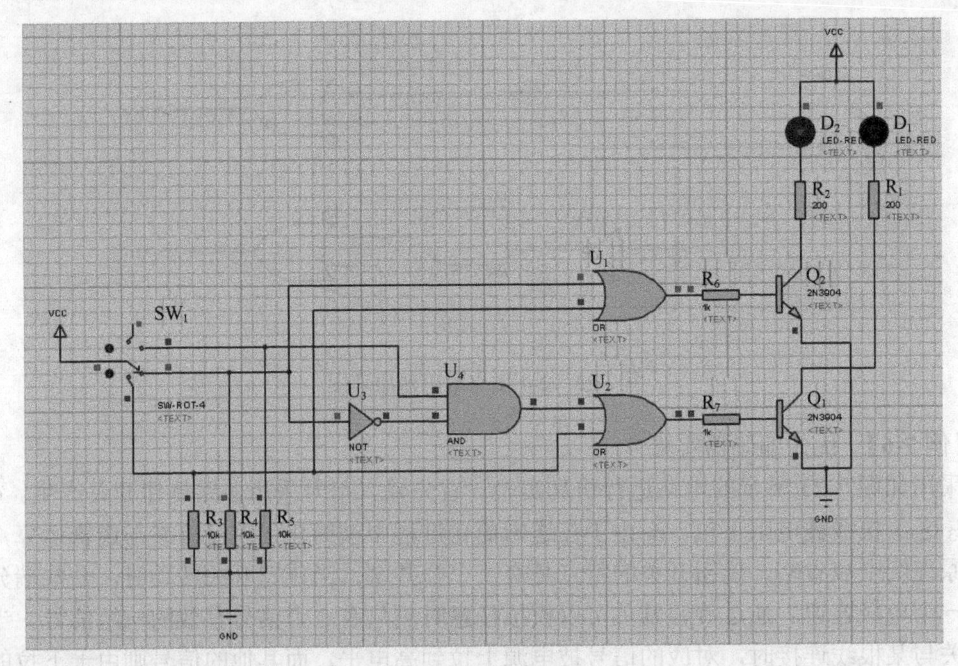

图 7-24　2-4 优先编码器实验仿真结果

使用旋钮开关可以模拟任意时刻只有一个信号有效的一组信号，这样的信号输入到2-4优先编码器中无法体现出编码器的优先特性。请思考如何设计输入信号来完整地验证优先编码器的功能。

使用旋钮开关可以模拟任意时刻只有一个信号有效的一组信号，使用多位拨码开关可以模拟同时有多个信号有效的一组信号。4 位拨码开关在 Proteus ISIS 中的元件名是 DIPSW_4，请使用该元件完善电路图。

采用拨码开关来完整地仿真 2-4 优先编码器的电路图如图 7-25 所示，其中 NPN 三极管的型号为 2N3904。拨码开关的 1 和 2 两位同时处于 ON 的位置，优先编码器将优先对信号 2 进行编码，发光二极管 D_2 点亮，D_1 熄灭。

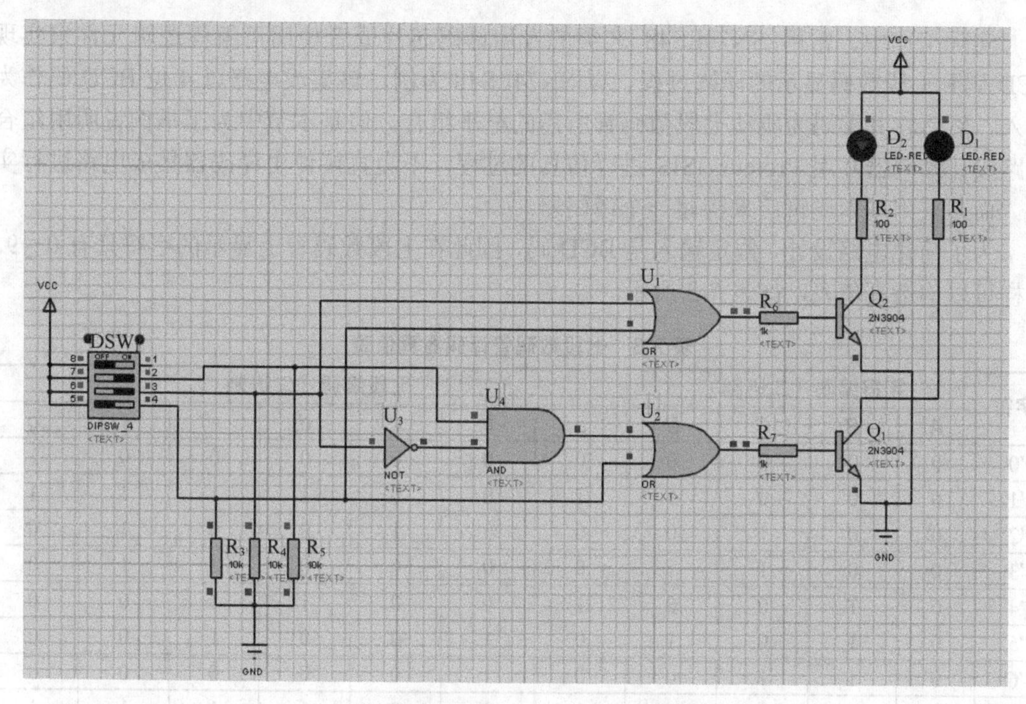

图 7-25　2-4 优先编码器仿真结果（使用拨码开关）

7.3.2　译码电路

译码电路与编码电路相反。在概念上，译码器将某种编码还原为其本来的形式，是编码器的逆过程。它的逻辑功能是将每个输入的二进制代码译成对应的输出高、低电平信号或另一个代码。常用的译码器有二进制译码器、二-十进制译码器和显示译码器等。

本节以 BCD 码到七段数码管编码为例学习如何设计一个显示译码电路。七段数码管是一种可以显示 0～9、A～F 以及小数点的显示设备。在七段数码管内部共有 8 个发光二极管，其中 7 个发光二极管对应着字符的各段，另外一个对应着小数点，故称为七段数码管。对于如图 7-26 所示的七段数码管，要显示字符 F，需要将其中的 a、e、f、g 这 4 个发光二极管点亮。图 7-26 中的数码管是共阴极结构，那么字符 F 对应的七段数码管编码就是 0111000。这样，十六进制数 F 对应的七段数码管编码为 0x38。

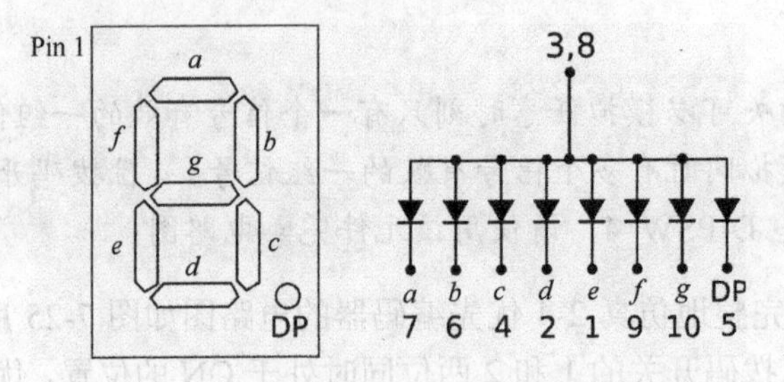

图 7-26　七段数码管内部结构（共阳极结构）

实际工作中，常用 SN74LS48 之类的专用译码芯片或者使用可编程逻辑元件来实现 BCD 码到七段数码显示的译码过程。以 SN74LS48 为例，该集成电路以 4 位 BCD 码作为输入，然后将其编码为驱动七段数码管所需的电平组合。但是本节中为了举例说明用组合电路设计译码器并用 Proteus ISIS 进行仿真的过程，不会直接使用译码器集成电路进行实验。而是采用基本逻辑门来搭建一个译码器。

为了简化电路设计，假定输入是 BCD 码，因此在七段数码管上显示的字符只有 0～9。这样可以构造真值表，如表 7-3 所示。

表 7-3　七段数码管译码器真值表

字符	字符编码（二进制）				七段编码（二进制）						
	A	*B*	*C*	*D*	*a*	*b*	*c*	*d*	*e*	*f*	*g*
'0'	0	0	0	0	0	0	0	0	0	0	1
'1'	0	0	0	1	1	0	0	1	1	1	1
'2'	0	0	1	0	0	0	1	0	0	1	0
'3'	0	0	1	1	0	0	0	0	1	1	0
'4'	0	1	0	0	1	0	0	1	1	0	0
'5'	0	1	0	1	0	1	0	0	1	0	0
'6'	0	1	1	0	0	1	0	0	0	0	0
'7'	0	1	1	1	0	0	0	1	1	1	1
'8'	1	0	0	0	0	0	0	0	0	0	0
'9'	1	0	0	1	0	0	0	1	0	0	0

对表 7-3 的真值表进行化简，得到如下的逻辑表达式：

$$a = \overline{ABC}D + \overline{A}B\overline{CD}$$

$$b = \overline{A}B\overline{C}D + \overline{A}BC\overline{D}$$

$$c = \overline{AB}C\overline{D}$$

$$d = \overline{BC}D + \overline{A}B\overline{CD} + \overline{A}BCD$$

$$e = \overline{A}D + \overline{A}B\overline{C}$$

$$f = \overline{AB}D + \overline{AB}C + \overline{A}CD$$

$$g = \overline{ABC} + \overline{A}BCD$$

根据逻辑表达式可画出如图 7-27 所示的电路图。从图中可以清楚地看出，其电路构成与逻辑方程在结构上保持一致，由与门组成的乘积项和或门组成的和项构成。因此说逻辑方程和数字逻辑电路是一一对应的。在得到逻辑方程后，可以直接得到其数字逻辑实现。

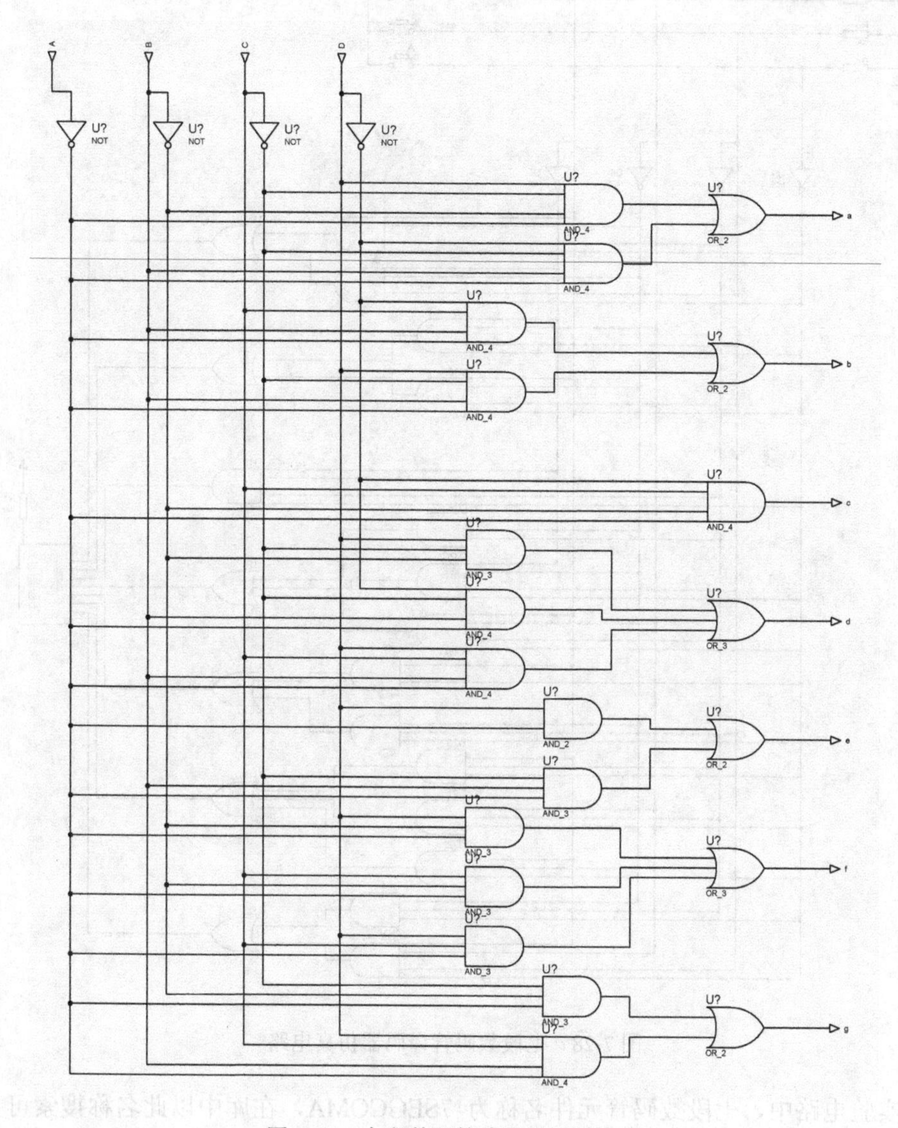

图 7-27　七段数码管编码器逻辑实现

【例 7-7】译码器实验

本实验将验证图 7-27 所示的译码器电路。在实验中添加输入电路和共阳极七段数码管以验证该逻辑实现的正确性。

本实验考虑通过按钮开关作为输入编码的方式，通过使用按钮开关产生高电平和低电平，将 4 个按钮开关组合起来可以产生一组 BCD 编码，将这个编码作为输入信号连接到编码电路上。然后将编码电路的输出连接到七段数码管上。这样通过设定按钮开关的状态得到 BCD 编码，然后在七段数码管上观察显示的数字，以验证编码器逻辑实现的正确性。实验电路如图 7-28 所示。

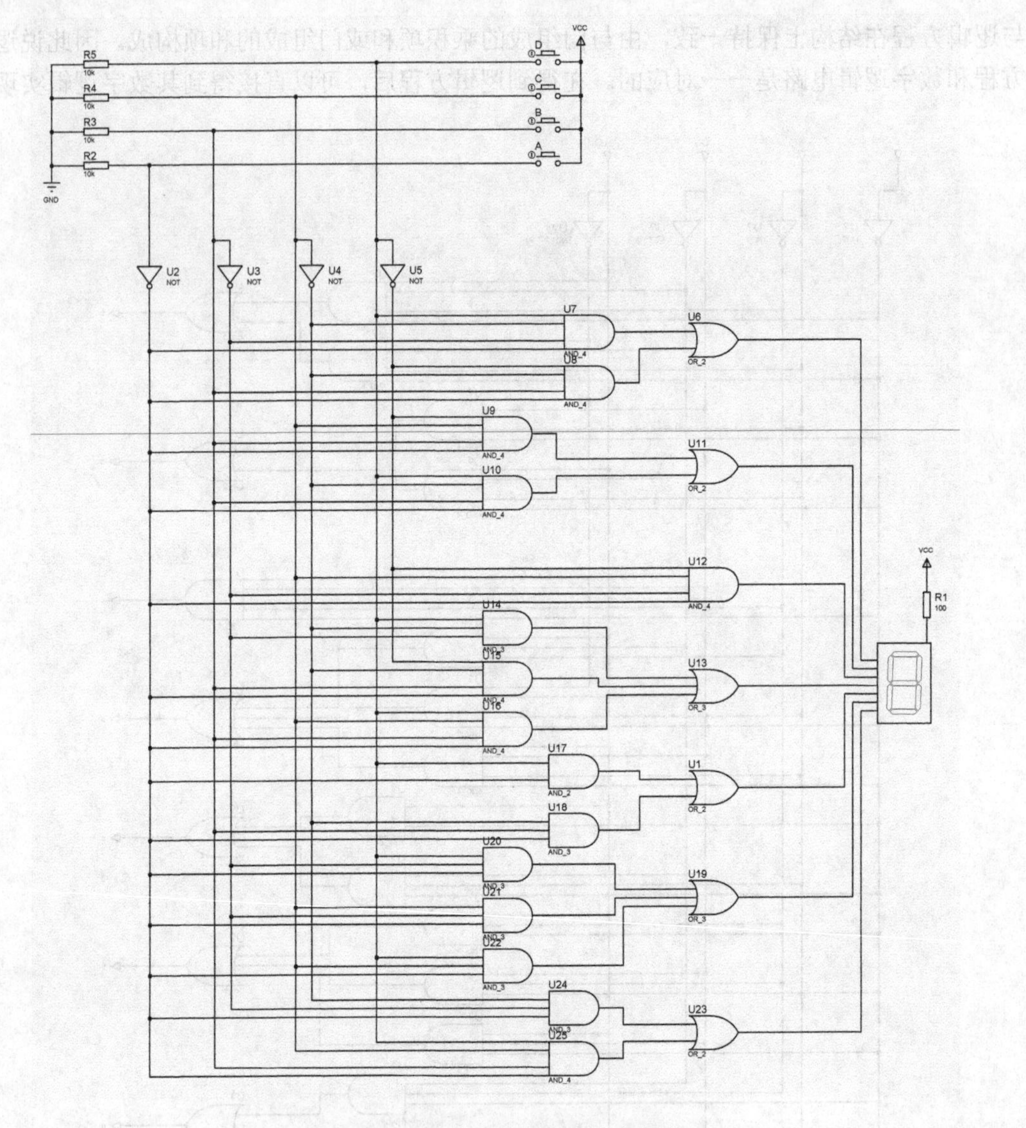

图 7-28　七段数码管译码器仿真电路

在实验电路中，七段数码管元件名称为 7SEGCOMA，在库中以此名称搜索可找到该元件，并将其添加到电路中。

七段数码管中的显示元件为二极管。因此，在其阳极与电源之间要加入限流电阻。由于一般发光二极管的导通电流在 5~20mA 之间，如果数码管中的多个段同时点亮，则会产生较大的电流，因此限流电阻阻值不可过大，否则限流电阻上的压降过大，导致数码管无法正常工作。在本实验中，限流电阻 R1 阻值设置为 50Ω。

仿真结果如图 7-29 所示。开始仿真后，由于 *A*、*B*、*C*、*D* 4 个开关都处于断开状态，故对应的 BCD 编码为 0，因此，数码管显示字符“0”。通过按下 4 个开关中的一个或多个可以改变产生的 BCD 码，同时在数码管上显示对应的字符。

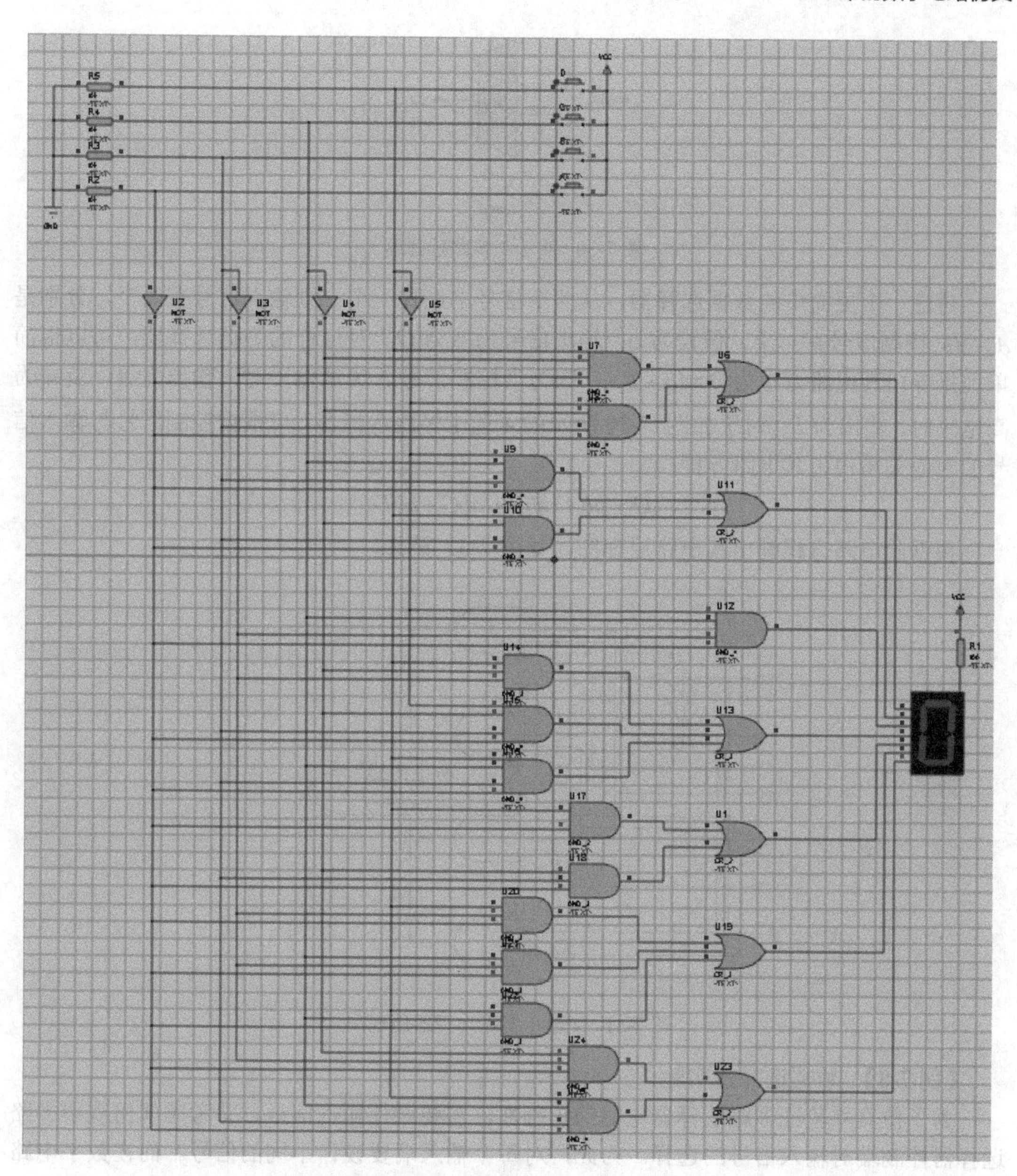

图 7-29　七段数码管译码器电路仿真结果

7.3.3　数据选择器电路

数据选择器是从多个数据中选择一个数据的通道，也称为多路转换器。其功能类似一个多路开关，是一个多输入单输出的组合逻辑电路。图 7-30 所示的是一个 4 选 1 的多路选择器。这样的元件有 4 个输入端、1 个输出端以及 2 个控制端。输出端 Q 的信号由控制端 a、b 来决定。信号 a、b 所代表的二进制数是 0，则信号 A 输出到 Q 端；信号 a、b 所代表的二进制数是 3，则信号 D 输出到 Q 端。

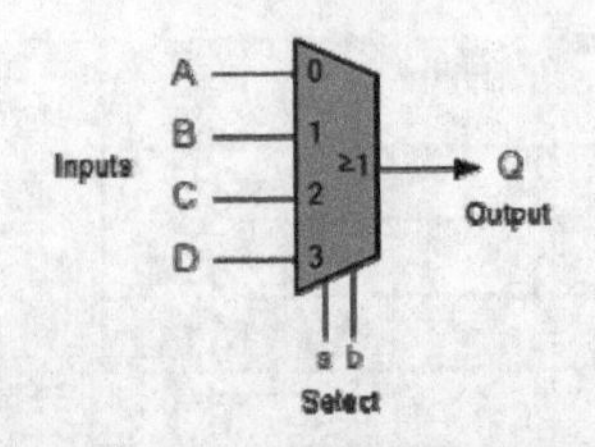

图 7-30　4 选 1 多路选择器

考虑一个更简单的数据选择器，从两个信号中选择一个。则输入信号有两个，分别是 A、B；控制信号有一个，假设为 a；输出信号仍然为 Q。对这样的数据选择器，可以很简单地推导出其电路方程为 $Q=A\overline{a}+Ba$。因为当控制信号 a 为低电平时，输出为 A，当 a 为高电平时，输出为 B。对于如图 7-30 所示的 4 选 1 多路选择器，可根据控制信号与输入信号的对应关系得出其电路方程：

$$Q=\overline{a}\overline{b}A+\overline{a}bB+a\overline{b}C+abD$$

根据此电路方程画出其电路原理图，如图 7-31 所示。

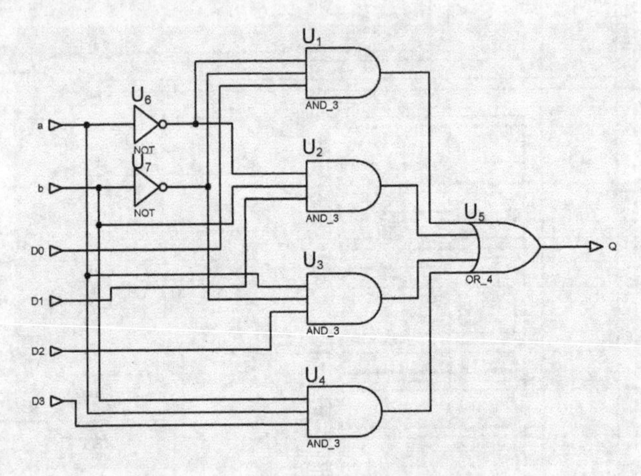

图 7-31　4 选 1 多路选择器原理图

【例 7-8】 数据选择器实验

为了仿真并验证多路选择器电路的正确性，需要设计输入信号，并考虑如何观察多路选择器控制端对输入信号的选择。为此，对每个输入端要设计不同的信号。而在数字电路中，一位数字信号只有频率占空比的不同，因此本实验中对 4 个输入信号 A、B、C、D 分别设定不同的频率和占空比来区分。

本实验中，采用 DCLOCK 发生器作为输入信号，对 DCLOCK 信号的属性设计可以自由设置。本实验中，对 A、B、C、D 分别设定频率为 10Hz、20Hz、30Hz 和 40Hz。同时为了观察输出信号，将虚拟示波器连接到多路选择器的输出端，如图 7-32 所示。

实验电路有两个控制端，可以使用一个拨码开关来控制。如图 7-32 所示，将拨码开关一端接高电平，另一端通过电阻下拉，以分别产生高低电平。在仿真时控制拨码开关可以分别选择不同的时钟信号输出到 Q 端。图 7-33 是仿真时将多路选择器控制端置为 00 时的示波器输出。此时 Q 端输出的是 A 信号，也就是频率是 10Hz 的时钟信号。在仿真时可以通过拨码开关切换输出到 Q 端的信号，并通过虚拟示波器来观察，以验证设计的正确性。

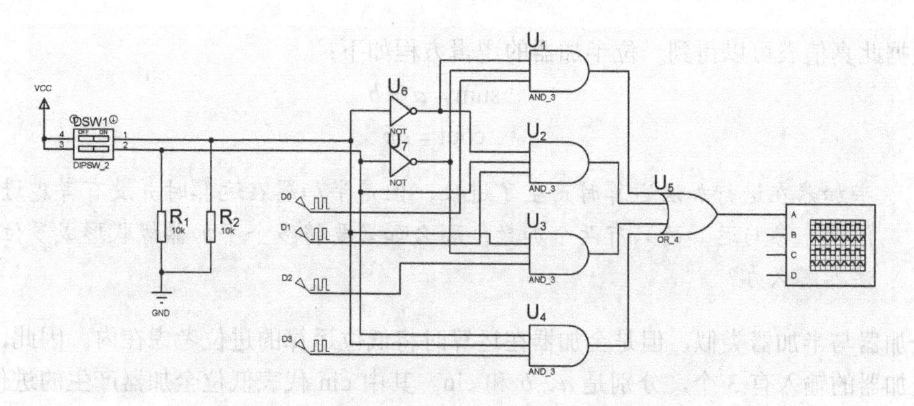

图 7-32　4 选 1 多路选择器仿真电路

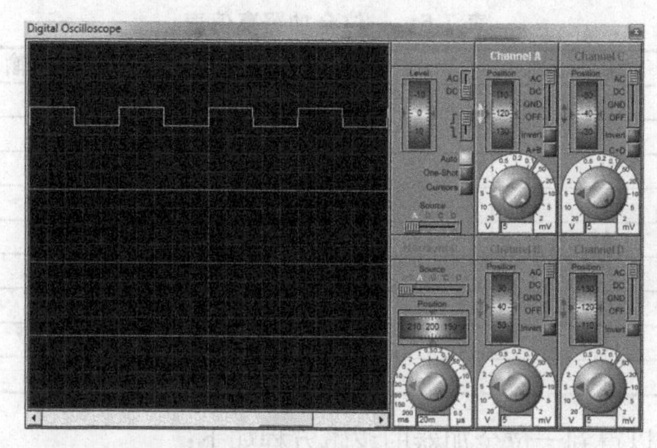

图 7-33　4 选 1 多路选择器仿真结果，输出 *A* 信号

7.3.4　加法器电路

组合逻辑电路除了实现简单或复杂的逻辑运算，还可以用来实现数学运算。本节采用半加器和全加器作为例子。

半加器是最简单的数字运算电路，从一位半加器开始，可以构建全加器，进而构建出具有进位功能的多位加法器。而加法器是乘法器的基础。

一位半加器是对一位二进制数进行加法运算的电路。两个一位二进制数相加有 4 种可能，分别是 0+0=0、0+1=1、1+0=1 和 1+1=10。对于 1+1=10 这个结果，其中高位的 1 可以作为进位值，那么可以将上面的算式改写成 0+0=00、0+1=01、1+0=01 和 1+1=10，于是可以将一位半加器的真值表归纳如表 7-4 所示。

表 7-4　一位半加器真值表

输　入		输　出	
a	*b*	sum	cout
0	0	0	0
0	1	1	0
1	0	1	0
1	1	0	1

根据此真值表可以得到一位半加器的逻辑方程如下：

$$\mathrm{sum} = a \oplus b$$

$$\mathrm{cout} = ab$$

半加器在进行加法运算时产生了进位，但是半加器在运算时并没有考虑进位的问题。参与运算的只有两个加数。那么如果要将多个半加器级联形成多位的加法器怎么办？

全加器与半加器类似，但是全加器在运算时将低位运算的进位考虑在内。因此，一个一位全加器的输入有 3 个，分别是 a、b 和 cin。其中 cin 代表低位全加器产生的进位位。如果考虑进位位参与运算，那么可以得到如表 7-5 所示的一位全加器真值表。

表 7-5　一位全加器真值表

输入			输出	
a	b	cin	sum	cout
0	0	0	0	0
0	0	1	0	1
0	1	0	0	1
0	1	1	1	0
1	0	0	0	1
1	0	1	1	0
1	1	0	1	0
1	1	1	1	1

根据此真值表可以得到一位全加器的逻辑方程如下：

$$\mathrm{sum} = a \oplus b \oplus \mathrm{cin}$$

$$\mathrm{cout} = ab + \mathrm{cin}(a \oplus b)$$

对比一位半加器和一位全加器的逻辑方程可以发现，一位全加器可以由两个一位半加器和一个或门构成，如图 7-34 所示。

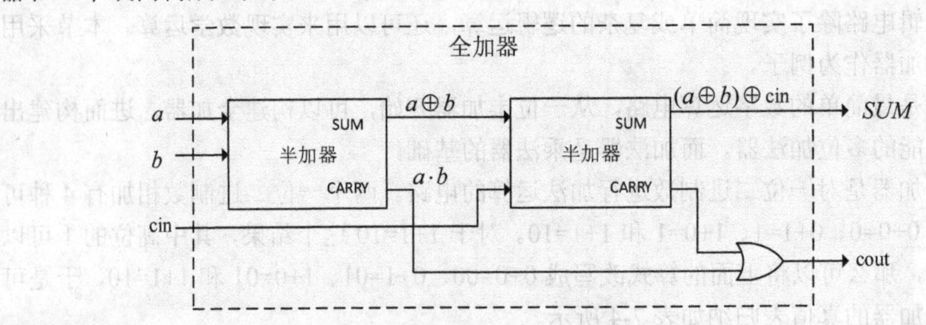

图 7-34　半加器和全加器

而全加器实现了进位参与运算和计算结果中包含进位值，因此可以通过 N 个一位全加器级联构成一个 N 位全加器，从而实现有意义的加法电路。级联多个一位全加器的过程可以由图 7-35 说明，需要注意的是，第一个一位全加器的进位输入为 0，且每个低位全加器的进位输出作为高位全加器的进位输入。

【例 7-9】　加法器实验

本实验验证本节中设计的加法器电路。为了进行仿真实验，首先建立一位全加器的仿真原理图，如图 7-36 所示。

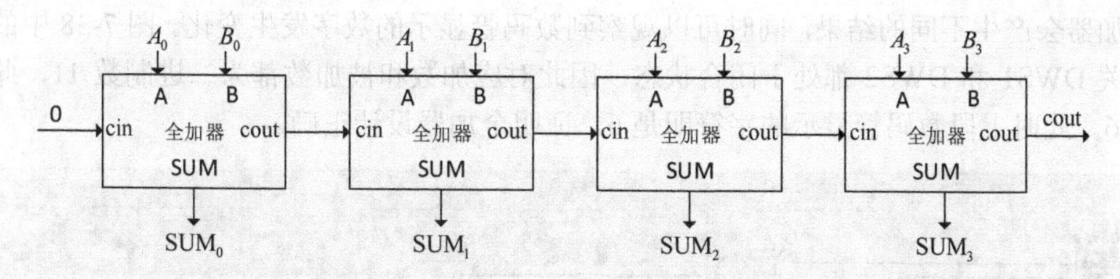

图 7-35　行波进位加法器

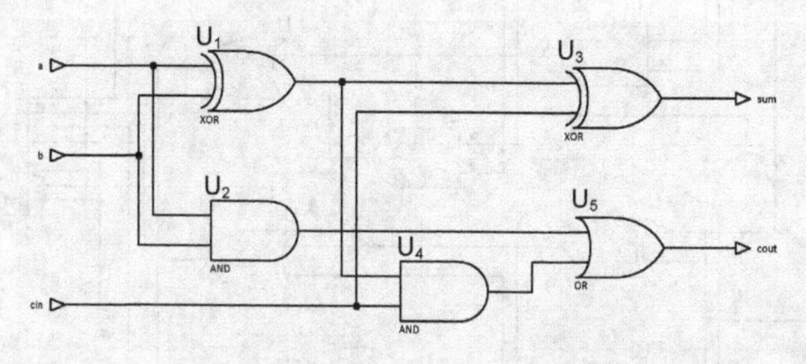

图 7-36　一位全加器原理图

为了简化实验设计，本次实验采用两位全加器来进行加法运算。两位加法器对两个两位二进制数进行加法运算，产生一个 3 位的结果。其中高位全加器的进位位作为和的第三位二进制数使用。为了较为直观地表达全加器进行加法运算后的运算结果，本次实验设计采用七段数码管显示计算结果。将两个二进制数之和显示在七段数码管上。为了简化电路设计，本例中没有采用组合逻辑搭建 BCD 码-七段数码显示译码电路，而是直接采用了 Proteus ISIS 中的 74HCT4511 元件来进行译码和驱动七段数码管。

仿真原理图如图 7-37 所示。在电路中，需要将低位全加器 sum 信号连接到 U_1 的 A 端，将低位全加器的 cout 输出连接到高位全加器的 cin 端。将高位全加器的 sum 信号连接到 U_1 的 B 端，将高位全加器的 cout 端连接到 U1 的 C 端。由于结果只有 3 位二进制数，因此将 U_1 的 D 端接地。最后需要注意的是，74HCT4511 只能驱动共阴极数码管。

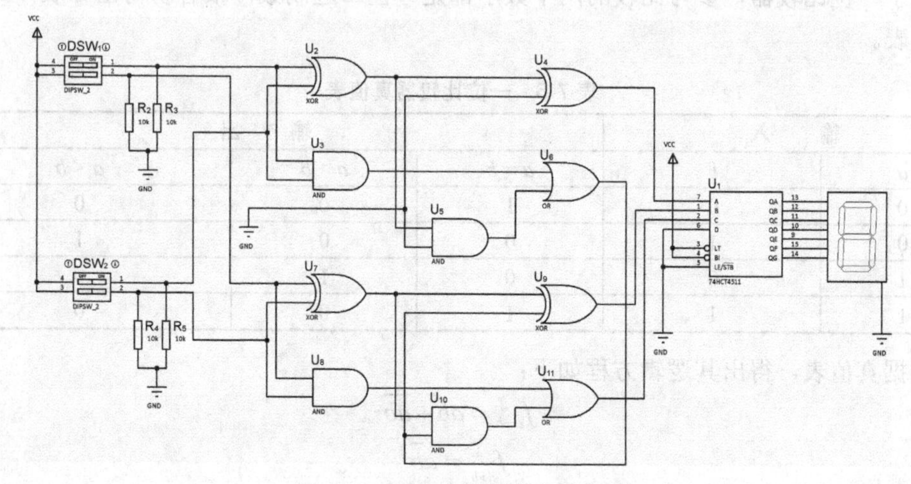

图 7-37　两位全加器仿真原理图

实验仿真结果如图 7-38 所示，试验中单击拨码开关可以产生需要的加数和被加数，此时全加器会产生不同的结果，同时可以观察到数码管显示的数字发生变化。图 7-38 中的拨码开关 DWS1 和 DWS2 都处于闭合状态，因此对应加数和被加数都为二进制数 11，此时和为 6。此时七段数码管显示的字符即是 6，证明全加器设计正确。

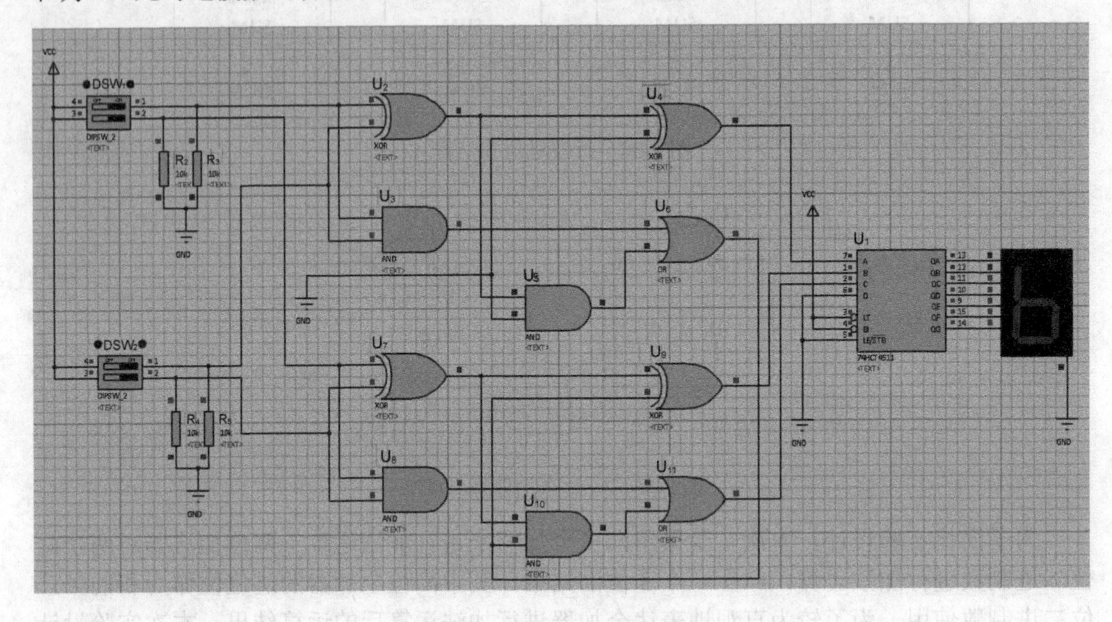

图 7-38　全加器实验仿真结果

7.3.5　数字比较器电路

数字比较器常用在数字电路中比较两个相同位数的二进制数的大小。比较的结果是输出信号分别指示相等、大于、小于的关系。首先从一位比较器开始了解数字比较器的设计。

对于一位比较器，参与比较的两个数字都是一位二进制数，很容易得出如表 7-6 所示的真值表。

表 7-6　一位比较器真值表

输入		输出		
a	b	$a=b$	$a>b$	$a<b$
0	0	1	0	0
0	1	0	0	1
1	0	0	1	0
1	1	1	0	0

根据真值表，得出其逻辑方程如下：

$$f_{a=b} = ab + \overline{a}\overline{b}$$

$$f_{a>b} = a\overline{b}$$

$$f_{a<b} = \overline{a}b$$

大于和小于互为逆关系，为什么比较器电路要将等于、大于、小于分 3 个信号输出，而不是简化为等于和大于这两个输出信号呢？这是因为在两个数字之间，等于、大于和小于这 3 种关系是互斥的，任何时候不会同时出现这三者中的两个或多个同时有效。如果省略其中一个信号，如小于关系，则其他电路在使用比较器时需要额外增加电路来判断“非等于且非大于”或“非等于且非小于”。在电路设计时，常把比较器输出信号作为控制其他电路的开关使用。如果为了比较器电路的通用性，3 种输出都要保留。

对于两位比较器，参与比较的每个二进制数有两位，则真值表中输入变量增加到 4 个，真值表的行数将有 16 行。同理，3 位比较器的真值表行数有 64 行。通过真值表推导出逻辑方程的过程比较复杂，且易出错。本节中仍然采用全加器设计中的方法，通过一位比较器来构造二位比较器。由于参与比较的是二进制数，则每个二进制数的每个位都有优先的关系。例如，a 的最高位大于 b 的最高位，则 a 大于 b；只有在最高位相等的情况下才需要比较其低位的值。于是可以构造出简化的真值表，如表 7-7 所示。

表 7-7　两位比较器真值表

输　入		输　出		
$a[1],b[1]$	$a[0],[b]0$	$a=b$	$a>b$	$a<b$
$a[1]>b[1]$	×	0	1	0
$a[1]=b[1]$	$a[0]>b[0]$	0	1	0
$a[1]=b[1]$	$a[0]<b[0]$	0	0	1
$a[1]<b[1]$	×	1	0	0

（1）等于关系。

显然有 a、b 的每一位数字都相等，a、b 才相等，可得到

$$f_{a=b}=f_{a[0]=b[0]}f_{a[1]=b[1]}=(a[0]b[0]+\overline{a[0]b[0]})(a[1]b[1]+\overline{a[1]b[1]})$$

（2）大于关系。

判断 a 大于 b 可以分两种情况：

- $a[1]$大于 $b[1]$，则 a 大于 b。
- $a[1]$等于 $b[1]$，则在 $a[0]$大于 $b[0]$的情况下 a 大于 b。

综合可得

$$f_{a>b}=f_{a[1]>b[1]}+f_{a[1]=b[1]}f_{a[0]>b[0]}=a[1]\overline{b[1]}+(a[1]b[1]+\overline{a[1]}\overline{b[1]})a[0]\overline{b[0]}$$

（3）小于关系。

判断 a 大于 b 可以分两种情况：

- $a[1]$小于 $b[1]$，则 a 小于 b。
- $a[1]$等于 $b[1]$，则在 $a[0]$小于 $b[0]$的情况下 a 小于 b。

综合可得

$$f_{a<b}=f_{a[1]<b[1]}+f_{a[1]=b[1]}f_{a[0]<b[0]}=a[1]\overline{b[1]}+(a[1]b[1]+\overline{a[1]}\overline{b[1]})\overline{a[0]}b[0]$$

综上可得：

$$f_{a=b}=x_0x_1$$

$$f_{a>b} = a[1]\overline{b[1]} + (a[1]b[1] + \overline{a[1]}\,\overline{b[1]})a[0]\overline{b[0]} = a[1]\overline{b[1]} + x_1 a[0]\overline{b[0]}$$

$$f_{a<b} = a[1]\overline{b[1]} + (a[1]b[1] + \overline{a[1]}\,\overline{b[1]})\overline{\mathrm{a}[0]}b[0] = a[1]\overline{b[1]} + x_1 \overline{a[0]}b[0]$$

其中 $x_i = a[i] \odot b[i]$，可以用来表示等于关系。

同理，可以得到四位比较器的电路方程：

$$f_{a=b} = x_0 x_1 x_2 x_3$$

$$f_{a<b} = \overline{a[3]}b[3] + x_3\overline{a[2]}b[2] + x_3 x_2\overline{a[1]}b[1] + x_3 x_2 x_1\overline{a[0]}b[0]$$

$$f_{a>b} = \overline{a[3]}b[3] + x_3 a[2]\overline{b[2]} + x_3 x_2 a[1]\overline{b[1]} + x_3 x_2 x_1 a[0]\overline{b[0]}$$

上式中的 $\underline{x_i}$ 为 $a[i]$与 $b[i]$间的同或关系（XNOR），同或关系运算可以用来比较两个逻辑变量的相等。

根据四位比较器的逻辑方程，可以画出其电路原理图，如图 7-39 所示。注意，在该逻辑实现中，并没有使用同或门，而是用基本逻辑门搭建。其中的原因是同或门并不是基本逻辑门电路，而是由 5 个基本逻辑门组成的，如图 7-40 所示。如果使用同或门，会造成最终实现的电路中可以共享的逻辑资源被同或门独享。

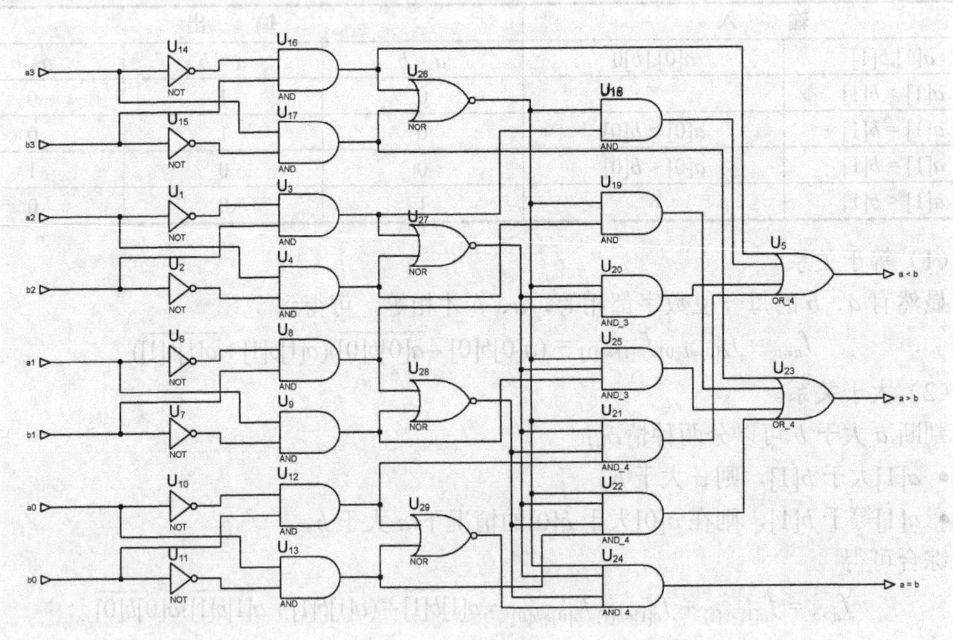

图 7-39 四位比较器原理图

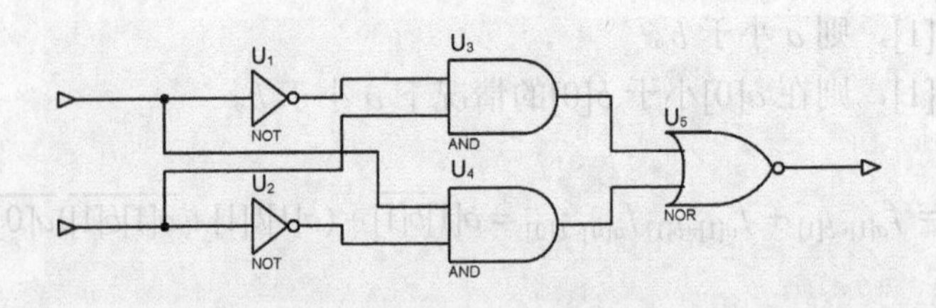

图 7-40 同或门（XNOR）由 5 个基本逻辑门组成

【例 7-10】 数字比较器实验

在本实验中将验证图 7-40 中四位比较器的正确性。仿真电路需要具有以下的功能：

（1）输入信号源，产生各种输入模式。本实验中采用 Proteus 信号发生器元件中的 DPATTERN，使用 8 个该元件分别连接在 a3～a0 和 b3～b0 上。通过设置不同的模式，使 a3～a0 和 b3～b0 代表的二进制呈现不同的大小关系。

（2）可以直观观察的输出以波形或者数字呈现。本实验中采用虚拟仪器中的虚拟逻辑分析仪来显示波形，观察比较器的输出。

为了测试比较器的功能，实验中采用让 a3～a0 所代表的二进制数从 0 增大到 15，让 b3～b0 代表的二进制数从 15 减少到 0 的方法。为了确定 DPATTERN 信号源的设置，可以通过表 7-8 来计算。表中列出了二进制数从 0 到 15 的各种组合。

表 7-8　DPATTERN 信号发生器模式设置

信号	模式																信号
	0	1	2	3	4	5	6	7	8	9	10	11	12	13	14	15	
a3	L	L	L	L	L	L	L	L	H	H	H	H	H	H	H	H	b3
a2	L	L	L	L	H	H	H	H	L	L	L	L	H	H	H	H	b2
a1	L	L	H	H	L	L	H	H	L	L	H	H	L	L	H	H	b1
a0	L	H	L	H	L	H	L	H	L	H	L	H	L	H	L	H	b0

根据表 7-8 可以简单地确定：

- 信号 a0 所使用的模式为 LHLHLHLHLHLHLHLH。
- 信号 a1 所使用的模式为 LLHHLLHHLLHHLLHH。
- 信号 a2 所使用的模式为 LLLLHHHHLLLLHHHH。
- 信号 a3 所使用的模式为 LLLLLLLLHHHHHHHH。

同理，将所有的模式从右向左反向复制，可以得到：

- 信号 b0 所使用的模式为 HLHLHLHLHLHLHLHL。
- 信号 b1 所使用的模式为 HHLLHHLLHHLLHHLL。
- 信号 b2 所使用的模式为 HHHHLLLLHHHHLLLL。
- 信号 b3 所使用的模式为 HHHHHHHHLLLLLLLL。

如图 7-41 所示建立仿真原理图。其中每个输入端连接 DPATTERN 信号源，对每个信号源按照图 7-42 所示进行设置。其中 Pulse width 设置为 20ms，Specific pulse train 设置为每个信号对应的模式。

然后，在四位比较器的 3 个输入端分别放置 Voltage Probe 元件，并将 Voltage Probe 命名为 a < b、a > b 和 a = b。使用 Voltage Probe 的目的是为了在 Digital Analysis Graph 中能够观察四值比较器的输出信号。在原理图上添加 Digital Analysis Graph。并将 a3～a0、b3～b0 以及 a < b、a > b 和 a = b 信号作为 trace 添加到图中。最后，在 Digital Analysis Graph 上右击，在弹出的快捷菜单中选择 Simulate Graph 命令进行仿真，得到如图 7-43 所示的仿真结果。

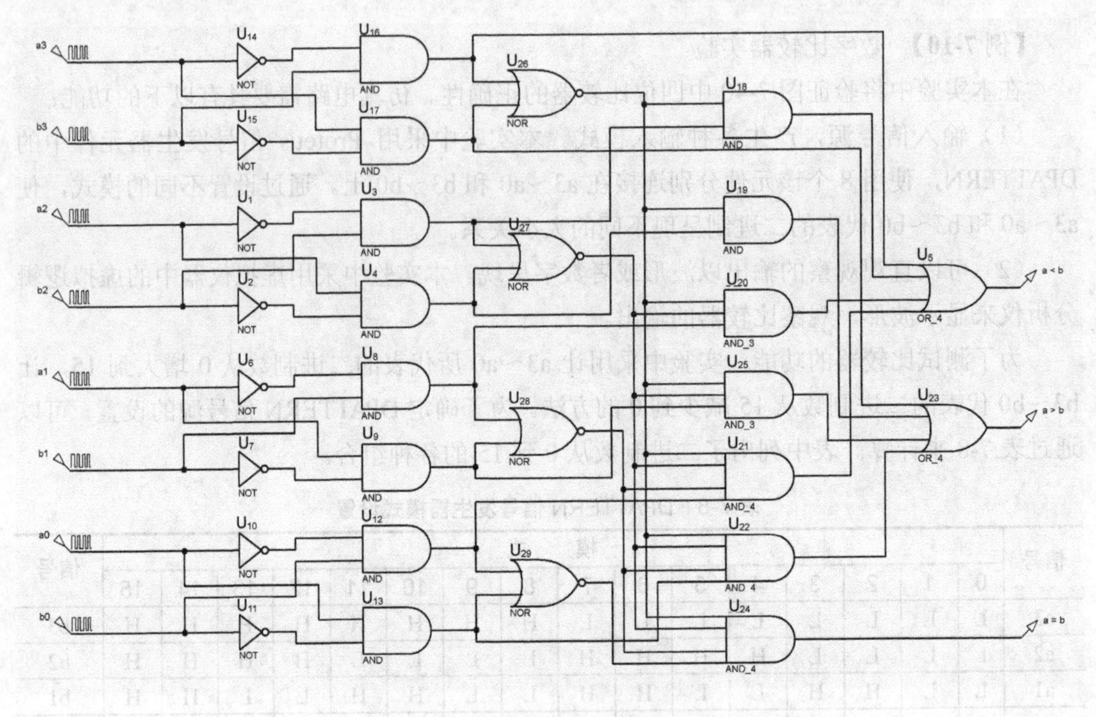

图 7-41　四位比较器仿真原理图

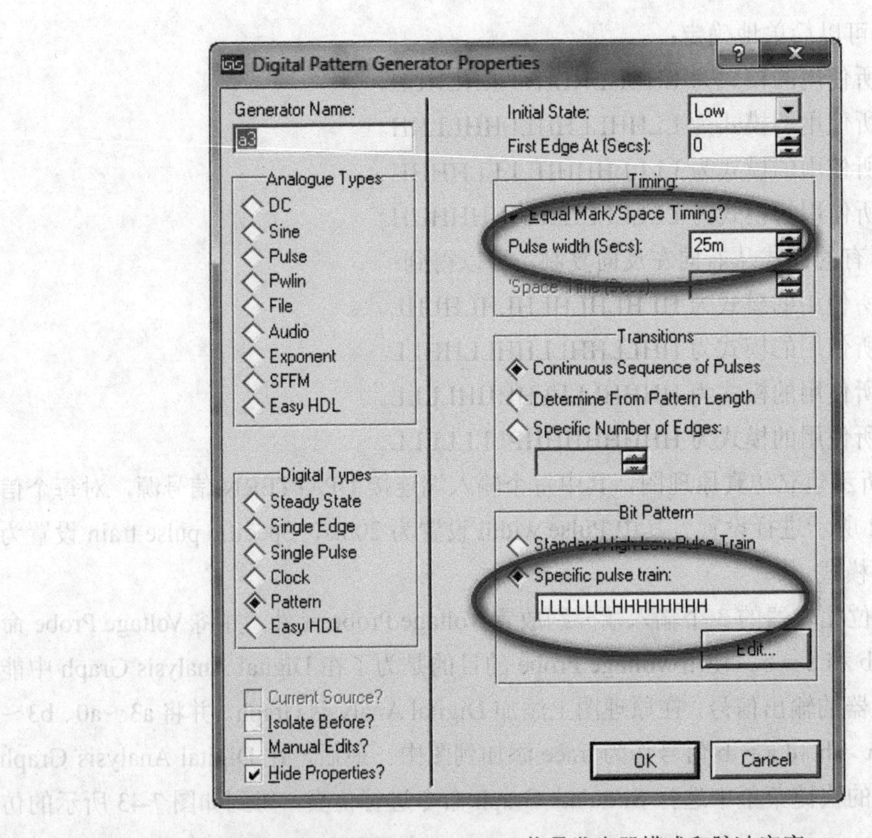

图 7-42　设置 DPATTERN 信号发生器模式和脉冲宽度

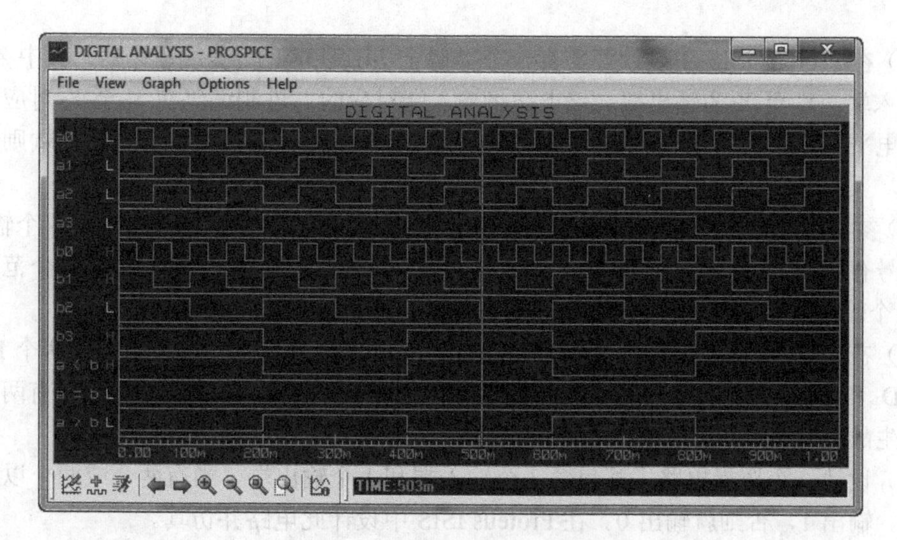

图 7-43　四位比较器仿真结果

数字比较器的设计和仿真到此结束了。请读者自己验证图 7-43 中的仿真结果是否正确。也可以修改 a3～a0 或者 b3～b0 的模式，再次进行仿真。

7.4 小结

本章学习了数字电路设计中的数字电路设计与仿真。在学习了基本门电路后，通过设计实例加深了对基本门电路功能和特性的理解。此后使用基本门电路设计了编码电路、译码电路、数据选择器电路、加法器电路和数字比较器电路。本章中并未直接使用 Proteus ISIS 中提供的各种仿真元件进行编码器和译码器的仿真，是为了让读者能够加深对组合逻辑设计的理解。而在实际工作中，如果使用分立的集成电路来搭建组合逻辑电路，则是使用各种已有的功能相对完整的集成电路来实现设计，或直接使用可编程逻辑元件（PLD）通过硬件描述语言（HDL）来设计。在时序逻辑电路部分，同样使用了基本的门电路来搭建触发器，而并未直接采用 Proteus ISIS 中的触发器元件。通过本章的学习，读者应掌握通过 Proteus ISIS 提供的原理图工具和仿真功能进行基本的组合电路设计的基本知识和技巧。

7.5 习题

（1）按照本章中与门实验的步骤，在 Proteus ISIS 中完成仿真实验。

（2）参考本章中与门实验的步骤，在 Proteus ISIS 中完成或门实验。

（3）参考本章中与门实验的步骤，在 Proteus ISIS 中完成非门实验。

（4）在 Proteus ISIS 中建立一个原理图，在其上放置 DPATTERN 信号发生器，并将其输出连接到虚拟示波器上。修改信号发生器的参数，并在示波器上观察信号发生器输出信号的改变。

（5）在 Proteus ISIS 中设计并仿真一个类似于 74LS138 的 3-8 线译码器。其中 A_0、A_1、A_2 为输入端，Y_0 至 Y_7 为输出端。该电路将输入端对应的二进制编码在 Y_0 至 Y_7 对应的输出端以低电平输出。例如，当 $A_2A_1A_0$ 为 010 时，Y_2 输出低电平信号，其他输出端则保持高电平。

（6）参考 7442 设计一个二-十进制译码器，其输入信号为 BCD 编码，具有 4 个输入端，输出信号有 10 个。二进制数 0000～1001 与十进制数 0～9 对应。当输入超过这个范围时无效，10 个输出端均为高电平。在 Proteus ISIS 中实现该电路，并进行仿真。

（7）在 Proteus ISIS 中设计并仿真一个故障指示灯控制电路。该电路控制两个 LED 指示灯：D_1 和 D_0。当 3 台设备中的一个发生故障时，D_0 点亮；当 3 台设备中的有两台设备同时发生故障时，D_1 点亮；当 3 台设备同时发生故障时，D_1 与 D_0 同时点亮。

（8）设计一个逻辑电路，其包含 3 个输入端和 1 个输出端。当有两个或两个以上输入为 1 时，输出 1，否则就输出 0。在 Proteus ISIS 中设计此电路并仿真。

（9）设计一个 2 选 1 多路选择器。其有 2 个输入信号 I_0 和 I_1、1 个控制信号 A_0，1 个输出信号 Y。控制信号 A_0 选择 I_0、I_1 中的哪个信号输出到 Y。例如 A_0 为 1 时，I_1 输出到 Y。

（10）参考本章的例子，在 Proteus ISIS 中设计并仿真一个三位数字比较器。

第 8 章　Proteus ISIS 中的时序逻辑电路仿真

数字逻辑电路根据逻辑功能的不同特点分为组合逻辑电路和时序逻辑电路。时序逻辑电路与组合逻辑电路的不同在于，这样的逻辑中任意时刻的输出不仅取决于当时的输入，还取决于逻辑原来的状态。于是时序逻辑有两个特点：第一，包含组合逻辑和存储逻辑两个部分，而存储描述是必不可少的。如果没有存储描述，那么就退化为组合逻辑。第二，存储逻辑的输出必须反馈到组合逻辑的输入端，与输入信号一起决定时序逻辑的输出。在第 7 章中介绍了基本的数字逻辑电路和组合逻辑电路的设计和仿真。在本章中首先学习基本的时序逻辑部件——触发器，然后学习时序逻辑电路的设计和仿真。

8.1 触发器

在同步时序逻辑电路中包含存储元件。这个存储元件就是触发器，因而触发器是最基本的时序逻辑元件。触发器的特点是其数据的锁存在时钟的上升沿或者下降沿发生。这样，将每个存储单元电路上的时钟上升沿或者下降沿作为控制信号，只有当时钟边沿到来的时候电路才会采取动作，并根据输入信号改变输出信号的状态。因此，使用触发器作为存储元件的同步时序电路的时序和时序分析只和时钟的上升沿或者下降沿有关。这样时钟同步时序逻辑电路中就变得很重要，它起到了协调所有局部电路工作的节拍器的作用。这种在时钟信号触发时才能动作的存储单元电路称为触发器，以区别没有时钟信号控制的锁存器。

在介绍触发器之前，先介绍锁存器（latch）。锁存器是一种具有存储功能的元件，换言之，它必须具有存储 0 或 1 的能力，也就是必须具有两个稳定状态，且能在一定情况下从一个稳定状态转移到另一个稳定状态。研究者们发明了多种锁存器的实现，如 JK 锁存器、SR 锁存器、D 锁存器等。在实际电路中，SR 锁存器和 D 锁存器得到了广泛的应用。

SR 锁存器又称 Reset-Set 锁存器，是最简单的一种锁存器，其符号如图 8-1 所示。顾名思义，它有两个功能端，一个可以置位 Q 端的输出，另一个可以复位 Q 端的输出。在 S 端的一位短暂脉冲信号会使 Q 端置位。即使 S 端的高电平消失，Q 端的高电平信号仍将保持。图 8-2 是 SR 锁存器的基本内部结构。一个 SR 锁存器由两个与非门（NAND）、两个输入端和两个输出端组成。

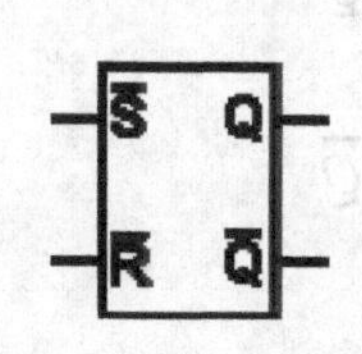

图 8-1　SR 锁存器符号

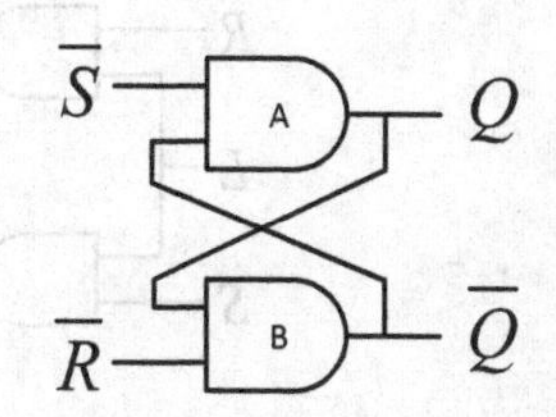

图 8-2　SR 锁存器基本内部结构

对于图 8-2 所示的由两个与非门构成的 SR 锁存器，如果假定 Q=0 且 R=0，那么门 B 的输出是 1。而门 B 的输出连接到门 A 的其中一个输入端。所以，如果 S=1，则门 A 的两个输入端都是 1，门 A 的输出将是 0。换句话说，Q=0 将会一直禁止门 B 的功能，这样 R 端的任何变化都不会反映到 Q 端。同理，$\overline{Q}=1$将会一直禁止门 A 的功能，所以任何 S 端的变化都不会反映到 Q 端。这样的复位态是锁存器的一个稳态。而作为存储元件的 SR 锁存器还有另外一个稳态。

如果基本 SR 锁存器处于稳定的复位态，此时将 S 端置为 0，门 A 的输出将为 1。因为 R 端为 1，则门 B 的两个输入端都是 1，因此门 B 的输出将为 0。显然此时门 A 将被$\overline{Q}=1$ 禁止而忽略 S 端将来的任何变化。此时 S 端返回 1，则不会影响到门 A 的当前输出值，此时 Q 端被锁定为 1。但此时门 B 没有被某个信号锁定，R 端的变化还是会引起门 B 输出信号的改变。此时 SR 锁存器的状态称为置位态，是其另一个稳态。

考虑其他的情况。当 R 端和 S 端同时被设置为 0 时，则 Q 和$\overline{Q}$同时为 1，并且在 R 端和 S 端信号保持 0 时一直保持为 1；但当 R 端和 S 端同时被置位 1 时，Q 和$\overline{Q}$是无法确定的，这是使用 SR 锁存器需要特别注意的地方。

综上，基本 SR 锁存器的功能可以简单地总结为表 8-1。

表 8-1　基本 SR 锁存器真值表

S	R	操作
0	0	不允许的输入组合
0	1	置位（Q = 1）
1	0	复位（Q = 0）
1	1	保持原来的值

从表 8-1 中可以看出，锁存器有一个特点，就是条件透明性。在合适的操作条件下，输入端的信号无变化地传递到输出端。

需要注意的是，基本 RS 触发器没有时钟信号输入，因此它在同步时序电路中很少被使用。但是基本 SR 锁存器具有置位端和复位端的特点，使其适合作为开关量存在于数字电路中，例如使用基本 SR 锁存器作为防抖动开关。

基本 SR 锁存器没有时钟同步端的缺点限制了它的应用。为此，可以在基本 SR 锁存器的基础上进行改进。首先，为 SR 锁存器增加门控功能。如图 8-3 所示，在输入端增加两个与门，可以将输入信号通过使能信号 E 进行门控。这个额外的使能信号可以控制什么时刻输入端的信号可以透明地传递到输出端。

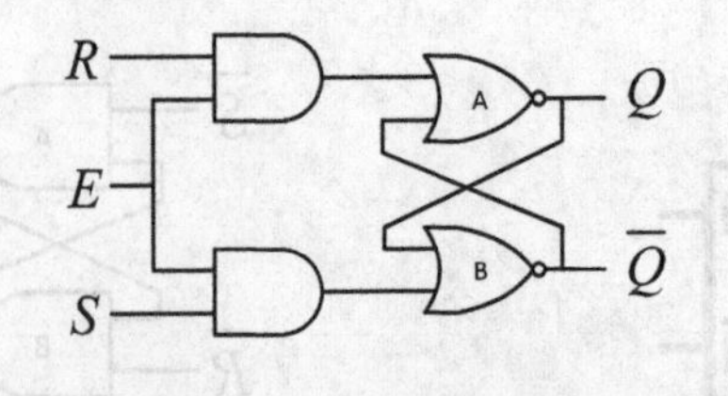

图 8-3　门控 SR 锁存器

当门控 SR 锁存器的使能信号 E 为高电平时，该门控锁存器的功能与基本 RS 触发器一致。当使能信号 E 为低电平时，门控 RS 触发器的输出保持原来的逻辑值。如果将时钟信号作为使能信号使用，那么门控 SR 锁存器将表现出有趣的特性：当时钟信号处于其正半周时，门控锁存器允许信号从输入端传递到输出端；当时钟信号处于其负半周时，锁存器保持原来的输出值。如果将门控 SR 锁存器作为基本存储元件使用在时序逻辑电路设计中，那么只有时钟周期的负半周输出信号能保持稳定，而在正半周，输出信号将跟随输入信号的变化而变化。锁存器的透明性起到了不好的作用。

再来看另外一个问题。SR 锁存器有两个输入端，而 R 输入端是 S 输入端的反相输入。在结合了 S、R、E 3 个输入信号后，门控 SR 锁存器变得功能复杂且不便使用。在数字电路中，一个信号可能为逻辑 1，也可能为逻辑 0。同一个信号驱动两个控制端会增加电路的复杂性且毫无必要。为此，将 S 端反相后接入到 S 端，并将输入端重命名为 D，可以得到透明的门控 D 锁存器，如图 8-4 所示。

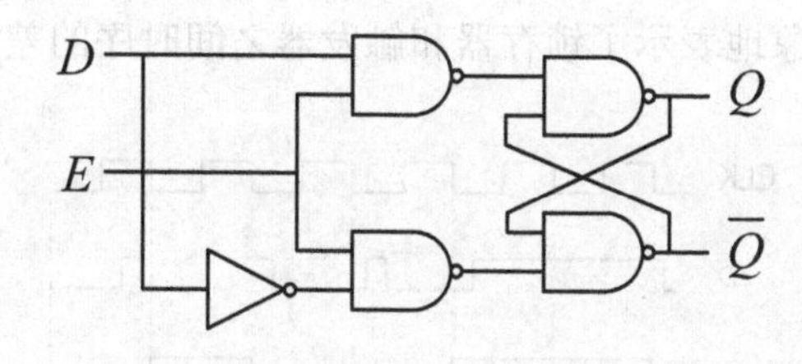

图 8-4　门控 D 锁存器

进一步可以简化为如图 8-5 所示的门控 D 锁存器，其真值表如表 8-2 所示，其电路符号如图 8-6 所示。

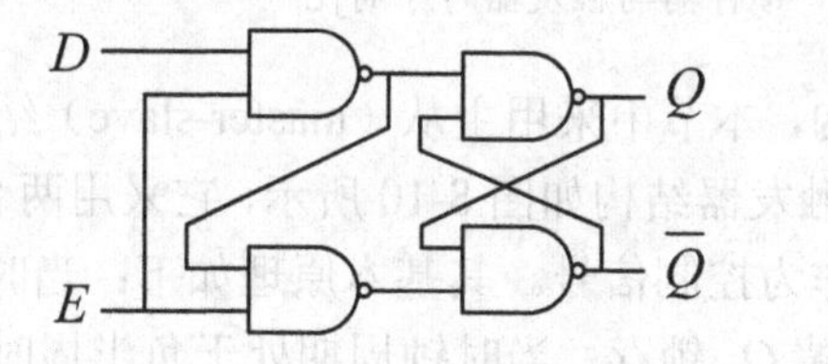

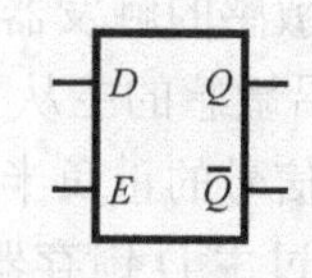

图 8-5　简化的门控 D 锁存器　　图 8-6　门控 D 锁存器电路符号

表 8-2　门控 D 锁存器真值表

E	D	Q
1	0	0
1	1	1
0	x	保持原来的值

门控 D 锁存器的时序图如图 8-7 所示。从图中可以看出，门控 D 锁存器在使能端高电平时，输出信号跟随输入信号；在使能端为低电平时，输出端保持原来的逻辑值。因此，门控 D 锁存器是电平敏感的信号。严格来讲它是一种组合逻辑元件。

在学习了锁存器的知识后，可以发现在锁存器中没有时钟信号同步的功能，并不适合用在同步时序逻辑电路设计中，并且在大部分的同步时序逻辑设计中要避免使用锁存器。

在同步时序逻辑电路的设计中常用的存储元件是D触发器，它的电路符号如图8-8所示。从其电路符号中可以看出，该元件具有一个时钟输入端和一个数据输入端。

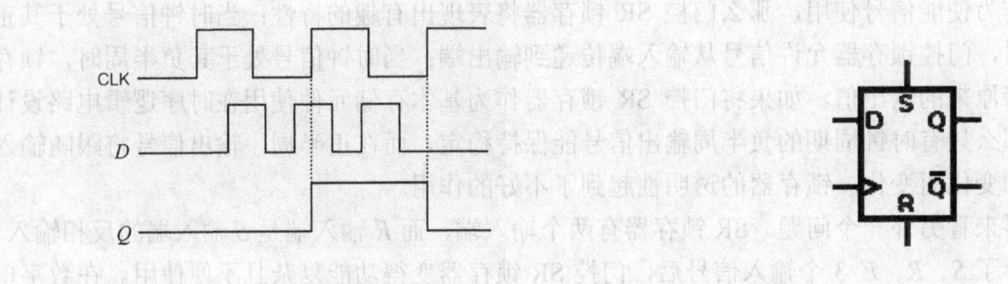

图 8-7　门控 D 锁存器时序图　　图 8-8　D 触发器电路符号

触发器（flip-flop）与门控锁存器的本质区别是：触发器是一种边沿敏感（edge-sensitive）的元件。如果与图8-7中的时序对比，输出信号在第一个时钟上升沿就跟随输入端的逻辑值，也就是0。图8-9形象地表示了锁存器和触发器之间时序的差异。

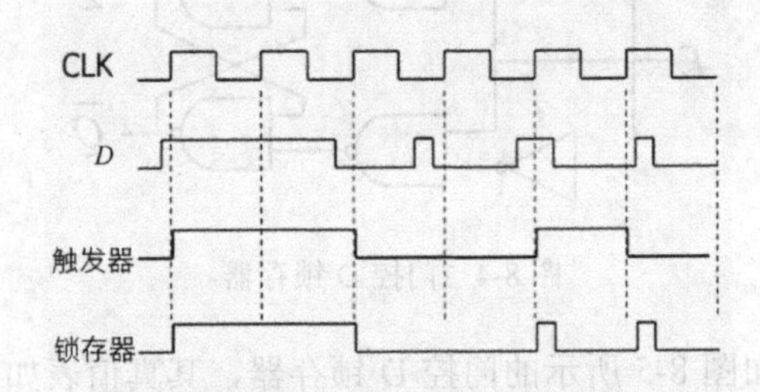

图 8-9　锁存器与触发器时序对比

为了实现边沿敏感的触发器结构，本节中采用主从（master-slave）结构的D触发器作为实例。一个下降沿敏感的主从 D触发器结构如图8-10所示，它采用两个D锁存器级联，且使用同一个时钟信号的正负半周作为控制信号。其基本原理如下：当时钟周期在正半周时，输入信号 D 通过主D锁存器，被 Q_m 锁存；当时钟周期处于负半周时，主 D 锁存器关闭，此时从锁存器打开，Q_m 作为输入信号被其锁存，此时 $Q_s=Q_m=D$。输入信号从 D 端传递到 Q 端的时刻是时钟在正半周转换的负半周时发生的。因此，这是一种边沿敏感的元件。此后，当时钟周期回到正半周，主锁存器再次打开，但是从锁存器关闭。输入端的信号 D 不影响输出信号 Q，仅影响中间信号 Q_m。因此，在时钟周期的其他时刻，Q 端保持不变。

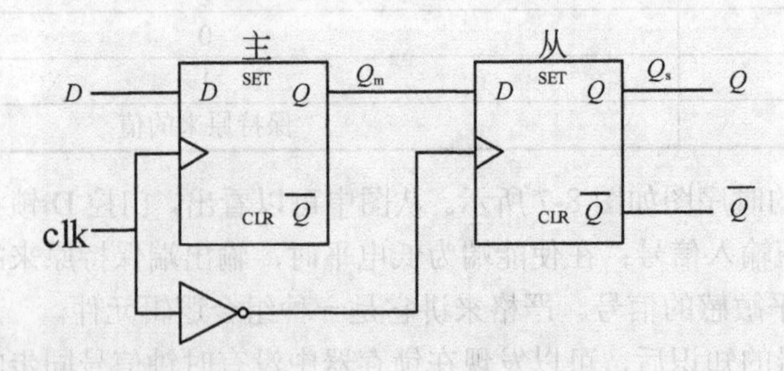

图 8-10　主从 D 触发器结构

请读者思考如何将图 8-10 所示的下降沿敏感主从结构触发器修改为上升沿敏感主从结构触发器。

在实际电路中存在的 D 触发器并不是主从结构的，而是图 8-11 所示的维持阻塞结构的 D 触发器实现，表 8-3 是其真值表。具体的工作原理请参阅相关的数字电子技术教材，本书中不再介绍。

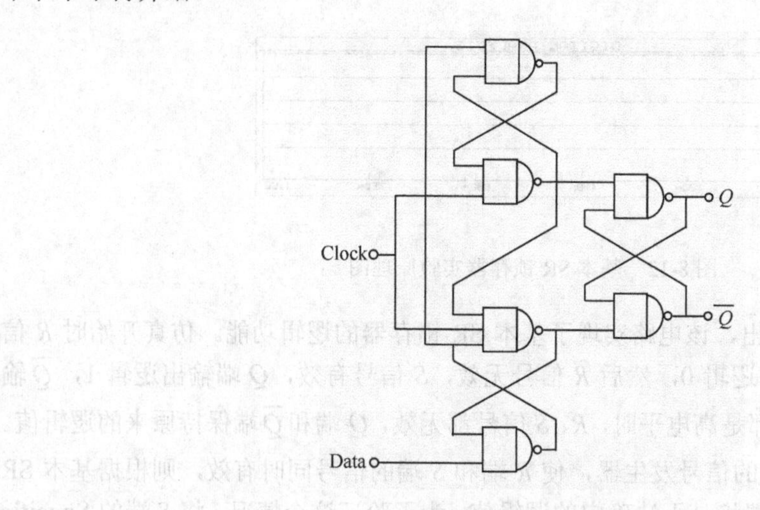

图 8-11　D 触发器原理图

表 8-3　D 触发器真值表

Clock	Data	操　作
0	0	保持原来的值
↑	0	置位（$Q=1$）
↑	1	复位（$Q=0$）
1	0	保持原来的值
↓	1	保持原来的值

通过本节的内容可以看出，时序逻辑的基本元件也是由基本逻辑门构成的。与门、或门、非门构成了数字电路的基石。

【例 8-1】 基本 SR 锁存器实验

本实验使用基本逻辑门来搭建 SR 锁存器，并通过设置不同的输入对 SR 锁存器进行仿真。实验原理图如图 8-12 所示。

该实验中 *S* 端和 *R* 端的输入信号由 DPATTERN 信号发生器产生。在建立了如图 8-12 所示的原理图后，双击 *S* 端的信号发生器，将其中的 Pulse width 设置为 50ms，将 Specific pulse train 设置为 HHHHHHHHHHHHHLLLL。对 *R* 端的信号发生器元件做相同设置，但是将 Specific pulse train 设置为 LLLLLLLLHHHHHHHH。进行仿真后得到如图 8-13 所示的仿真结果。

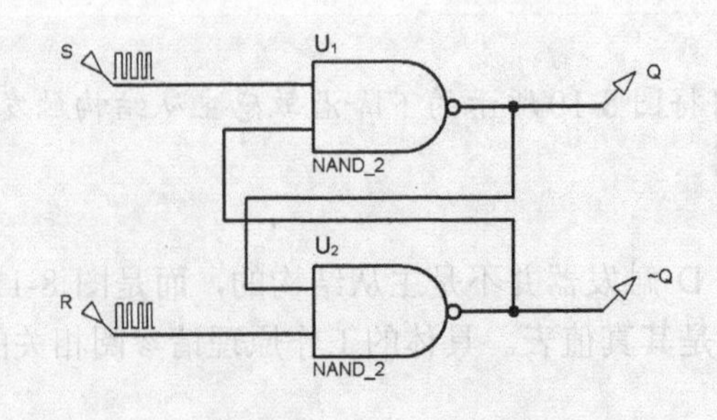

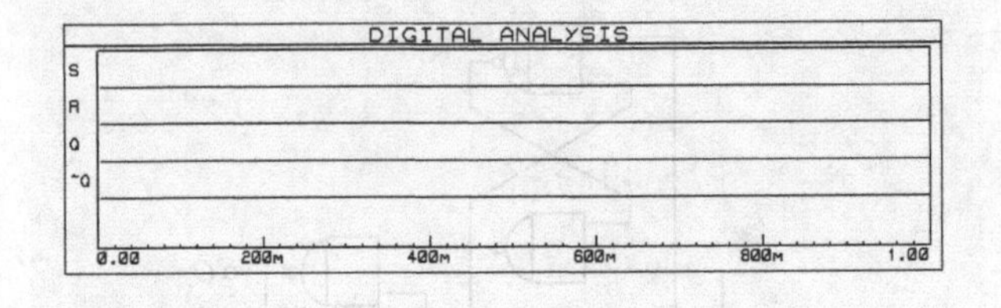

图 8-12　基本 SR 锁存器实验原理图

从仿真结果中可以看出，该电路实现了基本 SR 锁存器的逻辑功能。仿真开始时 R 信号有效，锁存器 Q 端输出逻辑 0，然后 R 信号无效，S 信号有效，Q 端输出逻辑 1，$\overline{Q}$ 输出逻辑 0。当 R 端和 S 端都是高电平时，R、S 信号都无效，Q 端和 $\overline{Q}$ 端保持原来的逻辑值。

如果修改 R 端和 S 端的信号发生器，使 R 端和 S 端的信号同时有效，则根据基本 SR 锁存器的原理，Q 端和 $\overline{Q}$ 端将是无法确定的逻辑值。为了验证这个情况，将 S 端的 Specific pulse train 设置为 HHHHHHHHHHHHHLLLL，将 R 端的 Specific pulse train 设置为 LLLLLLLL HHHHLLLL。仿真结果如图 8-14 所示。从图中可以看出，在 600ms 左右，R 端和 S 端的输入同时有效，此时 Q 端和 $\overline{Q}$ 端输出同时为逻辑 1，显然这是不正常的。

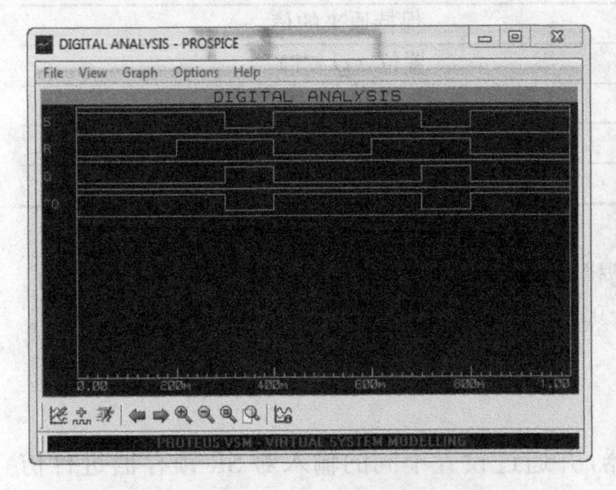

图 8-13　基本 SR 锁存器仿真结果

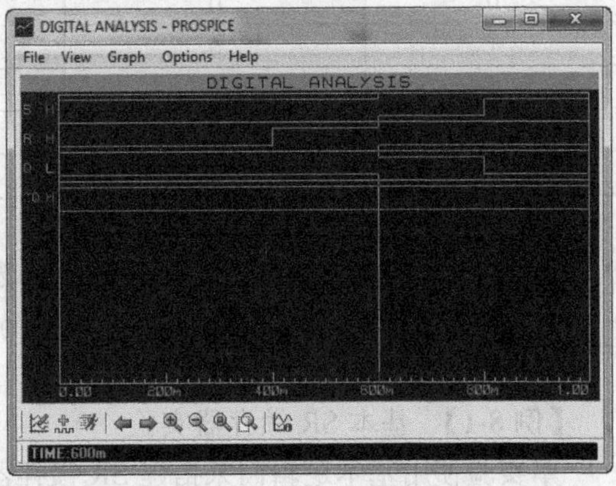

图 8-14　基本 SR 锁存器无效输入示例

SR 锁存器的置位保持特性很适合应用在开关量防抖动电路当中，如图 8-15 所示。在电子电路设计中，经常用到各种开关元件。机械开关元件的弹簧触点结构决定了其在闭合和断开时都会有抖动的现象。而这种高抖动对电路是非常有害的，它将导致以开关量作为判断条件的电路在两种相反的处理逻辑之间来回切换。

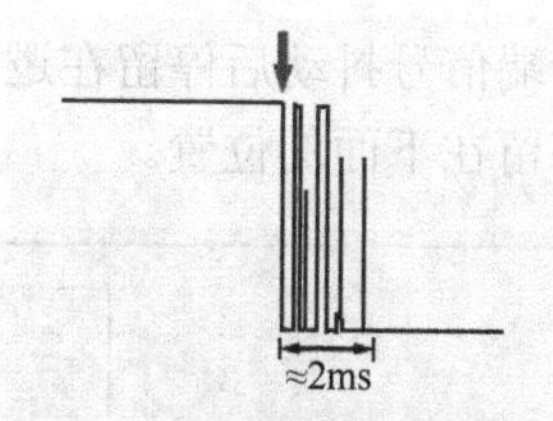

图 8-15　开关量输入信号抖动

开关量在输入到具体的逻辑电路之前如果通过 SR 锁存器进行一次防抖动处理，那么可以将抖动减少到最小的程度。

【例 8-2】 基本 SR 锁存器防抖动实验

实验原理图如图 8-16 所示。在该实验中，用 *S* 端和 *R* 端的信号分别模拟一个单刀双掷开关的两个触点。任何时刻，单刀双掷开关只有一个触点会接触，将对应的信号拉低到低电平；另一个触点无接触，在上拉电阻的作用下，信号被拉至高电平。因此在该电路中，任何时刻都只有一个信号可能是低电平。也就是说其连接的 SR 锁存器不会出现不允许的两个输入端同时有效的情况。

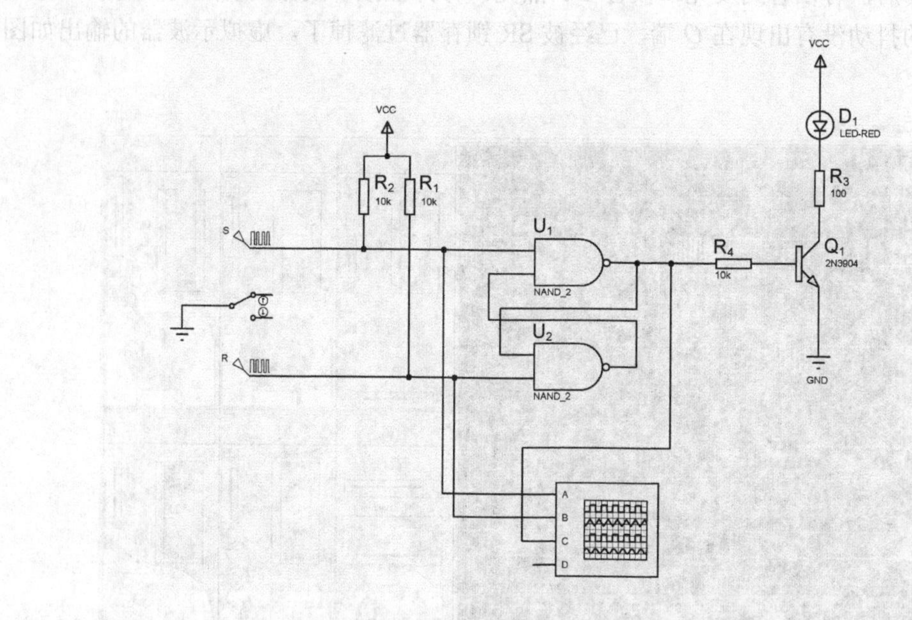

图 8-16　基本 SR 锁存器防抖动实验原理图

当开关向上拨动后，由于机械触点的原因，*S* 端的信号会出现抖动，为了模拟这个抖动的信号，通过将 *S* 端和 *R* 端的信号发生器的 Specific pulse train 分别设置为

- *S* 端: HHHHHLHLHLHLHLLLLLLLLLLLLLLLLLHHHHHHHHHHHHHHHHHHHHHHHH，信号模式如图 8-17（a）所示；
- *R* 端: HHHHHHHHHHHHHHHHHHHHHHHHHHHHHHHHHHHHHHHHHHLHLHLHLLLLLLLLL，信号模式如图 8-17（b）所示。

这样的设置模拟了开关首先切换至 *S* 端（向上拨动）的过程。切换的过程中发生的抖动用 LHLHLHLH 来模拟。抖动发生后，开关稳定接触，*S* 端信号停留在逻辑 0。然后开关

切换到 R 端（向下拨动），同样，R 端信号抖动后停留在逻辑 0。同时，由于开关的切换，S 端信号改变为逻辑 1。最后开关停留在下面的位置。

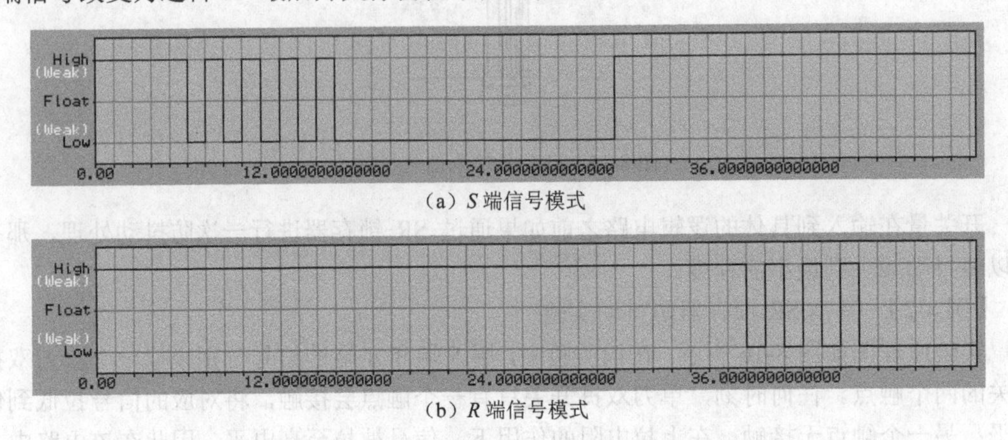

（a）S 端信号模式

（b）R 端信号模式

图 8-17　SR 锁存器去抖动实验输入信号模式

开始仿真后，可以看到发光二极管 D1 点亮。打开虚拟示波器面板后可以看到，R 端和 S 端信号的抖动没有出现在 Q 端，已经被 SR 锁存器过滤掉了。虚拟示波器的输出如图 8-18 所示。

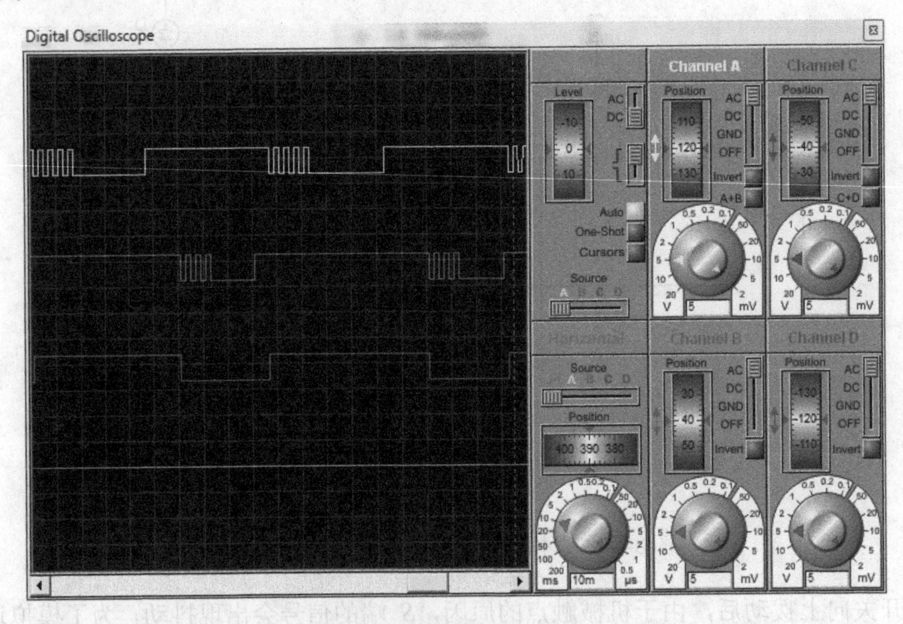

图 8-18　基本 SR 锁存器防抖动实验结果

SR 锁存器过滤信号抖动的原理是：当 S 端信号由高电平切换到低电平时，如果第一次 S 端信号为 0，锁存器输出即为 1。当信号抖动时，S 端信号短暂为 1（无效状态），此时 SR 锁存器两个输入端均无效，则输出保持原来的逻辑值。同理，当开关向下拨动时，开关脱离上触点，S 端信号由于上拉作用立即为 1，R 端信号经历短暂抖动后固定为 0。在 R 端信号第一次为 0 时，SR 锁存器立即输出 0。此后 R 端信号抖动中会短暂为 1，在抖动时 SR

锁存器两个输入端都是无效信号，因此锁存器输出保持不变。这样抖动就被去除了。

【例 8-3】 D 锁存器和 D 触发器实验

如前所述，锁存器是电平敏感元件，而触发器是边沿敏感元件。因此锁存器在组合逻辑电路中可以作为存储元件，而触发器则是时序逻辑中的存储元件。本实验主要对比 D 锁存器和 D 触发器在功能和时序上的不同，然后举例说明 D 锁存器的应用。

实验原理图如图 8-19 所示。图中上半部分为门控 D 锁存器，下半部分为 D 触发器。为了通过仿真实验说明这两个元件的异同，两个电路共用门控信号和输入信号。不同的是 D 锁存器将门控信号 EN 作为使能信号使用，而 D 触发器将门控信号 EN 作为时钟信号使用。D 锁存器的输出信号命名为 QLatch，而 D 触发器的输出信号命名为 QFF。由于在正常情况下，反相输出与同相输出互为补码关系，因此锁存器和触发器的反相输出信号均没有引出，其在仿真实验中也未使用。

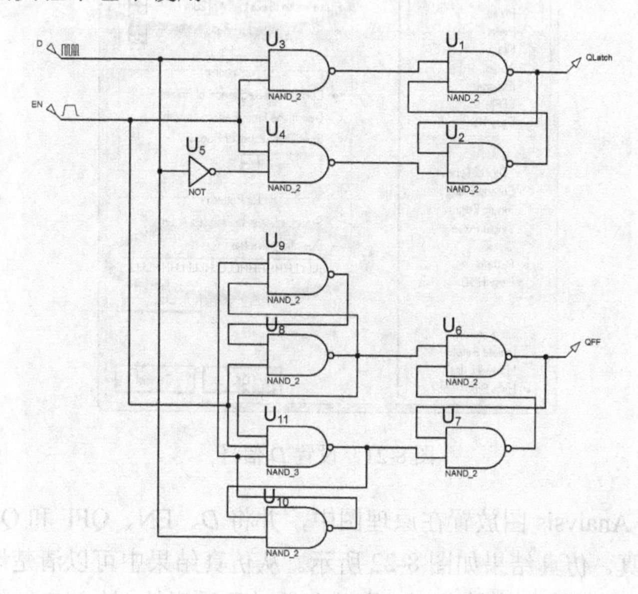

图 8-19　D 锁存器和 D 触发器对比实验原理图

建立实验原理图后，设置 EN 信号为 DCLOCK 信号发生器，参照图 8-20 所示对其进行设置，或直接将频率设置为 15Hz。

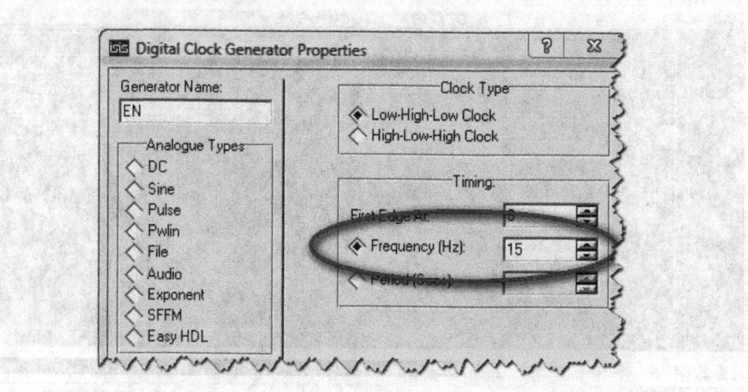

图 8-20　设置 EN 信号

设置 EN 信号频率为奇数（例如 15Hz）则很容易保证 EN 信号边沿与输入信号 *D* 不对齐，这样可以更好地观察到锁存器与触发器输出的不同。

对输入信号 *D*，参照图 8-21 进行设置，原则是输入 *D* 的波形要与 EN 信号边沿不对齐，以方便观察锁存器与触发器输出的不同。也可以直接将 Pulse width 设置为 20ms，将 Specific pulse train 设置为 LLLLHHHHHHLLLLHLLLLHHHLLLLLLLLLLLHLLHHHHHHHHHHHHHH。

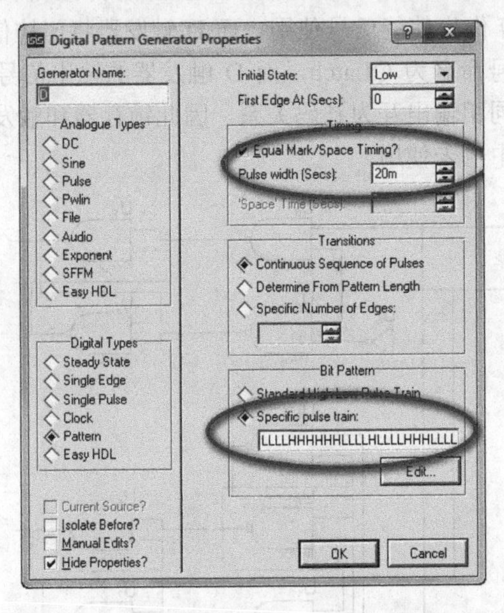

图 8-21　设置 *D* 信号

最后将 Digital Analysis 图放置在原理图中，并将 *D*、EN、QFF 和 QLatch 信号添加到仿真图中，进行仿真。仿真结果如图 8-22 所示。从仿真结果中可以清楚地看出，锁存器输出的 QLatch 信号相对于输入信号在 EN 信号有效时是透明的，输入信号的改变立即反映在 QLatch 端，且在图中可以清楚地看到毛刺，这在任何逻辑电路中都是有害的存在。

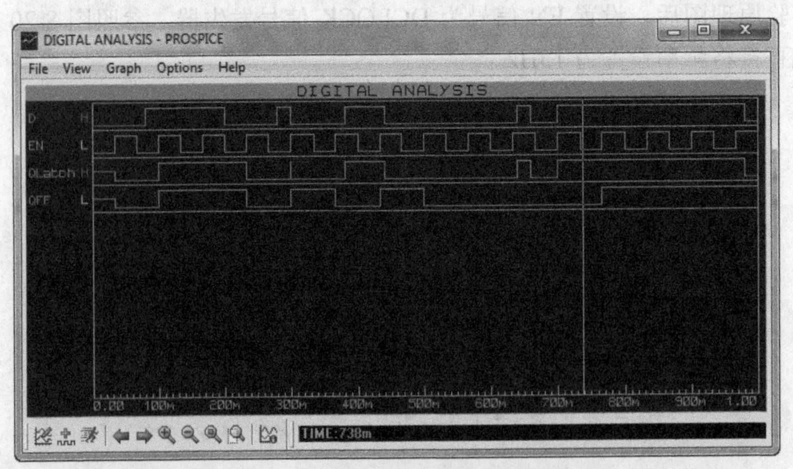

图 8-22　D 锁存器和 D 触发器对比实验结果

而 D 触发器输出的 QFF 信号则严格对齐 EN 信号的边沿。且输入信号的变化最多延迟一个周期才出现在 QFF 端。同时，可以观察到 QFF 信号无毛刺。

8.2 时序逻辑电路

在 8.1 节中学习了 D 触发器。D 触发器是时序逻辑电路中的核心元件，它起到了记忆电路状态的作用。在触发器中有一个特殊的信号——时钟信号。它的作用是同步时序逻辑电路中的所有触发器或者记忆元件。在每个时钟的上升沿（或者下降沿）出现在触发器输入端的信号被锁存并输出到输出端，而在两个连续时钟上升沿（或者下降沿）之间的信号变化被忽略。

从对时钟的使用上来划分，或者从存储元件的同步关系上划分，时序逻辑电路可以分为 3 种：

（1）全局同步电路。简称同步电路，所有的存储单元都受同一个时钟控制。

（2）全局异步局部同步电路。电路的某些部分使用不同的时钟，但是每个局部电路内部使用相同的时钟。

（3）全局异步电路。不使用时钟信号控制内部的存储单元，且各存储元件的状态切换是相互独立的（没有时间相关性）。

全局异步电路的存储元件不在统一的时钟信号控制下工作，电路中的存储元件状态的更新也就不是同时发生的，因此异步时序逻辑电路的状态转换难以预知，这样其电路设计和时序分析都极其复杂，本书对其不作介绍。

本节主要介绍同步时序逻辑电路，全局同步时序逻辑电路中所有存储元件都处在统一的时钟信号控制之下，电路的各存储单元状态的更新同步发生。由于电路存储单元状态更新可以预知，极大地方便了电路的设计与分析。

再看全局异步局部同步时序逻辑电路。如果掌握了如何设计全局同步电路，同时采用相应的方法处理不同时钟域之间信号的同步和传递方法，则对全局异步局部同步电路的研究可以转换成对全局同步电路的研究。因此，对时序逻辑电路的研究主要是对全局同步时序逻辑电路的研究。在一般情况下，时序逻辑电路指的是全局同步时序逻辑电路。本书中采用这一约定。

在开始学习时序逻辑电路之前，首先看一下时序逻辑电路的组成。时序逻辑电路可以由组合逻辑和存储元件组成。组合逻辑负责对信号的处理和运算，存储元件负责存储电路的状态（例如处理的中间结果）。同时，组合逻辑还用来对输入和输出进行处理，也就是输入逻辑和输出逻辑。时序逻辑电路的这种结构可以用图 8-23 来表示。图中的虚线表示该输入或者反馈可以省略，也就是在输出逻辑中可以没有输入信号参与运算。

从图 8-23 中可以得出下面几个要点：

- 时钟边沿，状态寄存器采样并保持次态逻辑的输出，直到下一个时钟信号的上升沿。
- 次态逻辑，根据当前状态和当前输入产生电路的状态。
- 输出逻辑，根据当前状态和当前输入产生电路的输出。

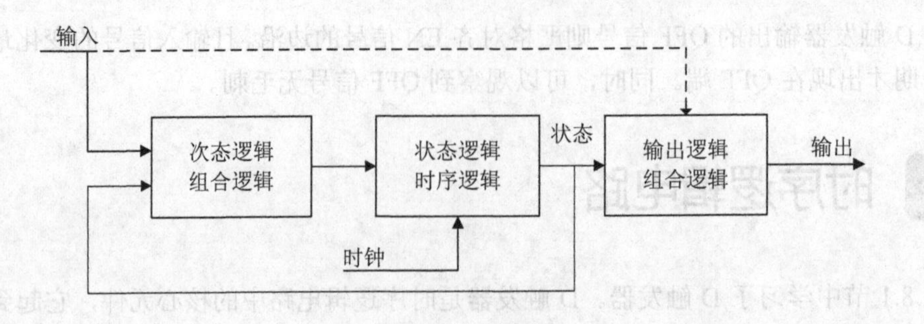

图 8-23　时序逻辑框图

这种抽象下的时序逻辑设计解决了以下几个问题：

- 简化了时序分析，两个相邻时钟上升沿之间的时间是允许信号在组合逻辑电路中传播的时间。
- 组合逻辑可以从整个逻辑中清晰地分离出来。
- 同步的时钟最大程度上消除了毛刺对电路功能的不利影响。

以一个简单的触发器为例，图 8-24 是一个最简单的时序逻辑电路。该电路中次态逻辑和输出逻辑都是组合逻辑，也就是直接赋值，或者说就是一根电路连线（wire）。而状态逻辑电路就是一个 D 触发器，它记录的电路状态只有一位信息，也就是上一个时钟上升沿时输入信号的值。对该电路来说，如果当前状态是 $Q_{current}$，当前输入是 $D_{current}$，那么下一个状态 Q_{next} 就是 $D_{current}$。

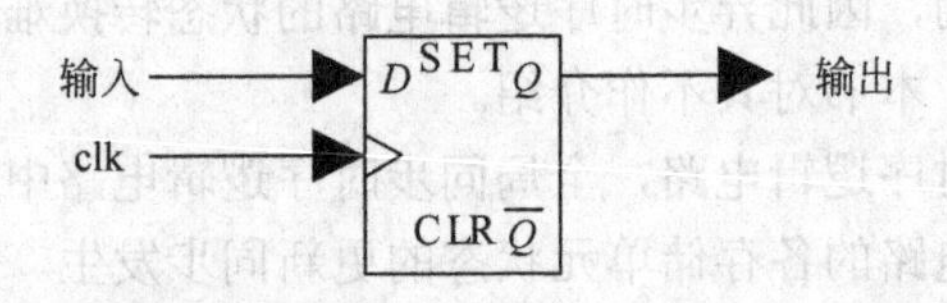

图 8-24　最简单的时序逻辑电路

简单的时序逻辑电路有的可能没有组合逻辑部分，有的可能没有输入逻辑，但是它们在逻辑功能上仍然具有时序电路的基本特征。而复杂的时序逻辑电路由多个如图 8-23 所示的局部同步电路串联、并联组成。不同的是，每个局部同步电路的输入逻辑和输出逻辑各不相同，要根据电路的具体逻辑功能来定义。

8.3 寄存器和移位寄存器

寄存器（register）用于存储一组二进制码，它被广泛应用于各类数字系统和数字计算机中。因为一个触发器能够存储一位二进制码，所以用 N 个触发器组成的寄存器能存储一组 N 位的二进制码。在时序逻辑电路中，对寄存器中的触发器只要求它们具有在时钟边沿置 0 和置 1 的功能即可。因此 D 触发器在时序逻辑电路中得到了极为广泛的应用，尤其在基于可编程逻辑元件的数字系统设计中广泛地使用触发器作为寄存器。

74HC175 是 CMOS 元件，它具有 4 个边沿触发的 D 触发器。其逻辑图如图 8-25 所示。

根据边沿触发的特性可知，触发器输出端的状态仅取决于 CLK 信号上升沿到达时刻 D 端的状态。为了提高使用的灵活性，有些寄存器电路还会增加一些控制电路，使寄存器具有异步置 0、输出三态控制或者输出保持等功能。

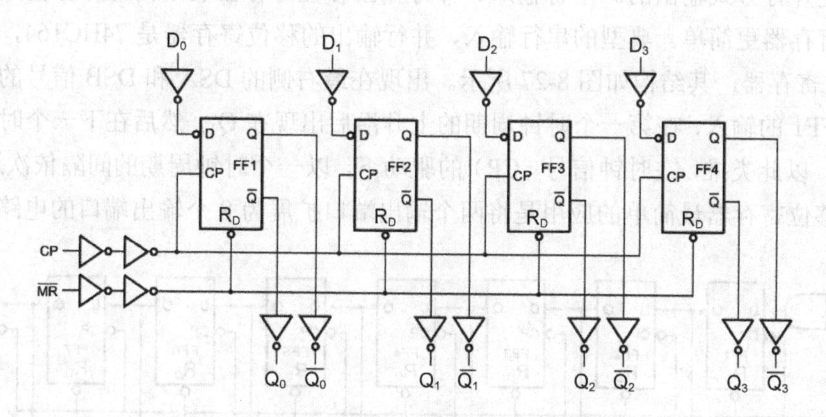

图 8-25　4 位通用寄存器 74HC175 逻辑图

74HC175 元件中通过使用 4 个 D 触发器实现了一个 4 位寄存器。这个寄存器在接收数据时各位二进制代码是并行进入的，而且触发器的输出也是并行的。这种寄存器的输入输出方式为并行输入、并行输出。一般情况下，在未指明时寄存器都是指并行输入、并行输出寄存器。

移位寄存器（shift register）除了具有一般寄存器存储二进制码的功能外，还具有移位功能。与一般并行输入、并行输出的寄存器不同的是，移位寄存器的功能特点是并行输入、串行输出。在时钟脉冲的驱动下，寄存器中存储的二进制码可以一位一位地依次向左移动。因此，移位寄存器除了可以存储二进制数之外，还具有串行-并行转换功能，例如为 I/O 受限的单片机或者可编程逻辑元件扩展输入输出端口。典型的并行输入、串行输出寄存器为 74HC165，它是一个 8 位的并行输入、串行输出移位寄存器，其逻辑功能如图 8-26 所示。当 PL（Parallel Load，低电平有效）信号为 0 时，输入数据从 D_0～D_7 8 个端口被异步装载进触发器。但 PL 信号回到 1 时，在时钟信号 CP 的驱动下，将数据以一个时钟一位的速度向右移动，从 Q_7 端口输出（$Q_0 \to Q_1 \to \cdots \to Q_7$）。

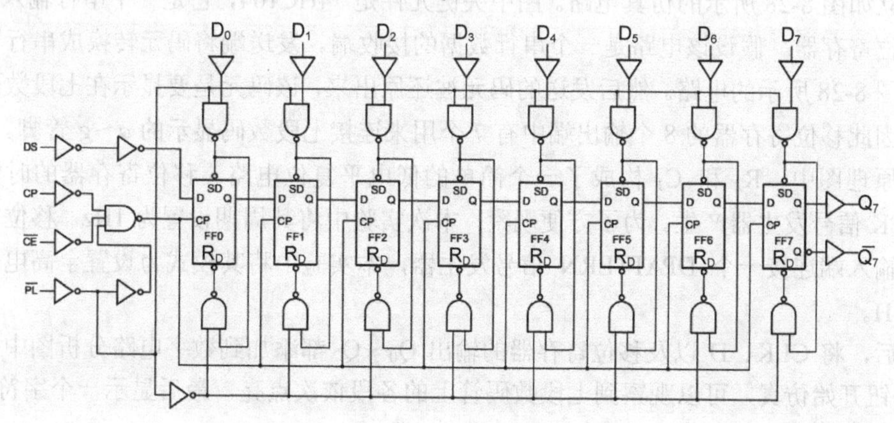

图 8-26　8 位并行输入、串行输出移位寄存器 74HC165 逻辑图

除了并行输入、串行输出的移位寄存器之外，还有串行输入、并行输出的移位寄存器。这种移位寄存器的输入数据以串行方式在时钟的驱动下一位一位地从左向右进入触发器，而输出端是并行方式输出的。串行输入、并行输出移位寄存器的结构比并行输入、串行输出的移位寄存器更简单。典型的串行输入、并行输出的移位寄存器是 74HC164，它是一个 8 位的移位寄存器，其结构如图 8-27 所示。出现在最右侧的 DSA 和 DSB 信号的“与”作为触发器 FF1 的输入，在第一个时钟周期的上升沿后出现在 Q_1，然后在下一个时钟上升沿出现在 Q_2。以此类推，在时钟信号（CP）的驱动下，以一个时钟周期的间隔依次进入 Q_1～Q_7。这种移位寄存器最简单的应用是将两个输出端口扩展为 8 个输出端口的电路。

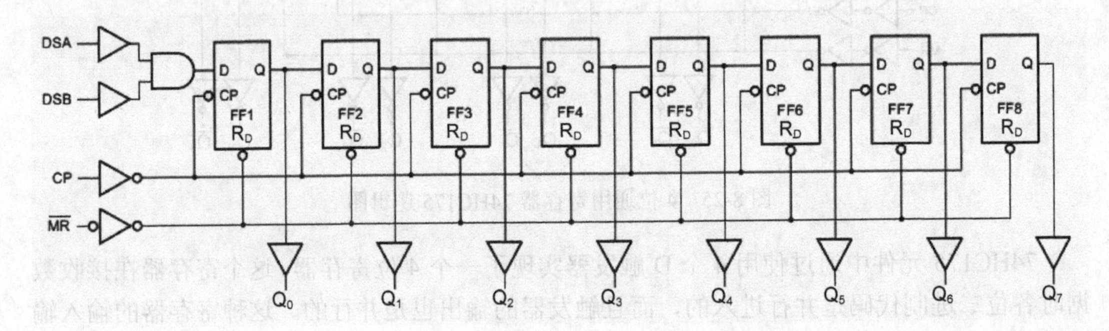

图 8-27　8 位串行输入、并行输出移位寄存器 74HC164 逻辑图

寄存器和移位寄存器是时序逻辑电路最基本的元件。寄存器可以存储二进制数，使得时序逻辑电路可以存储状态信息。移位寄存器除了存储状态之外，还可以有很多有趣的应用，例如使用移位寄存器做数字信号的边沿检测或者特定序列检测。

串并转换程序常用在较远距离传输并行数据中，例如连接两个距离较远的电子设备或者连接同一电路板中距离较远的电路。典型的具有此类功能的协议有 SPI 协议和 I2C 协议。本节首先设计一个串并转换电路，并将串行输入的信号转换成并行信号驱动七段数码管。

首先通过实验来观察串行输入、并行输出移位寄存器的行为。

【例 8-4】 串行输入、并行输出移位寄存器实验

建立如图 8-28 所示的仿真电路。图中关键元件是 74HC164，它是一个串行输入、并行输出移位寄存器。假设该电路是一个串行数据的接收端。发送端将码元转换成串行比特流发送至图 8-28 所示的电路。然后发送的码元被还原出来，该码元是要显示在七段数码管的编码。因此移位寄存器的 8 个输出端中有 7 个用来连接七段数码显示的 *a*～*g* 管脚。

该原理图中，R_2 和 C_1 构成了一个简单的低电平复位电路。移位寄存器的时钟使用 DCLOCK 信号发生器产生。为了方便观察，本次实验中将其周期设置为 1Hz。移位寄存器的串行输入端连接一个 DPATTERN 信号发生器，本实验中将其模式为设置全高电平，也就是全 H。

最后，将 CLK、D 以及移位寄存器的输出 Q_0～Q_7 都添加到数字电路分析图中。单击 ▶ 按钮开始仿真，可以观察到七段数码管上的各段依次点亮，最后显示一个字符 8，如图 8-29 所示。

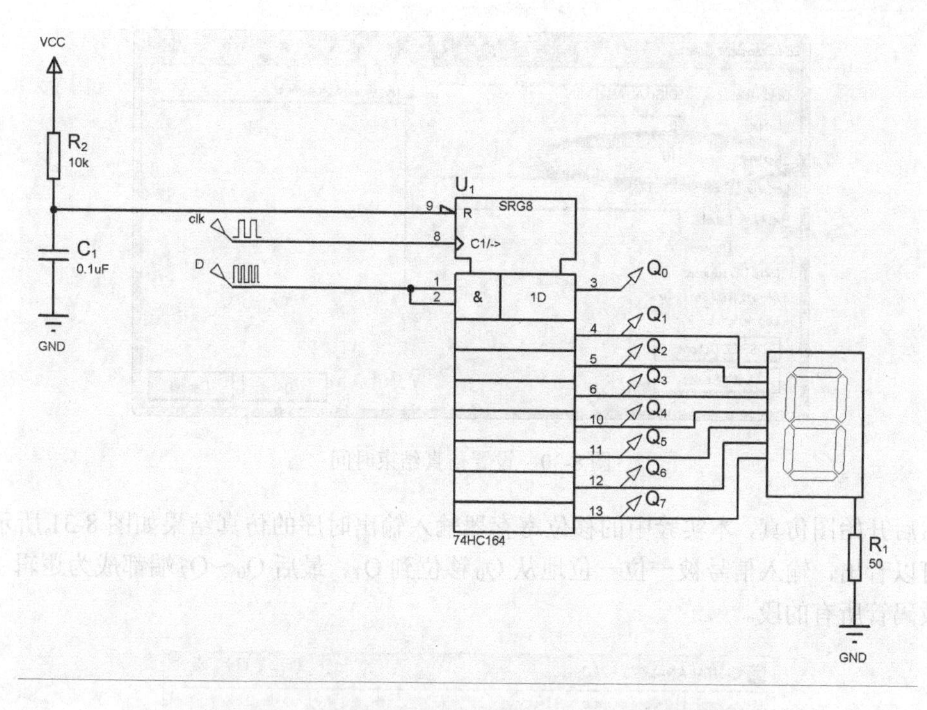

图 8-28　串行输入、并行输出移位寄存器仿真原理图

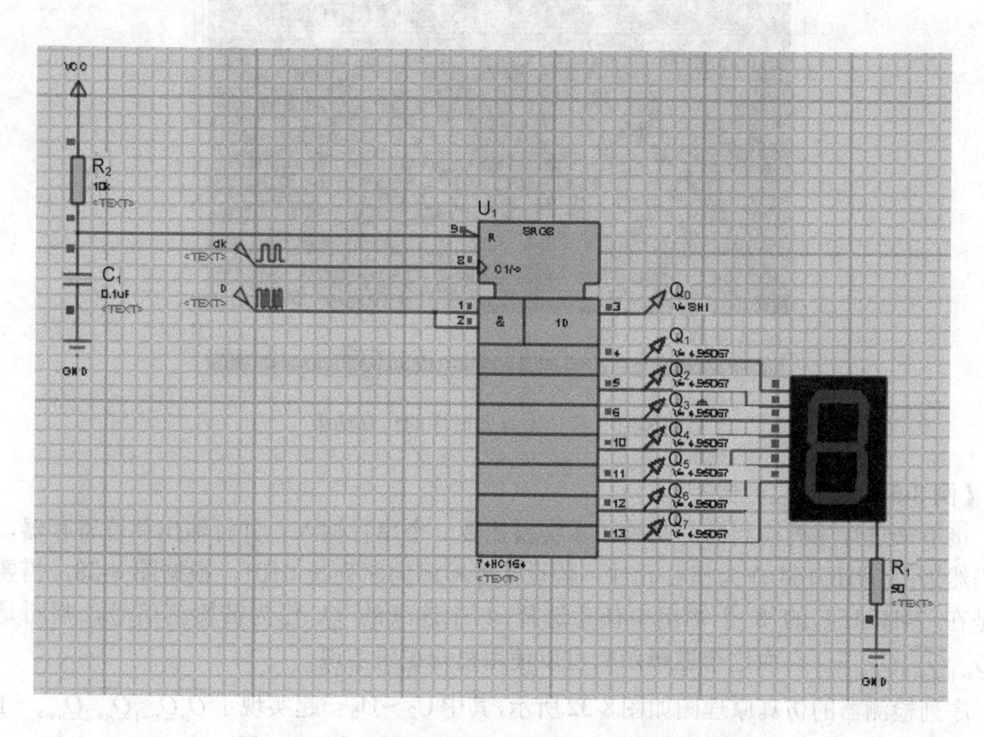

图 8-29　串行输入、并行输出移位寄存器实验结果

下面，通过图仿真观察移位寄存器的时序。首先在 Digital Analysis 图上右击，在弹出的快捷菜单中选择 Edit Properties 命令，然后在弹出的对话框中将仿真结束时间（Stop time）设置为 10s，如图 8-30 所示。

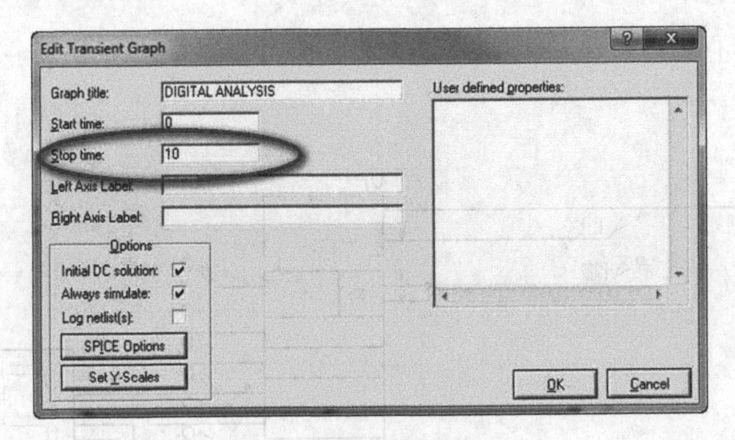

图 8-30　设置仿真结束时间

然后开始图仿真，本实验中的移位寄存器输入输出时序的仿真结果如图 8-31 所示。从图中可以看出，输入信号被一位一位地从 Q_0 移位到 Q_7。最后 Q_0～Q_7 端都成为逻辑 1，点亮了数码管所有的段。

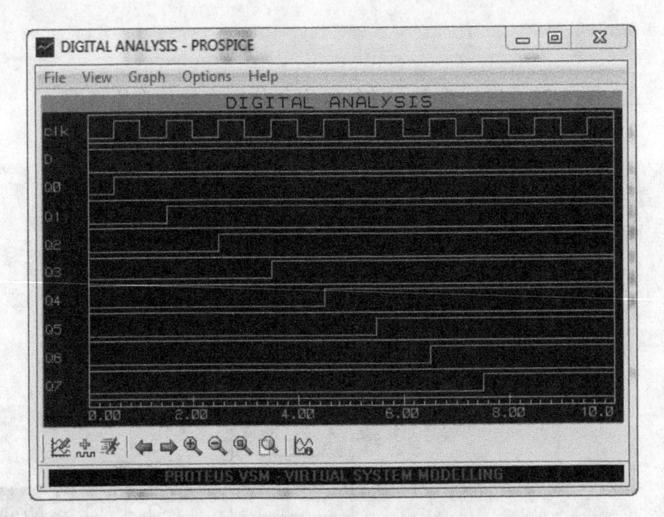

图 8-31　移位寄存器时序的仿真结果

【例 8-5】 序列检测器实验

接下来进行序列检测器的实验。本实验需要一个串行输入、并行输出移位寄存器，所以仍然采用 74HC164 作为核心元件。假设需要检测的序列是 0101，根据图 8-28，需要做的是在 74HC164 的 8 个输出中任意选择 4 个连续的 Q_n 作为被检测信号，判断是否 $\overline{Q_n}Q_{n+1}\overline{Q_{n+2}}Q_{n+4}=1$。而这个逻辑函数可以使用组合逻辑实现。

序列检测器的仿真原理图如图 8-32 所示，其中 U_2～U_6 一起实现了 $\overline{Q_n}Q_{n+1}\overline{Q_{n+2}}Q_{n+4}=1$ 的逻辑功能。

在本实验中，检测特定序列的组合逻辑接在移位寄存器的 Q_0、Q_1、Q_2 和 Q_3 端。在开始实验之前，首先需要设置时钟信号和输入信号 *D*。与例 8-4 的实验类似，时钟信号使用 DCLOCK 信号发生器产生。为了方便观察，本实验中将其周期设置为 1Hz。

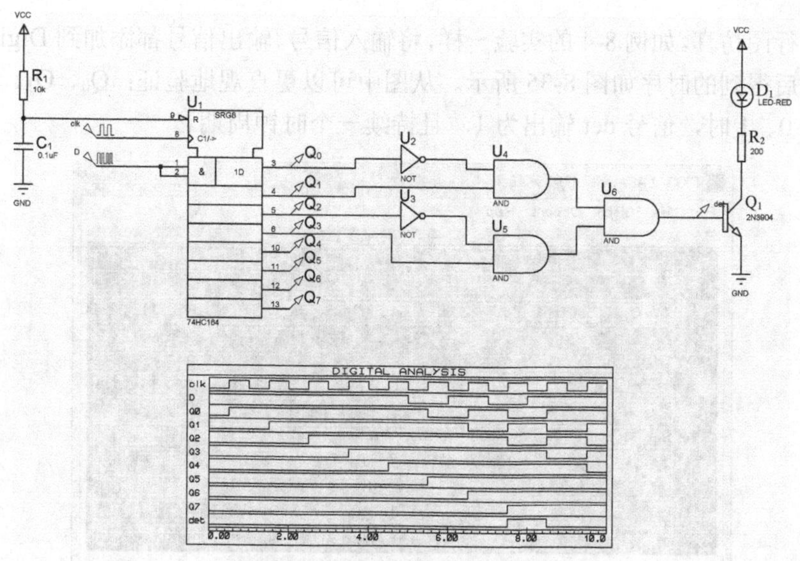

图 8-32　序列检测器仿真原理图

移位寄存器的串行输入端连接一个 DPATTERN 信号发生器，本实验中将其模式设置为 HLHLHHHHHLHLHHHHHHHHHHHHHHHHHHHHHHHHHHHHHH。其产生的波形如图 8-33 所示。可以看出，该输入信号从第 1 秒开始有一个 0101 序列，从第 9 秒开始有一个 0101 序列。

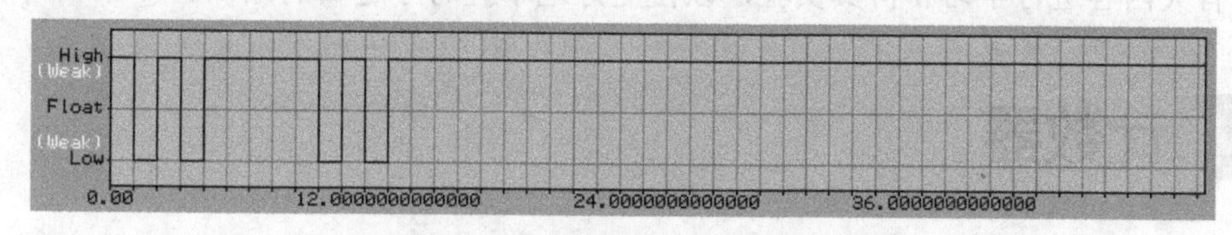

图 8-33　序列检测器实验输入信号波形

在设置好输入信号后，单击▶按钮开始仿真。可以看到从大约第 4 秒开始，红色发光二极管 D_1 点亮 1s，如图 8-34 所示。而此时 Q_0、Q_1、Q_2 和 Q_3 分别是 0、1、0、1。这是因为在第一个时钟周期，1 被锁存在 Q_0；在第二个时钟周期，Q_0 被锁存在 Q_1，0 被锁存在 Q_0；依此类推，在第 4 个时钟周期，Q_3 锁存了 1，Q_2 锁存了 0，Q_1 锁存了 1，Q_0 锁存了 0。这验证了序列检测器电路设计的正确性。

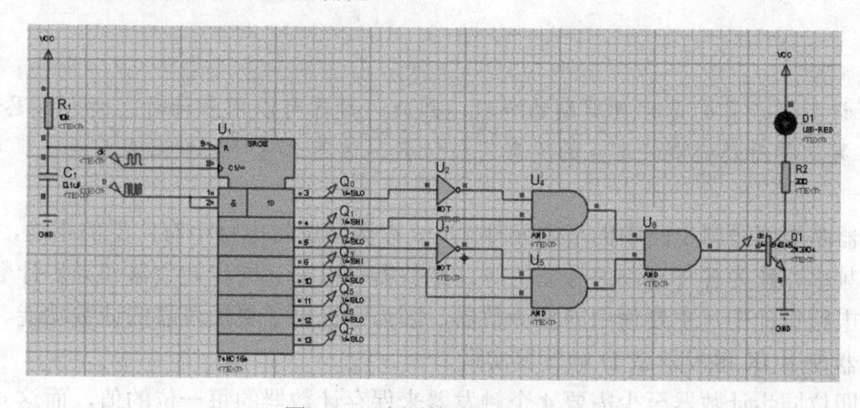

图 8-34　序列检测器仿真结果

然后进行图仿真。如例 8-4 的实验一样，将输入信号、输出信号都添加到 Digital Analysis 图中，仿真后得到的时序如图 8-35 所示。从图中可以更直观地验证：Q_0、Q_1、Q_2和 Q_3 分别是 0、1、0、1 时，信号 det 输出为 1，且持续一个时钟周期。

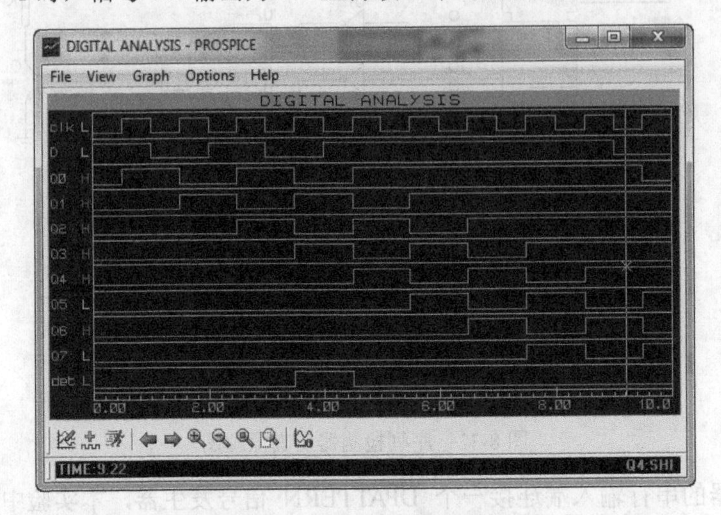

图 8-35　序列检测器实验仿真波形

综上，通过时序仿真和序列检测器仿真实验验证了移位寄存器的功能。接下来将对计数器的有关内容进行学习和仿真实验，以便更好地掌握时序逻辑的知识。

8.4 计数器

计数器是时序逻辑中的重要内容，一个最简单的计数器包含若干个寄存器以保存计数值，构成一个组合逻辑块，这个组合逻辑块是用来计算下一个计数值的。根据图 8-24 所示的时序逻辑框图，这个组合逻辑块就是次态逻辑，而保存计数值的寄存器为状态逻辑。计数器在时钟信号的驱动下，在每一个时钟的上升沿（或下降沿），计数器中的组合逻辑块的输出被锁存在寄存器中，作为当前的计数值。同时，当前的计数值作为反馈输入到组合逻辑块中，计算出下一个计数值，然后在下一个时钟的上升沿（或下降沿）被锁存在寄存器中。

计数器计算的是时钟周期的个数，因此计数器可以用来计时。请大家思考，如果需要对其他事件发生的次数进行计数，该怎么设计计数器呢？

计数器是数字逻辑电路中的基本元件之一，在数字逻辑电路中有广泛的用途，如计时、计算信号频率、作为各种控制信号使用等。计数器可以分为同步计数器和异步计数器。在时序逻辑电路设计中，主要使用同步计数器，因为它提供了更加可靠的计数功能。通常，同步计数器使用 JK 触发器或 D 触发器实现。

一个四位同步计数器至少需要 4 个触发器来保存计数器的每一位的值，而这 4 个触发器就构成了时序逻辑电路的时序部分。假设这个四位同步计数器的 4 个触发器分别为 FFA、FFB、FFC 和 FFD，其中，FFA 的输出 QA 为最低有效位（LSB），FFD 的输出 QD 为最高有效位（MSB），则其时序如图 8-36 所示。

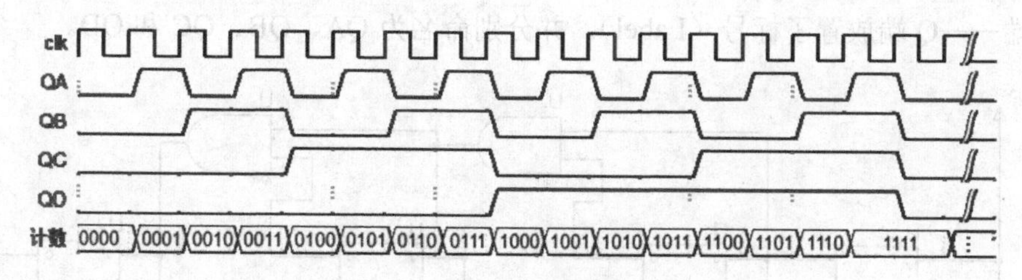

图 8-36　四位同步计数器时序

从图 8-36 中可以看出，作为一个计数器，其 4 个输出端逻辑电平的变化是具有一定规律的。如果 QA 作为计数器输出的最低有效位，QD 作为计数器输出的最高有效位，那么在计数器运行时其状态在每个时钟上升沿做加一操作。状态的变化规律可以描述为 0000→0001→0010→…→1111→0000。那么一个二进制计数器的最低有效位在每个时钟(2^0)的上升沿都会翻转，而最高有效位在每 2^{N-1} 个时钟上升沿才会翻转。因此要设计一个二进制计数器，只需要让计数器中的每个触发器在特定的时钟上升沿翻转即可。如果 FFA 每个时钟上升沿都翻转，那么 FFB 只要在 FFA 输出为逻辑 1 时在时钟上升沿翻转即可。FFC 则要在 FFA 和 FFB 都输出为 1 时在时钟上升沿翻转即可。同理，FFD 在 FFA、FFB 和 FFC 均输出为 1 时在时钟上升沿翻转即可。这样，每个触发器翻转时刻的确定都与低位触发器的逻辑状态有关。将 FFA、FFB、FFC、FFD 4 个触发器以一定形式串联起来即可实现四位计数器电路。

如果用 JK 触发器来实现四位同步计数器，为了让最低位触发器 FFA 在每次时钟上升沿发生翻转，需要将 *J* 和 *K* 端都置位逻辑 1。对于四位同步计数器中的第一位触发器 FFB，则当 FFA 的输出为 1 时，让 FFB 在时钟上升沿翻转，故而将 FFA 的输出 QA 连接到 FFB 的 *J* 和 *K* 端。对于 FFC，则将 FFA 与 FFB 的“与”连接到 FFC 的 *J* 和 *K* 端。这样，当 QA 与 QB 都为逻辑 1 时，FFC 在时钟上升沿翻转。同理，FFD 的 *J* 和 *K* 端连接 QA、QB 和 QC 的“与”。用 JK 触发器实现四位同步计数器的原理图如图 8-37 所示。

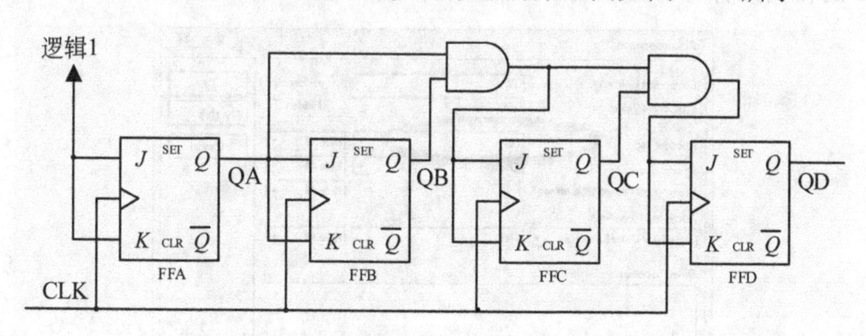

图 8-37　JK 触发器实现四位同步计数器

注意，在图 8-37 中，时钟信号 CK 同步地作用于所有触发器的时钟输入端，而 FFA 的 *J* 和 *K* 端都固定为逻辑 1。

【例 8-6】 四位同步计数器实验

为了验证用 JK 触发器实现四位同步计数器的正确性，本实验设计了如图 8-38 所示的仿真电路。图中 U_1、U_2、U_3、U_4 是名为 JKFF 的 Proteus ISIS 元件。其中，在每个触发器的输出端——Q 端放置了标号（Label），并分别命名为 QA、QB、QC 和 QD。

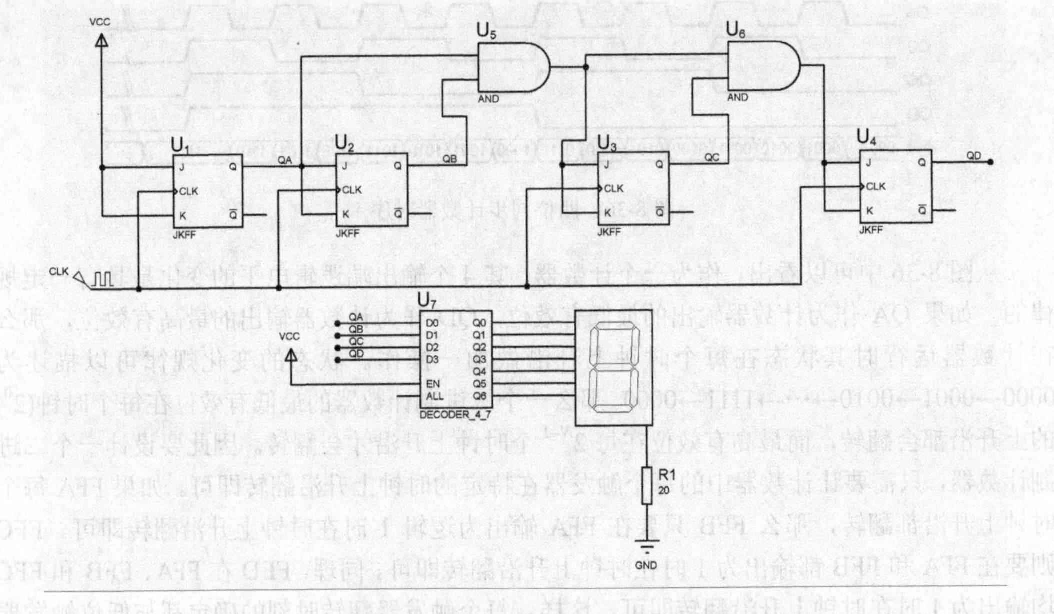

图 8-38 JK 触发器实现四位同步计数器仿真电路原理图

其中 DECODER_4_7 为 Proteus ISIS 中专用于仿真的译码器，将其设置为 7B 类型，如图 8-39 所示。该元件是一个通用的四输入译码器，可以分别设置为多种译码结构。本实验中将其作为四位二进制码到七段数码管的译码器。将其设置为 7B 类型后，其输入编码和对应的七段数码管显示的对应关系如图 8-40 所示。需要注意的是，输入十进制数为 10~15 时显示的字符比较特殊，尤其是在输入为十进制数 15 时，数码管的所有段都不点亮。由于其驱动的是共阴极数码管，因此在仿真时，数码显示使用了名为 7SEG-COM-CATHODE 的仿真元件。

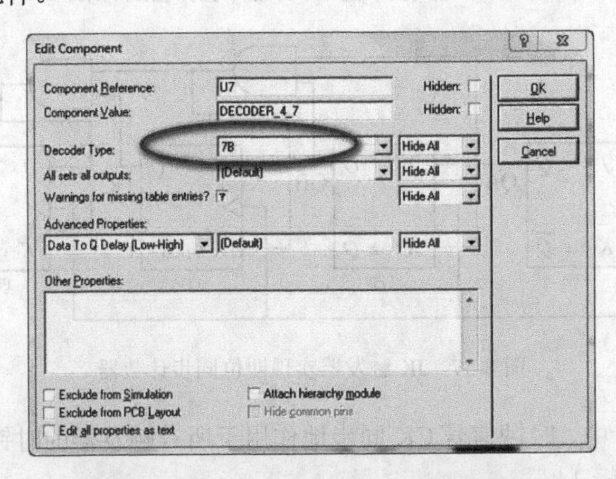

图 8-39 设置元件 DECODER_4_7 的属性

图 8-40　DECODER_4_7 在 7B 模式下输入输出编码的对应关系

由于 DECODER_4_7 并不对应真实的物理元件，因此用其驱动七段数码管时，在数码管的公共端并不必一定需要限流电阻，因此 R1 可以省略。本例中将电阻 R1 阻值设置为 20Ω，这并不影响仿真结果。

该电路的时钟信号由 DCLOCK 信号发生器产生，为了演示计数器输出的变化过程，将其产生的时钟信号周期设置为 1Hz，以便计数器的输出以人眼可以观察的速度变化。单击▶开始开始仿真，可以看到七段数码管显示的字符从 0 开始递增。如图 8-41 所示，此时 QA 为 0，QB 为 1，QC 为 1，QD 为 0，其十进制值为 6，此时数码管显示为 6。这验证了该四位同步计数器设计的正确性。

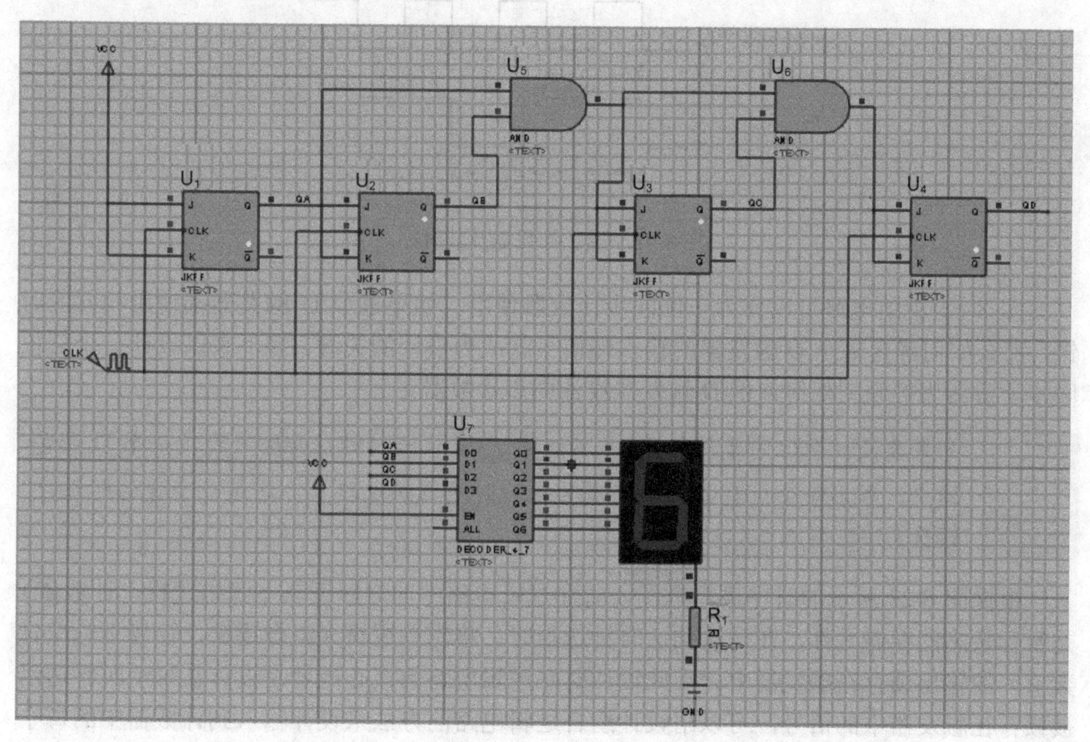

图 8-41　JK 触发器实现四位同步计数器仿真结果

以上介绍了如何使用 JK 触发器来实现计数器。在时序逻辑电路设计中，D 触发器是使用最广泛的触发器。例如，在可编程逻辑元件中，D 触发器是最主要的逻辑资源。因此在基于可编程逻辑元件的时序逻辑设计中主要使用 D 触发器。

与 JK 触发器不同，D 触发器只有一个数据输入端，也就是 *D* 信号。这种触发器在时钟的边沿将 *D* 输入端的信号锁存在触发器中，并输出到 *Q* 端。显然，使用 D 触发器设计同步计数器和使用 JK 触发器不同。首先，考虑一个模 2 计数器。这种计数器只有两个计数值：0 和 1。计数值为 1 时，当时钟边沿到来时，计数值返回 0。这是因为对当前计数值加 1 后，新的计数值为 10。于是高位的 1 被丢弃，低位的 0 称为新的当前计数值。模 2 计数器简化为在每个时钟边沿将当前计数值取反的操作。显然，最简单的实现方式如图 8-42 所示，将反相输出端反馈到输入端。则在每个时钟边沿，触发器的输出在 0、1 之间切换。这样的电路也是一个分频电路。如果输入频率是 f_{in}，那么出现在 D 触发器的输出端的信号 D 可以作为频率为 $f_{in}/2$ 的时钟使用。

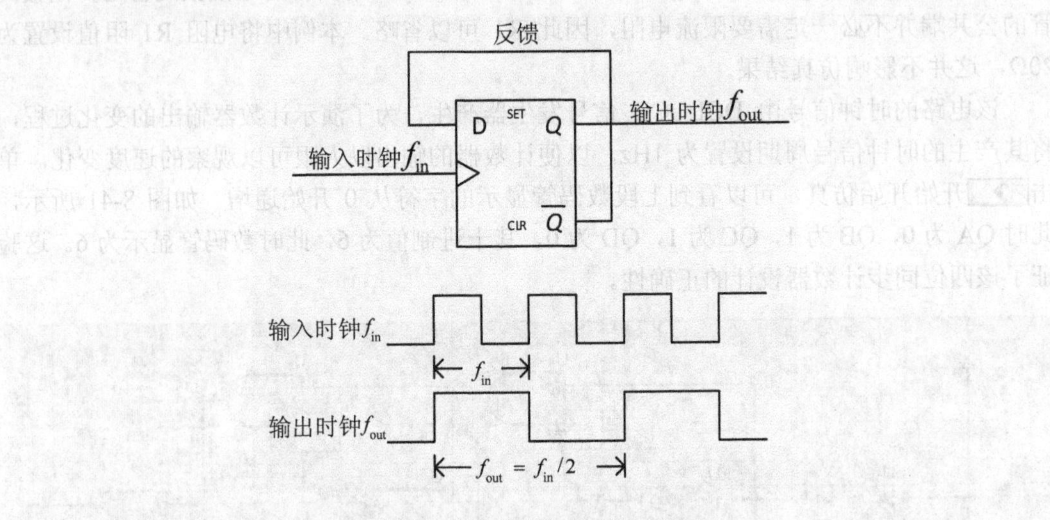

图 8-42　模 2 计数器及其时序

图 8-42 中的电路可以作为一位同步计数器使用。如果每个 D 触发器都使用相同的时钟，那么如何确定每个 D 触发器的输入端信号就成为设计的关键。接下来以设计一个三位同步计数器为例介绍如何使用 D 触发器设计同步计数器。

如果要设计两位同步计数器，并不能将 $f_{in}/2$ 作为时钟信号输入到下一个 D 触发器中，否则整个计数器电路就成为异步时序逻辑电路了，这是一个普遍的设计误区。

根据图 8-23 所示的时序逻辑框图，时序逻辑电路中的时序逻辑（状态逻辑，计数值）是暂存状态的存储元件，在每次到达时钟边沿时，将次态逻辑（组合逻辑，计算下一个计数值）的输出锁存在触发器中。因此设计时序逻辑电路的核心内容是设计在每个时钟边沿被锁存在触发器中的信号，可以用设计组合逻辑电路的方法来设计输入到计数器中的每个 D 触发器的逻辑信号。

首先需要构造三位同步计数器的真值表。假设要设计的计数器是自增计数器，那么如果当前状态为 000，则下一个状态为 001。以此类推，如果当前状态为 111，则下一个状态为 000。这样可以填写如表 8-4 所示的真值表中的“当前状态”列和“下个状态”列。

根据 D 触发器的特性，下一个状态的值是当前状态下输入端的值。因此“D 触发器输入”列中的数值直接可以从“下个状态”列中复制，这样就得到了完整的真值表。根据这个真值表可以得到 D_2、D_1 和 D_0 的逻辑方程。在逻辑方程中，参与运算的变量仅包含当前状态中的变量（Q_2、Q_1、Q_0），而不包含下个状态中的变量（Q_2^*、Q_1^*、Q_0^*）。这是因为下个状态在时钟边沿到来后才有效，且在组合逻辑计算次态时无法预见时钟边沿到来后各触发器的状态。

表 8-4　三位同步计数器真值表

当前状态			下个状态			D 触发器输入		
Q_2	Q_1	Q_0	Q_2^*	Q_1^*	Q_0^*	D_2	D_1	D_0
0	0	0	0	0	1	0	0	1
0	0	1	0	1	0	0	1	0
0	1	0	0	1	1	0	1	1
0	1	1	1	0	0	1	0	0
1	0	0	1	0	1	1	0	1
1	0	1	1	1	0	1	1	0
1	1	0	1	1	1	1	1	1
1	1	1	0	0	0	0	0	0

将真值表化简，得到 D_2、D_1、D_0 的逻辑方程如下：

$$D_2 = Q_2 \oplus Q_1 Q_0$$

$$D_1 = Q_0 \oplus Q_1$$

$$D_0 = \overline{Q_0}$$

根据上述逻辑方程，可以得到如图 8-43 所示的三位同步计数器的实现。

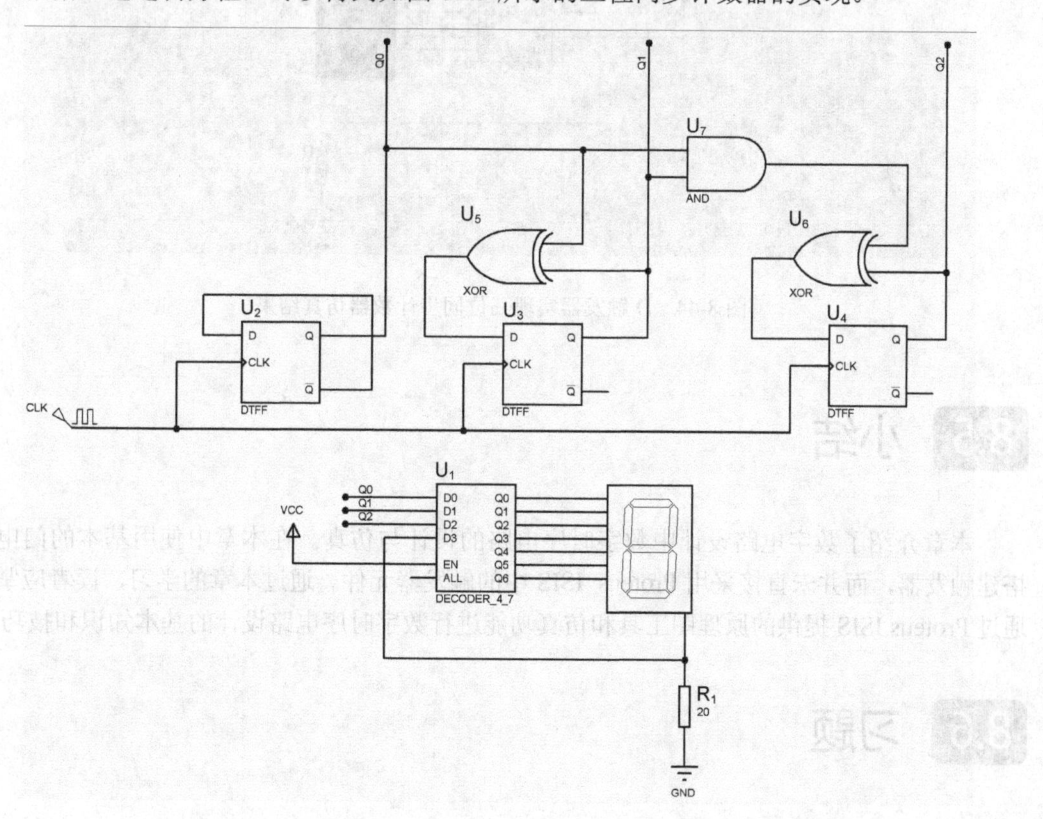

图 8-43　D 触发器实现三位同步计数器的仿真原理图

【例 8-7】 D 触发器实现三位同步计数器实验

在图 8-43 所示的原理图中，使用的触发器元件名为 DTFF，它是 Proteus ISIS 提供的 D 触发器仿真元件，这种元件只可以用来仿真，因为其并未对应任何真实的物理元件。该原理图中的其他部分与图 8-38 相同，采用了七段数码管作为仿真输出。

单击▶按钮开始仿真，可以看到七段数码管循环显示 0～7。这验证了三位同步计数器设计的正确性。仿真结果如图 8-44 所示，数码管显示字符“1”，此时可见 Q_2、Q_1、Q_0 分别为 0、0、1。

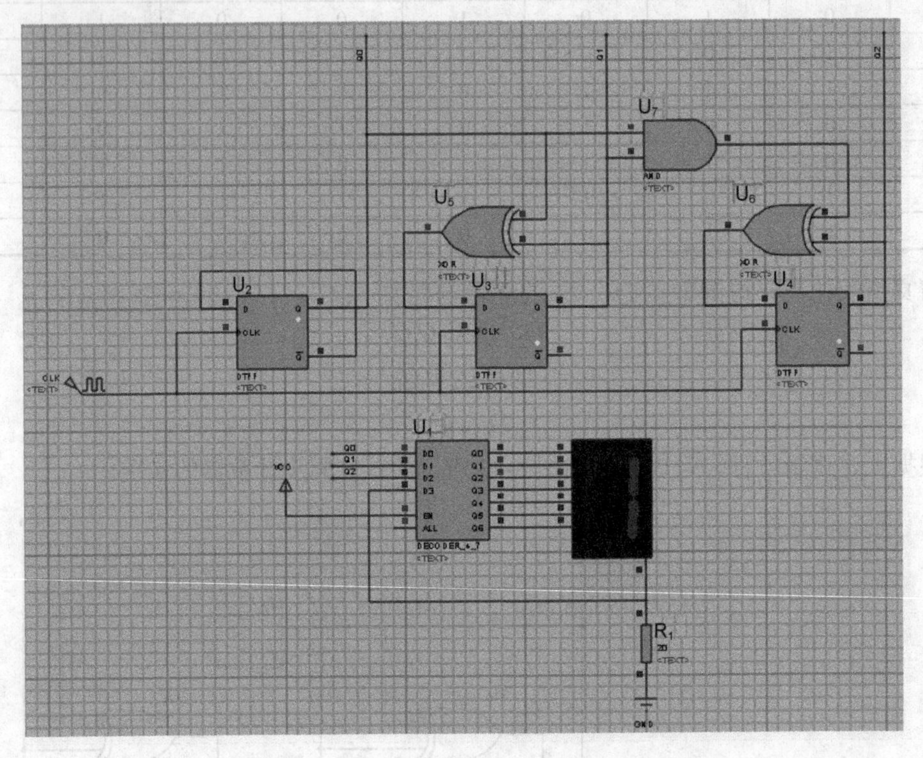

图 8-44 D 触发器实现三位同步计数器仿真结果

8.5 小结

本章介绍了数字电路设计中数字时序电路的设计与仿真。在本章中使用基本的门电路搭建触发器，而并未直接采用 Proteus ISIS 中的触发器元件。通过本章的学习，读者应掌握通过 Proteus ISIS 提供的原理图工具和仿真功能进行数字时序电路设计的基本知识和技巧。

8.6 习题

（1）简述组合逻辑与时序逻辑的异同。

（2）锁存器与触发器都是存储元件，简述其异同。

（3）在 Proteus ISIS 中实现图 8-9 中的主从结构 D 触发器并仿真。

（4）根据本章中的示例，在 Proteus ISIS 中使用 JK 触发器实现一个二位自增计数器，并将结果显示在七段数码管上。

（5）根据本章中的示例，在 Proteus ISIS 中使用 D 触发器实现一个四位自增计数器，并将结果显示在七段数码管上。

（6）在 Proteus ISIS 中使用移位寄存器实现一个检测序列 0101 的序列检测器并仿真。要求使用 Proteus ISIS 中的基本 D 触发器元件搭建电路，而不使用库中的四位移位寄存器元件。

（7）使用计数器实现一个四分频电路，即，输入信号频率为 f 的方波信号，输出频率为 $f/4$ 的方波信号，并在 Proteus ISIS 中仿真验证。

（8）在数字电路中还有一种 T 触发器，其在时钟脉冲 CLK 控制下，根据输入信号 T 取值的不同，具有保持和翻转功能的电路，即，当 T=0 时能保持状态不变，当 T=1 时翻转。查找资料，在 Proteus ISIS 中使用基本门电路搭建 T 触发器并仿真。

第 9 章　Proteus ISIS 中的单片机仿真

本章主要介绍 Proteus ISIS 单片机仿真，内容包括常用的 MCS-51 单片机以及 Atmel AVR 单片机的仿真。针对单片机及其外设以及 Proteus 中的单片机仿真调试展开内容。针对 MCS-51 系列单片机，内容涉及 Proteus 中的仿真环境建立、Proteus 中的仿真调试以及与 Keil μVision 开发环境的联合仿真调试等内容。针对 Atmel AVR 单片机，内容涉及在 Proteus 中建立仿真环境、在 Proteus 中进行仿真调试以及与 IAR EWB for AVR 工具进行联合仿真调试等内容。

9.1 Proteus 单片机系统仿真基础

Proteus VSM（Proteus Virtual System Modeling）软件是 Proteus 单片机仿真的核心。它提供了针对单片机同时进行高级语言和低级语言仿真的能力。同时，对单片机的仿真可以在对电路中的其他部分进行 SPICE 仿真的同时进行。因此，Proteus VSM 是一种对数字系统和模拟系统进行混合仿真的开发环境。在仿真时，它将 SPICE 混合仿真、具有动画效果的仿真元件、微处理器系统模型综合在一起进行协同仿真。通过使用 Proteus VSM，可以在进行真实的原形系统开发前，在 Proteus VSM 软件中对设计进行初步的验证。设计者在设计时可以通过与仿真屏幕上的各种具有动画效果的仿真元件（如 LED 元件、LCD 显示元件）以及各种可以在仿真时改变状态的元件（如开关元件、按钮元件）进行交互。如果设计者使用的 PC 性能较好，则可以在仿真时得到近乎实时的仿真效果。例如，使用 Pentium Ⅲ 1GHz 的处理器可以仿真一个以 12MHz 时钟频率运行的 51 单片机系统。Proteus VSM 还提供了各种调试的手段，例如在汇编语言调试和高级语言调试时都可以设置断点，单步运行，调试时观察各种变量值。这些手段极大地方便了设计者进行数字原型设计的能力。

进行单片机系统的仿真，Proteus VSM 需要具有设计、仿真、分析与测量、调试以及诊断功能。下面分别进行介绍。

1. 设计

Proteus VSM 使用经过验证的原理图编辑工具 Proteus ISIS（如图 9-1 所示）进行设计输入和开发。Proteus ISIS 是一个久经考验的设计工具。它是一个结合了易用性和强大功能性的编辑工具。在 Proteus ISIS 中，同时提供了原理图编辑和仿真两个功能。因此，Proteus ISIS 是单片机仿真的基础和设计输入的工具。

Proteus ISIS 还提供了各种对原理图中对象外观的高级控制功能，例如线宽、填充模式、字体等。这些功能在进行电路仿真动态呈现时是十分必要的。

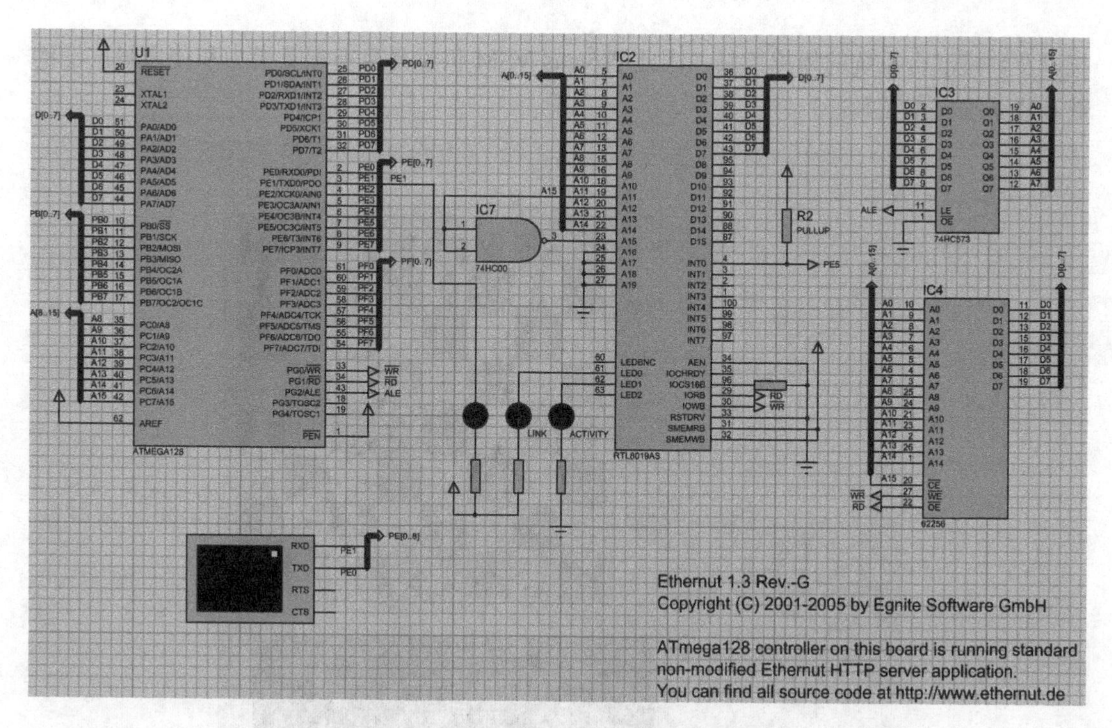

图 9-1　用 Proteus 原理图工具进行设计输入

Proteus 软件包由原理图输入工具 Proteus ISIS、虚拟系统仿真工具 Proteus VSM 和 PCB 设计工具 Proteus ARES 组成。其中 Proteus ISIS 与 Proteus VSM 工具紧密集成在同一个图形界面中。

2. 仿真

Proteus VSM 中最激动人心和最重要的特征是它可以仿真运行在单片机上的软件和任何单片机外部的模拟量或数字量之间的交互。图 9-2 是 Proteus VSM 中仿真一个国际象棋嵌入式软件的页面。在该图中，设计者可以用鼠标在 LCD 显示模块上进行操作，如移动棋子。在仿真前，设计者可以在原理图上绘制需要仿真的单片机仿真模型和用于产生所需要模拟量和数字量的其他电路模型。而在仿真时，它可以让代码像在物理元件中运行一样在单片机系统中运行。如果程序代码向某个端口写入数据，那么端口上的逻辑电平将会做相应的改变；如果在仿真时出现在某个输入端口的状态被某个电路改变，那么这个改变也将会被单片机中的代码观察到。这一切就像在真实的物理原型系统上运行一样。

Proteus VSM 的 CPU 模型可以完整地仿真单片机的 I/O 端口、中断、计时器、通用同步/异步串行接收/发送器以及其他在 Proteus VSM 所支持的处理器中的外设。在 Proteus VSM 中，由于所有的一切都是软件模拟器，因此所有单片机、外设、原理图中的其他外部电路模块（模拟的或者数字的）都在波形的级别上建模以进行统一的仿真，因此数字系统和模拟系统的交互与仿真可以同时进行。

在 Proteus VSM 中有超过 700 种单片机及其变种的仿真模型，以及几千种具有 SPICE 模型，可以进行单片机仿真的外设库。这些仿真模型使 Proteus 成为最方便使用的数字系统以及数模混合系统的模拟工具，因此 Proteus VSM 仍然是目前最具潜力和使用最广泛的嵌入式系统模拟工具。

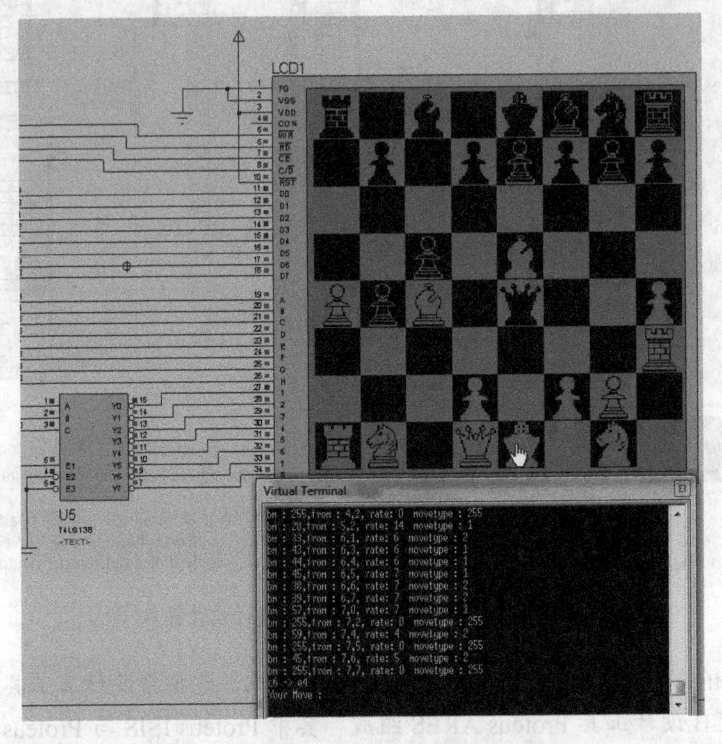

图 9-2　Proteus VSM 仿真国际象棋软件

3. 分析与测量

在产品原型设计中，需要一系列的电子仪器和仪表。Proteus VSM 中包含各种常见的虚拟仪器，如图 9-3 所示，包括虚拟示波器、逻辑分析仪、函数信号发生器、模式信号发生器、虚拟终端等，还包括简单的仪表，如电压表、电流表。此外，还有主模式、从模式、监控模式的协议分析仪来对 I2C、SPI 等协议进行分析。这些虚拟仪器可以极大地方便数字系统的原型设计，使产品的软件代码在物理原型完成之前得到大部分的验证，极大地缩短了开发周期。而且因为各种仪器仪表相当昂贵，Proteus VSM 提供的这些虚拟仪器也极大地节约了开发成本。

4. 调试

调试在嵌入式软件开发中是一个重要的话题。由于嵌入式软件的特殊性，其调试也远比调试 PC 上的软件要复杂。尽管 Proteus VSM 提供了近乎实时的模拟运行环境，但是真正释放 Proteus VSM 的能力的是它的调试功能。Proteus VSM 提供了单步运行的功能，就像在 Visual Studio 中单步执行代码去寻找错误一样。在单步运行的过程中，设计者可以观察包括单片机以外的外部电路的整个系统的运行。这是在真实的物理原型系统上无法做到的。因为在真实的物理原型中，单片机可以单步运行或者停止，但是外部电路却不受调试器的限制，尤其是外部的模拟电路。

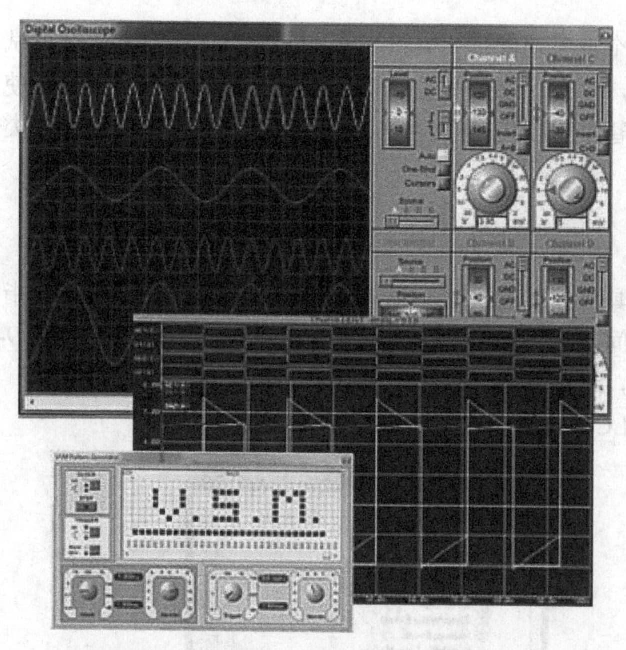

图 9-3　Proteus VSM 中的虚拟仪器

除了一般软件调试器可以在软件代码中设置断点（breakpoint）以外，Proteus VSM 还可以在原理图中设置断点。这样一个硬件事件也可以作为触发断点的条件来使用。如果在调试中发现某些硬件问题，那么使用硬件断点中断程序代码的运行，可以让程序代码停止在硬件事件刚刚发生的时候，这极大地方便了软硬件协同调试的难度。如图 9-4 所示，如果一个乱码出现在 LCD 显示屏上，那么在某个信号上设置一个硬件断点可能是一个寻找问题的好的开始。

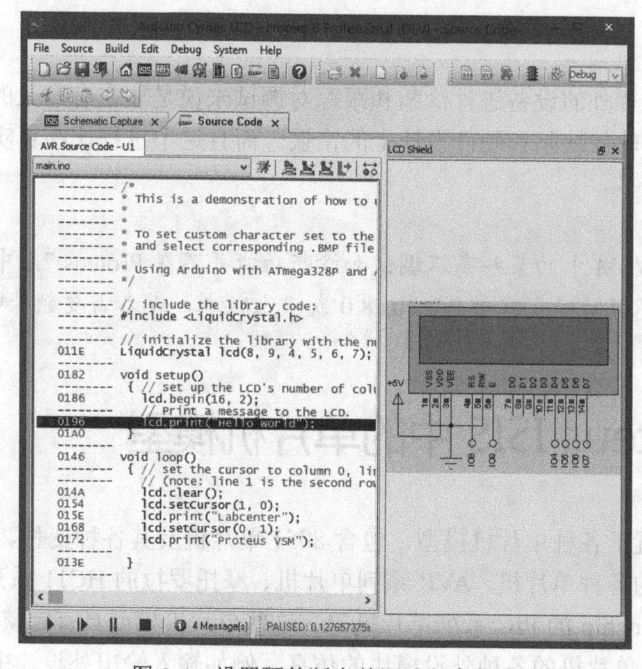

图 9-4　设置硬件断点并调试程序代码

调试中的另一个重要功能是观察点（watchpoint）。观察点运行调试器监视寄存器、内存变量等的值变化，当被观察的变量或者寄存器取某个特殊的值或者使某个逻辑表达式为真时，调试器可以暂停程序代码的运行。使用观察点可以方便地调试类似算术溢出之类的错误。

5. 诊断

Proteus VSM 具有复杂的诊断和跟踪功能。这些功能允许设计者指定某些元件或者处理器外设在任何时间接收关于活动和系统交互的详细文本报告，如图 9-5 所示。除了诊断和跟踪片内设备外，设计者还可以指定单片机的外设（如 SPI 控制器）或者片外的某个设备（如内存芯片、LCD 显示模块等）进行诊断和跟踪。

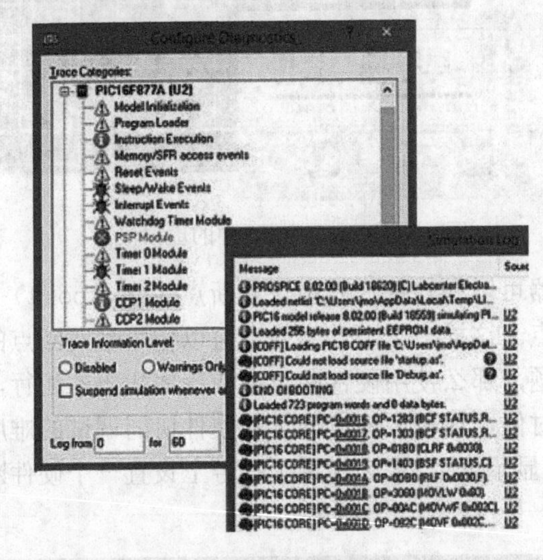

图 9-5　Proteus VSM 对 PIC 单片机进行诊断

同时对片内和片外的设备进行诊断和跟踪对调试来说是非常有意义的功能，这将帮助设计者定位和修复软件缺陷和硬件设计上的错误。而且这个过程比在真实的物理原型上进行要快速和廉价得多。

Proteus VSM 中的某些高级调试和诊断功能并不在 Proteus 7.2 中提供，如果要使用这些高级功能，需要 Proteus 8.0 或以上版本，或者需要额外购买。

9.2 Proteus ISIS 中的单片机模型

Proteus 中内置了各种单片机模型，包含 8051 单片机及其各种变种、8086 微处理器、基于 ARM7 内核的各种单片机、AVR 系列单片机、摩托罗拉的 HC11 系列、TI 的 MSP430 系列单片机、Microchip 的 PIC 系列单片机等。这些单片机模型具有完整的 CPU 内核仿真功能，以及内置于单片机的各种外设模块的仿真，例如输入输出外设、中断控制器外设、用于同步串行通信的 I2C/SPI 控制器外设等。

在 Proteus VSM 中，所有的仿真模型都是以动态链接库的形式提供的。例如 MCS8051 单片机的仿真模型就由 MCS8051.DLL 提供。

1. MCS8051 单片机模型

单片微型计算机简称为单片机，又称为微型控制器，是微型计算机的一个重要分支。单片机是 20 世纪 70 年代中期发展起来的一种超大规模集成电路芯片，是将 CPU、RAM、ROM、I/O 接口和中断系统集成于同一芯片上的元件。MCS8051 是一种 8 位的单芯片微控制器，属于 MCS-51 单芯片的一种，由 Intel 公司于 1981 年制造。Intel 公司将 MCS8051 的核心技术授权给很多其他公司，所以有很多公司在做以 MCS8051 为核心的单片机，如 Atmel、飞利浦、深联华等公司，相继开发了功能更多、更强大的兼容产品。

MCS8051.DLL 提供了标准 80C51 和 80C52 单片机及其各种变种的仿真支持。将来也可能添加对其他 51 系列单片机的支持。MCS8051 系列单片机仿真模型的属性如表 9-1 所示。

表 9-1　MCS8051 模型属性

属　性	默 认 值	描　述
PROGRAM	无	这个属性指明了在仿真时要加载到仿真模型中的一个或多个程序文件。程序文件可以是 Intel HEX 格式，也可能是 OMF51 目标文件格式。如果需要指明有多个文件需要加载，那么用逗号分隔多个文件名
CLOCK	12MHz	该属性指明仿真目标处理器运行的频率。因为效率的原因，时钟电路并没有被仿真，仿真时的处理器运行频率仅由这个属性值指出
DBG_FETCH	FALSE	如果这个属性设置为真，在仿真时模型将会从外部存储器取指令运行。这样取指会导致外部总线操作，而这些操作都需要进行仿真。所以会导致处理器运行异常缓慢，但这也是一种测试外部程序存储器的方式
DATARAM	无	该属性支持内存映射中对应外部数据存储器的位置。如果要使用外部数据存储器，那么必须指明该位置，这会加速仿真的运行
CODERAM	无	该属性指明内存映射中对应外部程序存储器的位置（如果是冯·诺依曼结构的单片机，那么该属性也是数据存储器的位置）

MCS8051 系列单片机在市场上具有最广泛的应用，也有很多厂商提供了各种变种产品。但是其内核都与 MCS8051 或者 MCS8052 兼容，且提供了所有 MCS8051 所具有的外部设备。因此，尽管 MCS8051 单片机种类众多，但是几乎都可以用 MCS8051.DLL 来仿真。

2. AVR 单片机模型

1997 年，由 Atmel 公司挪威设计中心的 Alf-Egil Bogen 与 Vegard Wollan 利用 Atmel 公司的 Flash 新技术共同研发出 RISC 的高速 8 位单片机，简称 AVR。RISC（精简指令系统计算机）是相对于 CISC（复杂指令系统计算机）而言的。RISC 并非只是简单地减少了指令，而是通过使计算机的结构更加简单合理而提高了运算速度。RISC 优先选取使用频率最高的简单指令，避免复杂指令，并固定指令宽度，减少指令格式和寻址方式的种类，从而缩短指令周期，提高运行速度。由于 AVR 采用了 RISC 的结构，使 AVR 系列单片机都具备了 1MIPS/MHz 的高速处理能力。

Proteus VSM 所提供的 AVR 模型可以仿真一系列来自 Atmel 公司的 AVR 单片机，包括 ATTiny、AT90S、ATMEGA 等。

AVR 单片机的一个特点就是其指令集为 C 语言优化，这在 8 位单片机当中是较少见的。即使是只有 2KB 程序存储器的 ATTiny 系列，也可以使用 C 语言进行开发。Proteus VSM 中的 AVR 模型支持 3 种 C 语言编译器：

- Imagecraft and CodeVision C 编译器，使用该编译器时支持 COFF 目标文件格式。
- WINAVR / GNU 编译器，使用该编译器时支持 ELF/DWARF 目标文件格式。
- IAR C 编译器，使用该编译器时支持 UBROF 目标文件格式。

COFF 目标文件格式也是一个支持符号调试的目标文件格式，它也被 AVR Studio 支持。该格式的目标文件以“.COF”作为扩展名。要加载 COFF 格式的目标文件到仿真模型中，也是通过 PROGRAM 属性来声明。例如，在仿真模型中设置 PROGRAM=MYFILE.COF。需要注意的是，COFF 文件格式中包含编译时要引用的 C 语言程序文件的绝对路径。如果将整个工程复制或移动到其他文件夹，那么 COFF 文件需要重新编译生成。

ELF/DWARF 格式是一个由 AVR Studio 和开源的 GNU 工具链共同支持的目标文件格式。如果使用这种目标文件格式，那么 ELF 文件和 DWARF 文件必须和 ISIS 设计文件放置在同一个目录下。在仿真前，将要加载的目标文件通过 PROGRAM 属性指明，例如 PROGRAM=MYFILE.ELF。需要注意的是，Proteus VSM 支持的 DWARF 是 DWARF2 格式，如果该格式不是默认的输出格式，那么需要在编译时通过编译选项强制其生成 DWARF2 格式的文件。

UBROF 格式是 IAR 公司独有的目标文件格式。它也支持通过调试器进行符号调试。这种目标文件格式的文件以“.D90”作为扩展名。AVR 的 UBROF 格式包含完整的符号调试信息，包括源文件的位置、文件名、符号对应的源代码行的位置等信息。要将 UBROF 格式的目标文件加载进仿真模型，需要设置模型的 PROGRAM 属性，例如 PROGRAM=MYFILE.D90。与 COFF 格式类似，UBROF 格式中的符号调试信息包含的是绝对路径信息，因此在将工程文件移动或复制到其他文件夹后，需要重新编译整个工程。

这 3 种支持 AVR 单片机的编译器都得到了广泛的应用。在本章后面的内容中，将以 IAR C for AVR 编译器作为编译器设计 AVR 单片机中的固件程序。

9.3 51 系列单片机系统仿真

本节通过设计实例介绍基于 8051 系列单片机的设计和仿真。在本节中将通过 Proteus 原理图工具绘制仿真原理图，并在 Proteus VSM 中仿真运行，最后介绍 Keil μVision 与 Proteus VSM 进行联合调试的方法。

9.3.1 51 系列单片机基础

MCS8051 系列单片机中 8051 是基本型，包括 8051、8751、8031、8951，这 4 个机种

的区别仅在于片内程序储存器。8051 为 4KB ROM，8751 为 4KB EPROM，8031 片内无程序储存器，8951 为 4KB EEPROM。其他性能结构一样，有片内 128B RAM、2 个 16 位定时器/计数器和 5 个中断源。其中，8031 由于片内无存储器，因而性价比更高，又易于开发，在过去应用广泛。但是 8031 系列需要外扩程序存储器，需要额外的 ROM/Flash 芯片存储程序。在 20 世纪 90 年代后，由于集成电路集成度的提高，多家厂商推出了价格便宜的内置 Flash 存储器的 8051 系列单片机，由于其性价比得到了提高，因此 8031 系列逐渐淡出市场。

MCS8051 系列在结构上具有以下特点：

- 8 位 CPU 内核。
- 片内带振荡器，频率范围为 1.2～12MHz。
- 片内带 128B 的数据存储器。
- 片内带 4KB 的程序存储器。
- 程序存储器的寻址空间为 64KB。
- 片外数据存储器的寻址空间为 64KB。
- 128 个用户位寻址空间。
- 21B 的特殊功能寄存器。
- 4 个 8 位的 I/O 并行接口：P0、P1、P2、P3。
- 两个 16 位定时/计数器。
- 具有两个优先级别的 5 个中断源。
- 一个全双工的串行 I/O 接口，可多机通信。
- 111 条指令，包含乘法指令和除法指令。
- 片内采用单总线结构。
- 有较强的位处理能力。
- 采用单一的+5V 电源。

除了 MCS8051 系列之外，还出现了 MCS8052 系列单片机。52 系列是增强型，有 8032、8052、8752、8952 等类型。例如，MCS8052 的 ROM 为 8KB，RAM 为 256B，片内 RAM 资源和 ROM 资源都比 MCS8051 多了一倍。此外，MCS8052 比 MCS8051 多了一个定时器/计数器，增加了一个中断源。

MCS8051 系列单片机的一个特点是具有位操作指令。位操作指令将其他指令集修改某个内存或寄存器位时需要进行的“读—修改—写”操作简化为一个位操作。这在 MCS8051 刚出现的时代是一个较大的进步，因为它不仅提高了位操作的速度，而且在这个特性的帮助下，能够将代码减少 30%左右。这在存储器价格昂贵的时代是一个能够较好地提高性价比的特性。MCS8051 的另一个特点是将内部的寄存器分为 4 个组（bank），这个特点使 MCS8051 在进行终端服务时可以不必保存当前的寄存器，而只是切换寄存器组即可。而切换寄存器组的操作仅需要一条指令，这使得中断可以得到快速响应。

MCS8051 单片机内部结构如图 9-6 所示。在开始为以 MCS8051 为基础的电子设计进行编程之前，首先对其内存体系结构、内部外部存储器、指令集等进行介绍。

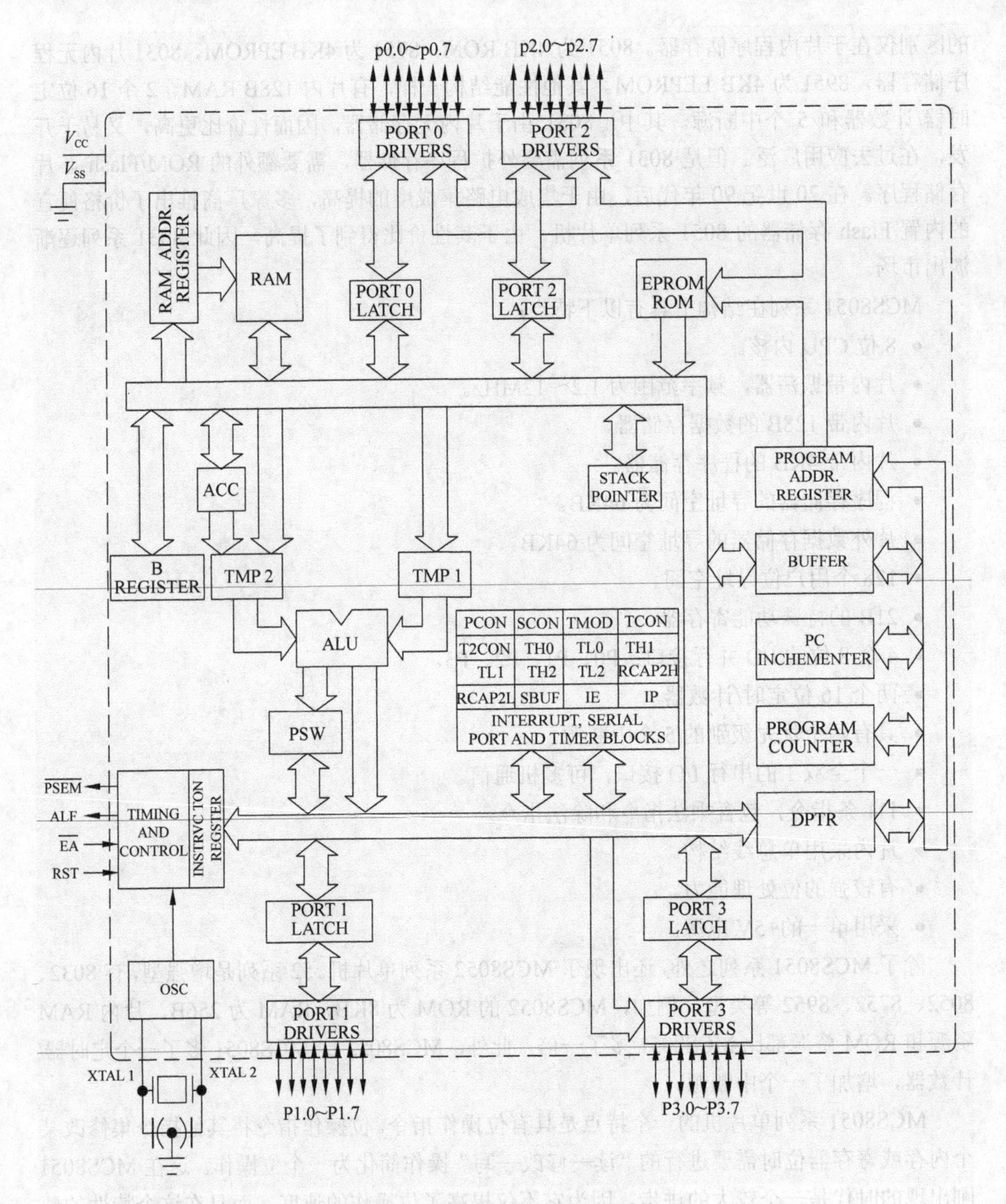

图 9-6　MCS8051 单片机内部结构

1. 内存体系结构

MCS8051 系列体系结构中包含 4 种类型的存储器，分别是内部 RAM（IRAM）、特殊功能寄存器（SFR）、程序存储器（PMEM）和外部数据存储器（XRAM）。MCS8051 从内存结构上来看是一种严格的哈佛结构的处理器，它只能够从 PMEM 中获取指令，且不能向 PMEM 中写入数据，也就是说 PMEM 是只读的。由于这个原因，几乎所有的 MCS8051 单片机都不能从外部下载程序到 PMEM 并从中开始执行。因此，这种结构的处理器可以杜绝大部分形式的恶意代码入侵。但是这种标准的 MCS8051 单片机也具有编程困难的缺点。要对内部的程序 ROM 进行编程，需要特殊的编程器，甚至要将芯片从电路板上取下来拿到编程器上去编程。这在很大程度上增加了开发者的负担。

某些 MCS8051 单片机具有一种特殊的映射结构，使得其在使用时像是冯·诺依曼结构。其做法是：将 ROM 和 RAM 挂在同一条总线上，彼此共享数据、地址以及读写信号。这样 MCS8051 的内核将无法区分 ROM 和 RAM，从而将 PMEM 当作 XRAM 进行写操作。这种结构使得在单片机上实现启动加载器成为可能，因为 CPU 内核可以向程序存储器写入，于是配合一个串口工具就可以对单片机进行程序下载和调试。

从结构上看，MCS8051 单片机是严格的哈佛结构，但是其也具有一些冯·诺依曼结构的特点。对此可以在进行针对 MCS8051 单片机的编程中体会。

请大家思考并查找资料以了解严格哈佛结构的 MCS8051 如何实现在系统编程（ISP）。

2. 内部 RAM

MCS8051 的内部存储器（IRAM）具有 8 位的地址总线宽度，因此其内部数据存储器最大只有 256B，其寻址空间为 0x00～0xFF。其中 0x00～0x7F 的空间是可以直接访问的，而 0x80～0xFF 的 IRAM 空间只能间接访问。方法是将地址装载进寄存器 R0 或 R1，然后用@R0 或@R1 的语法进行访问。这主要是因为早期的 MCS8051 单片机只有 128B 的 IRAM，而 MCS8052 单片机具有全部的 256B IRAM。在设计指令集的时候为了让指令更加精简，将直接访问内存指令中的地址限制为 7b。

IRAM 中的 0x00～0x1F 共 32B 被映射到了 8 个通用寄存器 R0～R7。而这 8 个通用寄存器在 4 个组中都存在，因此共占用 32B。当访问 R0～R7 时，具体访问的是哪个组中的寄存器要由程序状态字（PSW）寄存器中的两位状态来决定。此外，在 0x20～0x2F 之间的 16B（共 128b）是可以按位访问的。这样的设计提高了程序代码的密度，节约了内存，因为一个逻辑变量可以方便且高效地用一位而不是一个字节来表示。同时，位操作将“读—修改—写”合并为一个操作也使程序运行得更加快速。

3. 特殊功能寄存器

MCS8051 系列单片机具有 16 个特殊功能寄存器（SFR）。这些特殊功能寄存器虽然和 IRAM 位于同一个地址空间，地址区间在 0x80～0xFF，但采用完全不同的访问方式。因此虽然两者地址空间重叠，但它们是完全独立的存储空间。需要注意的是，特殊功能寄存器使用直接地址访问，而不需要像位于同样地址范围内的 IRAM 一样使用@R1 或@R2 的方法间接访问。这 16 个特殊功能寄存器都可以按位访问。

例如，将地址 80H 的特殊功能寄存器内容转存到累加器 A 中，使用下面的指令：

```
MOV  R0, #80H
MOV  A,  R0
```

而访问同样地址空间的 IRAM，要使用间接寻址，使用如下的指令完成：

```
MOV  R0, #80H
MOVX A, #R0
```

MCS8051 单片机的特殊功能寄存器如表 9-2 所示。可见，并不是所有的地址都有意义。这些特殊功能寄存器与内核中的某些特殊寄存器以及 MCS8051 的外设有关。MCS8051 中的程序是通过特殊功能寄存器访问外设的，例如访问定时器、串口等。对于表 9-2 中没有定义的那些地址，读操作将返回不可预料的值，而写操作将没有任何效果。

表 9-2　特殊功能寄存器

地址	7	6	5	4	3	2	1	0
F8H								
F0H								B
E8H								
E0H								ACC
D8H								
D0H								PSW
C8H			TH2	TL2	RCAP2H	RCAP2L		T2CON
C0H								
B8H								IP
B0H								P3
A8H								IE
A0H							SBUF	SCON
98H								P1
90H								
88H			TH1	TH0	TL1	TL0	TMOD	TCON
80H	PCON				DPH	DPL	SP	P0

某些特殊功能寄存器是和 8051 内核有关的寄存器，它们与程序的运行密切相关，需要注意。

- A 寄存器。又称为累加器（accumulator，简称 ACC 或 A），是在 8051 内核中应用最为广泛的寄存器。
- B 寄存器。主要用于在乘法中暂存计算结果的高位字节，而计算结果的低位字节则存入 A 寄存器。在除法运算中，运算结果的商存入 A 寄存器，余数则存入 B 寄存器。在其他时候，B 寄存器可以作为普通寄存器使用。
- PSW 寄存器。程序状态字（Program Status Word）寄存器。它记录 CPU 内核运行的状态。其中除了 P 位由内核设置外，其他的 7 位都可以由程序设置。程序状态字中的各个标志位功能见表 9-3。

表 9-3　PSW 中各标志位说明

位	位　置	名　称	功　能
CY	7	进位标志	加减法运算时的进位借位标志
AC	6	辅助进位标志	第三位到第四位的进位，用于 BCD 运算时的进位调整

续表

位	位　置	名　称	功　能
F0	5	用户标志位	
RS1	4	寄存器组选择位	RS1 与 RS0 一起用于选择寄存器组（Bank0～3）
RS0	3	寄存器组选择位	RS1 与 RS0 一起用于选择寄存器组（Bank0～3）
OV	2	溢出标志位	OV=1 代表溢出
-	1		保留，未使用
P	0	奇偶校验位	P=0 代表 A 寄存器中含有偶数个 1 P=1 代表 A 寄存器中含有奇数个 1

- SP 寄存器。堆栈指针（Stack Pointer）寄存器。它指示堆栈的顶部的位置。在上电复位后，它的默认值是 07H。通常为了避免堆栈区域与通用寄存器区域重叠，一般在程序开始后首先设置其值为 IRAM 中的通用区域，以避开 32 个通用寄存器。
- DPTR 寄存器。数据指针（Data Pointer）寄存器是 16 位寄存器。由于 MCS8051 是 8 位单片机，它每次只能读写 8 位数据。因此对 DPTR 寄存器的读写都只能分两次进行。DHH 为 DPTR 的高位字节，DPL 为 DPTR 的低位字节。在不用作数据指针时，它也可以作为两个 8 位的一般寄存器使用。DPTR 主要用于访问 XRAM 中的内容。如前所述，MCS8051 具有 64KB 地址空间的外部寻址能力。且 XRAM 的内容只能通过间接寻址访问。这时，间接寻址时的地址信息就由 DPTR 中的内容决定。因此在访问 XRAM 时，首先要设置 DPTR 的内容（分两次，分别设置 DPH 和 DPL）。
- PC 寄存器。又称为程序计数器（Program Counter），保存下一条指令的地址，每次取指后自动加一。由于 MCS8051 最大寻址空间是 64KB，因此 PC 寄存器也是 16 位寄存器。

MCS8051 单片机内核中只有 DPTR 与 PC 是 16 位寄存器，这是因为它们都与寻址有关，而 MCS8051 的寻址空间是 64KB。

4. 程序存储器

MCS8051 中的程序存储器（PMEM）是具有最大 64KB 的寻址空间的只读存储器。它与数据存储器位于不同的地址空间范围内，因此位于地址 0x00 的 PMEM 内容与位于地址 0x00 的 IRAM 是不同的存储空间。程序存储器可以在芯片内部，也可以在芯片外部。虽然程序存储器是只读的，但是其在某种意义上也是可写的。程序存储器与数据存储器不同的是不可以随机写入。用 ROM 实现的程序存储器可以一次写入、多次读取，而 Flash 实现的程序存储器是多次写入、多次读取。

程序存储器中除了可以存储程序代码外，还可以保存一部分常数，这是因为常数在整个程序执行过程中是不变的。而在运行时，对常数的读取一般是用相对于当前程序指针的相对寻址来实现的。

5. 外部数据存储器

外部数据存储器（XRAM）是另一个地址空间，因此它也从 0 开始。由于它的最大地址范围是 64KB，因此地址线的宽度是 16 位。这个地址空间可以用来在 MCS8051 芯片外扩展其他以内存映射方式访问的外部设备，包括 ROM、RAM、Flash、网络接口芯片等。对于外部数据存储器空间只能通过 MOVX 指令访问。由于外部地址数据存储器的地址空间是 16 位的，因此对于前 256B 可以通过 MOVX A, @R0 和 MOVX @R1, A 的形式访问。这是因为 R0、R1 都是 8 位寄存器。而对于超过 256B 以外的地址空间，则需要通过 MOVX A, @DPTR 和 MOVX @DPTR, A 的形式访问。DPTR 是 MCS8051 中专门用来存储外部数据存储器地址的寄存器，也因此它是 MCS8051 中仅有的 16 位通用寄存器。

6. 指令集

MCS8051 单片机内核具有 100 多条指令。而一个指令通常有几个组成部分，其中最重要的一个是操作码（opcode），操作码后跟着一个或多个操作数（operand），或者没有操作数。操作码是表示该指令进行什么操作的。在处理器分析指令时，要根据操作码来确定每个指令要执行什么动作，它带有几个操作数，以及要对操作数做什么。操作数可以是操作数本身、一个寄存器、一个内存地址或者一个 I/O 端口。

在使用 MCS8051 指令进行汇编语言编程时，通常每一个有效的代码行都具有下面的形式：

label:　opcode　operand　;注释以分号开头

例如：

```
NEXT:   MOV A, #023H    ;立即数 023H 送累加器 A
```

- 标号前不可以有空白，否则会被汇编器当作操作码。标号代表当前代码行的指令在运行时要加载到的实际地址。不是每一行代码都需要标号，当该行所在的地址需要被其他代码行引用的时候才需要标号。
- 操作码必须是 MCS8051 的指令助记名或者编译器所支持的伪指令名。操作码不区分大小写。但是要注意，操作码与标号之间必须有空格。
- 如果有多个操作数，则它们之间必须用逗号（,）分隔。根据操作码的不同，有些指令可能没有操作数。
- 注释之前要加上分号（;），它代表注释的开始。汇编器在遇到分号后将忽略后面的字符，而不将其作为指令的一部分处理。一般在使用汇编语言编程时，由于汇编语言程序难于书写与阅读，为了提高可读性和可维护性，应尽可能在程序中多添加有意义的注释。

MCS8051 的指令的寻址模式可以分为以下几类：

- 寄存器寻址（register addressing）。
- 直接寻址（direct addressing）。
- 间接寻址（indirect addressing）。
- 立即数寻址（immediate constant addressing）。
- 相对寻址（relative addressing）。

- 绝对寻址（absolute addressing）。
- 长寻址（long addressing）。
- 索引寻址（indexed addressing）。

指令可以分为以下几类：

- 算术指令（arithmetic operation instruction）。
- 分支指令（program branching instruction）。
- 数据传输指令（data transfer instruction）。
- 逻辑指令（logical operation instruction）。
- 位操作指令（boolean variable instruction）。

对 MCS51 单片机的指令集合本书不做介绍，请读者自行参考 *8051 Microcontroller Instruction Set*。关于 MCS8051 单片机更详细的信息请自行参考 MCS8051 单片机的编程手册。

7. 最小系统

本节将建立一个基于 MCS51 单片机的最小系统，并以此最小系统开始学习 MCS8051 单片机的编程和仿真。单片机是将处理器内核、程序存储器、随机存储器、I/O 端口、中断控制器等外设集成到一个硅片上的电子元件。因此，一个单片机芯片就几乎构成了单片机的最小系统，只需要添加一些辅助的阻容元件即可运行。

MCS8051 系列单片机均为 Intel 公司开发，且早已停产。目前广泛使用的 51 系列单片机均由 Atmel 公司、NXP 公司以及 STC 公司生产。这些公司生产的 MCS8051 兼容单片机都具有的一个特点，就是片内集成了较大容量的程序 Flash 以及随机存储器。例如，Atmel 公司出品的 AT89C51AC3 单片机具有 64KB 片内 Flash。

本节选择 Atmel 公司的 AT89C51 作为主要元件，其在 Proteus 中的原理图符号如图 9-7（a）所示。AT89C51 是一种带 4KB Flash 存储器的低电压、高性能 CMOS 8 位微处理器。该单片机的可擦除只读存储器可以反复擦除 1000 次。该元件采用 Atmel 高密度非易失存储器制造技术制造，与工业标准的 MCS51 指令集兼容。由于将多功能 8 位 CPU 和闪速存储器组合在单个芯片中，Atmel 的 AT89C51 是一种高效微控制器。AT89C51 单片机为很多嵌入式控制系统提供了一种灵活性高且廉价的方案。它是具有 40 个引脚的双列直插封装元件，其封装形式为 DIP40，其引脚与 MCS8051 完全兼容，AT89C51 的引脚排列如图 9-7（b）所示。

从图中可以看出，该单片机具有 4 个 I/O 控制器，分别是 P0、P1、P2 和 P3，每个控制器具有 8 个 I/O 端口。其中 P1 为标准 I/O 端口，而其他的 3 个 I/O 控制器均为功能复用的多功能端口。每个 I/O 引脚可以配置为供 I/O 使用，也可以作为其他功能外设的引脚。其中 P2 端口的 8 个引脚除了用于 I/O 之外，还可以作为外部总线的高八位地址使用。P0 端口的 8 个引脚除了作为 I/O 之外，还可以作为低 8 位地址和数据复用引脚。而 P3 的 8 个引脚则和串行端口、外部中断、定时器有关。其中，P3.6 还可以作为总线写信号，P3.7

还可以作为总线读信号。大部分情况下，一个单片机的 I/O 端口不会全部被使用，因此复用的端口节约了单片机的引脚数量，提高了 I/O 端口的使用效率。

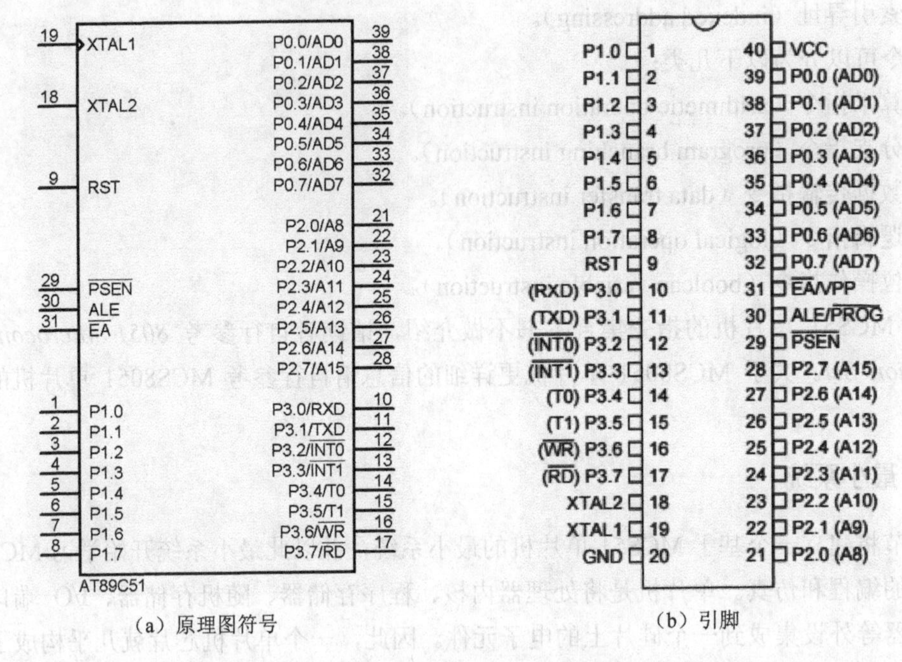

（a）原理图符号　　（b）引脚

图 9-7　Proteus 中 AT89C51 的原理图符号和引脚

除了 I/O 端口外，MCS8051 还有一些特殊的控制信号，包括 ALE、PSEN、RD、WR、EA 信号。这些信号与 MCS8051 访问外部存储器操作密切相关。当 MCS8051 单片机系统不使用外部总线操作时，这些信号可以忽略或者接固定电平，但是不可以作为 I/O 端口使用。

ALE 引脚是地址锁存允许（Address Latch Enable）信号。当使用外部存储器时，P0 端口分时输出低位数据和低位地址信号。当 P0 输出地址信号后，ALE 引脚有效，指示外部电路将该低位地址锁存。因此，在外接存储器时，需要一个锁存器电路来接收低 8 位地址。通常使用元件 74LS373 来实现这个功能。在没有进行外部总线操作时，ALE 输出单片机外部输入的时钟频率 1/6 的时钟信号。而当进行外部总线操作时，这个方波信号会暂停一些时钟周期。如果不需要 ALE 引脚输出这个时钟信号，可以通过地址为 8EH 的 SFR 寄存器的 bit0 写 1 来禁止时钟输出。这样，ALE 信号仅在 MOVX 或者 MOVC 指令执行时才会有效。

PSEN 是外部程序存储器允许（Program Store Enable）信号，它作为区分读取数据存储器和程序存储器的信号来使用。这也是 MCS8051 系列单片机采用了哈佛结构的象征。当单片机执行外部程序存储器内的代码时，PSEN 信号在每个机器周期内有效两次。PSEN 信号在单片机访问外部数据存储器时无效。

RD 和 WR 信号是外部总线读写信号，用来区分对外部存储器的读操作和写操作。

EA 信号是外部访问允许（External Access Enable）信号。如果 MCS8051 要执行外部

程序存储器中的代码，即从外部存储器中取指令，则 EA 必须接地。

ALE、PSEN、RD、WR、EA 信号均为低电平有效信号。

在不使用外部存储器的时候，MCS8051 系列单片机的最小系统可以很简单。例如，图 9-8 所示的系统只有 XTAL1、XTAL2 以及 RST 引脚需要连接外部元件。其中 XTAL1 和 XTAL2 引脚连接外部振荡器，为片内提供时钟信号。XTAL1 为片内振荡电路的输入端，XTAL2 为片内振荡电路的输出端。MCS8051 还有另外一种外部时钟方式，就是将 XTAL1 接地，而由外部时钟信号直接输入 XTAL2 引脚。RST 引脚为复位信号输入端，注意，它是高电平有效。通常使用简单的阻容复位电路即可。因此，一个最小系统可以如图 9-8 所示的那样简单，而且该最小系统可以完成上电复位，程序运行等功能。

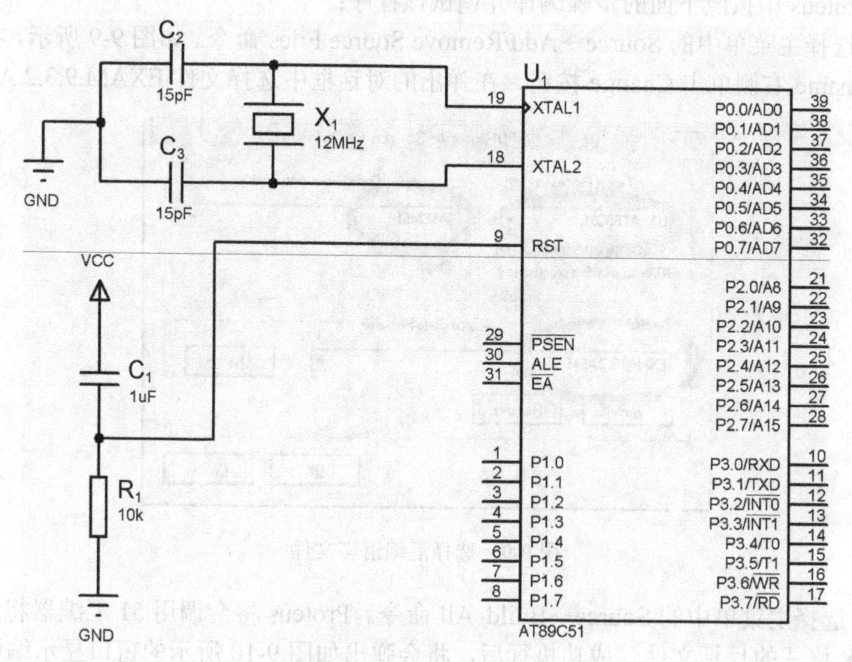

图 9-8　AT89C51 最小系统

9.3.2　在 Proteus 中进行源程序设计与编译

本节在这个最小系统上学习 Proteus VSM 中的单片机仿真调试。首先在 Proteus ISIS 中建立如图 9-8 所示的 AT89C51 最小系统。其中元件 X_1 为振荡晶体，其在 Proteus ISIS 中的元件名为 XTAL，C_2 和 C_3 的容值为 15pF，C_1 的容值为 1μF，R_1 的阻值为 10kΩ。

首先在记事本中输入如下的源程序，

```
ORG 0H
MAIN:   MOV   A, #10      ;加载立即数#10 到累加器 A
        MOV   R0, #5      ;加载立即数#5 到寄存器 R0
```

```
        ADD   A, R0        ;寄存器相加，结果保存在累加器 A 中
        JMP   MAIN         ;跳转到 MAIN，MAIN 为标号，在此程序中其代表的地址为#0H
END
```

将其命名为 EXAM9.3.2.ASM，并保存在与该设计相同的目录下。

此后所有的源文件都保存在与 Proteus ISIS 设计文件相同的目录下，这是为了方便，也是为了减少由于目录和路径带来的问题。

由于本节内容只是为了让读者掌握 Proteus、Keil 以及 Proteus 与 Keil 联合调试的方法与技巧，因此，本节中仅使用基于 AT89C51 的最小系统以及最简单的汇编语言程序来做仿真实验。

在 Proteus 中按照下面的步骤编译并调试该程序：

（1）选择主菜单中的 Source→Add/Remove Source Files 命令。如图 9-9 所示，在 Source Code Filename 右侧单击 Change 按钮，在弹出的对话框中选择文件 EXAM.9.3.2.ASM。

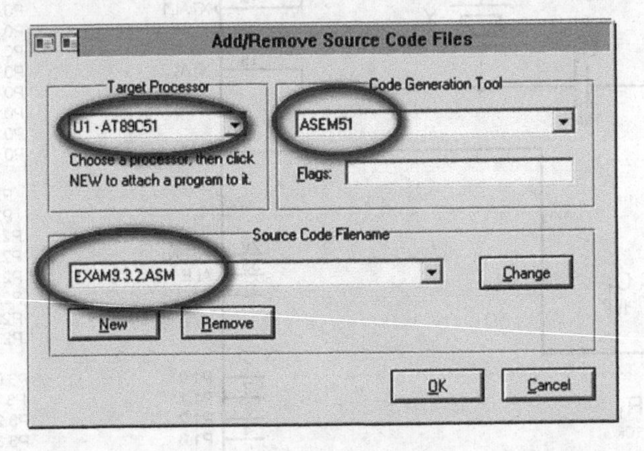

图 9-9　选择汇编语言文件

（2）选择主菜单中的 Source→Build All 命令。Proteus 将会调用 51 汇编器将源文件编译为 HEX 格式的目标文件。成功执行后，将会弹出如图 9-10 所示的窗口显示编译日志。

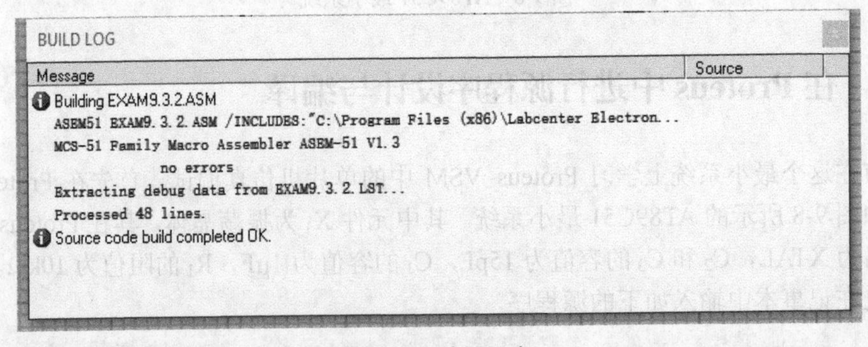

图 9-10　编译日志

（3）双击原理图中的 U1 元件，打开如图 9-11 所示的元件属性。确认其中 Program File

属性的值为 EXAM9.3.2.HEX。如果不是，则单击其旁边的图标，选择正确的 HEX 文件，如图 9-12 所示。

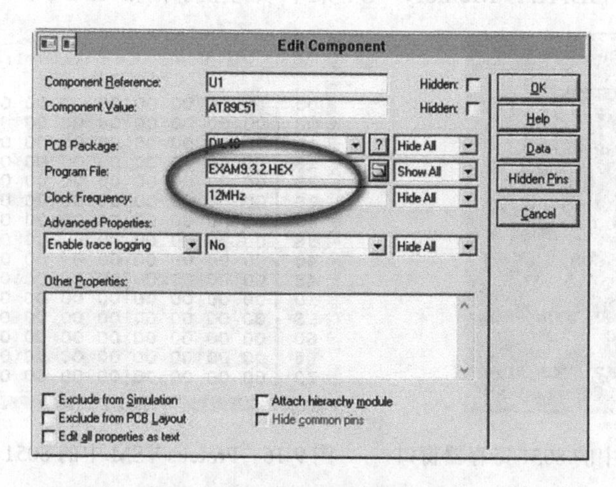

图 9-11　设置 Program File 属性

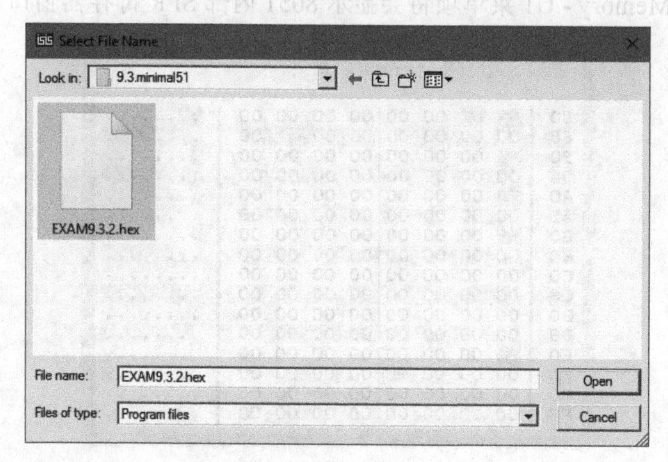

图 9-12　选择 HEX 文件

（4）单击按钮开始仿真，然后单击按钮暂停。

（5）在原理图上的 U1 元件上右击，选择快捷菜单底部的 8051，其中有 4 个命令，如图 9-13 所示。

- 选择 Source Code – U1 菜单项将显示源代码调试窗口，如图 9-14 所示。

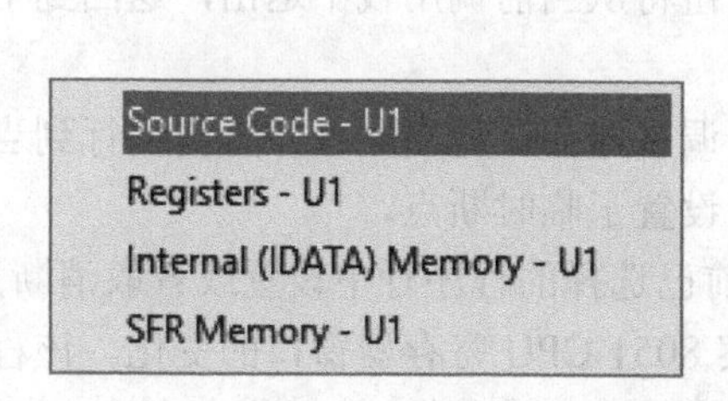

图 9-13　仿真运行时 8051 子菜单中的菜单项

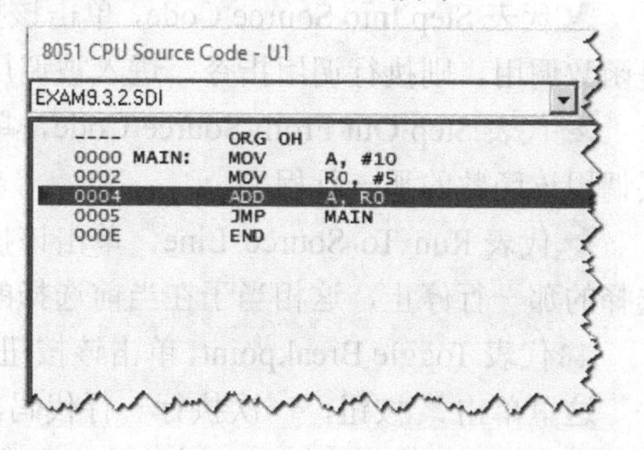

图 9-14　Proteus VSM 中的源代码调试窗口

- 选择 Registers - U1 菜单项将显示 8051 处理器的寄存器窗口，如图 9-15 所示。
- 选择 Internal（IDATA）Memory - U1 菜单项将显示内部 RAM 窗口，如图 9-16 所示。

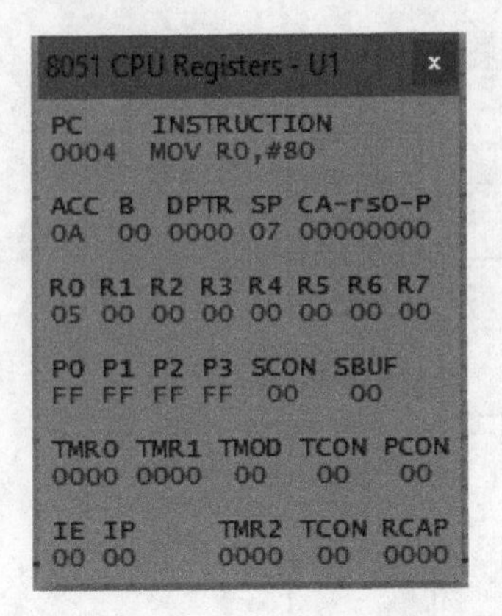

图 9-15　Proteus VSM 中的 8051 寄存器窗口

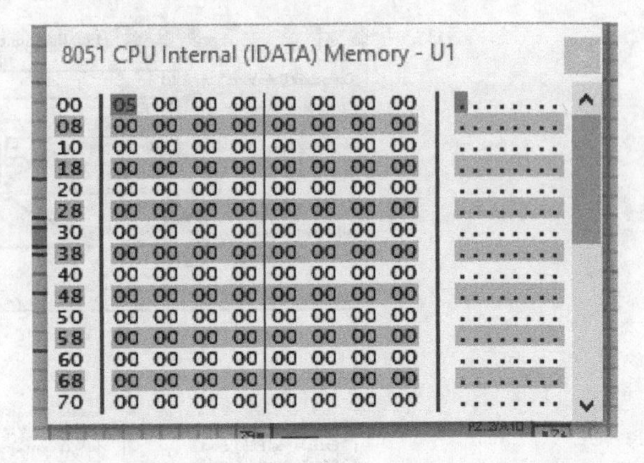

图 9-16　Proteus VSM 中的 8051 CPU 的 IDATA 窗口

- 选择 SFR Memory - U1 菜单项将会显示 8051 内部 SFR 寄存器窗口，如图 9-17 所示。

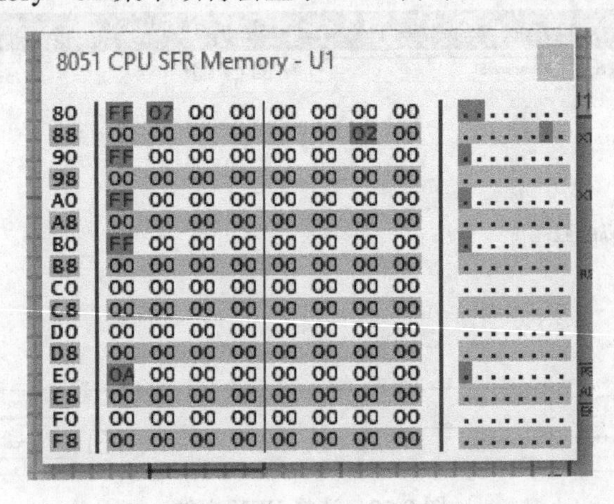

图 9-17　Proteus VSM 中的 8051 CPU 的 SFR 窗口

（6）现在回到图 9-14 的源代码调试窗口。其工具栏中的各功能如下：

代表运行，单击该按钮将继续程序运行。

代表 Step Over Source Code，单击该按钮将单步执行当前行的程序。

代表 Step Into Source Code，单击该按钮将单步执行当前行的程序，如果当前行代码是函数调用，则执行调用指令，进入被调用函数的第一行，并暂停。

代表 Step Out From Source Code，单击该按钮将从当前调用栈中退出，返回到上一层调用该函数的那一行程序。

代表 Run To Source Line，单击该按钮，则调试器会让程序运行，直到运行到当前选择的那一行停止，这相当于在当前选择的程序行设置了临时断点。

代表 Toggle Breakpoint，单击该按钮将在当前已选择的程序行中设置或者取消断点。

这里单击按钮，一次执行一行代码，并观察 8051 CPU 寄存器窗口的变化。该程序将立即数#10 加载到累加器 A 中，将立即数#5 加载到寄存器 R0 中，然后将 A 与 R0 相加，结果存放在累加器 A 中。因此在执行程序的过程中将会看到累加器 A 中的值的变化过程。

经过这个实验可以看到，Proteus VSM 具有和其他开发环境几乎一样的编程调试环境，具有加载程序到单片机、运行、暂停、单步执行、设置断点等功能。这些功能配合它的模拟及数字电路仿真功能，为设计者提供了一个相对完整的虚拟嵌入式系统实验室。

9.3.3　在 Keil μVision 中进行源程序设计与编译

9.3.2 节中的汇编语言程序也可以在 Keil μVision 中编译和调试。在学习 Proteus 与 Keil μVision 联合调试之前，先介绍如何在 Keil μVision 中建立工程。本书选择使用 Keil C51 V9.5 来介绍如何使用 Keil μVision。

Keil C51 是美国 Keil Software 公司开发的 51 系列兼容单片机 C 语言软件开发系统，与汇编语言相比，C 语言在功能、结构性、可读性、可维护性上有明显的优势，因而易学易用。Keil 提供了包括 C 编译器、宏汇编、链接器、库管理和一个功能强大的仿真调试器等在内的完整开发方案，通过一个集成开发环境（μVision）将这些部分组合在一起。其方便易用的集成环境、强大的软件仿真调试工具会使开发设计工作事半功倍。

Keil C51 使用 Keil μVision 4 作为编辑器和集成开发环境。它的主窗口如图 9-18 所示。首先需要使用的是主菜单中的 Project 菜单。按照如下步骤进行 Keil μVision 项目的创建、编译和调试。

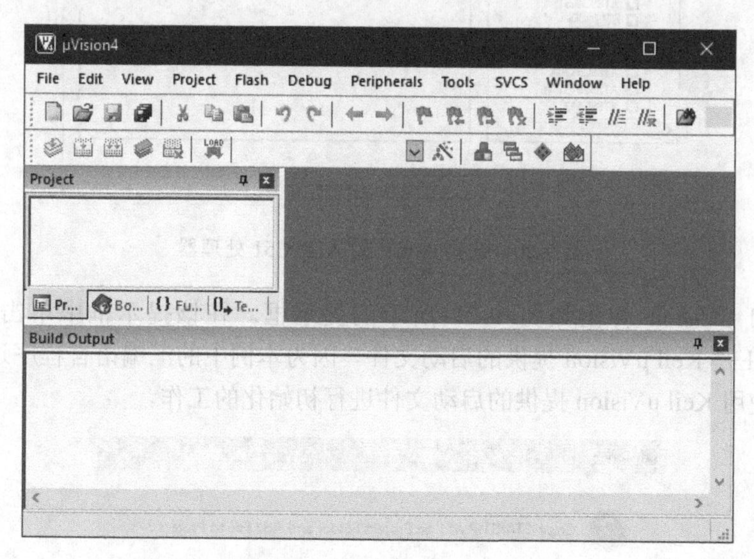

图 9-18　Keil μVision 主窗口

操作步骤

（1）在 Keil μVision 中创建工程。在主菜单中选择 Project→New μVision Project 命令，弹出如图 9-19 所示的对话框。在该对话框中选择项目路径，并在 File Name 栏中填写项目名称。本例中使用 EXAM.9.3.2 作为项目名称，然后单击 Save 按钮保存。

（2）只有 Keil μVision 会弹出如图 9-20 所示的对话框要求选择该项目所使用的单片机型号。本例中选用的是 Atmel 公司的 AT89C51 单片机，然后单击 OK 按钮。

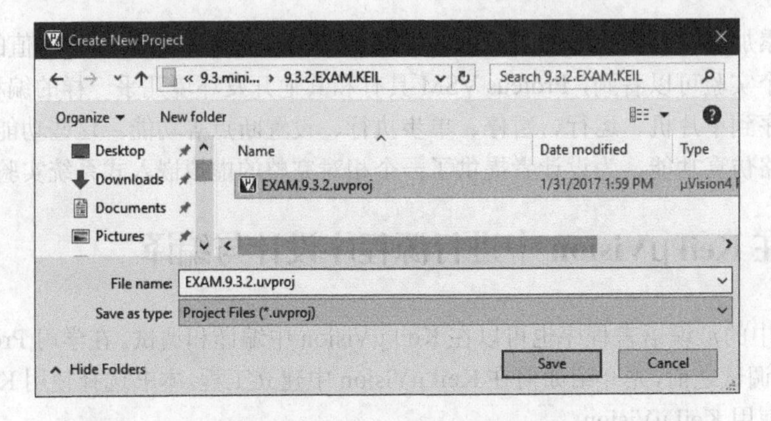

图 9-19　建立 Keil μVision 工程

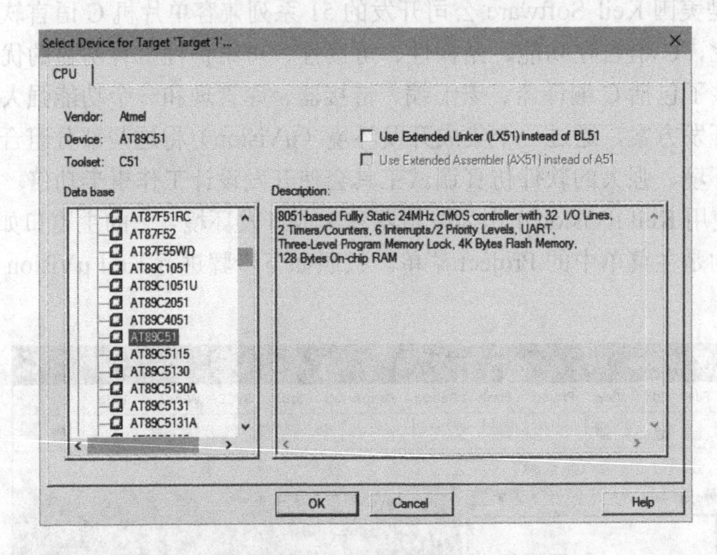

图 9-20　选择 Atmel 的 AT89C51 处理器

（3）Keil μVision 弹出如图 9-21 所示的提示框。在该提示框中单击 No 按钮。STARTUP.A51 是 Keil μVision 提供的启动文件。因为本例中的汇编语言程序过于简单，所以并不需要使用 Keil μVision 提供的启动文件进行初始化的工作。

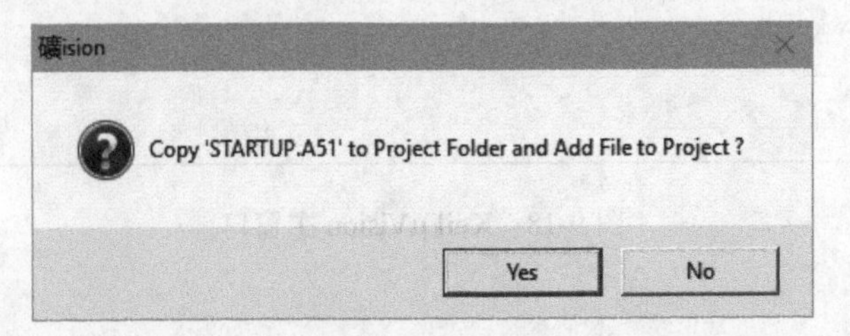

图 9-21　不将 STARTUP.A51 添加到工程中

如果使用 C51 语言编写程序，则推荐将 STARTUP.A51 文件添加到工程中，该文件将为 C 语言程序做必要的初始化工作，包括寄存器和堆栈，为调用 main()函数做好准备，并最终跳转到 main()函数。

（4）到这一步工程文件就创建完毕了，在主窗口的 Project 窗格中可以看到，目前还没有源文件被添加到工程中。因此接下来要创建源文件。在图 9-22 所示的窗格中，双击 Source Group1 将会弹出源文件向导，如图 9-23 所示。在该对话框左侧选择 Asm File(s)，并在 Name 输入框中输入 9.3.2.EXAM 作为文件名，在 Location 输入框中输入工程所在的路径，最后单击 OK 按钮。

图 9-22　Keil μVision 工程窗格

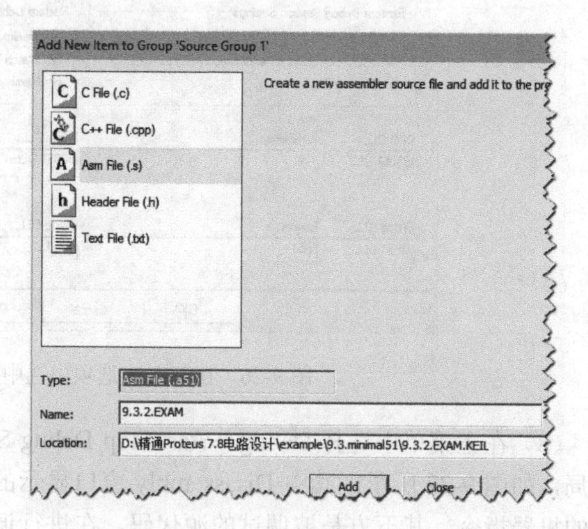

图 9-23　为工程添加源文件

（5）将程序代码输入刚创建的文件中，如图 9-24 所示。可以看到，Keil μVision 的源代码编辑器具有语法高亮的功能，这样可以清晰地区分各个语法单元，以减少输入错误的可能。

（6）选择主菜单中的 Project→Build Target 命令，对工程文件进行编译。Keil μVision 将会在窗口下方的 Build Output 窗口中显示出编译日志，如果源程序有语法错误或者工程设置有不正确的地方，那么编译器就会给出提示，并在编译日志中显示出来。从如图 9-25 所示的编译日志可见，工程编译正确，生成了代码，并给出了编译后的代码所使用的各种存储器的大小。这些代码编译后有 7 个字节长。

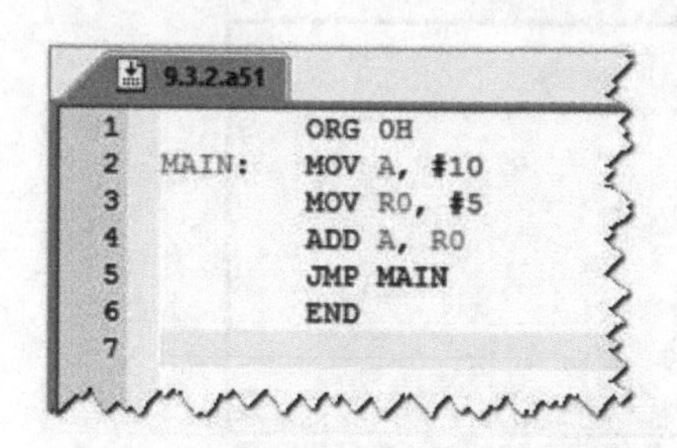

图 9-24　将代码复制到编辑器中

```
Build Output
Build target 'Target 1'
assembling 9.3.2.a51...
linking...
Program Size: data=8.0 xdata=0 code=7
"EXAM.9.3.2" - 0 Error(s), 0 Warning(s).
```

图 9-25　Keil μVision 编译日志

（7）如果需要在 Keil μVision 中调试该程序，首先在 Keil μVision 中设置调试选项。在 Project 窗格中的 Target1 上右击，在弹出的快捷菜单中选择 Option 命令。在弹出的对话框中选择 Debug 标签，确认 Use Simulator 被选中，如图 9-26 所示。然后单击 OK 按钮确认修改。

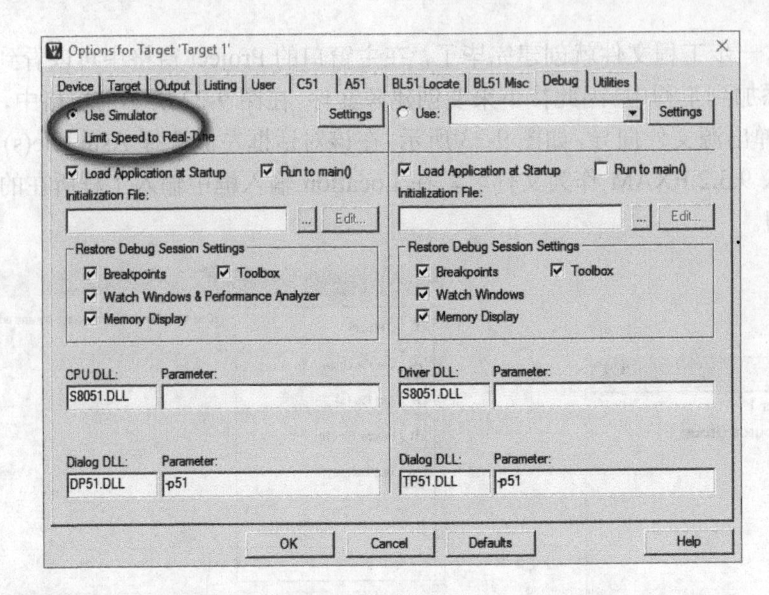

图 9-26　在 Debug 选项中选中 Use Simulator

（8）在主菜单中选择 Debug→Start/Stop Debug Session 命令。Keil μVision 将切换窗口布局，如图 9-27 所示。其中 Disassembly 窗口显示的是从编译生成的目标文件中反汇编得到的机器指令，其下方是被调试的源代码。在进行调试时，反汇编窗口和源代码窗口将同步更新。执行到某一行时，反汇编窗口将同步显示当前源代码对应的汇编语言。Register 窗口显示的是当前被调试的 CPU 中的寄存器。从图中可以看到，当前 PSW 为 0，因此该窗口中的 R_0～R_7 这 8 个寄存器是 Bank0 的寄存器。

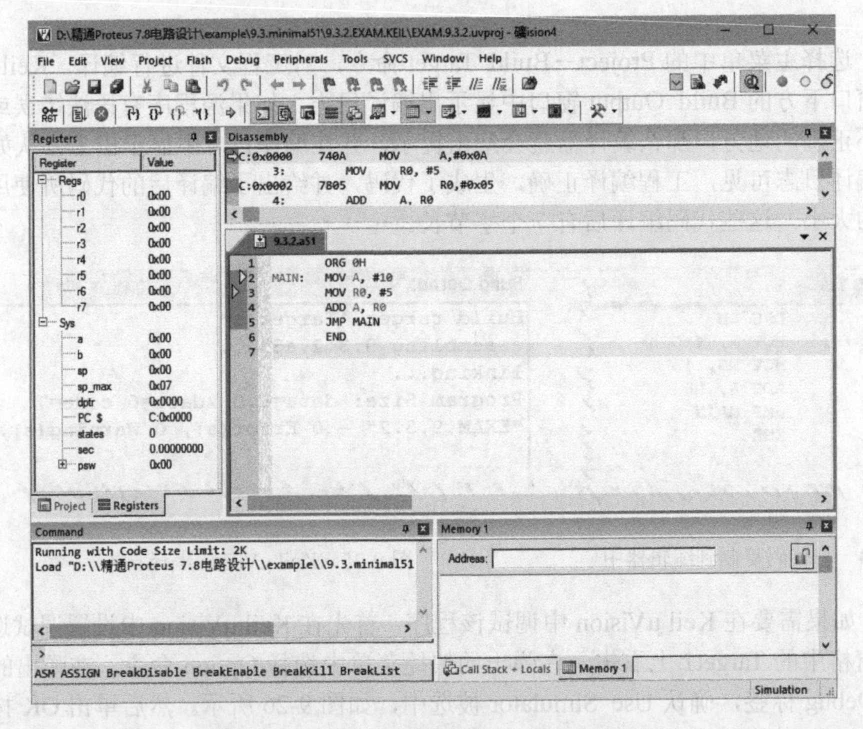

图 9-27　Keil μVision 调试模式时的窗口布局

Keil μVision 对所支持的单片机的外设也具有部分调试功能。但其与 Proteus 相比功能过于简单。它可以以图形化的形式显示 AT89C51 中各外设的状态，包括外设寄存器以及外设所对应的端口。但是这些信息在仿真时是基于对于外设寄存器的状态读取值来确定的，而并不是对外设进行仿真得来的。从这一点来说，Keil μVision 并不能对外设进行仿真。它所仿真的仅仅是 AT89C51 的处理器内核。

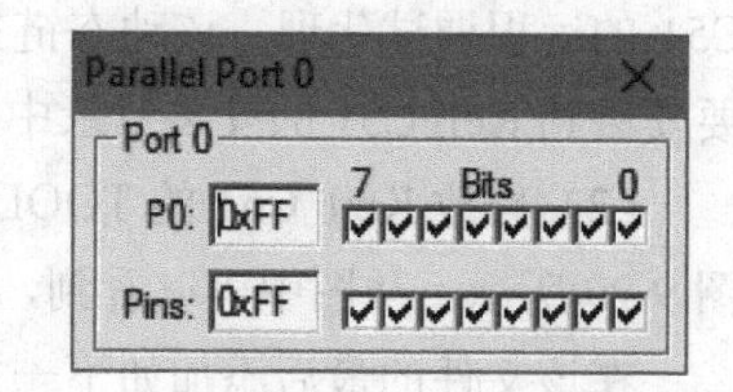

图 9-28 仿真运行时的外设状态窗口

选择 Keil μVision 主菜单的 Peripherals→I/O Ports→Port 0 命令，可以打开 AT89C51 的 I/O 端口外设窗口，如图 9-28 所示。此时端口的状态以图形化的方式呈现在开发者眼前。

此时 Keil μVision 并没有连接调试器或串口电缆，而是以软件仿真的方式在 μVision 自带的模拟器中仿真运行 AT89C51 的程序。

（9）在调试布局下，工具栏中与调试运行有关的按钮有 8 个。其中 RST 代表将仿真器（被调试的处理器）复位，被调试程序将从复位向量处开始取指并执行；▣代表从当前程序指针（PC）所指向的位置开始执行；{}代表单步进入被调用的子程序，如果下一步并不是子程序调用，则直接单步执行；{}代表单步当前的代码行，不论当前的代码调用子程序与否，都执行到下一行代码并暂停。此处单击{}图标进行单步运行，并观察寄存器窗口中寄存器值的变化。

本节介绍了使用 Keil μVision 建立工程、输入代码并进行简单调试的过程。通过与 Proteus 对比，可以看出两者各有长处。Keil μVision 是专门的软件开发工具，虽然它提供了对单片机的仿真功能，但是其仅仅能够仿真单片机的内核，也就是说只能仿真一个单片机最小系统。而 Proteus VSM 则能仿真一个完整的基于单片机的嵌入式电路板上的所有元件，进行数字原型的开发。

9.3.4 Proteus 和 Keil μVision 联合调试

Keil μVision 与 Proteus 各有所长，Keil μVision 擅长调试，并提供了各种工程模板，具有出色的代码编辑功能，这些都是 Proteus 所不具备的。Proteus 具有强大的仿真能力，能够对一个完整的嵌入式设计的片内和片外的各种元件进行仿真。如果将 Proteus 的硬件仿真能力与 Keil μVision 的源代码编写、软件调试功能结合起来，将很大程度上减轻设计者的负担，得到一个相对完美的虚拟嵌入式实验室。幸运的是这是可能的。Proteus 提供了用外部软件对原理图中的微处理器进行调试的接口。本节将介绍如何配置 Proteus 和 Keil μVision 进行联合调试。

为了进行联合调试，首先需要设置 Keil μVision 环境，然后在 Proteus VSM 中设置使用远程调试器。

操作步骤

（1）将 VDM51.DLL 复制到 Keil C51 安装目录的 BIN 目录下（采用默认安装时，该目录是 C:\KEIL\C51\BIN）。VDM51.DLL 是 Proteus 提供的针对 MCS8051 系列单片机和 Keil C51 的远程调试代理。该动态链接库是需要加载进 Keil μVision 被调试器调用的，因此需要安装到 Keil C51 的安装目录中。

（2）修改 Keil C51 的 TOOLS-OLD.INI 文件，注册 VDM51.DLL。TOOLS.INI 文件如图 9-29 所示。从图中可以看到，所有 Keil μVision 支持的调试代理都在该文件中注册。

在该文件的最后添加如下一行内容：

```
TDRV9=BIN\VDM51.DLL ("Proteus VSM 51 In-System Debugger")
```

添加后得到如图 9-30 所示的 TOOLS.INI 文件。

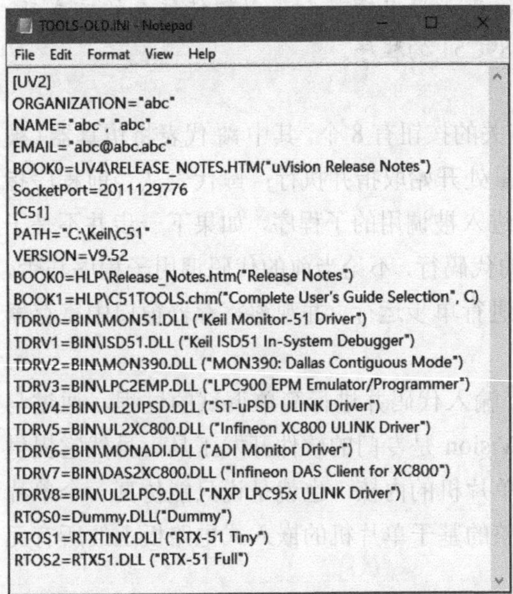

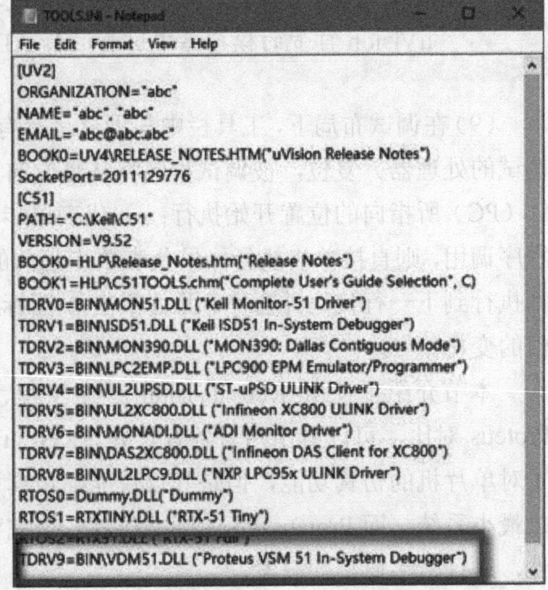

图 9-29 Keil C51 的 TOOLS-OLD.INI 文件（原始文件） 图 9-30 Keil C51 的 TOOLS.INI 文件（修改后的文件）

INI 文件要求每一行都是 NAME=VALUE，要保证每一行中的 NAME 都不同。这里选择 TRV9 可保证这一点，读者也可以自行选择 TRV10 或其他的 TRV *N* 作为 NAME。

（3）关闭 Keil μVision，再重新启动 Keil μVision，加载之前创建的工程。

（4）在 Project 窗格中右击 Target1，在弹出的快捷菜单中选择 Option 命令，弹出如图 9-31 所示的对话框，在其中选择 Debug 标签，得到如图 9-31 所示的窗口。在 Use 下拉列表中选择 Proteus VSM 51 In-System-Debugger。

（5）单击右边的 Settings 按钮，打开如图 9-32 所示的对话框。在对话框中需要设置的是 Host IP 和 Port 这两个属性。其中 Host IP 是指运行 Proteus VSM 的 PC 的 IP 地址。如果

Keil μVision 与 Proteus 不在同一个 PC 上运行，则要将 Host IP 修改为运行 Proteus 的 PC 的 IP 地址。Port 端口默认为 8000，不用修改。单击 OK 按钮结束设置。

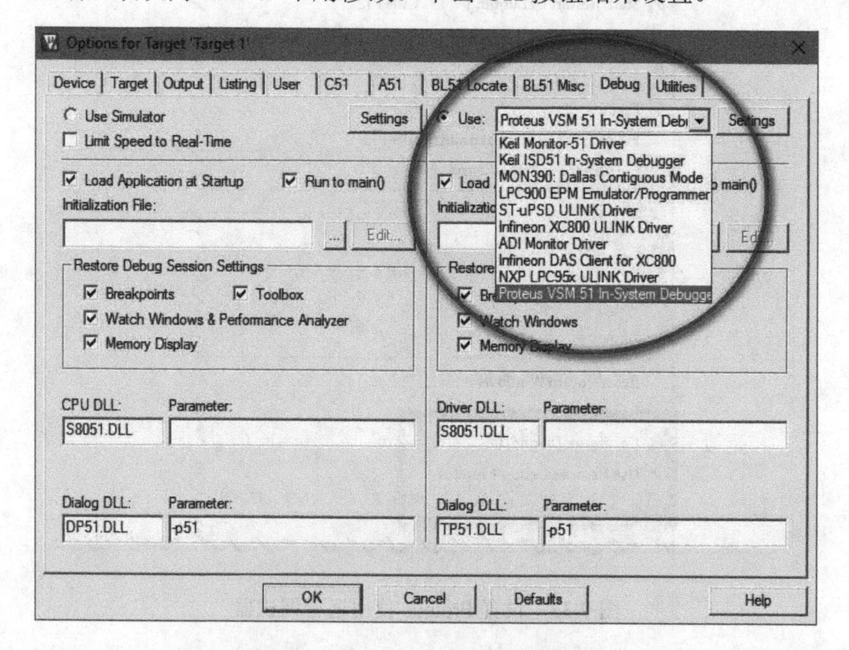

图 9-31　选择 Proteus VSM 调试代理

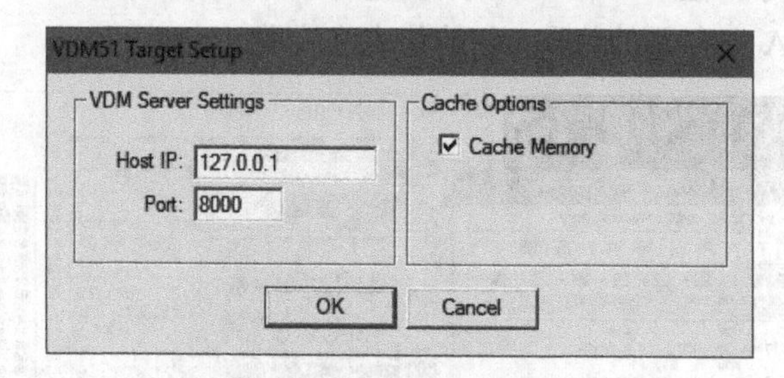

图 9-32　设置 VDM51 调试目标

在 Option for Target 对话框中同样单击 OK 按钮结束设置。

在 Proteus 与 Keil μVision 的联合调试中，Proteus 与 Keil μVision 是客户/服务器（Client/Server）关系。其中 Proteus 是服务器，Keil μVision 是客户端，因此在 Keil μVision 中必须正确地设置服务器端的 IP 地址和端口号。客户端和服务器端的操作系统也必须正确地安装 TCP/IP 协议栈。

（6）回到 Proteus 软件中，选择主菜单中的 Debug→Use Remote Debug Monitor 命令，如图 9-33 所示，确保该子菜单选项被选择。

（7）回到 Keil μVision 中，选择主菜单中的 Debug→Start/Stop Debug Session 命令开始调试。可以看到 Keil μVision 进入调试状态，窗口布局切换到调试模式，如图 9-27 所示。同时 Proteus VSM 也进入到如图 9-14 所示的仿真状态（注意，此时并没有在 Proteus 中通过 ▶ 按钮开始仿真，可见仿真状态是在 Keil μVision 的请求下开始的）。

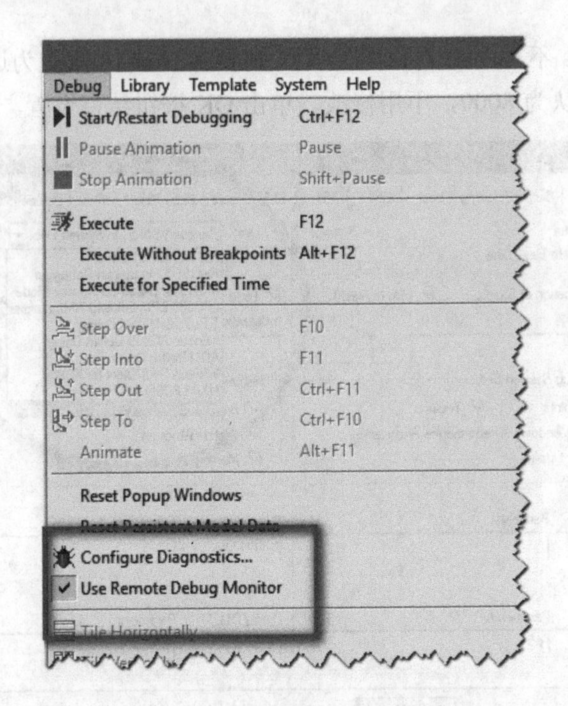

图 9-33　设置 Proteus 使用远程调试器

（8）如图 9-34 所示，在 Keil μVision 单步运行程序，可以发现 Proteus 中的源代码调试窗口也在同步更新，A 寄存器的值和 PC 的值也在变化。

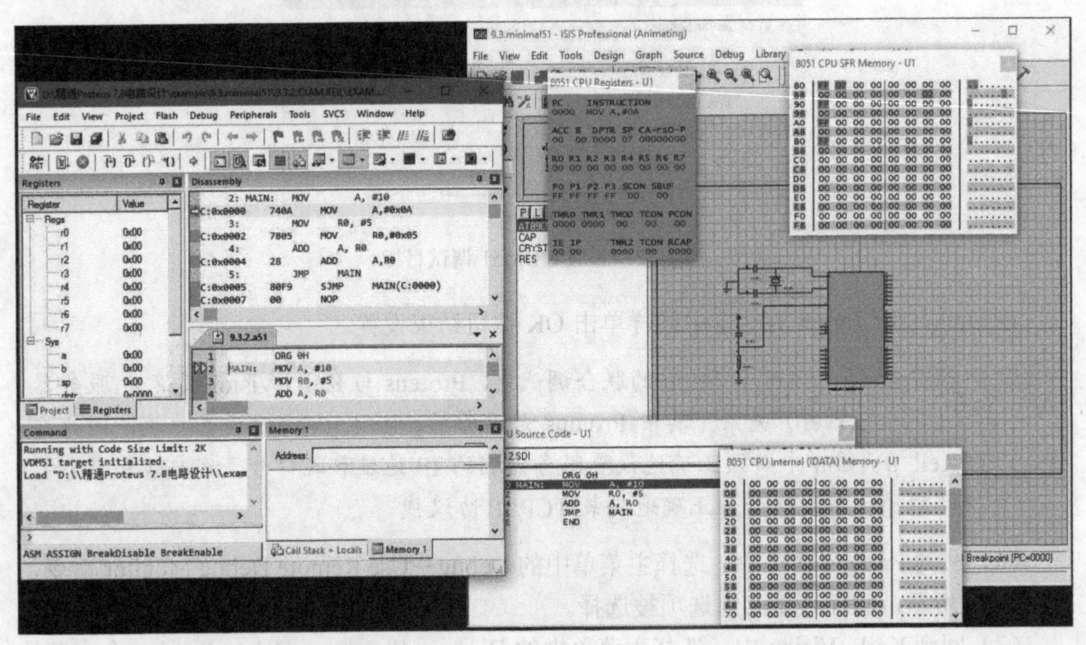

图 9-34　Keil μVision 与 Proteus 联合调试

（9）接下来在 Keil μVision 中结束调试，则 Proteus VSM 也退出仿真状态。

Keil μVision 与 Proteus VSM 的结合使得 Proteus VSM 的软件开发与调试能力得到了提

高。实际上，Proteus VSM 不仅能与 Keil μVision 进行联合调试，还可以与 IAR Workbench 进行联合调试。由于 Proteus VSM 具有内建的符号调试能力，且其支持多种在单片机开发中使用的目标文件格式。因此其还可以与 SDCC、WIN AVR、WIN ARM 等开源编译器协同工作，为嵌入式数字原型提供了便利的开发手段。

【例 9-1】 基于 AT89C51 的电子秒表

本节以一个七段数码管显示的电子秒表为示例讲授使用 C51 开发语言与 Proteus 进行联合开发调试的方法和技巧。

如图 9-35 所示的电路以 AT89C51 为核心驱动 4 个七段数码管。由于 4 个七段数码管至少需要 28 个引脚，因此对 AT89C51 来说，资源非常紧张。为了节约使用 AT89C51 的引脚资源，该电路图中将 4 个七段数码管的 a～g 管脚复用，连接在 P0 端口上，再将 4 个七段数码管的公共端分别控制。这样，分时地驱动每个七段数码管。由于人眼的限制，如果每个七段数码管每秒更新 25 次以上，则人眼无法看到其闪烁。所以，需要在程序中分别控制 Q_3～Q_0 这 4 个公共端。

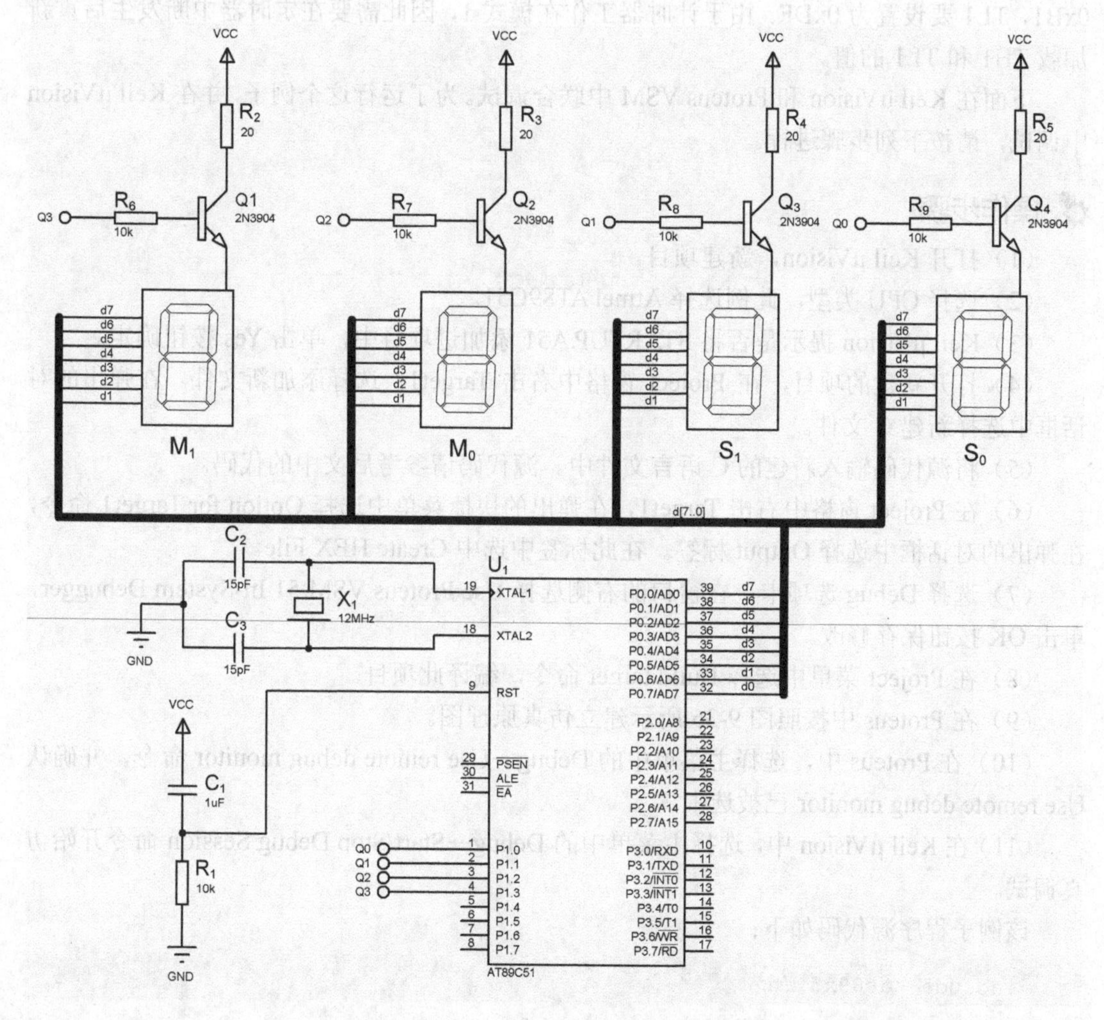

图 9-35　基于 AT89C51 的秒表仿真原理图

为此，在程序中使用定时器及其中断来完成七段数码管的刷新工作。AT89C51 有 3 个定时器。本例中使用其 Timer1 作为刷新七段数码管的时间控制单元。在 Timer1 的中断服务程序中进行数码显示。由于有 4 个七段数码管，则 Timer1 的中断服务程序需要每 1000/(4×25)=10ms 运行一次。在每次进入中断服务程序后，让某一个七段数码管显示字符。

由于该例子还是一个电子秒表，则在 Timer1 的中断服务程序中还应当对中断次数进行计数。每 100 次中断代表时间过去 1s，则数码管上显示的分秒值更新。图中的 M1M0 代表分钟数，S1S0 代表过去的秒数。

AT89C51 有 3 个定时器。本例中使用其中的定时器 Timer1。在 AT89C51 中，定时器使用时钟频率的 6 分频作为计数器工作频率。因此，当 AT89C51 工作在 12MHz 时钟时，要获得 10ms 的定时，计数器的计数值为 20 000。因此在定时器模式下，Timer1 的重新装载值为 65 535-20 000=0xB1DF。因此必须使用 16 位的定时器。

在 AT89C51 中，每个定时器有 4 种模式，其中只有模式 1 使用 16 位计数器，因此本例中要将定时器 1 设置为模式 1。因此 TMOD 寄存器的高 4 位要设置为 1，TH1 要设置为 0xB1，TL1 要设置为 0xDF。由于计时器工作在模式 1，因此需要在定时器中断发生后重新加载 TH1 和 TL1 的值。

下面在 Keil μVision 和 Proteus VSM 中联合调试。为了运行这个例子，并在 Keil μVision 中调试，请按下列步骤进行。

操作步骤

（1）打开 Keil μVision，新建项目。

（2）选择 CPU 类型，此例选择 Atmel AT89C51。

（3）Keil μVision 提示是否将 STARTUP.A51 添加进项目中，单击 Yes 按钮确定。

（4）打开新建的项目，在 Project 窗格中右击 Target1，选择添加新文件。在弹出的对话框中选择新建 C 文件。

（5）将源代码输入新建的 C 语言文件中。源代码请参考后文中的代码。

（6）在 Project 窗格中右击 Target1，在弹出的快捷菜单中选择 Option for Target1 命令，在弹出的对话框中选择 Output 标签。在此标签中选中 Create HEX File。

（7）选择 Debug 选项卡，在窗口的右侧选择 Use Proteus VSM 51 In-System Debugger，单击 OK 按钮保存修改。

（8）在 Project 菜单中选择 Build target 命令，编译此项目。

（9）在 Proteus 中按照图 9-35 所示建立仿真原理图。

（10）在 Proteus 中，选择主菜单中的 Debug→Use remote debug monitor 命令，并确认 Use remote debug monitor 已被选中。

（11）在 Keil μVision 中，选择主菜单中的 Debug→Start/Stop Debug Session 命令开始仿真调试。

该例子程序源代码如下：

```
#include <at89x51.h>

static const char num7seg[] = {0x3f,0x06,0x5b,0x4f,0x66,0x6d,0x7d,0x07,
```

```
0x7f,0x6f};

volatile int minute;
volatile int second;

void init_timer1(void)
{
    TMOD &= 0x0F;          //设置 Timer1 工作模式
    TMOD |= 0x10;
    TH1   = 0xB1;          //计数器计数值，高 8 位
    TL1   = 0xDF;          //计数器计数值，低 8 位
    ET1   = 1;             //Timer1 中断
    TR1   = 1;             //开启计时器
}

void led_disp(void)
{
    char m1, m0, s1, s0;
    char pattern;

    static char dcnt  = 0;

    m1 = minute / 10;
    m0 = minute % 10;
    s1 = second / 10;
    s0 = second % 10;

    dcnt = (dcnt + 1) % 4;
    switch (dcnt) {
        case 0: pattern = num7seg[s0]; break;
        case 1: pattern = num7seg[s1]; break;
        case 2: pattern = num7seg[m0]; break;
        case 3: pattern = num7seg[m1]; break;
    }

    P0 = ~pattern;         //输出七段数码管段位值（a~g）
    P1 = 0x1 << dcnt;      //输出 LED 数码管公共端控制信号
}

void time_count(void)
{
    static int count = 0;

    count ++;
    if (count == 100)
```

```
    {
        second ++;
        count = 0;
    }

    if (second == 60)
    {
        minute ++;
        second = 0;
    }

    if (minute == 60)
    {
        minute = 0;
        second = 0;
    }
}

void timer1_isr() interrupt 3
{
    TF1 = 0;            //清除中断标志
    TH1 = 0xB1;         //重新加载计数值，高 8 位
    TL1 = 0xDF;         //重新加载计数值，低 8 位

    time_count();       //计时
    led_disp();         //LED 分时显示
}

void main(void)
{
    minute = 0;
    second = 0;
    init_timer1();      //初始化定时器 1

    EA = 1; //开中断
    while (1)
    {}
}
```

仿真开始后，可以看到 4 个七段数码管开始从 00:00 显示时间，如图 9-36 所示。

由于 4 个七段数码管是分时显示的，因此在仿真时会有闪烁，且由于任何时刻只有一个数码管显示字符，在截图中只能看到一个数码管是点亮的。

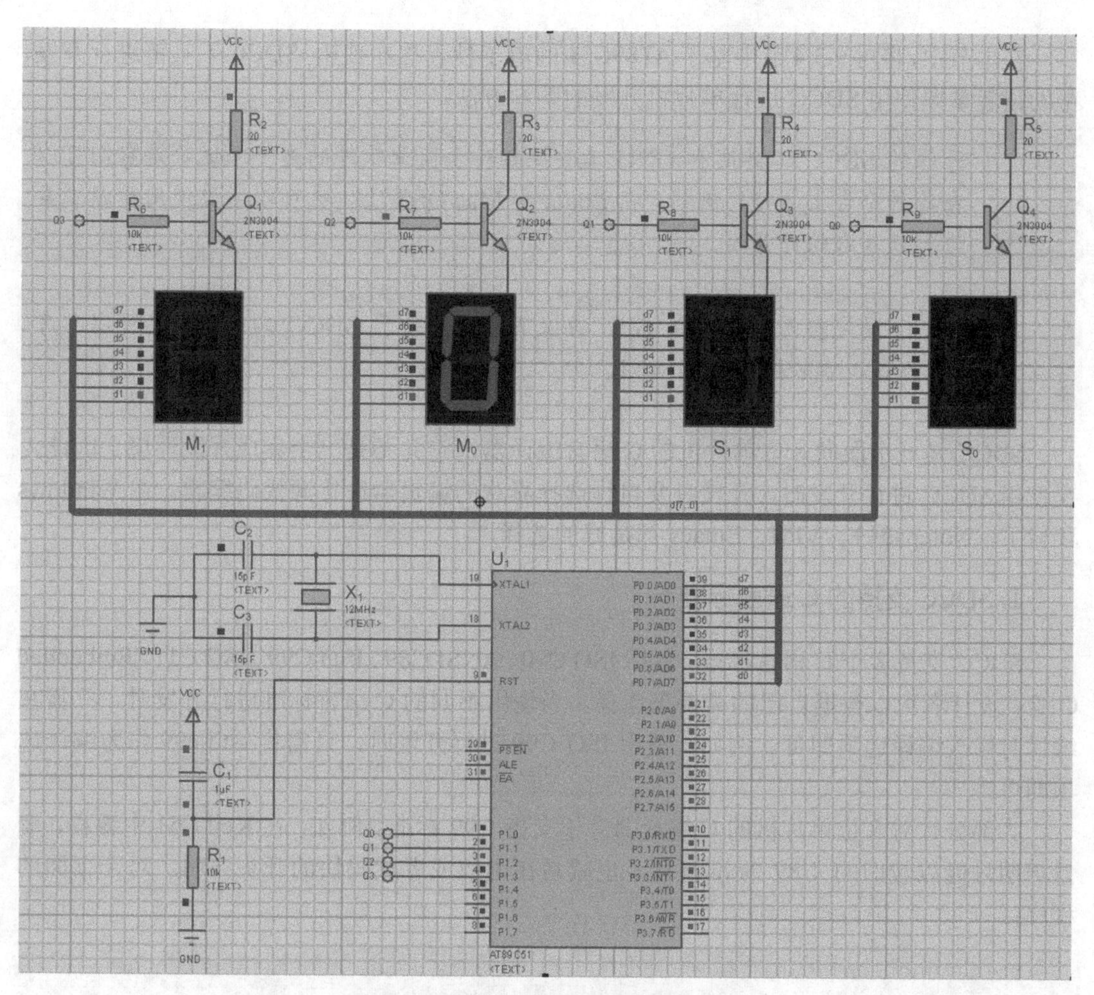

图 9-36　基于 AT89C51 的秒表仿真结果

9.3.5　使用 SDCC 进行源程序设计与编译

Proteus 是强大的模拟和数字电路仿真工具，但是其本身并没有 C 语言开发工具。随 Proteus 安装的是其支持的各种单片机模型的汇编语言工具。虽然 Keil C51 提供了 C 语言编译器，Keil μVision 提供了强大的编译调试环境，但它是商业软件，价格高昂，对学生和个人工作者来说是难以负担的。在嵌入式开发领域，有很多开源和免费的工具可以使用，如 GNU 工具链，但是 GNU 工具链对 8 位和 16 位单片机的支持有限。幸运的是，在 8 位和 16 位单片机开发领域，还有一个优秀的开源工具链 SDCC（Small Device C Compiler）。本节将简单介绍使用开源的 SDCC 编译器结合 Proteus VSM 进行基于 AT89C51 的嵌入式系统设计的方法。

SDCC 是一个为 8 位和 16 位单片机设计的、免费的、支持多种嵌入式单片机的、优化的标准 C 编译器。当前版本的 SDCC 支持各种 Intel MCS51 单片机（包括 8031、8051、8052 等）、Zilog 的 Z80 单片机以及 ST 的 STM8 单片机等。此外 Microchip 的 PIC 系列 8 位单片机也在 SDCC 支持的列表当中。

在本节中，将对 9.3.4 节中基于 AT89C51 的电子秒表程序使用 SDCC 工具链进行开发，帮助读者掌握使用 SDCC 进行单片机开发的基本方法。

开源的 SDCC 工具链和 GNU 工具链相对于商业软件的另一个优势是它们可以在各种平台上运行。例如，在 Linux 和 Mac OSX 上，也可以通过使用开源工具进行嵌入式软件开发。

SDCC 的完整源代码都在 GPL 协议下开源。关于 SDCC 的更多信息可以参考 http://sdcc.sourceforge.net/wiki/。

SDCC 是一个面向 8 位单片机的 C 语言编译器，它并不是一个集成开发环境。因此，在使用 SDCC 进行开发时，开发者要自行选择喜欢的编辑器进行源代码编辑。在 Windows 环境下，Notepad++、VIM、Emacs 都是好的选择。

1. SDCC 支持的 C 语言标准

SDCC 支持多个 C 语言标准，包括 ISO C90、ANSI C89、ISO C99、ISO C11、Embedded C 等。设计者可以根据自己的需要来选择。当使用不同的 C 语言标准进行开发时，只需在编译时修改编译选项即可。例如，使用 ISO C99 进行开发时，只需将--std-c99 作为编译选项即可。

大部分针对 8 位单片机的 C 编译器并不支持 C99 标准。例如，在 Keil C51 中编程，变量声明只能以较旧的 C89 标准进行，也就是在函数或者代码块的开头声明。对于下面的程序：

```
void function(void)
{
    call_sub1();

    int i;
    call_sub2(i);
}
```

Keil C51 将给出如下的编译错误：

```
compiling mian.c...
mian.c(72): error C141: syntax error near 'int'
mian.c(72): error C202: 'i': undefined identifier
mian.c(73): error C202: 'i': undefined identifier
Target not created
```

这是因为 Keil C51 是基于 C90 标准开发的，并增加了面向嵌入式系统的扩展。若使用 SDCC 编译这段程序，则会生成正确的代码。

但是需要注意的是，SDCC 并不支持 C99 标准中的就地声明（declaration in place）。例如，下面的语法在 SDCC 中也不被支持：

```
for (int i=0; i<10; i++)
    call_sub(i);
```

关于 Keil C 所支持的 C 标准，请参考 http://www.keil.com/support/docs/1893.htm。

2. 使用 SDCC 编译代码

如果项目的代码都包含在一个单一文件中，那么使用 SDCC 编译非常简单，使用如下的命令编译源代码即可：

```
sdcc sourcefile.c
```

该命令生成了下面的文件：

- sourcefile.asm，编译器创建的汇编语言文件。
- sourcefile.lst，汇编器创建的列表文件。
- sourcefile.rst，由链接器更新过的汇编器创建的列表文件。
- sourcefile.sym，汇编器创建的符号文件。
- sourcefile.rel，汇编器创建的目标文件，作为链接器的输入使用。
- sourcefile.map，内存映射文件，由链接器创建。
- sourcefile.mem，编译器创建的内存使用文件。
- sourcefile.ihx，Intel HEX 格式的目标文件。
- sourcefile.omf，包含符号信息的目标文件，可用于符号调试。

如果项目的代码包含多个源文件，例如项目包含 3 个文件：foo1.c、foo2.c 和 foomain.c。foo1.c 与 foo2.c 包含一些函数，foomain.c 包含 main 函数，main 函数将会调用 foo1.c 和 foo2.c 中的函数，则编译的过程如下：

```
sdcc -c foo1.c
sdcc -c foo2.c
sdcc -c foomain.c
sdcc foomain.rel foo1.rel foo2.rel
```

注意，在最后生成目标文件时，包含 main 函数的 rel 文件必须放在最前面。例如，上面命令中的最后一条修改为下面的形式是不允许的：

```
sdcc foo1.rel foo2.rel foomain.rel
```

3. SDCC 中的编译选项

使用开源工具链的一个劣势是经常需要使用命令行程序，而在调用工具链中的编译器、链接器等工具时，很重要的一个内容是命令行参数。传递给编译器的命令行参数就是编译选项。使用 SDCC 为 MCS8051 单片机开发嵌入式程序时常用的一些编译选项如表 9-4 所示。其他的编译选项请参考 *SDCC Compiler User Guide*。

表 9-4　部分 SDCC 编译选项

编 译 选 项	编译选项描述	选 项 类 型
-mmcs51	为 MCS8051 系列单片机生成代码，该选项是默认选项	处理器选择
-I<path>	为编译器指示头文件所在的路径	预处理
-D<macro[=value]>	在命令行定义宏	预处理
--opt-code-speed	编译器为速度优化生成代码	优化选项
--opt-code-size	编译器为大小优化生成更紧凑的代码	优化选项
--fomit-frame-pointer	在合适的情况下忽略 frame pointer	优化选项
-c	仅编译源程序，不进行链接	其他选项
-o <path/file>	指定编译生成的文件所在的位置和文件名	其他选项
--debug	指示编译器生成调试信息	其他选项
--Werror	将所有的警告信息作为错误信息处理	其他选项
--std-c99	使用 C99 标准	其他选项
-L <absolute path>	为链接器指示额外的链接库的位置	链接器选项
--xram-loc <value>	指示外部 RAM 的地址空间	链接器选项
--code-loc <value>	指示代码段的位置，默认为 0	链接器选项
--stack-loc <value>	指示内部 RAM 中的堆栈区域的位置	链接器选项
--xstack-loc <value>	指示外部 RAM 中的堆栈区域的位置，该选项可以将堆栈放在 XRAM 中	链接器选项
--data-loc <value>	指示放在内部 RAM 区的数据段的位置	链接器选项
--idata-loc <value>	内部间接寻址访问 RAM 区域的位置，默认值为 0x80	链接器选项
--out-fmt-ihx	指示链接器输出为 Intel HEX 格式	链接器选项
--out-fmt-elf	指示链接器输出为 ELF 格式	链接器选项
--model-small	指示代码生成器为 small 模型生成代码，此为默认选项	MCS8051 选项
--model-medium	指示代码生成器为 medium 模型生成代码	MCS8051 选项
--model-large	指示代码生成器为 large 模型生成代码	MCS8051 选项
--model-huge	指示代码生成器为 huge 模型生成代码	MCS8051 选项
--xstack	使用伪堆栈。伪堆栈位于外部 RAM 的头 256B	MCS8051 选项
--iram-size <value>	指示链接器内部 RAM 的大小	MCS8051 选项
--xram-size <value>	指示链接器外部 RAM 的大小	MCS8051 选项
--code-size <value>	指示链接器程序 ROM 的大小	MCS8051 选项
--stack-size <vlaue>	指示链接器堆栈的最小尺寸	MCS8051 选项

4. SDCC 语言扩展

针对 MCS8051 的体系结构，针对其内存地址空间做了语言扩展。增加了 __data/__near、__xdata/__far、__idata、__pdata、__code 这些地址空间扩展，这些关键字对应着某一种地址空间。

- __data/__near。如图 9-37（a）所示，它指示所修饰的变量存放在内部 RAM 的前 128B 中，这是 small 内存模型下的默认地址空间。在这个地址空间中的变量是可以直接寻址访问的。

  例如，在 8051 中，如下的程序：

```
__data unsigned char data;
```

```
data = 1
```

将会生成下面的代码：

```
mov _data, #0x01
```

- _ _xdata/_ _far。如图 9-37（b）所示，它指示所修饰的变量存放在外 RAM，这是 large 内存模型下的默认地址空间。在这个地址空间中的变量需要间接寻址访问。
  例如，在 8051 中，如下的程序：

```
_ _xdata unsigned char xdata;
xdata = 1
```

将会生成下面的代码：

```
mov   dptr,   #_xdata
mov   a,      #0x01
movx  @dptr,a
```

- _ _idata。如图 9-37（a）所示，它指示所修饰的变量存放在外 RAM，这是 large 内存模型下的默认地址空间。在这个地址空间中的变量需要间接寻址访问。
  例如，在 8051 中，如下的程序：

```
_ _idata unsigned char idata;
idata = 1
```

将会生成下面的代码：

```
mov  r0,  #_idata
movx @r0, #0x01
```

- _ _pdata。如图 9-37（b）所示，它指示所修饰的变量存放在外 RAM 的前 256B。它与_ _xdata 的区别是可以通过 8 位寄存器间接寻址。在这个地址空间中的变量需要间接寻址访问。
  例如，在 8051 中，如下的程序：

```
_ _pdata unsigned char pdata;
pdata = 1
```

将会生成下面的代码：

```
mov  r0,  #_pdata
movx @r0, #0x01
```

- __code。声明在这个地址空间的变量将被存放置在程序空间（ROM）中。只能通过 movc 指令间接访问。一般来说，这些变量都是常量。
  例如，在 8051 中，读取如下声明的变量 code：

```
_ _code unsigned char code;
```

将会生成下面的代码：

```
mov  dptr, #_code
clr  a
movc a, @a+dptr
```

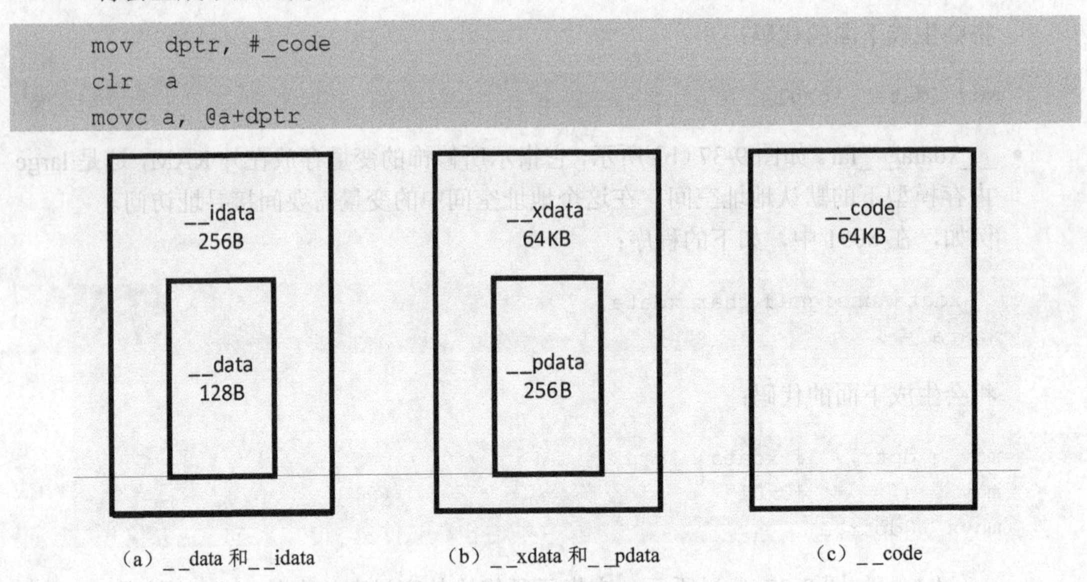

图 9-37　SDCC 中针对 MCS8051 内存模型的扩展

针对 MCS8051 的位操作指令和可位寻址内存和寄存器。SDCC 还设计了__bit 扩展。通过__bit 声明的变量将通过位操作指令处理，且变量也被放置在可按位寻址的空间中。例如：

```
__bit test_bit;
test_bit = 1;
```

将会生成下面的指令：

```
setb  test_bit
```

针对 MCS8051 中的特殊功能寄存器，SDCC 设计了__sfr/__sfr16/__sfr32/__sbit 扩展。这些关键字不仅声明了地址空间，还声明了数据类型。例如：

```
__sfr __at (0x80) P0;              //声明了地址在 0x80 的特殊功能寄存器 P0
__sfr16 __at (0x8C8A) TMR0;        //声明了地址在 0x8A 的 16 位特殊功能寄存器
__sbit __at (0xd7) CY;             //声明了 PSW 寄存器中的标志位 CY
```

5. 使用 SDCC 编译电子秒表程序

为了将使用 Keil C51 编写的电子秒表程序转为 SDCC 的语法，只需做简单修改，因此 Keil C51 与 SDCC 都是 C 语言编译器。区别在于其为 MCS8051 所做的扩展的语法有差异。

假设源程序文件名为 test.c。在命令行下使用 SDCC 编译的命令为

```
sdcc -mmcs51 --model-small --std-c99 --opt-code-size test.c
```

使用该命令编译后，在提示符下显示出如下的错误：

```
test.c:68: syntax error: token -> 'interrupt' ; column 27
```

该错误指明在第 27 行处有语法错误，interrupt 是未知的关键字。查阅 *SDCC Compiler User Guide* 可知 SDCC 对中断服务程序的声明采用下面的语法：

```
void timer_isr (void) __interrupt (1) __using (1)
{
    …
}
```

其中，__interrupt 关键字声明该函数可用于中断服务程序，__interrupt (1)代表该中断服务程序服务的中断号为 1。其后的__using (1)用于告知编译器在为此函数生成代码时使用 Bank1 的寄存器。

根据这样的语法，修改程序中的 27 行如下，注意其中的粗体部分：

```
void timer1_isr() __interrupt (3) __using(1)
{
    TF1 = 0;            //清中断标志
    TH1   = 0xB1;       //重新加载计数器高 8 位
    TL1   = 0xDF;       //重新加载计数器低 8 位

    time_count();       //计时
    led_disp();         //LED 显示
}
```

再次编译程序，顺利完成编译，并生成了下面的文件：

test.asm

test.c

test.ihx

test.lk

test.lst

test.map

test.mem

test.rel

test.rst

test.sym

其中，test.ihx 为 Intel HEX 格式的目标文件。SDCC 在生成 Intel HEX 格式的目标文件时默认的扩展名为 ihx，是 Intel HEX 的缩写。

6．仿真运行 SDCC 编译的电子秒表程序

下面将该文件加载到 AT89C51 仿真元件中进行仿真运行。现在切换回 Proteus VSM，打开例 9-1 中建立的 Proteus 工程，如图 9-35 所示。在其中的 U1 元件上双击，弹出如图 9-38 所示的对话框。在 Program File 旁的文件夹图标上单击，弹出如图 9-39 所示的文件选择对话框，进入工程所在的目录，此时会发现在文件列表中没有 test.ihx 文件，这是由于 Proteus 默认 HEX 文件的扩展名为.hex 而不是.ihx。

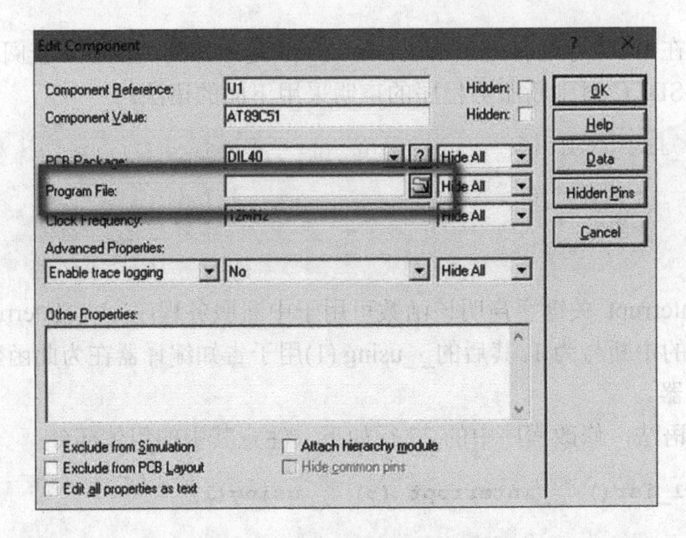

图 9-38　元件 AT89C51 的属性

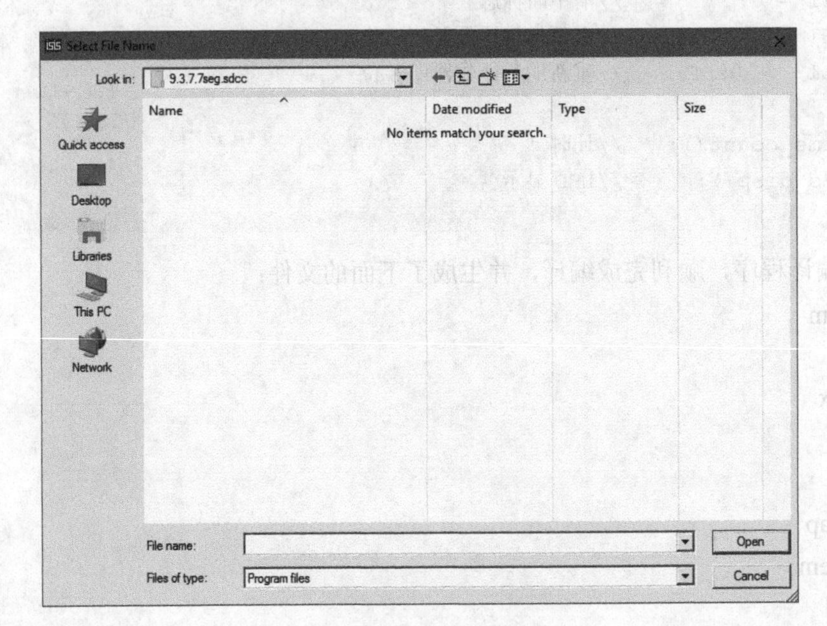

图 9-39　选择 Hex 文件

如果在编译 test.c 时能够指示编译器将输出的目标文件为指定的文件名，将解决这个问题。参考表 9-4 中的-o 编译选项，该选项的含义为“指定编译生成的文件所在的位置和文件名”。因此使用下面的命令重新编译 test.c 将生成 test.hex：

```
sdcc -mmcs51 --model-small --std-c99 --opt-code-size test.c -o test.hex
```

现在重新回到图 9-39 所示的对话框，可以看到 test.hex 文件已经可以选择了。

此时也可以在图 9-39 所示的对话框中的 File name 输入框中输入“*.ihx”，然后单击 Open 按钮，强制使用“*.ihx”作为文件名过滤器，也可以选择 test.ihx 作为程序文件。

在进行仿真前确认主菜单中的 Debug→Use Remote Debug Monitor 未被选中。然后单击 ▶ 按钮开始仿真，可以得到与图 9-36 一样的结果。

本节介绍了使用开源的 SDCC 编译器开发的程序在 Proteus VSM 中进行仿真的方法。SDCC 编译器弥补了 Proteus 仅仅提供了汇编语言工具的缺点，使得在不额外安装其他商业化的 C 语言编译器的情况下，可以用 C 语言进行快速数字原型开发，弥补了 Proteus 的不足。

使用 sdcc-mmcs51--model-small--std-c99--opt-code-size test.c--**debug**–o test.hex 可以生成 OMF51 格式的 test.omf 文件。遗憾的是由于兼容性问题，SDCC 生成的 OMF 文件在 Proteus VSM 中无法进行符号调试。

除了 MCS51 单片机之外，SDCC 还提供了 Z80、PIC 等单片机的编译器。

SDCC 编译器从 http://sdcc.sourceforge.net/index.php#Download 免费下载。本书中使用的是其最新的 3.6.0 版本。

Proteus VSM 与各种工具链的组合对比见表 9-5。其中，ASEM51 为 Proteus 自带的 MCS8051 汇编语言编译器。

表 9-5　ProteusVSM 与其他工具链组合比较

工 具 组 合		汇编语言	C 语言	符 号 调 试	难度	价　格
Proteus VSM	ASEM51	是	否	是（仅汇编语言）	高	低（自带）
	Keil	是	是	是(汇编与高级语言）	低	高（购买）
	SDCC	是	是	否	适中	低（开源）

Proteus VSM 和 ASEM51 结合具有符号调试能力，但使用汇编语言编写程序较困难，调试也较困难，不适合较大的项目。Proteus VSM 和 Keil 的组合最具吸引力，结合了开发、调试和全系统仿真的能力，但是价格高昂。Proteus VSM 和 SDCC 的结合是性价比最高的解决方案。在使用 8 位单片机的嵌入式系统开发中，使用 C 语言编写程序能够极大地减小对符号调试的需求，而 SDCC 免费的特点使得其成为性价比最高的选择。其主要缺点是缺乏完整的 IDE 支持，开发者需要适应在命令行下开发程序的方式。

9.4 AVR 系列单片机仿真

AVR 单片机是 Atmel 公司 1997 年推出的 RISC 单片机。RISC（降低复杂性指令集计算机）是相对于 CISC（复杂指令集计算机）而言的。RISC 并非只是简单地减少指令，而是通过使计算机的结构更加简单合理而提高运算速度。RISC 优先选取使用频率最高的简单指令，避免复杂指令，并固定指令宽度，减少指令格式和寻址方式的种类，从而缩短指令周期，提高运行速度。由于 AVR 采用了 RISC 这种结构，使 AVR 系列单片机都具备了

1MIPS/MHz 的高速处理能力。高速度、为高级语言开发优化以及高可靠性是 AVR 单片机优于之前的各种单片机的主要特点。

9.4.1 AVR 系列单片机基础

AVR 单片机采用了一种修改过的哈佛结构，在该结构中，指令和代码存储在不同的物理存储器中，而且指令存储器和数据存储器也分别位于不同的地址空间（程序空间和数据空间）。因此与其他哈佛结构的微处理器类似，AVR 有两条总线：数据总线和指令总线。但是在 AVR 指令集中也提供了某些特殊的指令用于从程序空间读取数据。

AVR 单片机主要分为以下几个系列：

- tinyAVR。0.5～16KB 程序存储器，6～32 个引脚，有限的外设。
- megaAVR。4～256KB 程序存储器，2～100 个引脚，扩展的指令集（主要包含乘法指令和用于处理大内存的指令）。
- XMEGA。4～256KB 的程序存储器，44～100 个引脚，用于提高性能的外设（主要包含 DMA、事件处理外设、加解密设备等）。
- AVR32。2006 年，AVR 推出了 32 位的 AVR 体系结构以及采用该体系结构的 AVR 单片机。AVR32 与之前的 AVR 具有完全不同的体系结构。它具有 32 位宽度的数据总线、SIMD 和 DSP 指令集，以及其他用于音频和视频处理的特点。AVR32 的指令集与 8 位 AVR 有相似之处，但不完全兼容。

在嵌入式系统开发中，AVR 单片机是很有特点的一种。它的特点如下：

- 多功能的 GPIO 控制器。
- 多种内部振荡器。
- 集成在芯片内部的。
- 可通过 JTAG 或 debugWIRE 进行在线调试。
- 内部集成 EEPROM。
- 大容量的内部 RAM。
- 具有外部总线（不分型号）。
- 多个定时器（8 位或 16 位）。
- 内部集成的模拟比较器。
- 内部集成的 A/D 转换器（8 位精度或 12 位精度）。
- 内建的支持多种串行通信协议的串行通信控制器（支持 I2C、SPI、RS232 协议）。
- 内建的看门狗电路。
- 内建的 CAN 总线控制器。
- 内建的 USB 控制器。
- 内建的以太网控制器。
- 内建的 LCD 控制器。
- 内建的 AES 和 DES 模块（部分型号）。
- DSP 指令（32 位 AVR）。

AVR 单片机的特性十分丰富，这里不能一一列举。它的这些特点让它具有广泛的应用价值，其内建的设备降低了最终的 BOM 成本以及开发难度。例如，内建上拉和下拉控制的多功能的 GPIO 控制器可以减少外部电阻的数量，且使用更灵活；集成的 ADC、EEPROM、看门狗电路等降低了设计难度并使电路板更简单可靠；在对时钟要求不高时可以使用内部振荡器作为时钟源；可以通过指令编程的 Flash 存储器使得现场更新固件成为可能；在内部丰富的外设仍不能满足设计要求时，可以通过外部总线扩展外部设备。再加上 AVR 单片机本身的高性能、高可靠性以及低成本，使得 AVR 单片机在各种应用场合得到了广泛的应用。

要了解 AVR 体系结构，可以从下面的这些方面开始。

- 程序存储器。所有的 AVR 单片机都是用非易失性 Flash 存储器作为程序存储器，且集成在芯片内部。AVR 是 8 位单片机，但是其一个指令可以处理一个或者两个 16 位的字。AVR 单片机的程序存储器大小一般都标记在单片机的型号中，如 ATmega32x 系列都具有 32KB 的程序存储器。对于 AVR 单片机来说，即使其具有外部数据总线，也不能从外部存储器中执行代码。AVR 单片机只能从内部存储中取指。
- 内部数据存储器，是 AVR 数据地址空间的主要组成部分。在这个地址空间中包含通用寄存器、I/O 寄存器和 RAM。
- 内部寄存器。AVR 具有 32 个单字节长度的寄存器（因此它是一个 8 位单片机）文件。寄存器通过内存映射存在于数据地址空间的最低处。因此，这些寄存器文件可以通过数据地址空间的 0x0000～0x001F 来访问。接下来的地址空间（0x0020～0x005F）被 64B 的 I/O 寄存器占用。某些高级的 AVR 元件还有 160B 的地址空间（0x0060～0x00FF）被扩展为 I/O 寄存器。此后的地址空间才是程序可以使用的内部 RAM。
- 程序执行。AVR 内核的两段式流水线结构使得其执行的下一条指令在执行当前指令时被获取。同时这也保证了 AVR 单片机可以在一个时钟周期内执行大部分的指令（少部分指令需要两个时钟周期）。
- 指令集。多数人认为 RISC 是“精简指令集计算机”（Reduced Instruction Set Computer）的首字母缩写，RISC 元件拥有的指令数量有限。但是，对于熟悉 RISC 和 CISC 发展历史的人们而言，他们对 RISC 的理解是“降低复杂性指令集计算机”（Reduced COMPLEXITY Instruction Set Computer）。因为术语 RCISC 不够简洁，所以在计算机理论中普遍采用 RISC。Atmel AVR 不需要减少指令集包含的指令数，而是降低解码每个指令所需的数字电路的复杂程度。因为每个指令都是 16 位的倍数，所以不会在尝试传输和解码包含无用信息的位上浪费能耗。为使 AVR 指令集尽可能高效，Atmel AVR CPU 研发团队邀请了 IAR 系统的编译器专家共同开发了首个 AVR C 编译器。随着不断改进，AVR 架构针对 C 代码执行进行了优化，在构造阶段彻底解决了瓶颈问题。这就是 AVR 成为代码量小、高性能和低功耗的代名词的原因所在。

本节中的程序将以 C 语言编写，具体的 AVR 指令以及汇编语言语法、助记符等信息请参考 *AVR Instruction Set Manual*，该文档可从 http://www.atmel.com/zh/cn/Images/Atmel-0856-AVR-Instruction-Set-Manual.pdf 获得。

9.4.2 Proteus ISIS 和 IAR EWB for AVR 联合开发

IAR EWB（Embedded Work Bench）是业界流行的开发工具之一，是具有完整的编辑、编译、调试、烧写功能的工具。其中 IAR EWB for AVR 是针对 Atmel AVR 系列单片机开发的，它支持目前所有的 AVR 单片机的嵌入式软件开发工作。

IAR EWB for AVR 作为商业软件是需要购买的。本书中使用的软件是其试用版，该试用版可从 IAR 网站上获得，并在注册后从 IAR 获得一个有 30 天试用期的全功能试用版，或一个有 4KB 代码限制的永久试用版。关于如何获得试用版授权文件，请参考 www.iar.com 上的有关信息。

1. 在 IAR EWB for AVR 上建立新工程

可以将 IAR EWB 中的 Workspace 看作是工程的容器。一个 Workspace 中可以包含多个工程，这些工程之间可能存在依赖关系。

操作步骤

（1）在 IAR EWB 中开始一个新工程首先要新建一个工作空间。

选择菜单栏中的 File→Workspace 命令建立工作空间，如图 9-40 所示。

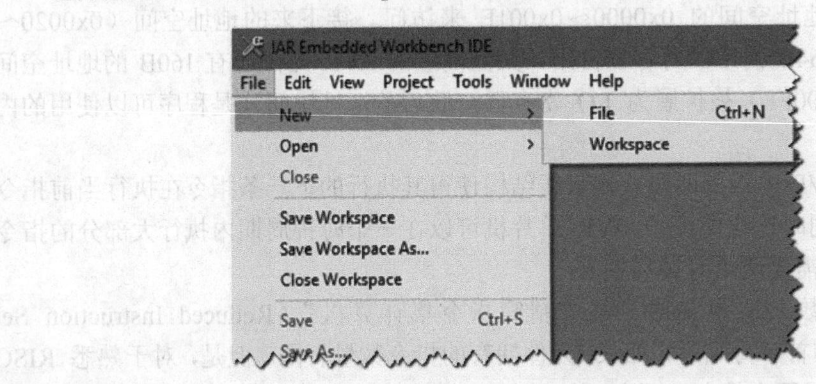

图 9-40　建立工作空间

IAR EWB 中的工作空间是工程的容器。在 IAR EWB 中，工程都需要保存在某个工作空间中。工作空间对于管理多个具有相互依赖关系的工程非常有用。

（2）选择主菜单中的 Project→Create New Project 命令新建工程，如图 9-41 所示。

（3）之后会弹出如图 9-42 所示的对话框，在该对话框中依次选择模板类型为 C 和 main 模板。IAR EWB 将使用该模板创建一个新的工程，工程中包含名为 main.c 的 C 语言源程序。

（4）单击 OK 按钮确认之后，IAR EWB 会提示用户保存新建工程，这里将其命名为 minimal-avr，如图 9-43 所示。之后 IAR EWB 会创建此工程，并且在此工程中生成一个名为 main.c 的源文件，如图 9-44 所示。

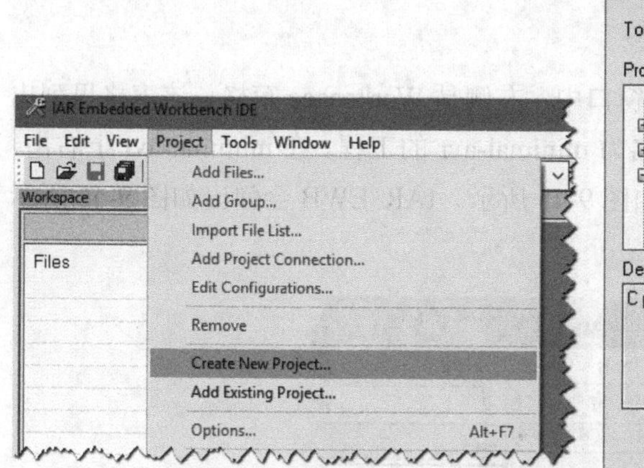

图 9-41　新建工程

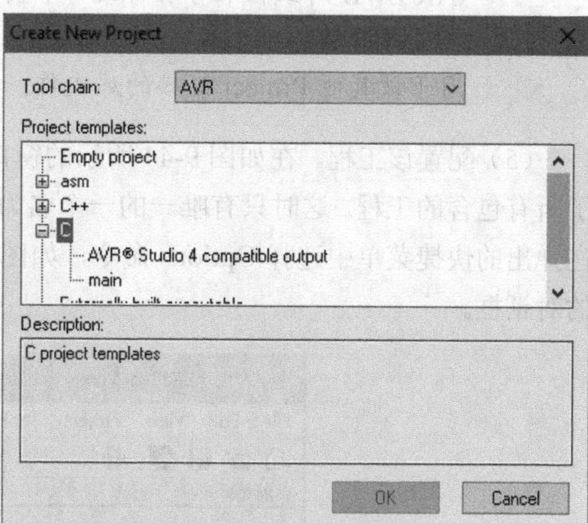

图 9-42　选择新建工程的模板

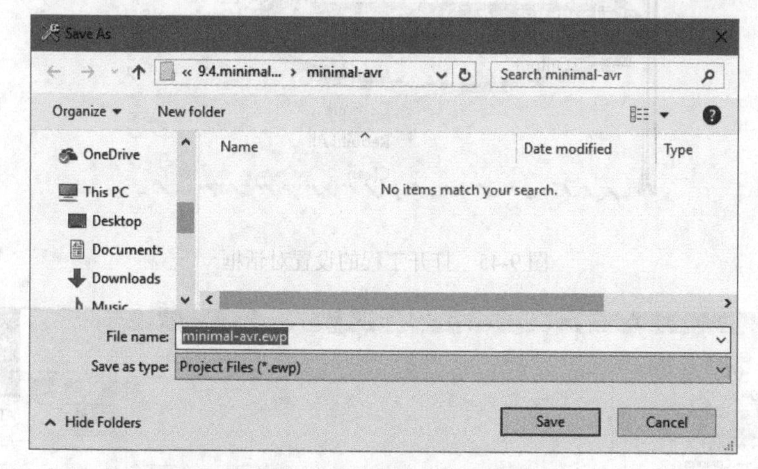

图 9-43　保存工程文件

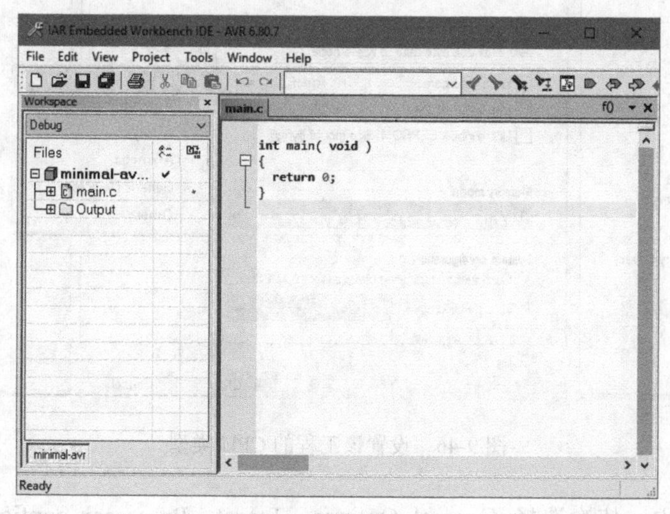

图 9-44　创建的新工程

IAR EWB 用工程来管理源文件和与之相关的编译、链接、调试设置。一个工程在编译并链接后生成一个目标文件，可以是要进行调试的目标文件，也可以是用于被其他 Project 链接的库文件。

（5）配置该工程。在如图 9-44 所示的窗口中，左侧是 Workspace 窗格，该窗格里列出了所有包含的工程。这时只有唯一的一个名为 minimal-avr 的工程。在 minimal-avr 上右击，在弹出的快捷菜单中选择 Options 命令，如图 9-45 所示。IAR EWB 会弹出如图 9-46 所示的对话框。

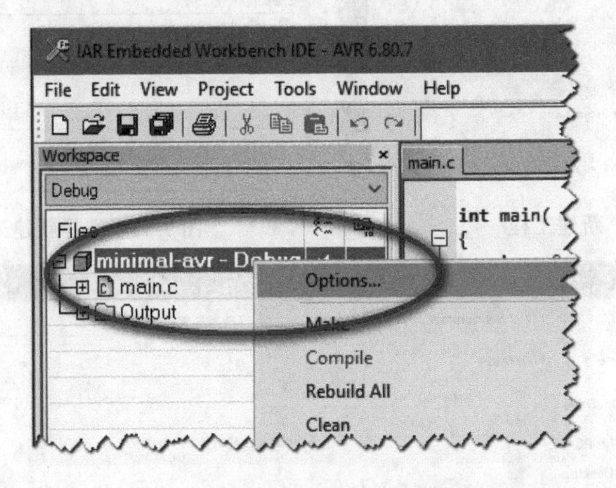

图 9-45　打开工程的设置对话框

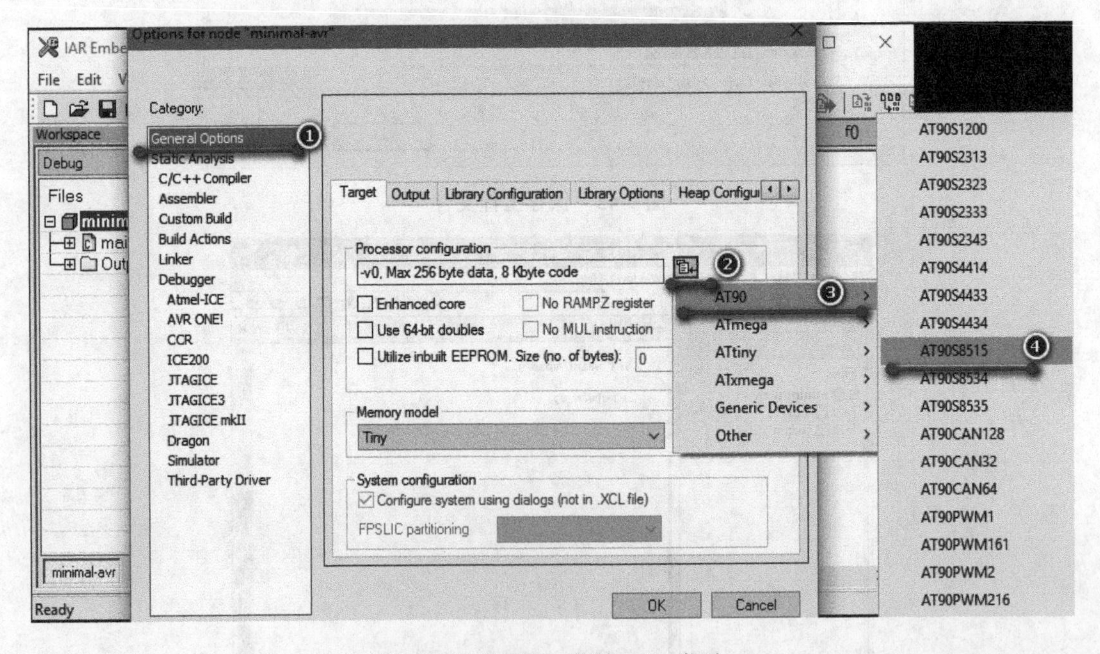

图 9-46　设置该工程的 CPU 类型

在该对话框中，依次选择 General Options、Target、Processor configuration、AT90、

AT90S8515。设置该 Project 使用的处理器是 AT90S8515，这是一款与 MCS8051 管脚兼容的 AVR 单片机。单击 OK 按钮确认修改。其他的所有选项目前保持默认值即可。

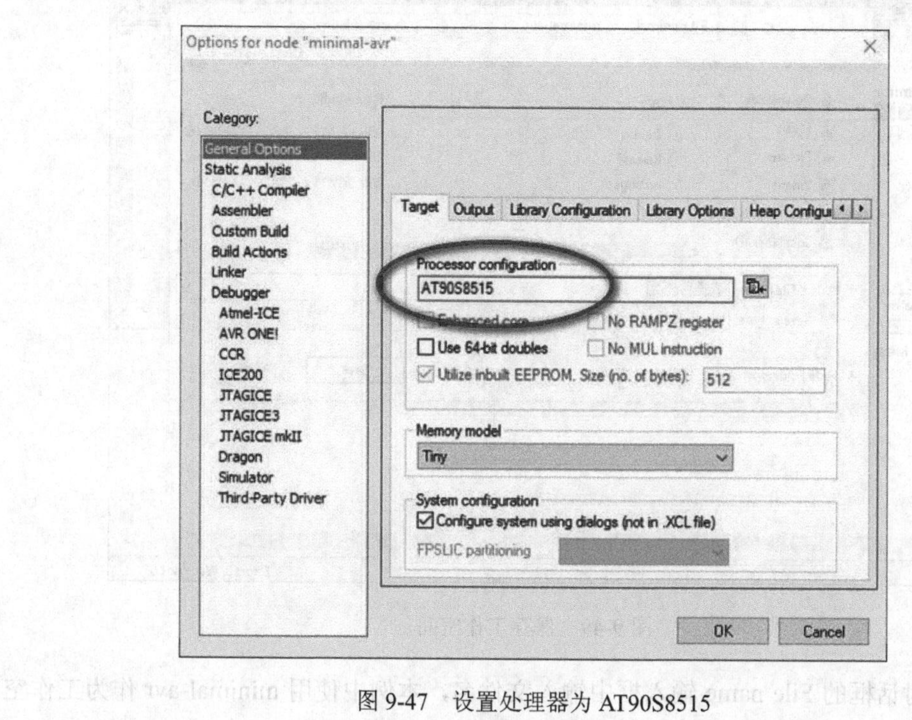

图 9-47　设置处理器为 AT90S8515

（6）由于 IAR EWB 已经为工程创建了一个 main.c，此时可以通过菜单 Project→Make 命令尝试编译该 Project，如图 9-48 所示。IAR EWB 在编译前会提示工作空间尚未保存，并弹出如图 9-49 所示的对话框要求保存工作空间。

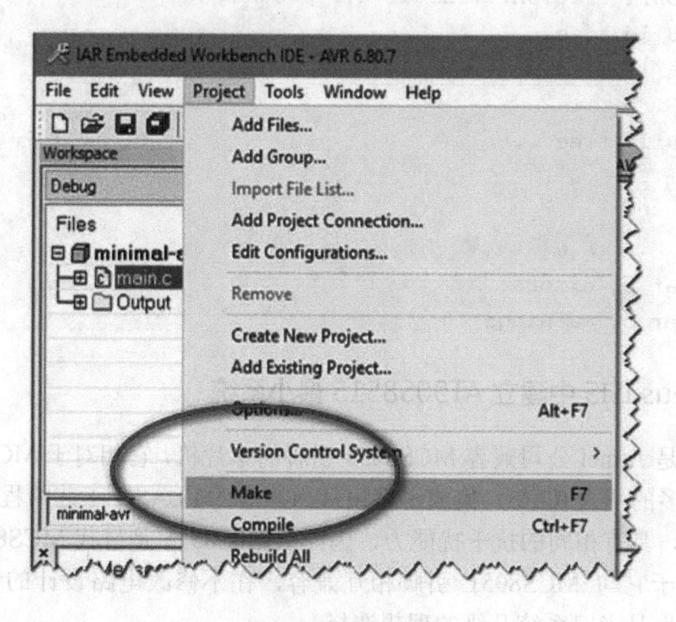

图 9-48　编译工程

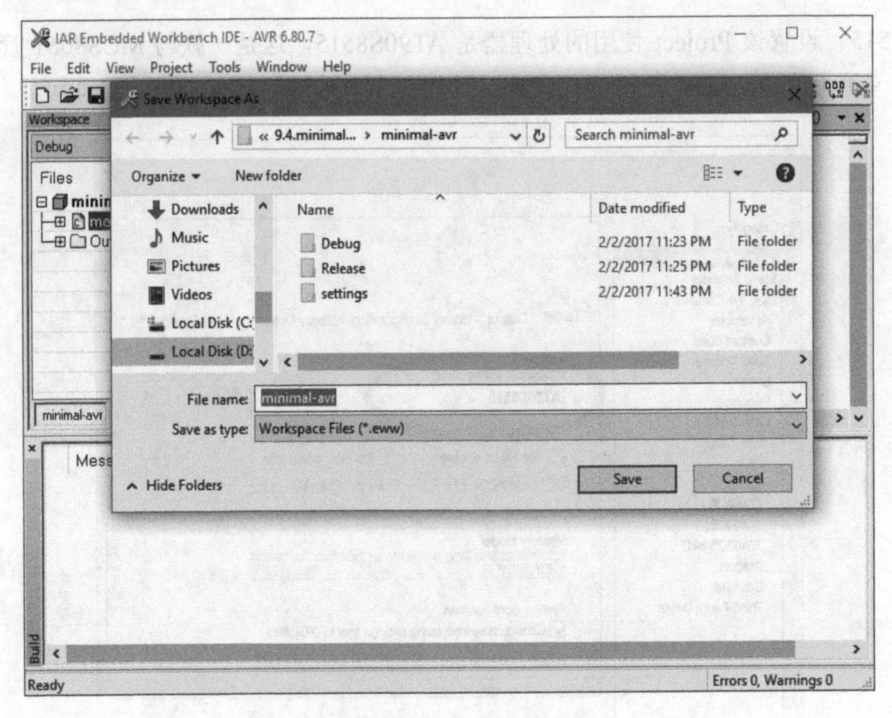

图 9-49　保存工作空间

（7）在对话框的 File name 输入框中输入文件名，本例中使用 minimal-avr 作为工作空间的名字，然后，单击 Save 按钮保存。

编译后 IAR EWB 将在窗口下方的 Build 窗格中输出编译信息，如下所示，表明新创建的工程编译成功。

```
Building configuration: minimal-avr - Debug
Updating build tree...

4  file(s) deleted.
Updating build tree...
main.c
Linking

Total number of errors: 0
Total number of warnings: 0
```

2. 在 Proteus ISIS 中建立 AT90S8515 最小系统

AT90S8515 是 Atmel 公司兼容 MCS8051 引脚的单片机，它相对于 MCS8051 大幅提高了性能，具有更多的片内 RAM，集成了可由片内擦写的 FLASH 工艺的程序存储器，集成了增强型的外设，具有相同的抗干扰能力，因此 AT90S8515 是替代 MCS8051 系列单片机的理想选择。由于它与 MCS8051 引脚相互兼容，在不修改电路设计的情况下即可替换 MCS8051，因此也是老旧系统升级的理想选择。

本节中的最小系统使用 AT90S8515 为主要元件。从图 9-50 可以看到，它与图 9-8 中的 AT89C51 除了芯片型号之外其他都是相同的。该最小系统中除了 AT90S8515 外，只有几个阻容元件，但是这样的最小系统足够在本节用于说明 IAR EWB 和 Proteus VSM 联合调试的过程了。

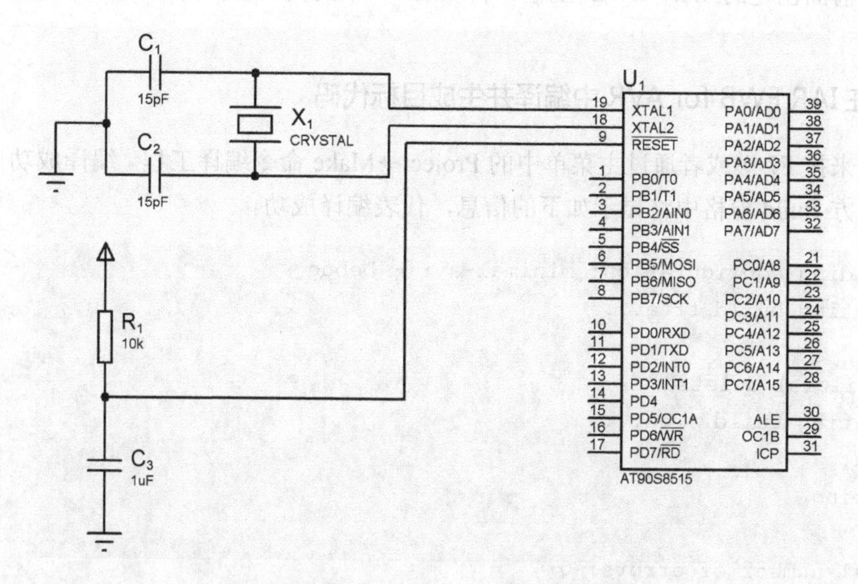

图 9-50　AT90S8515 最小系统

需要注意的是 AT90S8515 复位信号是低电平有效。

3．设计最小系统测试程序

本节使用 AT90S8515 定时器的 PWM 工作模式来作为例子。实验程序如下：

```
#include <io8515.h>

void pwm_start()
{
    OCR1AL = 0x40;        /* 装载 PWM 宽度 */
    OCR1AH = 0;
    DDRD |= (1<<5);       /* 设置 PortD.5 为输出 */
    TCCR1A = 0x81;        /* 8 位非翻转 PWM */
    TCCR1B = 1;           /* 启动 PWM */
}

int main(void)
{
   pwm_start();
```

```
    while (1)
        ;
}
```

打开前面创建的 IAR EWB 工程，将 main.c 中的代码替换为上面的测试程序，然后保存。

4. 在 IAR EWB for AVR 中编译并生成目标代码

接下来按 F7 键或者通过主菜单中的 Project→Make 命令编译工程。编译成功后，在主窗口的下方 Build 窗格中将显示如下的信息，代表编译成功。

```
Building configuration: minimal-avr - Debug
Updating build tree...

3  file(s) deleted.
Updating build tree...
main.c
Linking

Total number of errors: 0
Total number of warnings: 0
```

5. 设置生成的目标文件格式

但是此时产生的目标文件还不能为 Proteus VSM 所用，还需要依下面的步骤设置 IAR EWB 生成 Proteus VSM 支持的目标文件格式。

操作步骤

（1）如图 9-51 所示，在 Project 窗格中单击 Release 或者 Debug 下拉列表，确认当前编译选项为 Debug。

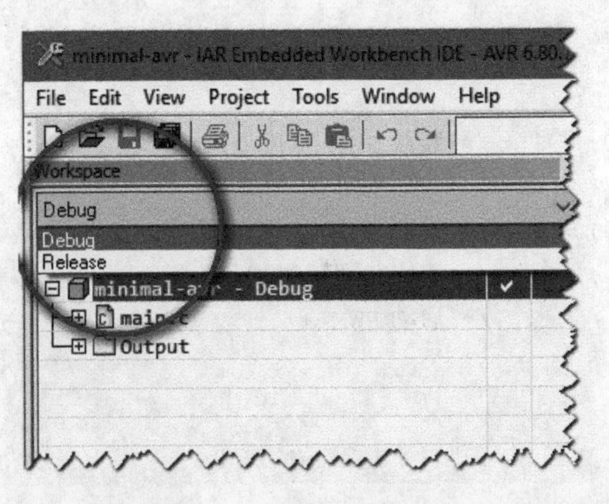

图 9-51　设置编译模式为 Debug

（2）在工程名上右击，在弹出的快捷菜单中选择 Options 命令，如图 9-52 所示。

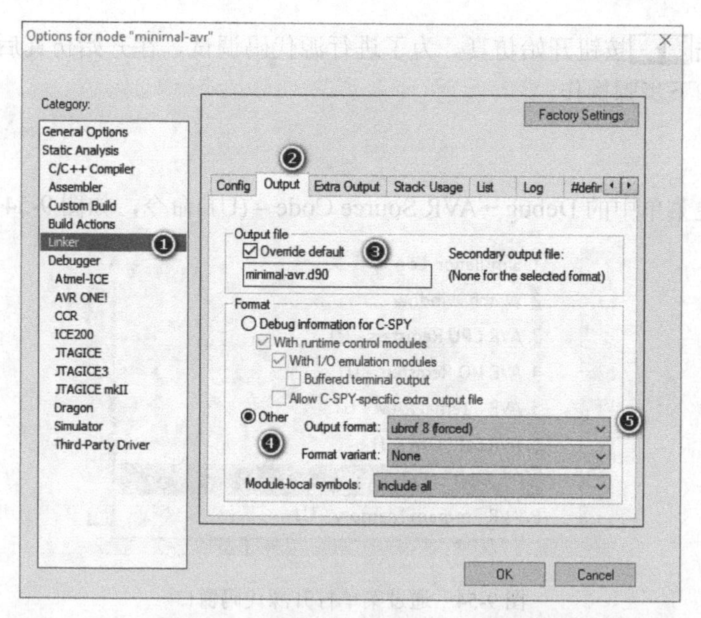

图 9-52　设置目标文件格式为 ubrof 8

（3）在弹出的对话框中选择 Linker，在右侧的窗格中选择 Output 选项卡。

（4）选中 Override default，将输出文件命名为 minimal-avr.d90。

（5）在 Format 中选择 Other，然后在 Output format 中选择 ubrof 8 (forced) 作为输出格式。

（6）重新编译工程。

Proteus VSM 在与 IAR EWB for AVR 联合调试时，仅支持以.d90 为扩展名的 ubrof 8 格式。如果选择其他格式，或者使用默认设置，生成的目标文件将不能在 Proteus VSM 中加载或运行。

6. 在 Proteus VSM 中调试

现在回到 Proteus VSM，在仿真原理图中双击 AT90S8515 元件，将 Program File 属性设置为 IAR EWB 输出的目标文件，文件名为 minimal-avr.d90。

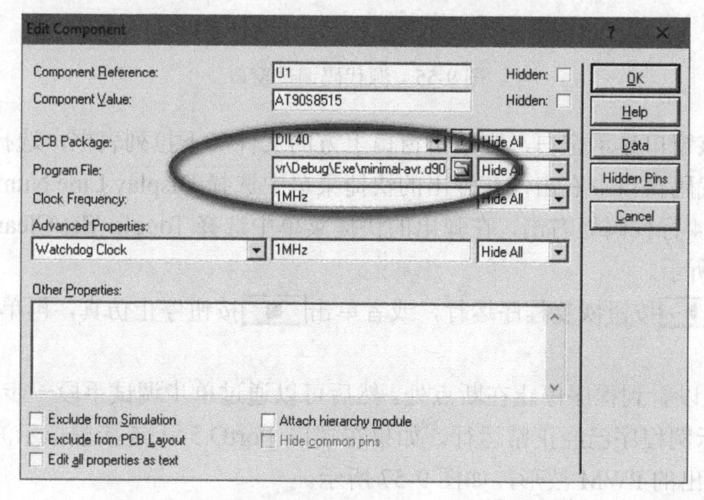

图 9-53　设置 AT90S8515 的 Program File 属性

此时，单击 ▶ 按钮开始仿真。为了进行源代码调试，在开始仿真后单击 ‖ 按钮暂停，然后按如下步骤操作。

操作步骤

（1）选择主菜单中的 Debug→AVR Source Code – (U1)命令，如图 9-54 所示。

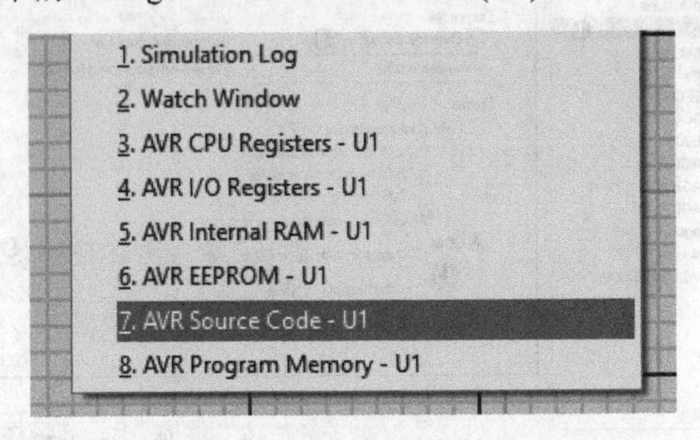

图 9-54　通过菜单打开源代码窗口

（2）显示如图 9-55 所示的源代码调试窗口。

AVR Source Code - U1

minimal-avr\main.c

```
---- #include <io8515.h>
----
---- void pwm_start()
---- {
001A      OCR1AL = 0x40;            /* Load Pulse width */
001E      OCR1AH = 0;
0022      DDRD |= (1<<5);           /* PortD.5 as o/p */
0024      TCCR1A = 0x81;            /* 8-bit, Non-Inverted PWM */
0028      TCCR1B = 1;                      /* Start PWM */
002C }
----
---- int main(void)
---- {
002E      pwm_start();
----
0030      while (1)
----        ;
---- }
```

图 9-55　源代码调试窗口

（3）如果该窗口显示空白，则单击窗口上方的文件名下拉列表框，选择文件 main.c。

（4）在源代码窗口中右击，在弹出的快捷菜单中选择 Display Line Numbers 命令。

（5）在第 14 行代码处右击，在弹出的快捷菜单中选择 Toggle (Set/Clear) Breakpoint 命令，如图 9-56 所示。

（6）单击 ▶ 按钮恢复程序运行，或者单击 ■ 按钮停止仿真，再单击 ▶ 按钮开始仿真。

（7）这时可以看到程序停止在断点处。然后可以通过单步调试手段一步步地执行程序。

此时，该示例程序已经正常运行。如果在端口 PortD.5 上连接虚拟示波器，则可以看到 PortD.5 上输出的 PWM 波形，如图 9-57 所示。

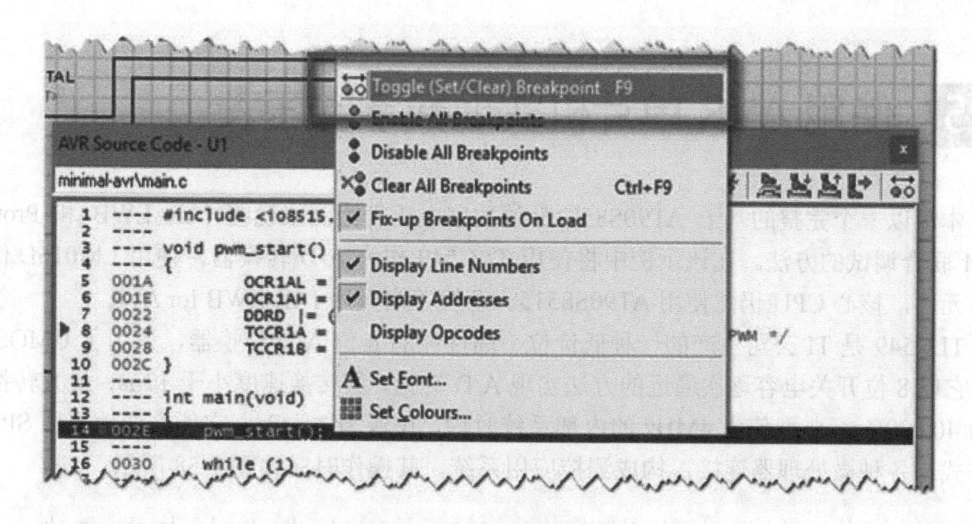

图 9-56　在源代码窗口中显示行号、设置断点

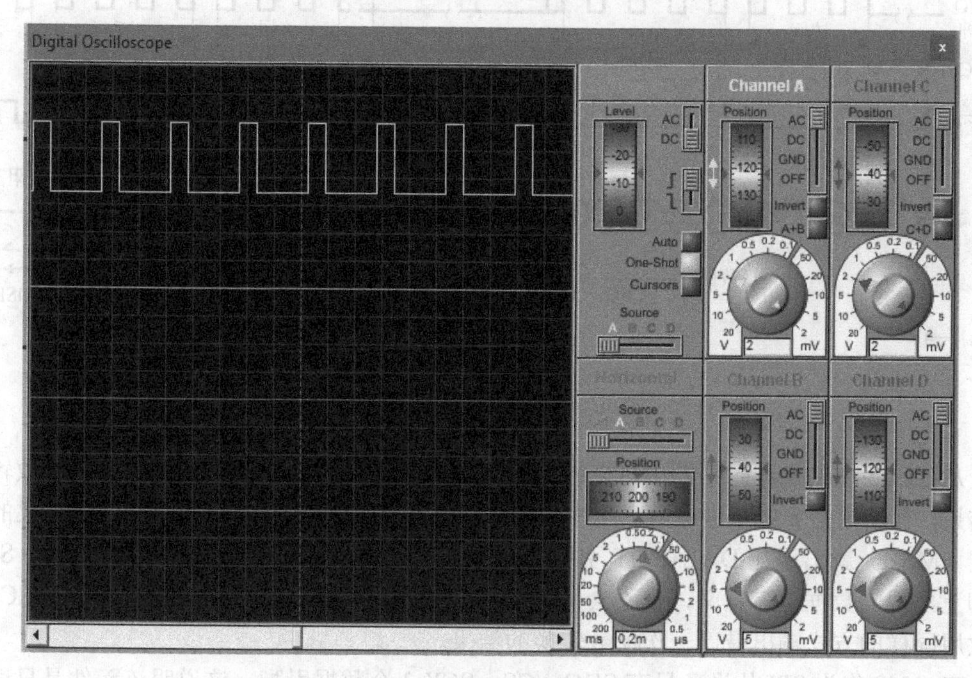

图 9-57　AT90S8515 最小系统产生的 PWM 波形

需要注意的是，IAR EWB for AVR 并不能像 Keil μVision 那样在直接在 Keil μVision 中调试 Proteus VSM 中的 MCU，而是必须手动将 IAR EWB 生成的目标文件加载到 Proteus VSM 中，使用 Proteus VSM 内建的符号调试功能调试程序。

本节介绍了建立 AT90S8515 最小系统，并使用 IAR EWB for AVR 为 AVR 单片机编写程序，以及在 Proteus VSM 中进行 AVR 单片机符号调试的知识。在本节内容的基础上，9.5 节将通过一个相对复杂和完整的实例进一步介绍 IAR EWB for AVR 与 Proteus VSM 进行联合调试的技巧。

9.5 使用 AVR 单片机实现数字电压表

本节以一个完整的基于 AT90S85815 的数字电压表为例来说明 IAR EWB 和 Proteus VSM 联合调试的方法。在该示例中将使用 TLC549 作为 A/D 转换器，使用 LM016L 作为显示元件，核心 CPU 仍然使用 AT90S8515。开发工具采用 IAR EWB for AVR。

TLC549 是 TI 公司生产的一种低价位、高性能的 8 位 A/D 转换器，采用了 CMOS 工艺，它以 8 位开关电容逐次逼近的方法实现 A/D 转换，其转换速度小于 17μs，最大转换速率为 40 000Hz，典型值为 4MHz 的内部系统时钟，电源为 3～6V。它能方便地采用 SPI 接口方式与各种微处理器连接，构成测控应用系统。其操作时序如图 9-58 所示。

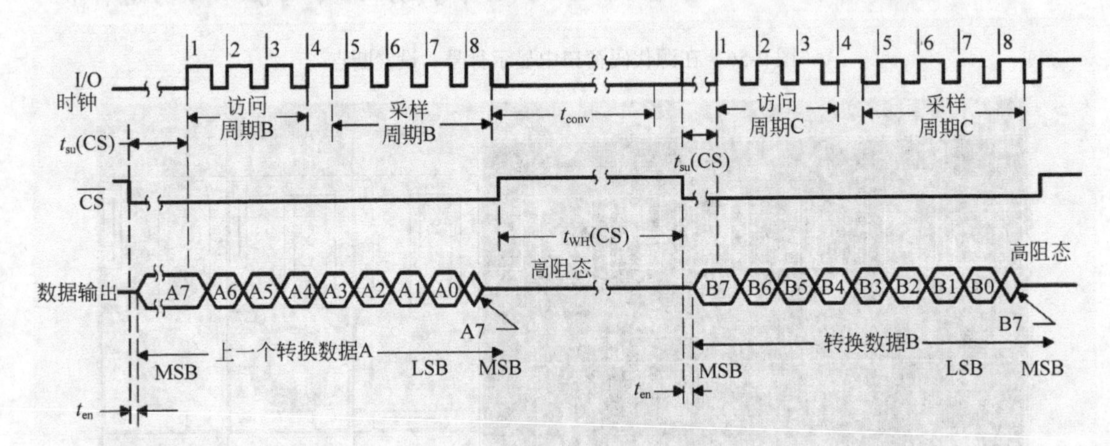

图 9-58　TLC549 操作时序图

从 TLC549 的操作时序图中可以看到，当片选信号有效时 TLC549 开始输出模数转换的结果，其结果是 8 位二进制数。当片选信号有效时（低电平），前一次模数转换结果的最高位（MSB）就出现在 DATAOUT 引脚上，也就是 SDO 引脚。当片选信号无效时，SDO 引脚上出现的数据没有意义，也不会被 SPI 主机读取。当片选信号再次有效时，TLC549 再次用同样的方式输出最近一次模数转换的结果。

TLC549 作为 SPI 从设备只有 SDO、CS、SCK 3 个数据引脚，这说明该元件是只读元件。SPI 主设备无法向 TLC549 写入数据或命令。因此，模数转换只能由其内部逻辑控制。从图 9-58 中可以看出，t_{conv} 是 TCL549 进行模数转换的时间。根据其数据手册，这个时间是 36 个内部时钟周期（注意，不是 36 个 SPI 时钟周期），即大约 17μs。而触发 TLC549 进行一次模数转换的事件是 SCK 和 SS 上的信号。当片选信号有效时，连续 8 个 SCK 信号的下降沿将触发一次模数转换。因此，在两次读取 TLC549 之间，至少需要 17μs 的时间间隔，否则中间读取的数据将是重复的。

AT90S8515 的端口 B 中的第 4、5、6、7 脚的第二个功能可以作为 SPI 总线控制器使用。其中，PB7 是主机模式的时钟输出（SCK），PB6 为是 SPI 主机数据输入、从机数据输出端（MISO），PB5 是 SPI 主机数据输出、从机数据输入端（MOSI），PB4 是从机片选信号（SS）。

在 AT90S8515 读取了 TLC549 中输出的模数转换结果后，将其显示在 LM016L 显示模块上。LM016L 是一个与 LCD1602 兼容的字符型点阵液晶显示模块，其主控芯片是 HD44780。它具有集成的字符发生器和 32 个字符点阵。可以以 16 个一行的形式同时显示 32 个字符。LM016L 与单片机接口的信号有 D_7～D_0、RS、RW 和 E。其中 RS（Register Select）信号是作为读写 LM016L 内部寄存器的选择信号。当 RS 有效时，MCU 读写的是 LM016L 的寄存器；当 RS 无效时，读写的是字符缓存。RW 信号控制对 LM016L 的读写。E 信号为数据允许信号。当 EN 信号有效时，D_7～D_0 为 LM016L 读取信号。

LM016L 的写时序如图 9-59 所示。显然在写操作开始前，首先要设置正确的 RS 信号，选择读写寄存器或字符缓存，然后设置正确的 RW 信号。如果 RS 和 RW 信号属于同一个 I/O 端口，则 RS 和 RW 信号可以在一条指令中同时设置。在向 LM016L 写数据前，先输出 E 信号。接下来在下一条指令中输出 D_7～D_0。一般为了方便，将 D_7～D_0 连接在一个 I/O 端口上。这样可以使用一条指令写入 8 位数据。LM016L 的读时序如图 9-60 所示。与写操作时序类似，LM016L 在 E 信号有效后，才在 D_7～D_0 上输出有效数据。关于 LM016L 的操作请参考与 LCD1602 的有关资料，读者可以自行从互联网上获得。

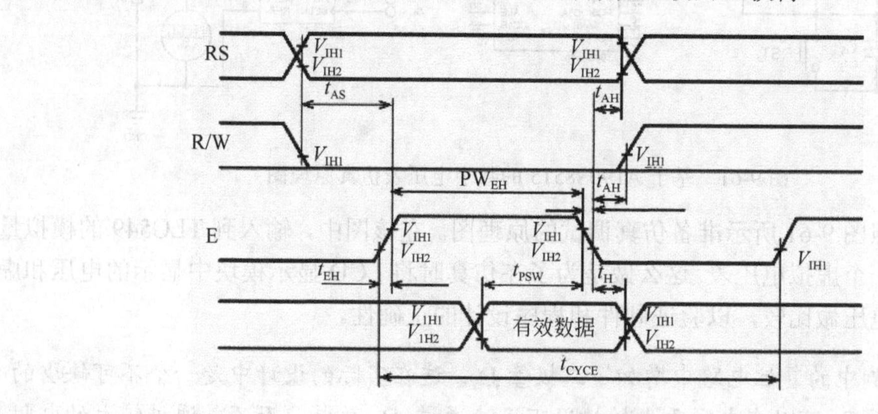

图 9-59　LM016L 写时序

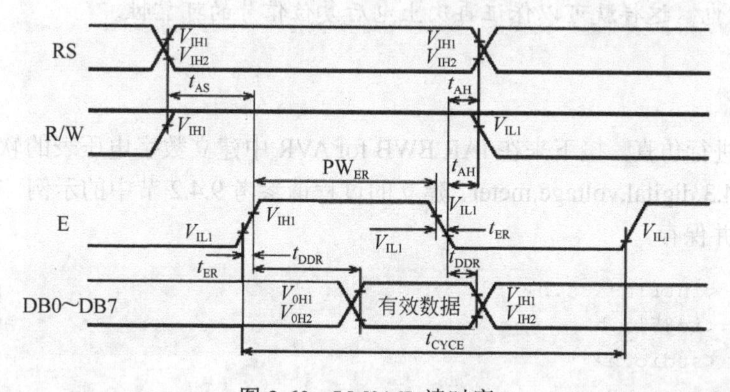

图 9-60　LM016L 读时序

为了仿真数字电压表，还需要准备一个被测信号。图 9-61 中的 RV1 为滑动变阻器。滑动变阻器相当于两个电阻的串联，在变阻器控制端滑动时将同时改变 R_1 和 R_2，但是 R_1

与 R_2 的阻值之和为固定值。这样将控制端连接到 TLC549 的模拟输入端，即可在仿真时改变被测信号的电压值。

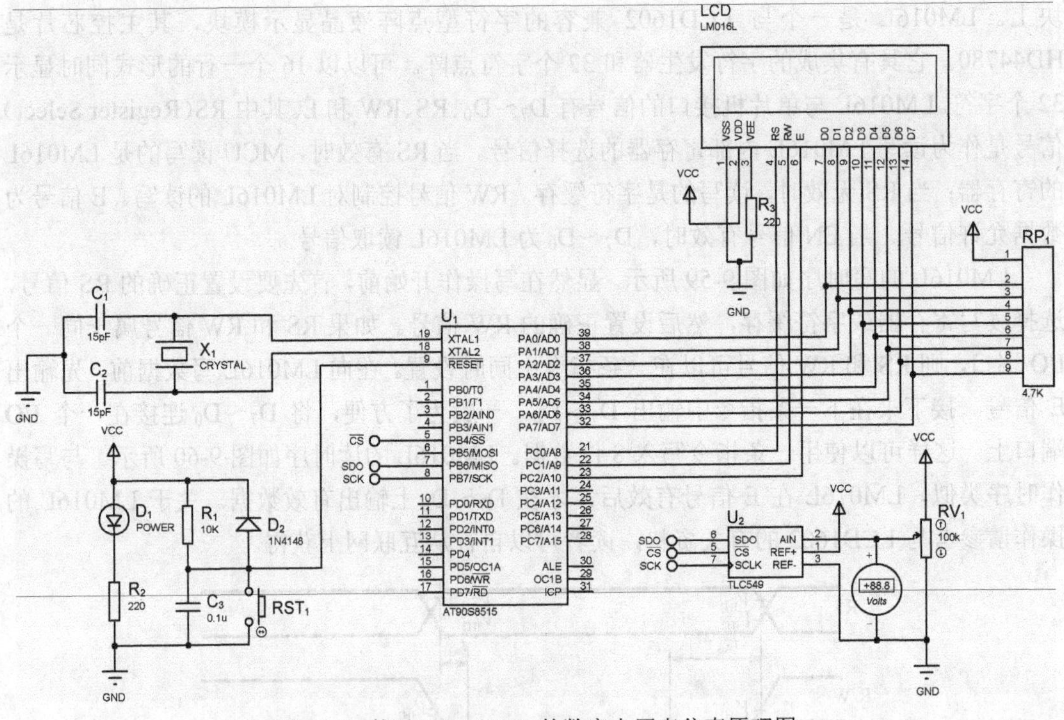

图 9-61　基于 AT90S8515 的数字电压表仿真原理图

首先请按照图 9-61 所示准备仿真调试的原理图。在该图中，输入到 TLC549 的模拟量输入端跨接了一个虚拟电压表。这么做是为了在仿真时将 LCD 显示模块中显示的电压和虚拟电压表中的电压做比较，以验证硬件和程序设计的正确性。

该实例中的复位电路中增加了二极管 D_2。这在实际的设计中是一个不可缺少的元件。C_3 可以在电源丢失的情况下迅速通过 D_2 放电，而不是通过较大的电阻 R_1 放电。这样就可以保证再次上电后复位信号的可靠性。

操作步骤

（1）为了进行仿真，接下来在 IAR EWB for AVR 中建立数字电压表的软件工程，并将工程命名为 9.4.3.digital.voltage.meter。建立的过程请参考 9.4.2 节中的示例。在 main.c 中输入下面的程序并保存。

```
#include <intrinsics.h>
#include <io8515.h>
#include <stdio.h>

#define F_CPU            (12000000)
#define delay_us(us)     __delay_cycles((F_CPU / 1000000) * us)
#define delay_ms(ms)     __delay_cycles((F_CPU / 1000) * ms)
```

```
#define LCD_EN_PORT     PORTC
#define LCD_EN_DDR      DDRC
#define LCD_EN_MSK      (1<<2)

#define LCD_RW_PORT     PORTC
#define LCD_RW_DDR      DDRC
#define LCD_RW_MSK      (1<<1)

#define LCD_RS_PORT     PORTC
#define LCD_RS_DDR      DDRC
#define LCD_RS_MSK      (1<<0)

#define LCD_DATA_PORT   PORTA
#define LCD_DATA_DDR    DDRA

#define EN_0()          (LCD_EN_PORT &= ~LCD_EN_MSK)
#define EN_1()          (LCD_EN_PORT |=  LCD_EN_MSK)

#define RW_0()          (LCD_RW_PORT &=  ~LCD_RW_MSK)
#define RW_1()          (LCD_RW_PORT |=  LCD_RW_MSK)

#define RS_0()          (LCD_RS_PORT &= ~LCD_RS_MSK)
#define RS_1()          (LCD_RS_PORT |=  LCD_RS_MSK)

void lcd_busy_wait()
{
    LCD_DATA_PORT= 0x00;
    LCD_DATA_DDR = 0x00;
    do {
        EN_0();
        RS_0();
        RW_1();
        EN_1();
        asm("nop");
    } while (LCD_DATA_PORT & 0x80);
    EN_0();
}

void lcd_write_command(char command)
{
    lcd_busy_wait();
    LCD_DATA_DDR = 0xFF;
    EN_0();
    RS_0();
    RW_0();
```

```
    LCD_DATA_PORT = command;
    EN_1();
    asm("nop");
    EN_0();
    delay_us(100);
}

void lcd_write_data(char data)
{
    lcd_busy_wait();
    LCD_DATA_DDR = 0xFF;
    EN_0();
    RS_1();
    RW_0();
    LCD_DATA_PORT = data;
    EN_1();
    asm("nop");
    EN_0();
    delay_us(100);
}

void lcd_set_xy(char x, char y)
{
    unsigned char address;
    if (y == 0)
        address = 0x80 + x;
    else
        address = 0xc0 + x;
    lcd_write_command(address);
}

void lcd_write_string(char x, char y, const char *s)
{
    lcd_set_xy(x, y);
    while (*s)
    {
        lcd_write_data(*s);
        s ++;
        delay_us(100);
    }
}

void lcd_write_char(char x, char y, char c)
{
    lcd_set_xy(x, y);
    lcd_write_data(c);
```

```
}

void lcd_init()
{
    LCD_EN_DDR |= LCD_EN_MSK;
    LCD_RW_DDR |= LCD_RW_MSK;
    LCD_RS_DDR |= LCD_RS_MSK;
    EN_0();

    lcd_write_command(0x38);     //8 位模式，两行 5×7 点阵
    delay_ms(1);
    lcd_write_command(0x0C);     //取消光标，取消闪烁，显示使能
    delay_ms(1);
    lcd_write_command(0x06);     //打开自增模式
    delay_ms(1);
    lcd_write_command(0x01);     //清屏
    delay_ms(1);
}

void init_spi()
{
    DDRB  = 0x90;                //SCK & $SS 引脚为输入，SDO 引脚为输出
    SPCR  = 0x53;                //SPI 使能，SPI 主模式，SPI 时钟频率为 Fosc/128
    SPSR &= 0xFE;                //正常 SPI 速度
}

double read_voltage()
{
    char data;

    PORTB &= ~(1<<4);

    SPDR = 0;
    while(!(SPSR & (1<<7)))      //等待接收完成
        ;
    data = SPDR;                 //读取 SPI 数据寄存器

    PORTB |= (1<<4);
    //将其转换成电压值，参考电压 5.0V
    return (double)5.0*data/256;
}

void main(void)
{
    char buf[17] = "Volt(s) : 0.00";
    int d1,d2,d3;
```

```
    double voltage;

    lcd_init();
    delay_ms(10);

    lcd_write_string(0, 0, "Voltage Meter!");
    delay_ms(1);

    init_spi();
    for(;;)
    {
        voltage = read_voltage();
        // 计算电压值的个位
        d1 = (int)voltage;
        // 计算电压值的十分位
        d2 = (int)(voltage*10 - 10.0*d1);
        // 计算电压值的百分位
        d3 = (int)(voltage*100 - 100.0*d1 - 10.0*d2);
        buf[10] = '0'+d1;
        buf[12] = '0'+d2;
        buf[13] = '0'+d3;
        lcd_write_string(0, 1, buf);
        delay_ms(10);
    }
}
```

（2）工程建立好之后，按如图 9-52 所示设置目标文件格式为 ubrof 8，并将输出的目标文件设置为 digital.voltage.meter.d90。

（3）在 IAR EWB for AVR 中按 F7 键编译代码，并生目标文件。如果工程配置正确，且源代码输入正确，将会显示如下的编译日志。如果编译日志中显示错误信息，则参考错误信息进行修改。

```
Building configuration: 9.4.ditital.voltage.meter - Debug
Updating build tree...
main.c
Linking

Total number of errors: 0
Total number of warnings: 0
```

（4）在 Proteus ISIS 中参考图 9-61 建立仿真原理图。

（5）单击原理图中的 U1（AT90S8515）打开处理器设置对话框。将 Clock Frequency 设置为 12MHz，按如图 9-62 所示设置处理器运行频率。

注意，该数值决定了源代码中的 delay_us()和 delay_ms()这两个延时程序的精度。此工作频率要与源代码中的 FCLK 一致，如不一致，将使延时长度有较大的差异，可能会影响操作 LM016L 时的时序。

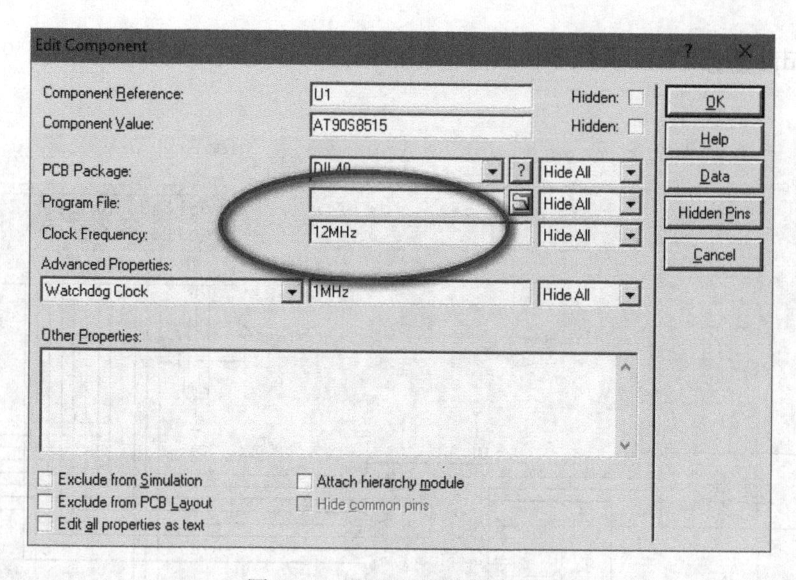

图 9-62　设置处理器运行频率

（6）在图 9-62 中，单击 Program File 输入框右侧的图标，选择 IAR WEB for AVR 生成的 digital.voltage.meter.d90 文件，并单击 OK 按钮保存修改。

（7）单击按钮开始仿真。在仿真开始后按 Esc 键或者单击按钮暂停仿真。此时 Proteus 将会自动打开源代码调试窗口和变量观察窗口，如图 9-63 所示。如果调试窗口未打开，则参考图 9-54 所示，通过菜单打开源代码调试窗口。

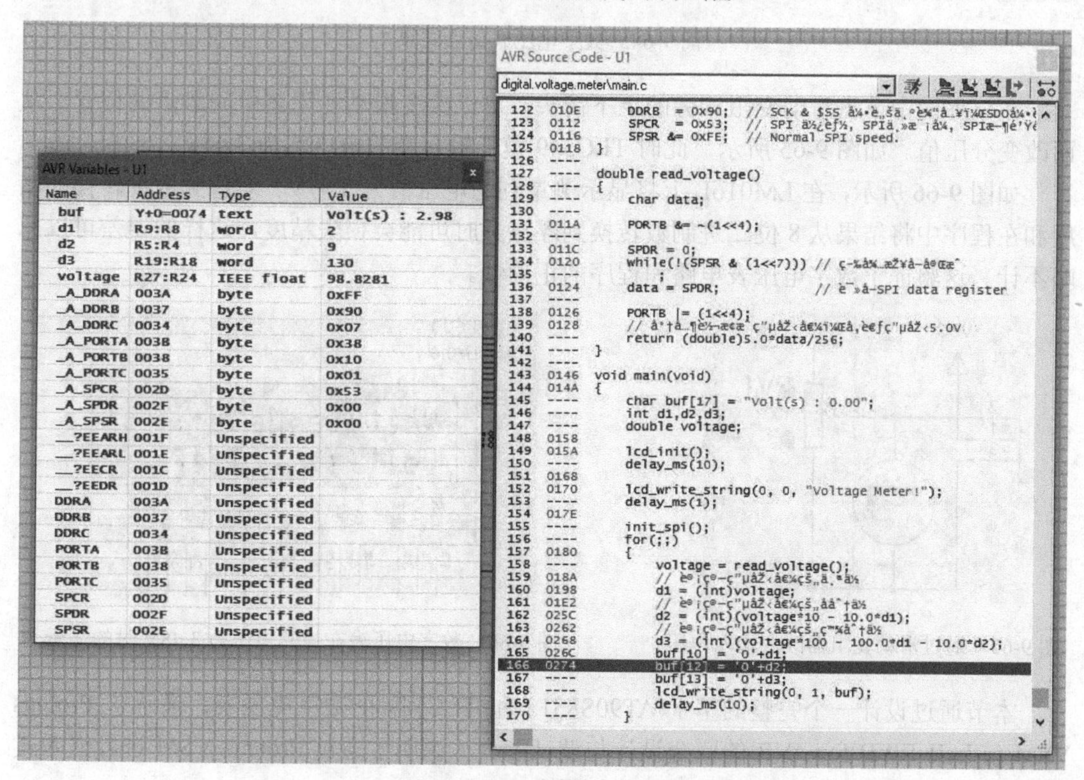

图 9-63　源代码调试窗口和变量观察窗口

（8）单击▶按钮继续程序仿真。如果前面的工作无误，则会显示如图 9-64 所示的界面。

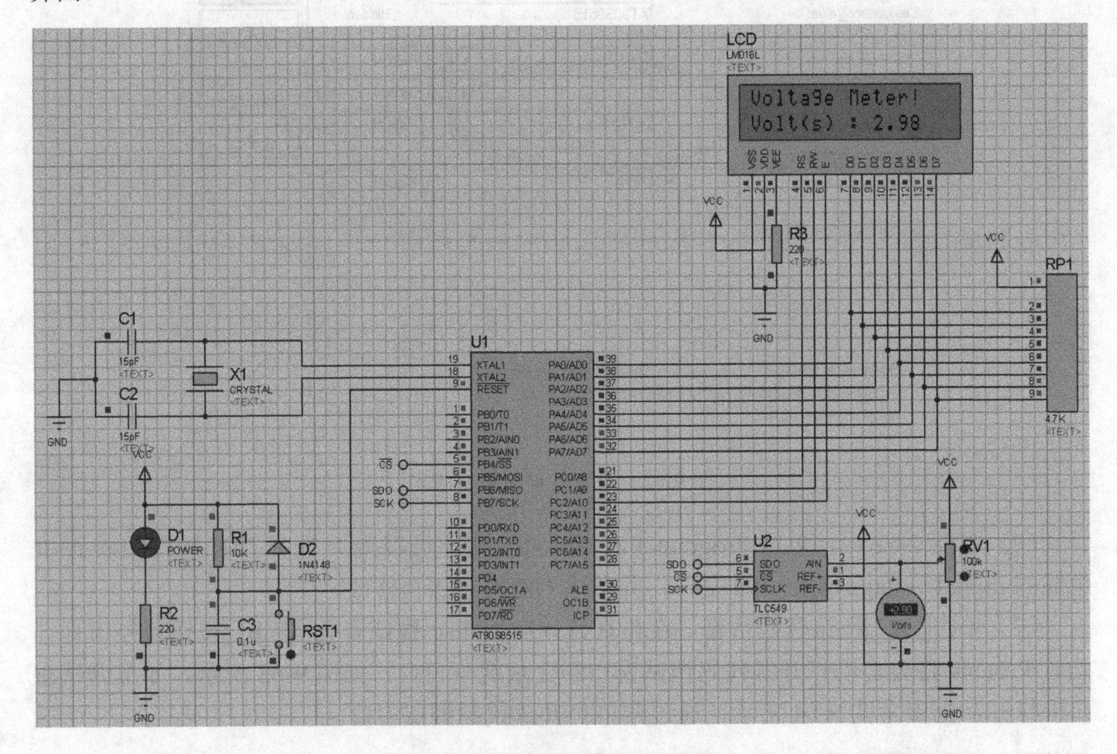

图 9-64　数字电压表仿真结果

在该界面中单击滑动变阻器旁的上下箭头，可以改变滑动变阻器中间触点的位置，从而改变分压值。如图 9-65 所示，此时 TLC549 模拟输入端的电压值为 3.48V。

如图 9-66 所示，在 LM016L 上将显示测量到的电压值为 3.47V。考虑到数模转换的精度和在程序中将结果从 8 位二进制数转换到浮点数时可能会损失精度，这样的误差可以忽略不计。这验证了数字电压表电路和程序的正确性。

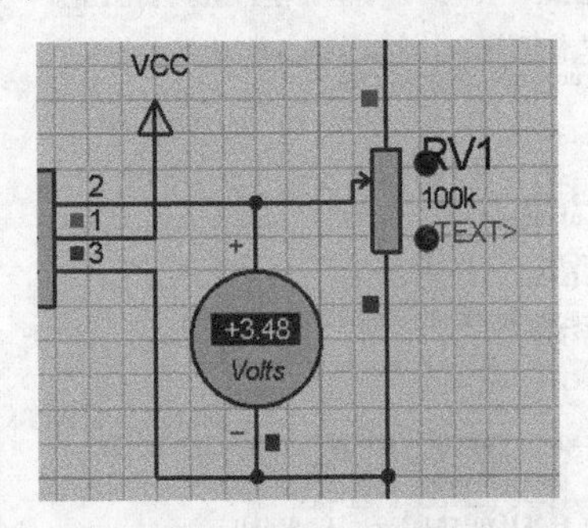

图 9-65　通过滑动变阻器改变输入电压

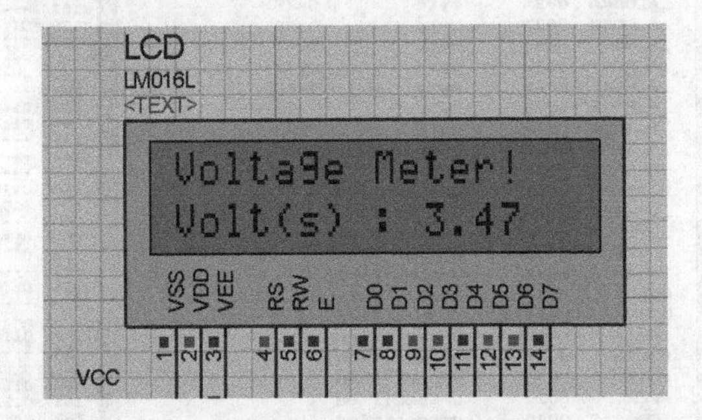

图 9-66　数字电压表在被测电压为 3.48V 时的显示

本节通过设计一个完整的基于 AT90S8515 和 TLC549 的数字电压表，演示了 Proteus VSM 与 IAR EWB for AVR 的联合设计与调试能力，说明了通过 Proteus VSM 进行嵌入式系统的虚拟数字原型设计简单易用且功能强大。

9.6 小结

本章通过例子介绍了 Keil μVision 以及 IAR EWB 与 Proteus VSM 联合仿真的方法。经过本章的学习可以发现，使用 Keil 与 IAR EWB 等嵌入式开发集成开发环境与 Proteus VSM 进行联合开发和调试具有很多优点。嵌入式系统硬件在设计、加工、焊接、调试上需要相当长的时间，如果使用传统的方法，在硬件尚未调试完成之前，软件无法调试或者只能调试与具体的外围电路无关的部分。且在未经验证的硬件设计上调试软件程序是困难的工作。而使用 Proteus VSM，在硬件电路尚未完成时，即可将程序调试完毕。这极大地提高了开发效率，使硬件设计与嵌入式系统的固件设计可以在时间上同时进行。而且 Proteus VSM 对硬件的建模和仿真几乎不需要成本，在仿真和调试时发现的设计错误可以以最小的代价修改，这加速了嵌入式系统开发的迭代过程。

9.7 习题

（1）MCS51 单片机有哪些特点？什么是冯·诺依曼结构？

（2）AT89C51 由哪些主要部件组成？其主要功能是什么？它与 MCS8051 相比有哪些优点？

（3）根据本章中关于 AT89C51 的最小系统的描述，在 Proteus ISIS 中建立最小系统的原理图。

（4）在 Proteus VSM 中使用 ASEM51 编写程序实现操纵 AT89C51 的 I/O 端口输出频率是 100kHz 的方波信号，并在该 I/O 端口上连接虚拟示波器验证仿真结果。

（5）在 Proteus ISIS 中设计一个基于 AT89C51 和发光二极管的流水灯电路，并使用 Keil C51 编写程序。使用 Keil μVision 与 Proteus VSM 联合调试。

（6）简述 AVR 单片机的特点，并与 MCS8051 系列单片机进行比较。

（7）根据本章中关于 AVR 单片机最小系统的描述，在 Proteus ISIS 中建立该最小系统的原理图。

（8）基于 AT90S8515 设计一个正弦信号发生器程序，通过 AT90S8515 的 I/O 端口输出。并将该 I/O 端口连接到虚拟示波器上进行观察和验证。

（9）基于 AT90S8515 设计一个 4×4 的键盘，并将按键扫描结果显示在七段数码管上。使用 IAR EWB for AVR 编写程序，然后在 Proteus VSM 中调试并验证原理图和程序的正确性。

第 10 章　Proteus ARES PCB 设计

Proteus 软件包由 Proteus ISIS 原理图工具、Proteus VSM 虚拟仿真器以及 Proteus ARES（Advanced Routing and Editing Software）PCB 工具组成。这 3 个组件使得 Proteus 成为能提供从原理图设计、电路仿真到 PCB 设计文件输出的完整流程的软件工具。在本章中将通过一个具体的实例介绍如何使用 Proteus ARES 进行从原理图到 PCB 的设计过程。

10.1　PCB 概述

PCB 即印制电路板，是 Printed Circuit Board 的缩写。一般来说它是一块具有阻燃性的环氧树脂板。环氧树脂板本身是不导电的，但是在环氧树脂板上有导电的走线（track）、过孔（via）、焊盘（pad）用来连接其上放置的电子元件，如电阻、电容、连接器、集成电路等。在环氧树脂板上放置的电子元件通过焊锡与焊盘进行连接。PCB 如图 10-1 所示。

图 10-1　印制电路板

PCB 可以是单层的、双层的或者多层的。在不同层上的连线通过过孔相连。因为在元件之间的连线需要一定空间才可以进行布线，因此多层板可以将布线从二维（平面）扩展到三维（立体）空间，因此更适合于元件密度较高的设计。

PCB 基板主要是用型号为 FR4 的环氧树脂板制成。以双层板为例，在基板的正反两面都敷有一层厚度为 35～50μm 的铜箔。将铜箔上不需要的地方通过蚀刻工艺去掉，留下的即为具有导电性的走线、过孔和焊盘等基本布线资源。而多层板则是将多片基板层压在一起构成的，中间的每层都和顶层、底层一样具有布线能力，不同的是在中间层的基板上没有焊盘。如图 10-2（a）所示是一个双层 PCB 的层结构，其从上至下分别为上层丝印层、上层阻焊层、上层布线层、介电层、下层布线层、下层阻焊层和下层丝印层。而图 10-2（b）所示为一个四层 PCB 的层结构，四层与双层类似，但是多了两个布线层。

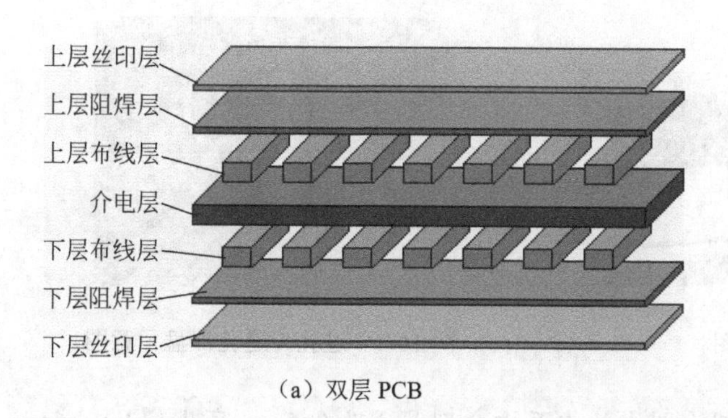

（a）双层 PCB

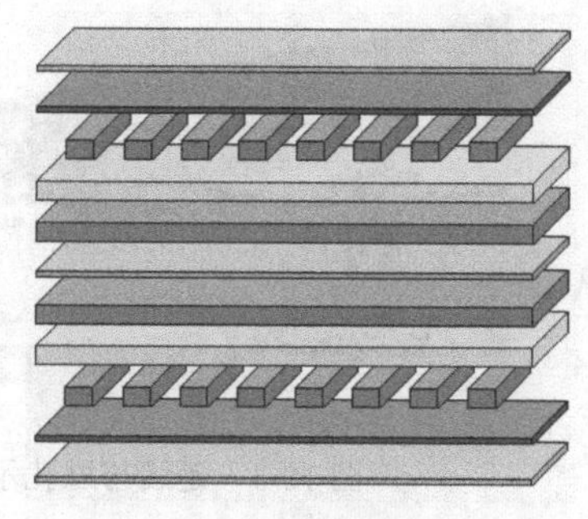

（b）四层 PCB

图 10-2　双层和四层印制电路板结构

各层的用途解释如下：

- 上层丝印层（Top Silk），用于印刷各种字符和符号。
- 上层阻焊层（Top Solder），用于阻止焊锡流动。
- 上层布线层（Top Copper），该层为金属箔，通过蚀刻工艺在该层上形成布线结构（走线、过孔、焊盘）。
- 介电层，环氧树脂基板。该层为印制电路板的载体。
- 下层布线层（Bottom Copper），该层为金属箔，通过蚀刻工艺在该层上形成布线结构（走线、过孔、焊盘）。
- 下层阻焊层（Bottom Solder），用于阻止焊锡流动。
- 下层丝印层（Bottom Silk），用于印刷各种字符和符号。

上层丝印层、下层丝印层又称 Top Overlay 层、Bottom Overlay 层。不同的 PCB 设计软件对此有不同的命名。

印制电路板上的基本布线资源包括走线、过孔与焊盘。这 3 种资源都位于印制电路板的布线层，对于一个双层板来说，是位于顶层和底层。几乎所有的印制电路板都会用到这 3 种资源。

- 走线（track），用于连接焊盘和过孔。
- 过孔（via），用于连接不同层的走线。
- 焊盘（pad），用于连接元件与走线。

走线与过孔如图 10-3 所示，在图中有 4 个布线层。从图中可以看出，不同层的走线可以通过过孔连接起来。在过孔的支持下，走线可以自由地穿过不同的布线层。过孔的结构如图 10-4 所示。为了在印制电路板上制造一个过孔，首先需要在基板上使用钻头或者激光打孔。以两层板为例，在打孔后需要对孔洞（使用石墨烯、石墨乳）进行导电化（预金属化）处理。在预金属化处理后，就可以对孔洞进行电镀铜。这样孔洞的上层覆铜板和下层覆铜板就通过金属导体连接在一起。在业余制作 PCB 时，也可以通过在孔洞中插入导线，然后再焊接来实现。

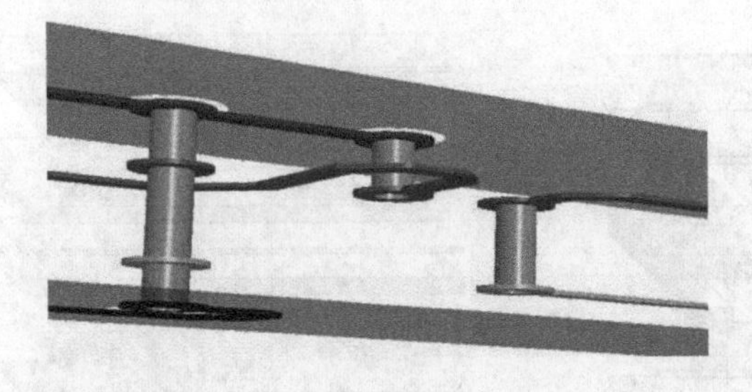

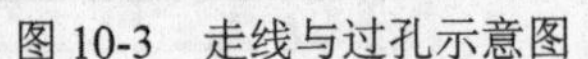

图 10-3　走线与过孔示意图

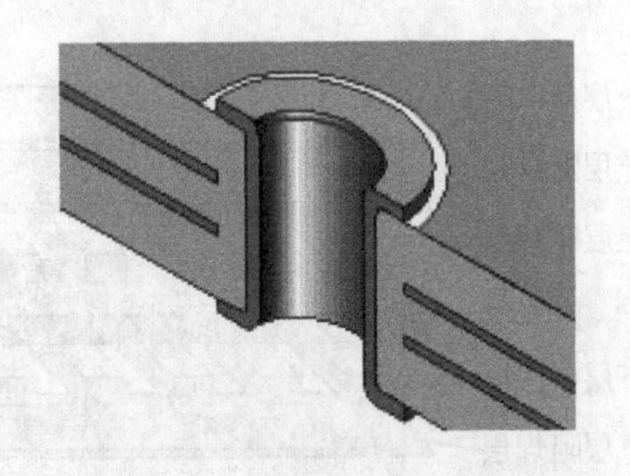

图 10-4　过孔与通孔焊盘示意图

图 10-3 中有 3 种类型的过孔，图中从左至右分别是通孔（via）、盲孔（blink via）和埋孔（buried via）。其中，盲孔是只有一端露出表面的孔，孔的一端在 PCB 表面，另一端在 PCB 的内层；而埋孔是孔的上下两端都在 PCB 内层的孔，从外观上看不到。需要注意的是，埋孔和盲孔一般较少使用，且加工费用较高，大部分情况下只在超高密度的印制电路板中才使用。

焊盘一般分两类：表面贴装焊盘（surface mount pad）与通孔焊盘（through hole pad）。在印制电路板上安装直插元件时需要使用通孔焊盘。直插元件如图 10-5 所示。直插元件的引脚与芯片以及印制电路板垂直。通孔焊盘如图 10-4 所示。顾名思义，通孔焊盘中有一个孔，元件的引脚插入到这个孔中，并从安装元件的另一面突出。如果直插元件安装在顶层，那么引脚就在底层。于是焊盘和元件的引脚就可以在底层的焊盘处通过焊锡进行连接，如图 10-6 所示。因此，通孔焊盘与过孔类似，由两个焊接表面和一个通孔组成。

图 10-5　双列直插元件

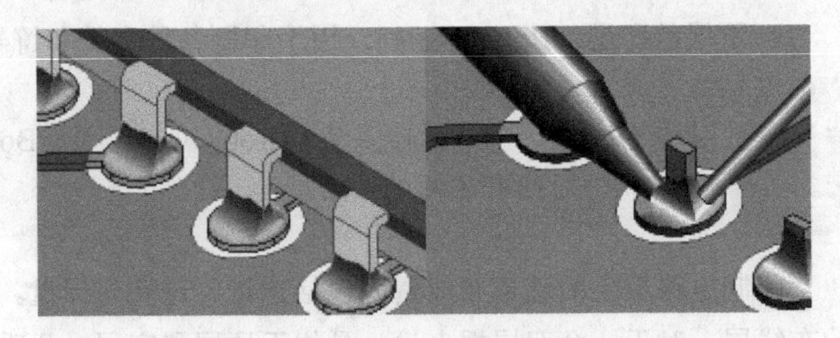

图 10-6　通孔焊盘与元件

表面贴装元件（surface mount IC）是采用新型封装的元件。它相对于直插型元件的主要优点是可以提高印制电路板的元件密度，且更容易进行自动化的 PCB 元件摆放和焊接，表面贴装元件的封装如图 10-7 所示。表面贴装元件的引脚方向平行于印制电路板表面，因此表面贴装元件的焊盘中心没有孔洞。在设计时，表面贴装元件的焊盘只在元件所安装的那一面存在，一般为长方形，且长宽方向与引脚一致，表面贴装焊盘如图 10-8 所示，可以看出焊盘中心没有孔。

简单的 PCB 可以通过手工设计和加工。实际上有很多电子爱好者自己在家里就可以制作单层印制电路板。但是复杂的 PCB 使设计者面临巨大的挑战，因此需要用软件工具来设计，并由 PCB 加工厂进行加工和测试。设计 PCB 的工作可以由很多专业软件来完成，例如 Orcad、Protel、Eagle 等。Proteus 软件包中的 Proteus ARES 也是其中之一，它提供了从数字原型开发到电子设计的完整功能，将经过模拟和数字仿真的设计转换为印制电路板。它与其他成熟的PCB设计工具一样具有各种高级功能，例如自动布局布线、自定义元件、3D输出等。

图10-7 表面贴装元件

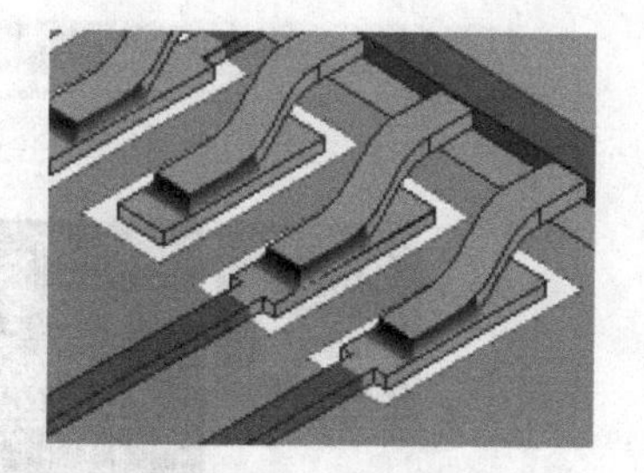

图10-8 表面贴装元件与焊盘

10.2 Proteus ARES编辑环境

打开Proteus ARES有两种方法：一种是在Windows开始菜单中直接运行Proteus ARES；另一种是在Proteus ISIS中单击工具栏中的ARES图标，或者在主菜单中选择Tools→Netlist to ARES命令打开，如图10-9所示。该操作的功能是将Proteus ISIS中创建的原理图所生成的网表（netlist）传送给Proteus ARES。如果这样打开Proteus ARES，则在Proteus ISIS中创建的原理图将直接被转换成网表文件，被Proteus ARES打开。当进入Proteus ARES后，各种元件（Component）以及元件之间的连接（Net）都已经加载完成，就可以进行PCB编辑的工作了。

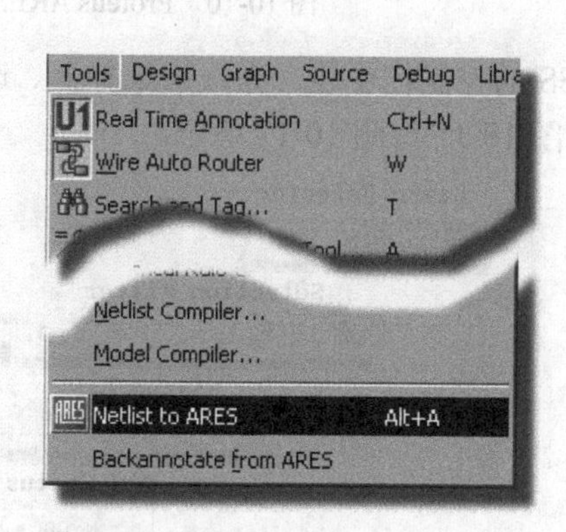

图10-9 在Proteus ISIS中打开Proteus ARES

1. Proteus ARES的主界面

Proteus ARES的主界面如图10-10所示。图中左侧为Proteus ARES的工具箱。单击工具箱中的每一个图标则会打开其对应的工具。例如，单击其中的◉图标，则在对象选择区列出ARES预先定义的各种通孔焊盘。在对象选择区选择任何对象后，将会在预览区显示该对象。主窗口下方、状态栏上方为控制栏。控制栏由各种对PCB显示和布线进行控制的功能组成。工具栏提供了部分常用功能的快捷图标，工具栏中的所有功能在主菜单及其子菜单中都可以找到。图 10-10 中黑色带网格的区域为编辑区，PCB 文件将在此区域创建并显示。

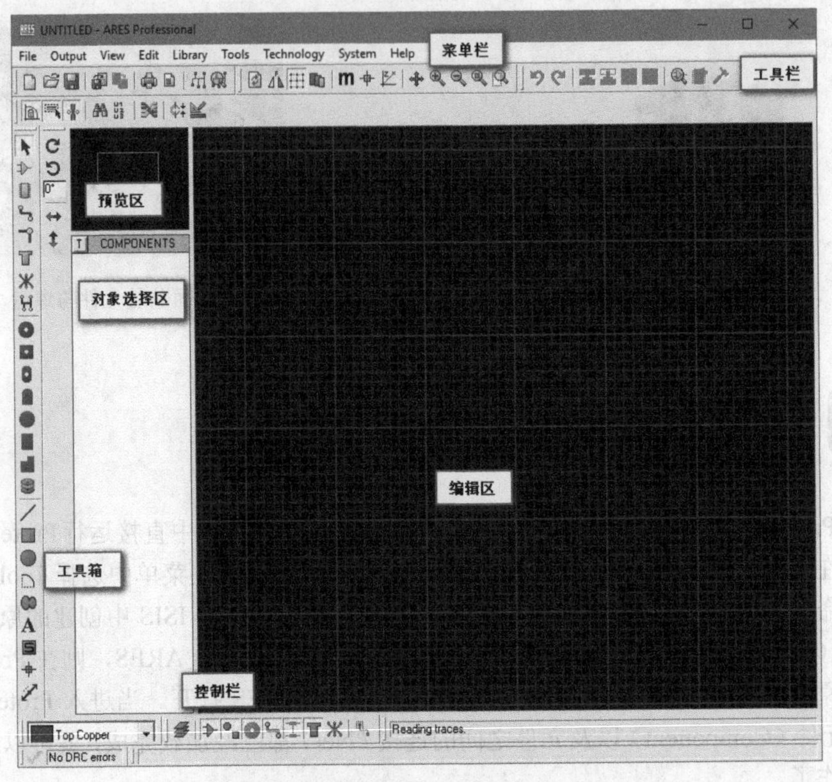

图 10-10 Proteus ARES 主窗口

Proteus ARES 的控制栏中包含布线层选择器、选择过滤器、状态栏、DRC 状态及鼠标位置指示器，如图 10-11 与图 10-12 所示。

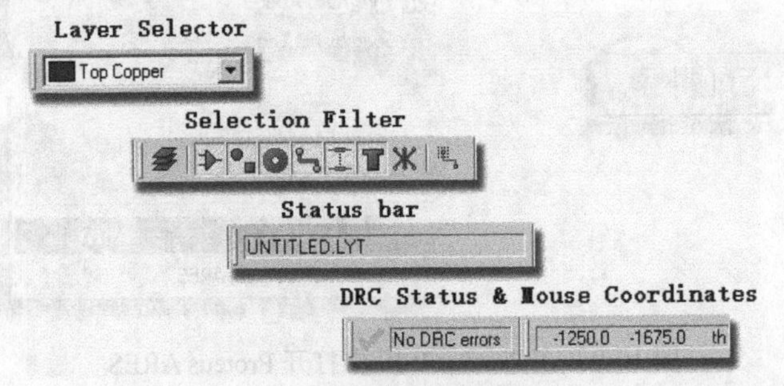

图 10-11 Proteus ARES 控制栏

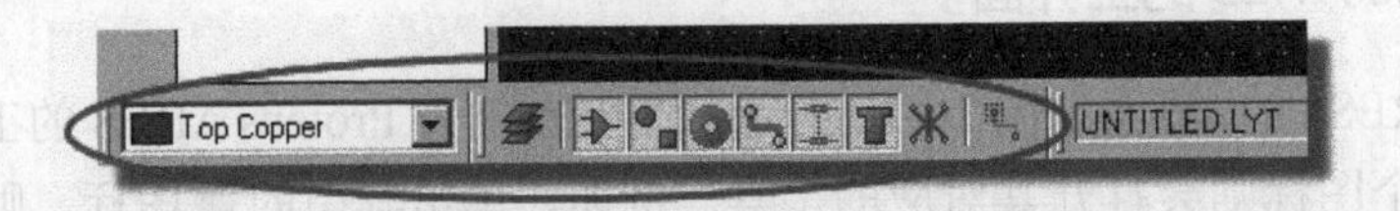

图 10-12 Proteus ARES 选择过滤器

Proteus ARES 的状态栏显示各种编辑操作的状态信息或者被选择对象的属性。例如，

图 10-13 显示了被选中的焊盘信息，状态栏中的信息提示该焊盘属于 U3 的第一个引脚以及它所连接的网络为 VCC；图 10-14 中的状态栏提示了执行设计规则检查（Design Rule Check，DRC）的结果，图示中显示为 No DRC errors，代表设计规则检查没有发现问题；图 10-15 中的状态栏显示了当前鼠标指针的位置。这些在状态栏中显示的信息是实时更新的。

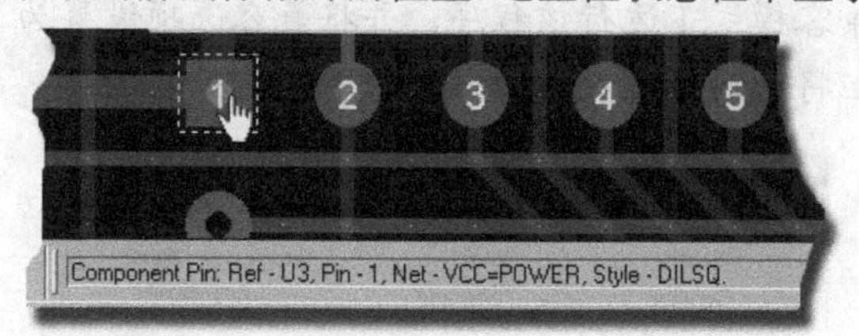

图 10-13　Proteus ARES 状态栏

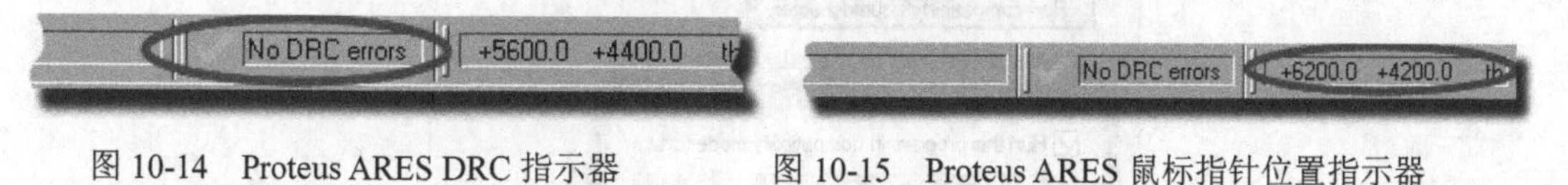

图 10-14　Proteus ARES DRC 指示器　　　图 10-15　Proteus ARES 鼠标指针位置指示器

2. Proteus ARES 显示设置

Proteus ARES 可以充分利用显卡来加速图形操作，以得到更流畅的设计体验。在进行设计工作前，可以首先修改模式的显示选项，这通过在 Proteus ARES 主菜单中选择 System→Set Display Option 命令来完成。选择该命令后将显示如图 10-16 所示的对话框，在该对话框中将 Graphic Mode 设置为 Use OpenGL Graphics (Hardware Accelerated)，并将 Multi-Sampling 设置为 4x。这在绝大部分 PC 上都将提供流畅的操作和细腻的显示体验。其他设置保持默认值即可，单击 OK 按钮保存设置，或重启 Proteus ARES 使新设置生效。

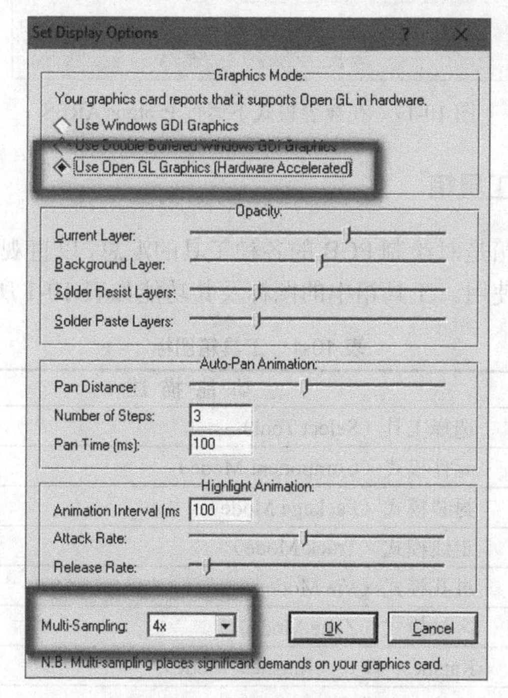

图 10-16　更改显示设置

如果在 Windows 8、Windows 8.1 或者 Windows 10 中使用 Proteus ARES，请在兼容模式下运行 Proteus ARES。修改的方法是，找到 Proteus ARES 的快捷方式，在快捷方式上右击，在弹出的快捷菜单中选择“属性”命令，在打开的对话框中，选择在兼容模式下运行该程序，并将兼容选项设置为 Windows 7。该设置并非必要，但将有助于解决界面显示上遇到的一些问题。

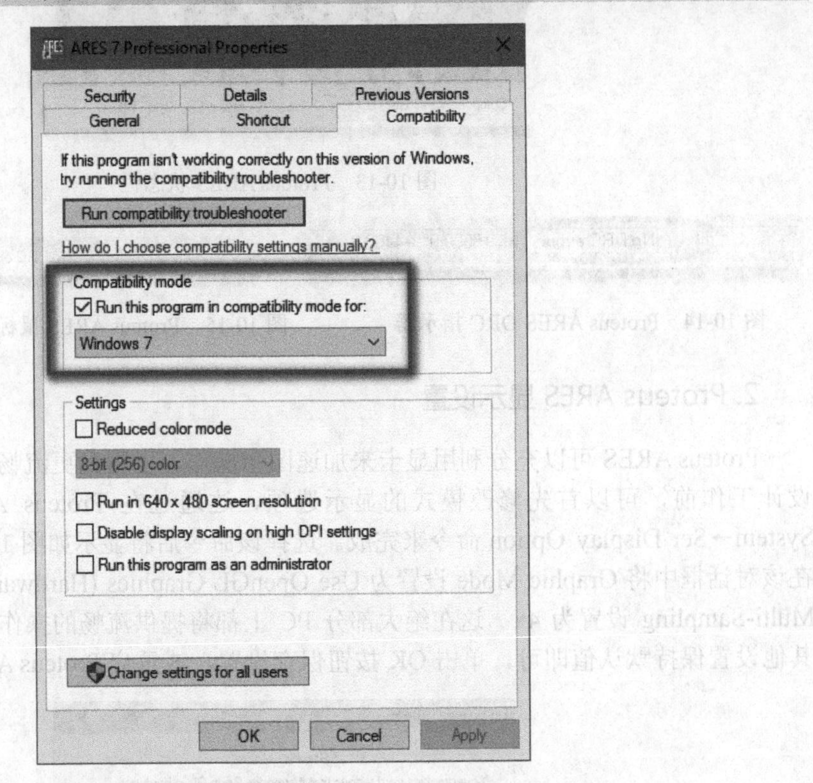

图 10-17　在兼容模式下运行 Proteus ARES

3. Proteus ARES 工具箱

Proteus ARES 工具箱是对绘制 PCB 的各种工具的汇总，以直观的形式将这些工具放置在主窗口上方便设计者使用。工具箱中的图标及其功能如表 10-1 所示。

表 10-1　工具箱图标

图　标	功 能 描 述
	选择工具（Select Tool）
	元件模式（Component Mode）
	封装模式（Package Mode）
	走线模式（Track Mode）
	过孔模式（Via Mode）
	区域模式（Zone Mode）
	Ratsnest 模式（Ratsnest Mode）
	连接高亮模式（Connectivity Highlight）

续表

图　标	功能描述
	圆形通孔焊盘模式（TH Circular Pad Mode）
	方形通孔焊盘模式（TH Square Pad Mode）
	双列直插元件通孔焊盘模式（DIL Pad Mode）
	表贴边沿连接器焊盘模式（SMT Edge Connector Mode）
	表贴圆形焊盘模式（SMT Circular Pad Mode）
	表贴多边形焊盘模式（SMT Polygonal Pad Mode）
	焊盘层叠结构模式（Pad Stack Mode）
	2D 画线模式（2D Line Mode）
	2D 四边形工具（2D Square Mode）
	2D 圆形工具（2D Circular Mode）
	2D 扇形工具（2D Arch Mode）
	2D 自由形状工具（2D Path Mode）
A	2D 文本工具（2D Text Mode）
	2D 符号工具（2D Symbols）
	2D 标记工具（2D Marker Mode）
	尺寸工具（Dimension Tool）
	顺时针旋转工具（Rotate Clockwise）
	逆时针旋转工具（Rotate Anti-clockwise）
	左右翻转工具（Mirror Object）
	上下翻转工具（Flip Object）

表 10-1 中的模式很多，下面对在 PCB 布线中常用的模式进行介绍。

- 元件模式。选择该模式会在对象选择区（参考图 10-10）列出所有加载的元件。这些元件是网表（Netlist）中存在的。网表中不存在的元件则不会显示。
- 封装模式。选择该模式将在对象选择区列出所有与网表中元件有关的封装（Package）。封装是元件在 PCB 上的外形数据的图形化表示。原理图中的电路符号包含元件引脚的信息，但是并不包含关于元件外形的具体物理信息。这些信息由封装来表示。
- 走线模式。选择该模式将在对象选择区域列出 Proteus ARES 预定义的各种走线（Trace）模式。选择某种走线模式，则在 PCB 上画线时将会根据模式所定义的宽度等信息进行绘制。
- 过孔模式。选择该模式将在对象选择区域列出 Proteus ARES 预定义的各种过孔模式。选择某种具体的过孔模式，则在 PCB 上绘制过孔时将会根据模式所定义的外径、内径等信息进行绘制。
- Ratsnest 模式。该模式下可以输入或者修改网表中的网络连接信息（Net）。

其他模式见表 10-1 中的功能描述。其中 2D 模式主要用于创建元件封装时绘制元件外观以及在绘制 PCB 时添加与电路连接无关的其他符号、图形。

4. Proteus ARES 主工具栏

Proteus ARES 的常用功能都可从工具栏中的图标启动，Proteus ARES 的工具栏如图 10-18 所示。现将其中常用的图标在表 10-2 中进行介绍。其他未列出的图标请参考帮助文档。

图 10-18　Proteus ARES 工具栏

表 10-2　工具栏图标

图　标	功 能 描 述
	新建设计文件（New Layout）
	加载设计文件（Load Layout）
	保存设计文件（Save Layout）
	刷新编辑区显示（Refresh）
	打开关闭编辑区网格（Grid On/Off）
	选择显示和隐藏的布线层（Display Layers）
m	公制/英制切换（Metric/Imperial Toggle）
	设置新坐标原点（False Origin）
	放大（Zoom In）
	缩小（Zoom Out）
	缩放到正好充满编辑区（Zoom to Layout）
	将选择的部分缩放到正好充满编辑区（Zoom to Area）
	撤销操作（Undo）
	重复刚撤销的操作（Redo）
	从库中提取元件（Pick Device from Library）
	制作封装（Make Package）
	打开或关闭走线角度锁定（Trace Angle Lock Toggle）
	打开或关闭走线风格锁定（Auto Trace Style Toggle）
	打开或关闭自动走线宽度调整锁定（Auto Track Necking Toggle）
U1 U2 U3	自动为元件编号（Auto Component Annotator）
	自动布线器（Autorouter）
	连接规则检查器（Connectivity Rules Checker）
	设计规则检查器（Design Rule Checker）

5. Proteus ARES 中的长度单位

在 Proteus ARES 中的最小距离单位是 10nm，如果使用 32 位整数代表长度，则在 Proteus ARES 中可以表示的最大长度/距离是 10m。而 10nm 这个单位可以被 1μm 和 0.1th 整除，这样使用公制单位的长度和使用英制单位的长度可以完美地互相转换。

在使用 Proteus ARES 绘制 PCB 时，可以随时在公制（Metric）和英制（Imperial）之间转换。转换可以通过单击工具栏中的 **m** 按钮或者直接使用快捷键 M 进行。

在 Proteus ARES 中所有需要输入长度的地方都可以使用公制或者英制单位。其中公制单位有毫米（mm）、厘米（cm）、米（m），英制单位有th（千分之一英寸）、in（英寸，25.4mm）。

另外，Proteus ARES支持的最小的角度单位是0.1°。

10.3 创建元件封装

元件的封装在Proteus ARES中使用术语Package来表示。一个封装是一组焊盘和定义元件外观的图形图像对象（Silk Screen Graphics）的组合。库（Library）在Proteus ARES中是一系列封装的集合。通常在库中包含了一系列有关的元件的封装。例如，同一公司的同一类型的元件会在同一个库中定义。又如，用户自定义的库中包含某一设计所需要的元件的封装。

Proteus ARES自带了数量丰富的元件封装库。但是由于设计的多样性以及电子技术的发展，各种新出现的元件需要自定义封装的支持才能放置在PCB上。本节介绍如何自定义一个元件的封装。

为了更简单地说明封装的制作过程，本节制作一个按键开关的封装。这种元件一般称作Push Button或轻触开关。其典型应用是在印制电路板上作为矩阵键盘输入的按键，或者作为复位按钮使用。Proteus ISIS中的元件Button就是这样一个按钮。但是，在Proteus ARES中并没有该元件对应的封装，所以本节以轻触开关为例。一个典型的两脚轻触按钮外形如图10-19所示。一般情况下该开关是常开的，按下时两个引脚连接，释放时两个引脚断开。

图10-19 两脚按钮开关

为了制作元件的封装，首先需要的是元件的外形信息。要得到外形信息，需要参考元件的数据手册或者供应商提供的资料。该轻触开关的尺寸如图10-20所示。从图中可知该开关具有两个引脚，引脚间距为5mm，引脚的最宽处约为1mm，开关的外形是正方形，边长为6.2mm，开关顶部的按钮为圆柱形，直径为3.5mm。有了这些信息，就可以在Proteus ARES中绘制出开关的轮廓，并为每个引脚添加焊盘。

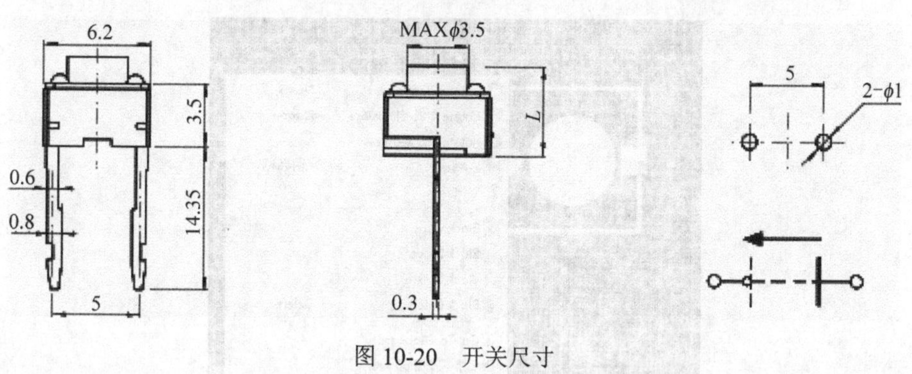

图10-20 开关尺寸

操作步骤

（1）打开Proteus ARES，在控制栏的层选择器中选择Top Silk层。

（2）单击工具箱中的正方形（■）按钮，在编辑器中绘制一个边长为6.5mm的正方形，其中心在原点的位置。

（3）单击工具箱中的圆形（●）按钮，在正方形的中央绘制一个直径为 1.75mm 的圆形，其中心在原点的位置。

（4）单击工具箱中的方形焊盘（■）按钮，在坐标（-2.5mm，0）处放置焊盘。

（5）单击工具箱中的选择工具（↖）按钮，选择该焊盘，在弹出的快捷菜单中选择 Edit Properties 命令，弹出如图 10-21 所示的对话框，在 Number 中填 1。

通常元件的第一个引脚使用方形焊盘，1 代表第一个引脚。

（6）单击工具箱中的圆形焊盘（◉）按钮，在坐标（2.5mm,0）的位置放置第二个焊盘，设置其 Number 为 2。

此时元件封装几乎创建完成了，得到了如图 10-22 所示的按钮元件外观。

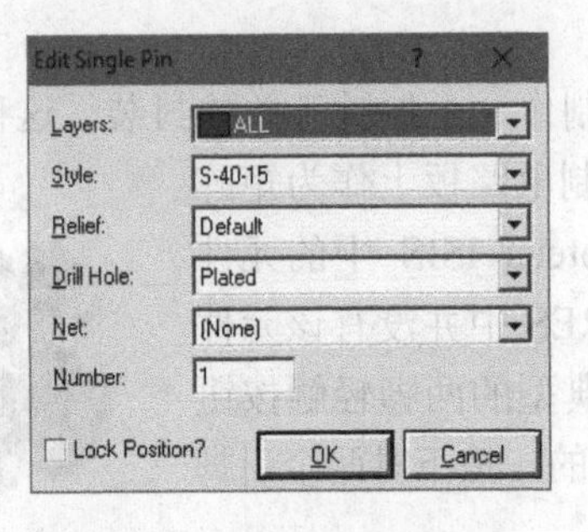

图 10-21　编辑焊盘属性

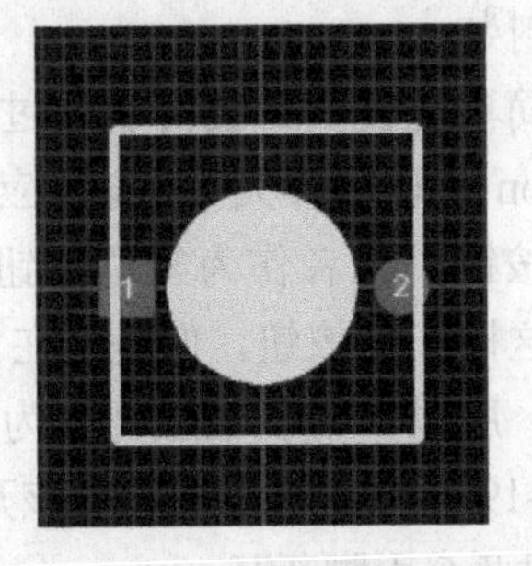

图 10-22　按钮元件封装部分完成

（7）单击工具箱中的选择工具（↖）按钮切换到选择模式，在编辑区选择刚创建的所有对象，此时被选择对象将呈现为白色。

（8）在被选择对象上右击，在弹出的快捷菜单中选择 Make Package 命令，如图 10-23 所示。

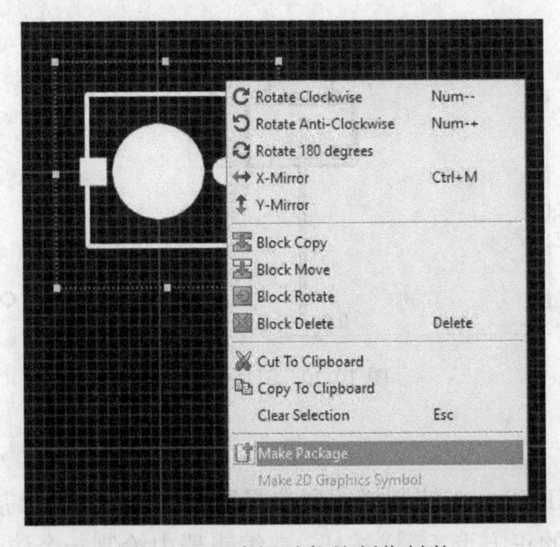

图 10-23　选择对象并制作封装

（9）弹出的对话框如图 10-24 所示，在 New Package Name 中输入 SWPB，在 Package Category 中选择 Miscellaneous，在 Package Type 中选择 Through Hole，在 Package Sub-category 中选择 Switches。

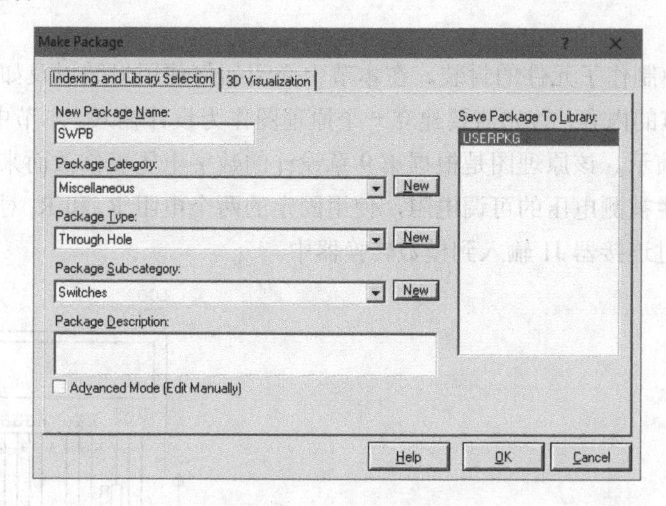

图 10-24　制作封装对话框

（10）单击 OK 按钮保存修改。此时，新创建的封装将保存在 USERPKG 库中。

该封装被保存后，单击工具箱中的 Package Mode（）图标，会在主窗口的对象选择区看到刚创建的 SWPB 封装出现在列表当中，如图 10-25 所示，说明此时封装已经可以使用了。

在编辑区右击，在弹出的快捷菜单中选择 Place→Package→SWPB 命令，即可在编辑区放置该元件，如图 10-26 所示。这时在选择模式下单击刚放置在编辑区的 SWPB 元件，可以发现该元件的各个部分成为一个整体，而不是分离的正方形、圆形以及焊盘等对象。因此，封装是一组用于描述元件外形和电气连接的对象的组合，这些对象是作为一个整体被使用的。

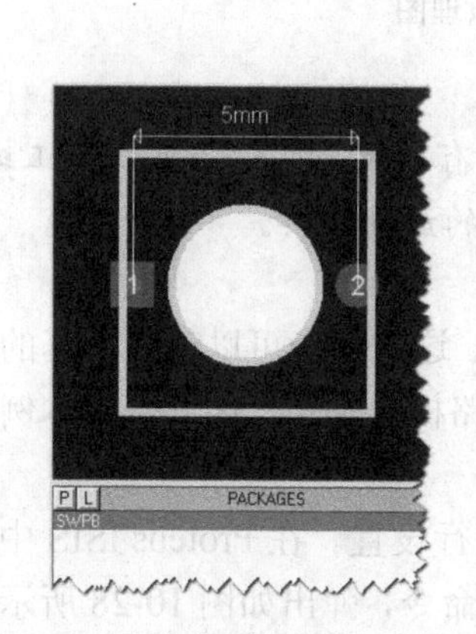

图 10-25　自定义封装出现在对象选择区中

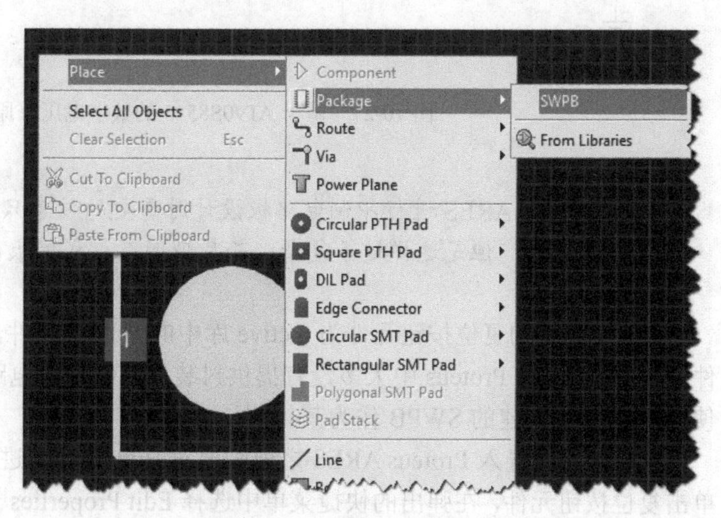

图 10-26　在编辑区放置元件

10.4 导入网表并指定元件封装

在 10.3 节中制作了元件的封装。在本节中介绍如何使用封装以及如何为元件指定封装。为了完成本节的内容，首先需要建立一个原理图作为设计输入。本节中使用如图 10-27 所示的原理图来演示。该原理图是根据第 9 章设计的数字电压表修改而来的，主要修改在于移除了用于产生被测电压的可调电阻，使用固定的两个电阻 R_4 和 R_5 对输入电压进行分压，被测电压通过连接器 J1 输入到模数转换器中。

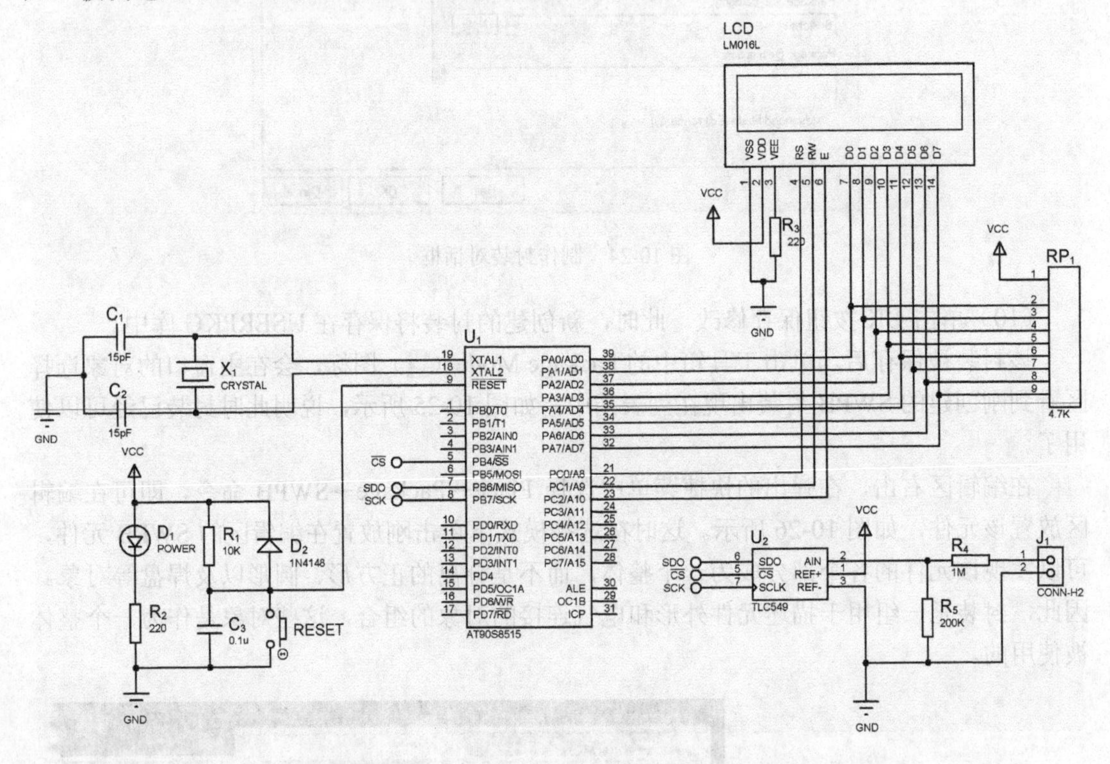

图 10-27　基于 AT90S8515 的数字电压表原理图

Proteus ARES 进行印制电路板设计时需要的信息只有网表。实际上可以手工编辑网表，但是这样过于复杂。而原理图是生成网表的最佳工具。

图 10-27 中的复位按钮元件为 Active 库中的 Button 元件，这是一个可以动画仿真的元件。对此类元件，Proteus 中大多没有提供封装供绘制印制电路板时使用，因此，在本例中使用 10.3 节中创建的 SWPB 作为其封装。

在将其网表导入 Proteus ARES 之前需要对 Button 元件进行设置。在 Proteus ISIS 中，单击复位按钮元件，在弹出的快捷菜单中选择 Edit Properties 命令，弹出如图 10-28 所示的对话框。在该对话框中，在 Component Reference 中输入 RESET，作为该元件的名称。同时，取消选中 Exclude from PCB Layout 复选框，该复选框控制元件是否被导出到网表中。

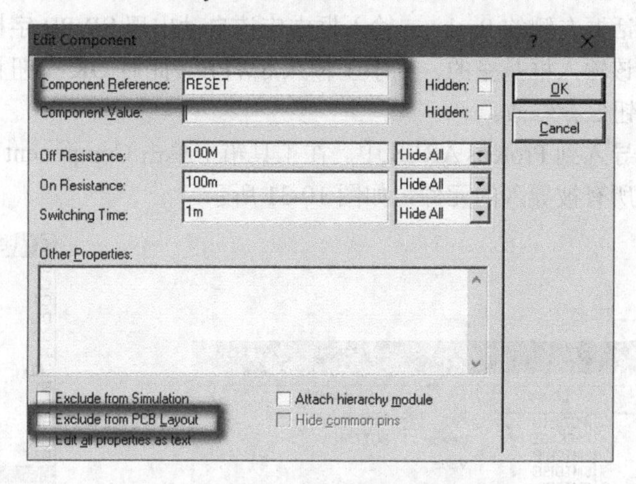

图 10-28　对仿真元件进行设置

每个元件都必须有名称。如果元件没有名称（不论 Exclude from PCB Layout 复选框是否被选中），将无法在网表中出现。

操作步骤

（1）在 Proteus ISIS 的工具栏中单击如图 10-9 所示的 ARES 按钮，将 Proteus ISIS 中输入的原理图以网表的形式导入到 Proteus ARES 中。

（2）在 Proteus ARES 软件被 Proteus ISIS 打开后，弹出如图 10-29 所示的对话框，要求选择编辑区尺寸。此时选择 DEFAULT 或者其他选项均可。单击 OK 按钮确认。

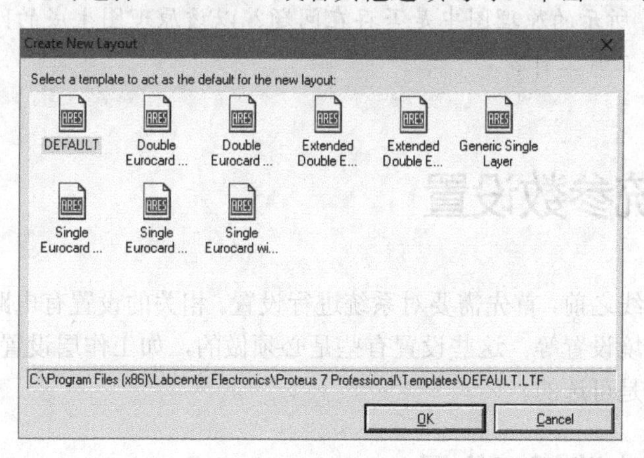

图 10-29　选择编辑区尺寸

（3）之后 Proteus 将会弹出如图 10-30 所示的对话框，要求为某些没有封装的元件指定封装。在本例中，该元件是 RESET。显然在图 10-28 中可以看到，该元件并没有关联任何封装。

（4）在对话框中的 Libraries 列表中找到并选择 USERPKG，然后在 Packages 列表中双击 SWPB，此时对话框右侧的 Package 输入框中应该自动出现 SWPB 字样。

（5）如果此时该输入框是空的，则手工输入 SWPB。此时 OK 按钮将由灰色变为正常状态。单击 OK 按钮保存修改。

此后网表将被导入到 Proteus ARES 中。在工具箱中单击 Component（ ）图标，将会在对象选择区看到所有被导入的元件，如图 10-31 所示。

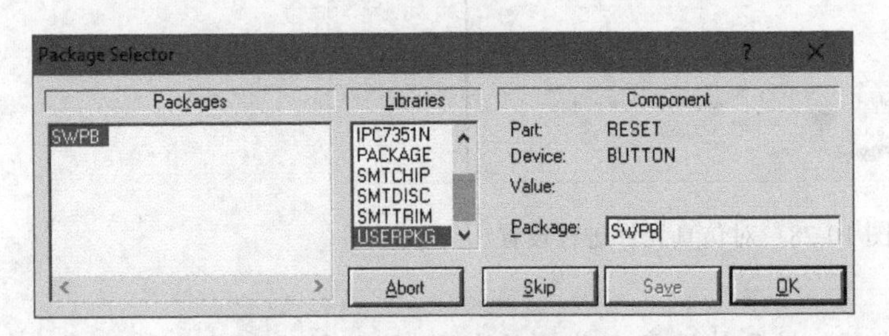

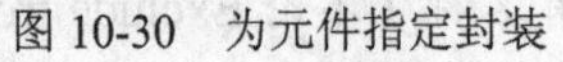
图 10-30　为元件指定封装

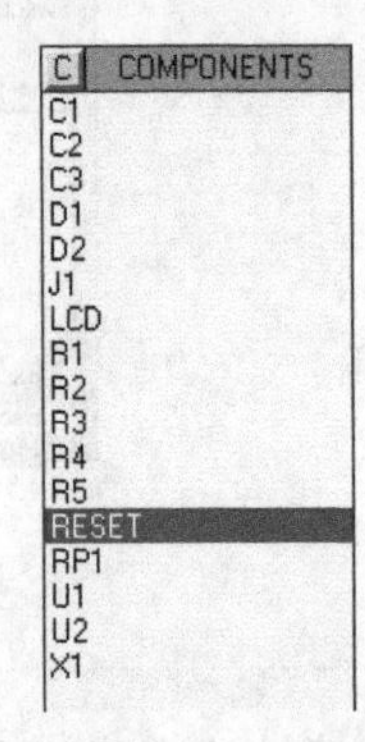

图 10-31　导入到 Proteus ARES 中的元件列表

如果在导入的网表中有其他元件没有指定封装，则 Package Selector 对话框会多次打开，直到所有的元件都关联了正确的封装。这是进行印制电路板设计的第一步。如果元件没有封装信息，则无法进行设计。

进行到这一步，Proteus ARES 中已经有了网表信息，所有的元件也都指定了封装。这时就可以利用 Proteus ARES 进行布局、布线等工作了。

图 10-27 所示的原理图中是否存在问题？以该原理图生成的网表制作的印制电路板能否正常工作？

10.5 系统参数设置

在进行布局布线之前，首先需要对系统进行设置。相关的设置有电路板的工作层设置、Proteus ARES 的环境设置等。这些设置有些是必须做的，如工作层设置；有些是为了方便设计过程而做的，是可选的。

10.5.1 设置电路板工作层

印制电路板可以是单层、双层和多层的。在本节中，将使用双层电路板为图 10-27 所示的原理图设计印制电路板。

Proteus ARES 使用 Inner Copper 代表内部布线层，也就是在 Top Copper 层和 Bottom

Copper 层之间的布线层。Proteus ARES 中的四层板具有 Top Copper、Inner Copper 1、Inner Copper 2、Bottom Copper 4 个布线层。通过主菜单中的 Technology→Layer Usage 子菜单打开如图 10-32 所示的工作层设置对话框。如果只使用两层板，则取消选中 Inner Copper 1 ～ Inner Copper 14 的复选框，这样只剩下 Top Copper 和 Bottom Copper 两个布线层。

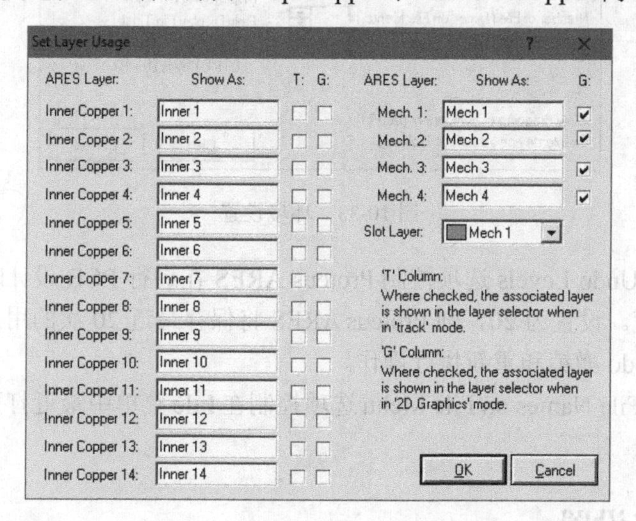

图 10-32　工作层设置

该对话框中的 T 和 G 的含义如下：

- T 代表 Track。勾选层对应的 T，代表允许在该层走线（Track）。
- G 代表 2D Graphic。勾选对应的 G，代表允许在该层绘制 2D 图形。

按照图 10-32 设置好以后，单击 OK 按钮，保存修改。图 10-32 表明 Proteus ARES 支持设计具有 16 个布线层的 16 层板。实际上极少有需要使用这么多层的情况。

图 10-32 中的 Mech.1～Mech.4 为机械层。Proteus ARES 中支持 4 个机械层。在机械层中只能绘制 2D 图形，这些图形作为 PCB 的标注信息使用。标注信息包括板的尺寸以及开孔的位置、大小等，提供给其他设计者阅读，例如，进行 PCB 加工的工程师能根据标注信息对加工进行调整。

并不是电路板层数越多越好。多层板的主要优势是增加了布线空间，使得线路可以在各层间穿梭，极大地提高了布线成功率。因此在高密度 PCB 设计中常采用多层板。对一个特定的设计来说，电路板层数越多，则布线越简单。但是多层板成本较高，应根据需要来选择印制电路板层数。

10.5.2　环境设置

通过主菜单的 System→Set Environment 命令可以设置环境参数。选择该命令打开如图 10-33 所示的对话框。其中：

- Autosave Time 选项控制 Proteus ARES 自动保存的时间间隔。设置较短的时间间隔有助于在软件异常关闭时减少设计的丢失。

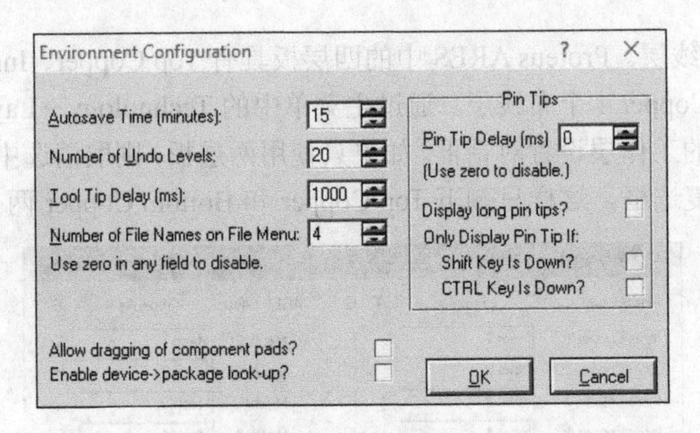

图 10-33　环境设置

- Number of Undo Levels 选项控制 Proteus ARES 在进行 PCB 设计时保存的用户操作的历史深度。设置为 20，则 Proteus ARES 将保存最近 20 次的用户操作，并可以通过 Undo/Redo 撤销和重新执行操作。
- Number of File Names on File Menu 选项控制在 File 菜单中最近打开的设计的文件名个数。

10.5.3　栅格设置

Proteus ARES 的编辑区可以显示网格以辅助布局和布线，这样当元件在编辑区摆放好后，设计者可以直观地观察到元件之间的距离。单击工具栏上的图标，可以在 3 种网格显示模式间切换。这 3 种模式分别是显示网格、只显示点、不显示网格和点。每单击一次，在这 3 种模式间依次切换一次。

通过主菜单中的 Technology→Grids 命令可以设置编辑区的网格距离以及在编辑区移动对象时自动对齐的精度。在该对话框中，可以对在编辑区使用英制和公制作为长度单位时做不同的设置。

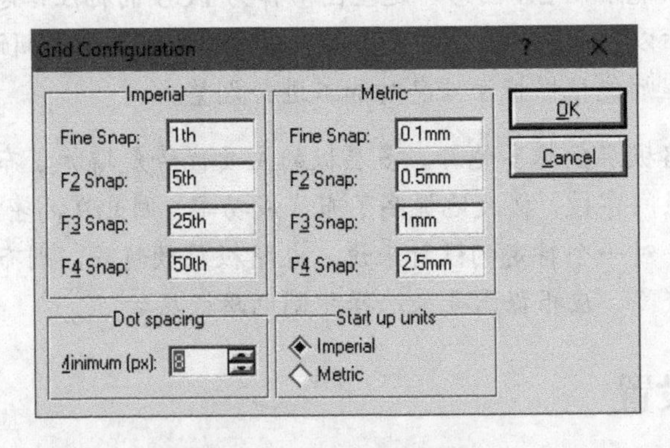

图 10-34　设置网格参数

- Fine Snap 为默认的捕捉（Snap）距离。
- F2 Snap 为按 F2 键后的捕捉距离。
- F3 Snap 为按 F3 键后的捕捉距离。

- F4 Snap 为按 F4 键后的捕捉距离。
- Dot spacing 设置网格中两个相邻点之间的距离（以像素为单位）。
- Startup units 设置默认单位是英制（Imperial）还是公制（Metric）。通常选择英制。

注意，Proteus 中的长度单位在采用英制时的最小单位为 th，也就是千分之一英寸。而这一距离在其他软件中被称为密尔（mil）。在使用公制时，最小单位为毫米（mm）。

10.6 PCB 布局

PCB 布局（Placement）是指在 PCB 上合理地摆放元件，使之满足各种兼容性要求，如与外壳的兼容性、元件之间的电磁兼容性等。布局还要考虑元件之间的连接关系，使布线工作变得简单。好的布局能极大地减少 PCB 布线的工作量，降低设计成本。因此可以说好的布局是完成一个优秀的 PCB 设计的第一步。

元件布局工作可以由设计软件自动完成，也可以由设计者手工完成。前者称为自动布局。自动布局根据当前的网表中的连接信息进行。高级的自动布局工具可以设置各种规则来指导布局工作，得到较好的元件布局。但是，目前为止，包括 Proteus ARES 在内的各种 PCB 设计软件的自动布局工具都没有达到实用的程度。对绝大多数 PCB 的设计来说，都要采用手工布局或者自动布局与手工布局相结合的方式来完成。

10.6.1　自动布局

Proteus ARES 中的自动布局工具可以将所有与其他元件连接的元件进行自动布局。在自动布局开始之前，需要为正在设计的 PCB 定义一个封闭的区域，也就是 PCB 的轮廓信息。所有的元件都必须摆放在该轮廓中。这个轮廓定义在 Board Edge 层中。

操作步骤

（1）通过布线层选择器（Layer Selector）选择 Board Edge 层。

（2）在编辑区右击，在弹出的快捷菜单中选择 Place→Component→Line 命令，在当前层中绘制一个封闭的长方形，长、宽分别为 5cm 和 6cm。

绘制结果如图 10-35 所示。注意，Board Edge 层绘制的 2D 图形是黄色的。如果绘制在了其他层，可以先选择绘制的图形并右击，在快捷菜单中通过 Change Layer 命令将其移动到 Board Edge 层。

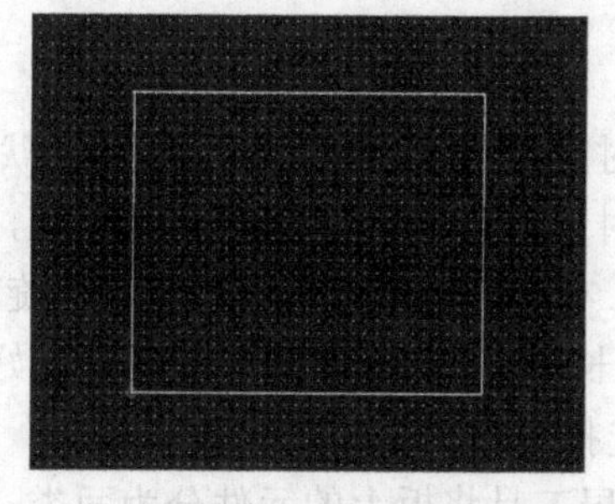

图 10-35　在 Board Edge 层绘制的轮廓

Proteus ARES 没有提供编辑 Line 的端点坐标的功能，为了能方便地绘制出规则的长方形轮廓，可以在绘制前通过主菜单中的 View→Snap 1mm 命令或者 View→Snap 2.5mm 命令设置鼠标移动精度。

绘制的轮廓必须是封闭的，否则自动布局工具将无法运行。对于这个长方形的轮廓来说，封闭的含义是相邻的两条线段共享一个端点。

为了更简单地绘制长方形，可以选择 Place→Component→Box 命令直接绘制长方形，而不是用 4 个线段来组成长方形。

在设置 Snap 1mm 之前需要单击工具栏的**m**按钮，将长度单位切换为 Metric（公制）。

在绘制了轮廓后，通过主菜单中的 Tools→Auto Placer 命令打开如图 10-36 所示的对话框设置自动布局器。在该对话框中可以选择要对哪些元件进行自动布局。在对话框右侧的 Design Rules 部分可以设置进行自动布局时的规则。在该对话框中可以设置如下的规则：

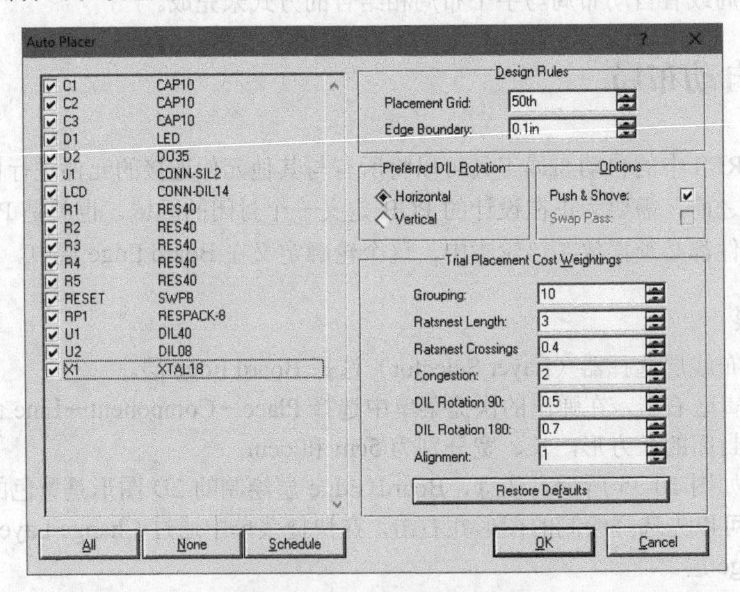

图 10-36　自动布局器设置

- Placement Grid。布局时元件移动元件的最小步长，默认值为 05th。
- Edge Boundary。布局时元件与 PCB 轮廓的最小距离，默认值为 0.1in。
- Preferred DIL Rotation。布局时对于双列直插元件的旋转方向。双列直插元件一般为长方形，且宽度远小于长度。在放置该类型元件时最好将其沿着与 PCB 相同的方向摆放。因此，本例中选择 Horizontal（水平）方向。
- Push & Shove。自动布局工具将板上的元件分为两类。一类是由设计者手工放置的。

自动布局工具将这类元件看作是不可移动的。另一类是自动布局工具可以移动的。对后者，自动布局工具将使用推和挤（Push & Shove）进行移动，以尝试为每一个元件找到一个最佳位置。如果不可以移动的元件放置在布局区域的中心位置，其他元件的摆放将受到很大限制，使自动布局的效率受到影响。这时可以禁止推和挤。

- Trial Placement Cost Weightings。自动布局的基本途径之一是尝试将下一个元件放在电路板上的不同位置，并在这个过程中最小化关键的布局目标。在布局时有很多布局目标需要考虑，这些目标的重要程度不同。对每一个布局目标设置一定的权重，使用权重来计算某个元件放置在某个位置时对整个布局的影响是一个常用的方法。

在设置好规则后，单击 OK 按钮启动自动布局工具。布局后的结果如图 10-37 所示。这个结果显然不能直接使用，虽然其大体上合理，但元件摆放杂乱，需要手工调整后使用。

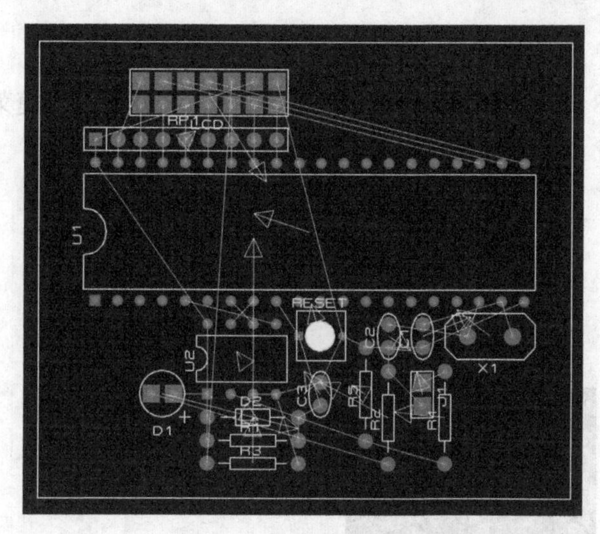

图 10-37　自动布局结果

10.6.2　手工布局

手工布局是使用手工的方法在编辑区摆放元件。对于绝大部分设计来说，手工布局是更好的选择。自动布局工具无法很好地理解设计意图，因此，其对元件的摆放非常机械，通常只能做到将网表中连接较多的元件摆放在一起。例如，图 10-36 中的布局规则设置中 Grouping 的权重为 10，Ratsnest 的权重为 3。这意味着自动布局将会把具有较多互联的元件摆放在相邻的位置，同时尽可能减小最终可能的布线长度。这虽然是布局的一般规则，但是一个好的布局还要考虑很多因素，例如易受干扰的元件尽量不能靠得太近，输入输出元件摆放在两端，等等。因此手工布局还是最好的选择。

手工布局又称为交互布局，是设计者与设计软件之间的交互过程。在这个过程中，以设计者的智慧代替软件的机械方法来指导布局工作，因此设计者的知识和经验非常重要。在缺乏经验的情况下，遵循一些布局的原则也可以做出一个较好的布局。下面是一些布局的基本原则：

- 在允许的情况下尽量将元件放置在电路板的同一面上。

- 在不影响电气性能的前提下，元件要在 PCB 上有序排列，成行或成列，且密度均匀。
- 按照信号的流动方向排列各功能单元的位置，使信号向一个方向流动。
- 以每个功能的核心元件为中心，摆放与该功能有关的辅助元件，以缩短布线长度。
- 对于电路中具有特殊属性的元件，如发热量大、重量较大、易受干扰、工作在高频或高压的元件以及工作在不同电源或地的元件，要分开摆放，并设置明显的分界。
- 输入输出元件靠近板边缘摆放。

除此之外，还要考虑电磁兼容性、阻抗匹配等因素。布局是一个具有挑战性的工作，它能为好的 PCB 设计打下基础，使布线工作事半功倍。要掌握布局技巧，需要更多的练习。在 Proteus ARES 中进行布局工作首先从摆放元件开始。以图 10-35 为例，绘制了 PCB 轮廓后，可以用手工方式将元件逐一放置在编辑区中。放置元件的步骤如下。

操作步骤

（1）如图 10-38 所示，在编辑区任意位置右击，在弹出的快捷菜单中选择 Place→Component→C1 命令。

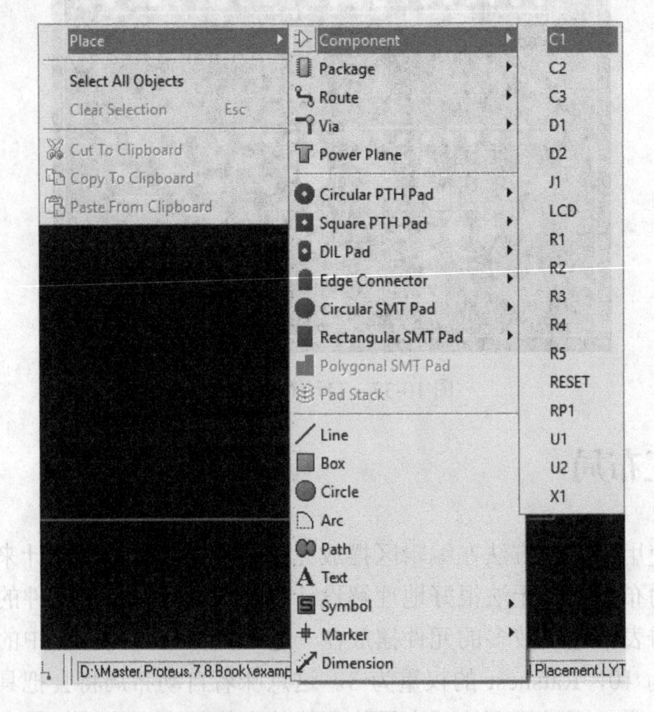

图 10-38 手工放置元件

（2）鼠标指针变为被放置元件形状，如图 10-39 所示，在编辑区单击，可将元件放置在编辑区。

（3）重复此过程，将所有元件放置在编辑区中。

（4）也可以在放置了第一个元件后，直接在编辑区任意位置单击，可连续放置这种元件，而不需要再次通过右键菜单选择。

（5）在连续放置元件的模式下，右击可中止此过程。

在所有元件都放置在编辑区后，得到如图 10-40 所示的操作结果。注意，此时将元件都放置在了 PCB 轮廓之外。接下来逐个移动元件，将所有的元件摆放在合理的位置。

图 10-39　放置元件时，鼠标指针形状改变为被放置元件的外形（电容 C1）

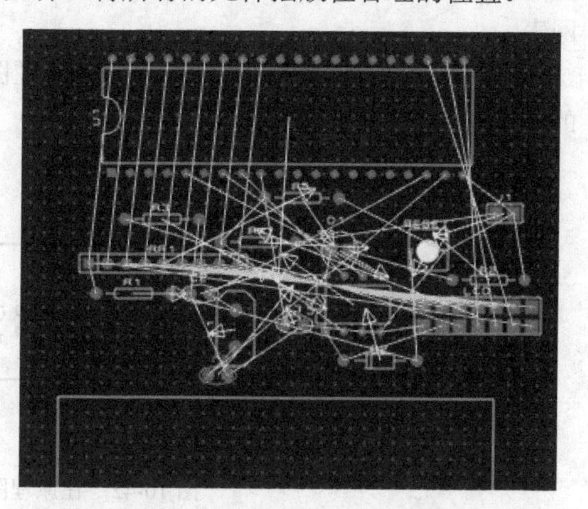

图 10-40　手工放置元件后的编辑区

要在编辑区移动元件，首先在工具箱中单击按钮，进入对象选择模式。这时用鼠标指针指向元件，鼠标指针将会变为，然后单击想要移动的元件，被选中的元件将会变白。当元件被选中后，用鼠标指针指向该元件时，鼠标指针将会变为，代表元件可移动。此时移动鼠标，可以将元件移动到其他位置。手工布局后得到如图 10-41 所示的布局结果。

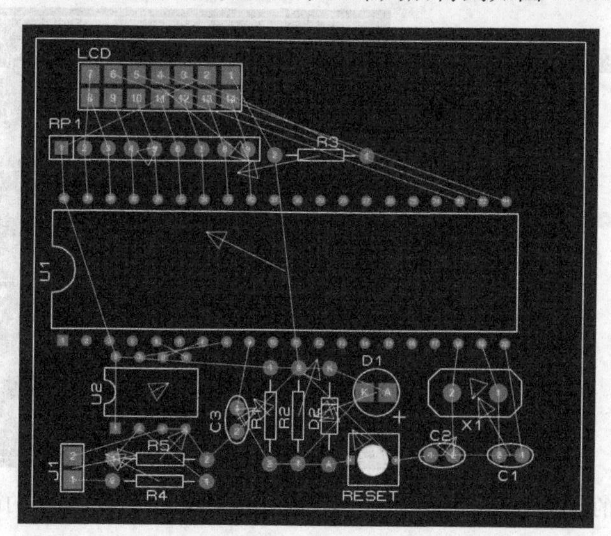

图 10-41　手工完成的布局

10.6.3　从原理图更新网表

或许读者已经发现了该设计中的问题——在图 10-27 中没有电源。在 Proteus ISIS 中，仿真时电源和地都由仿真环境提供（通过 Design→Configure Power Rails 命令设置虚拟的电源和地）。而如果根据原理图制作印制电路板，则必须为板上的元件提供电源。这时候布局已经几乎完成。如果再重新从原理图导入并布局将是一件极为麻烦的事情，这意味着之前的工作被浪费。幸运的是 Proteus ARES 可以从 Proteus ISIS 中的原理图得到更新的网表。

在 Proteus ISIS 中修改图 10-27 中的原理图，添加如图 10-42 所示的电路，为电路板上的元件提供+5V 电源。

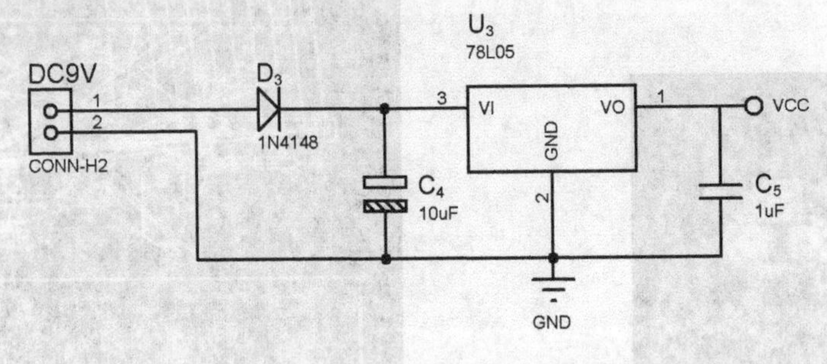

图 10-42　在原理图上增加供电电路

在为原理图添加供电电路后，在 Proteus ISIS 中使用主菜单中的 Tools→Netlist to ARES 命令更新 Proteus ARES 中的网表。更新后，新添加的元件已经出现在元件列表中，如图 10-43 所示。现在可以继续将新添加的元件放置在编辑区了。摆放元件并调整元件位置后得到如图 10-44 所示的布局。现在电源（VCC）网络和地（GND）网络都已连接。接下来可以进行布线操作了。

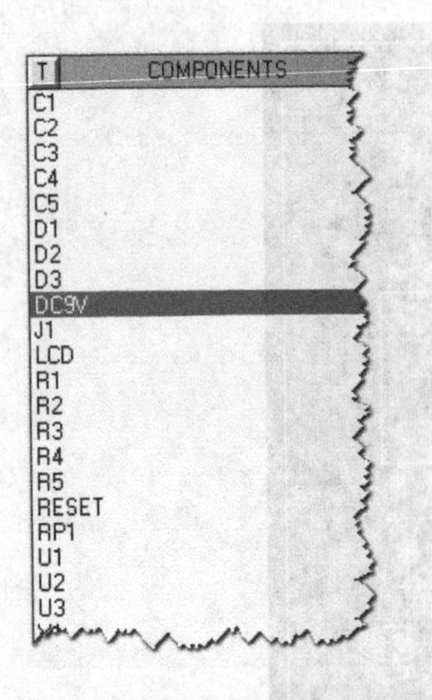

图 10-43　更新后的元件列表

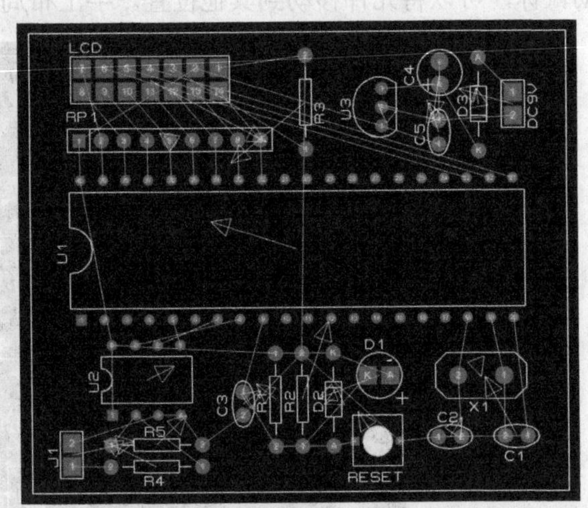

图 10-44　添加了电源电路的设计

10.6.4　在 3D 模式下观察布局

Proteus ARES 可以以 3D 模式观察设计好的印制电路板。这种模式比 2D 模式更加直观，可以清楚地看到接近制造好的印制电路板的样子，可以很好地观察布局的结果。要使用 3D 模式，可以通过主菜单中的 Output→3D Visualization 命令打开 3D 窗口。3D 输出的效果如图 10-45 所示。

图 10-45　3D 模式下观察布局

10.7 PCB 布线

布线是用走线层的铜线将元件的引脚根据网表中定义的电气连接关系连接起来。在 PCB 设计软件中，布线就是在焊盘之间用走线连接。

10.7.1　自动布线

Proteus ARES 具有自动布线的能力。自动布线是在规则的指导下由软件为网表中的各网络选择一条合适的路径并铺设铜箔的过程。因此所谓自动布线实际上是一种半自动的过程，还需要人工干预才能设计出合格的印制电路板。进行自动布线一般有下面几个步骤：

（1）装载网表。

（2）自动布局，或者在自动布局后手工调整。

（3）设置自动布线参数。

（4）自动布线。

（5）手工布线调整。

加载网表和布局的工作在前面已经完成了，得到了如图 10-44 所示的布局。在 Proteus ARES 中自动布线可以通过主菜单中的 Tools→AutoRouter 命令或者工具栏中的按钮启动。启动自动布线器后，会弹出如图 10-46 所示的自动布线参数设置对话框。

在图 10-46 中的自动布线设置有许多选项，其中，6 项 Pass（es）设置各种自动操作进行的次数，以选择最优化的结果。例如，Fanout Passes 设置在进行 Fanout 操作时需要进行的次数，Routing Passes 设置进行布线时对每个网络进行自动布线尝试的次数。

在 Design Rules 中有以下选项：

- Wire Grid 和 Via Grid，设置当需要对走线和过孔进行移动时的最小步长。
- Allow off grid routing，设置当无法以指定的最小步长进行布线时，布线器是否可以自主选择合适的移动距离。

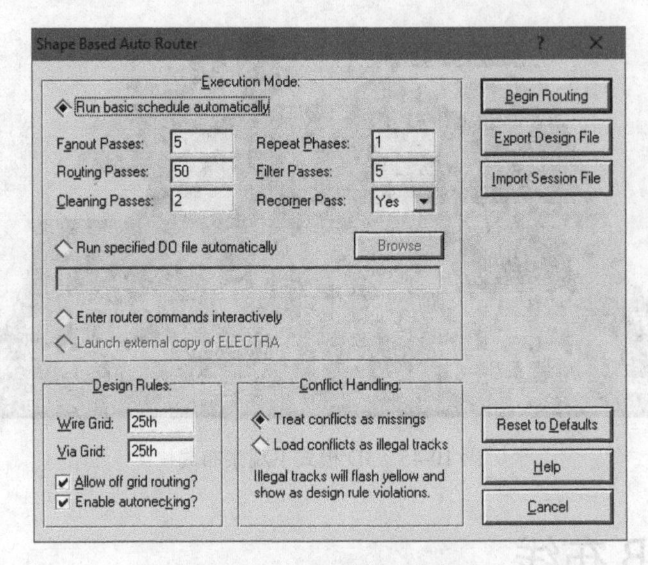

图 10-46　自动布线参数设置

- Treat conflicts as Missing，若选中，则自动布线结束或被中断时，未完成或冲突的走线将被删除并以代表网络的绿色细线连接。
- Load conflicts as illegal tracks，若选中，则自动布线结束或被中断时，未完成或冲突的走线将保留，但是会被标注为 DRC 冲突，且冲突的走线以黄色显示和闪烁。

如果无须调整，则单击 Begin Routing 按钮开始自动布线。自动布线的结果如图 10-47 所示。从图中可以看到，网表中所有的网络都已经被走线代替。此时在自动布线的基础上进行手工调整即可完成印制电路板的设计。

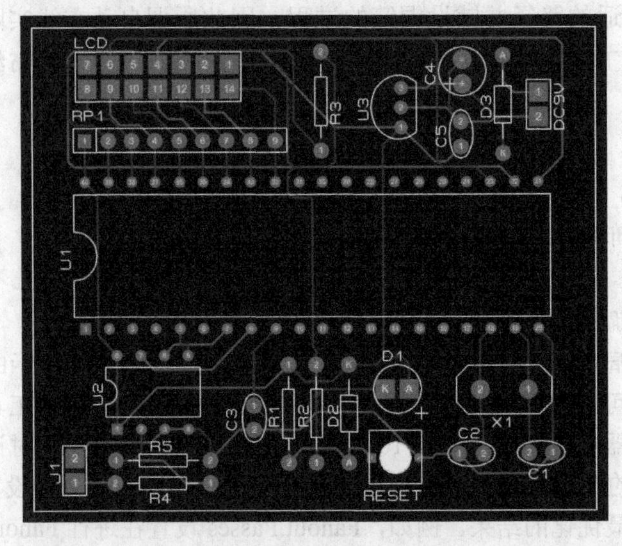

图 10-47　自动布线结果

10.7.2　手工布线

在 Proteus ARES 中，要进行手工布线，在工具箱中选择 Track Mode（），或者在编辑区右击，然后在控制栏中选择某个布线层，这里选择 Top Copper，如图 10-48 所示。

选择 Place→Route→Default 命令开始手工布线。当进入手工布线模式后，布线的步骤如下：

（1）在某个网络的一个端点（U1 的 40 脚）单击，如图 10-49（a）所示。

（2）移动鼠标，则鼠标从布线的起点拉出一个走线。走线还没有到达终点前是中空的红色线条。

（3）将鼠标指向该网络的另一个端点（RP1 的 1 脚）并单击，结束该线段，则成功放置了一个走线。

图 10-48　选择布线工具和布线层

经过这 3 个步骤完成一个走线后的结果如图 10-49（b）所示。在布线后，RP1 的 1 脚与 U1 的 40 脚之间的绿色细线（代表 Net）消失，取而代之的是红色的走线。

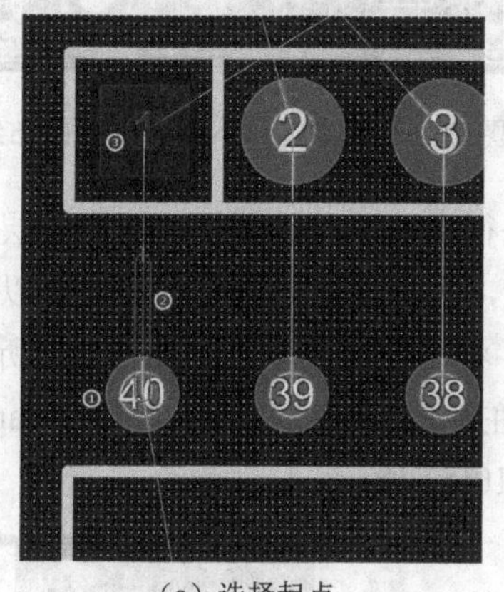

（a）选择起点

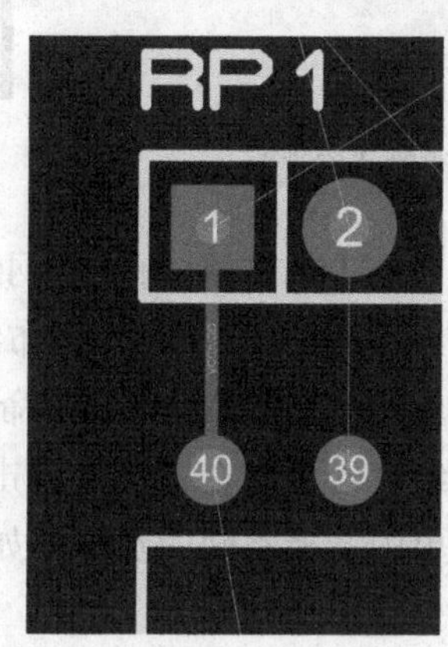

（b）完成布线

图 10-49　手工布线

该示例中的走线是红色的，因为当前布线层是 Top Copper，也就是顶层布线层。Proteus ARES 用不同的颜色区分位于不同层的对象。默认顶层的颜色为红色，故所绘制的走线的颜色为红色。

在布线时，单击将结束当前走线的绘制，但是仍然保持在布线模式中。因此，再次单击某个焊盘或过孔将开始一个新的布线操作。

在布线时可选择不同的线宽。在编辑区右击，在弹出的快捷菜单中选择 Place→Route 命令，在弹出的子菜单中有各种线宽选择，如图 10-50 所示，一般可以选择 Default 或者 T8、T20 等。该菜单中的 T 代表 Track，T 后的数字代表线宽，单位是 th（千分之一英寸）。

对本节中的实例来说，绝大部分的走线可以选择 Default。但是对于其中的 VCC 和 GND 网络，需要选择较大的线宽以保证在电流较大时不会在电源网络上产生较大压降，例如 T40 或 T50。

对一个完整的印制电路板进行布线时，首先要对网表中的网络进行规划，确定哪些是需要先行布线的。对大部分双层 PCB 的设计来说，首先需要考虑的是电源、地、时钟以及需要考虑信号完整性的信号这几类，对于本章的实例来说就是 VCC、GND 以及时钟。对 VCC 以 T40 宽度在 Bottom Copper 层进行布线，对 GND 以 T40 宽度在 Bottom Copper 层进行布线。VCC、GND 以及时钟的布线结果如图 10-51 所示。

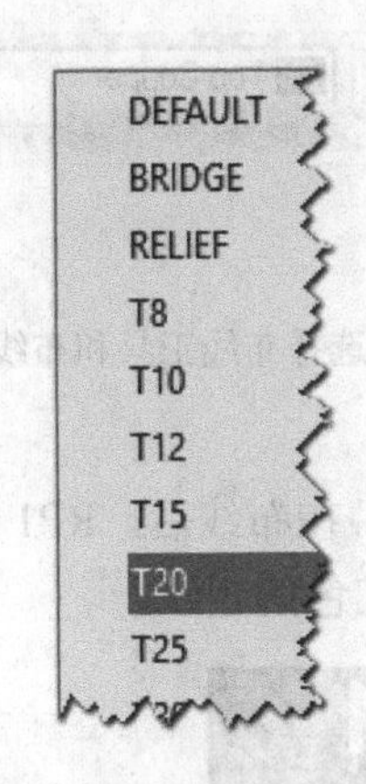

图 10-50　手工布线时线宽选择

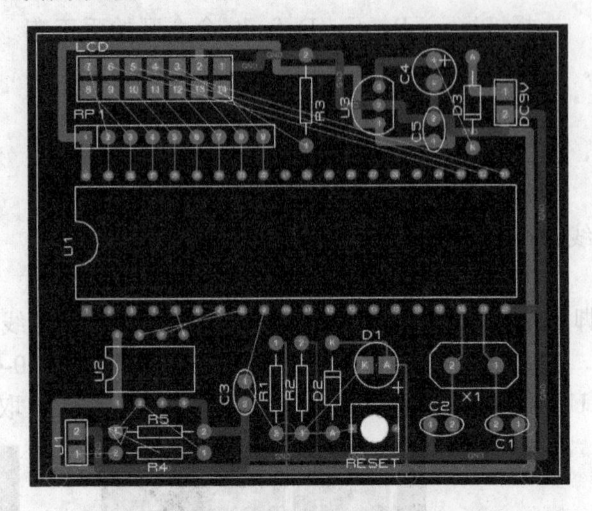

图 10-51　VCC、GND 和时钟的布线结果

接下来对与 U_2（TLC549）有关的网络进行布线。在控制栏切换当前层为 Top Copper，从 J_1 的 1 脚开始布线到 R_4 的 2 脚。在布线后，如果对该走线不满意，可以在走线上右击，在弹出的快捷菜单中选择 Delete Route 命令，将该走线删除，如图 10-52 所示。

如果要修改线宽，可以在走线上右击，在弹出的快捷菜单中选择 Change Track Style 命令，并在子菜单中选择不同的宽度，如图 10-53 所示。

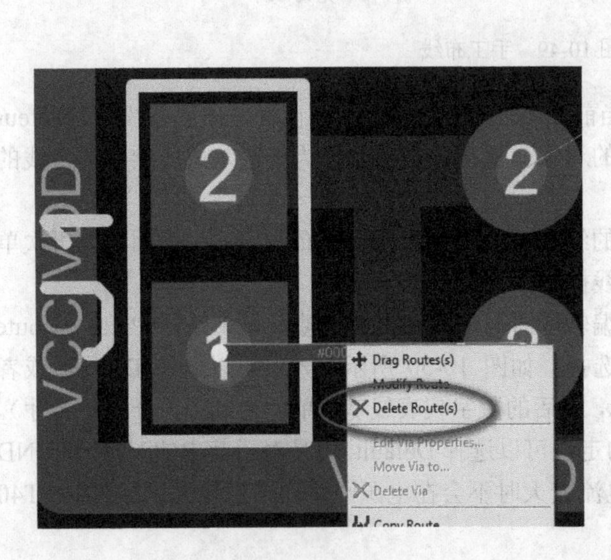

图 10-52　删除走线

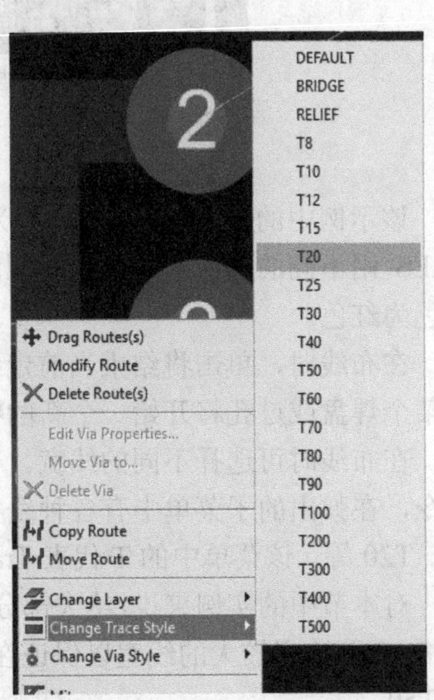

图 10-53　修改线宽

如果要修改走线所在的布线层，可在走线上右击，在弹出的快捷菜单中选择 Change Layer 命令，并在弹出的选项中选择要移动到的布线层，如图 10-54 所示。

此时可选择的布线层只有 Bottom Copper，将此走线移动到底层后，将和底层的 GND 走线发生冲突。这时 Proteus ARES 会以闪烁的黄色显示冲突的走线，并提示 DRC 错误，如图 10-55 所示。将其以同样的方式移回 Top Copper，得到没有冲突的走线。

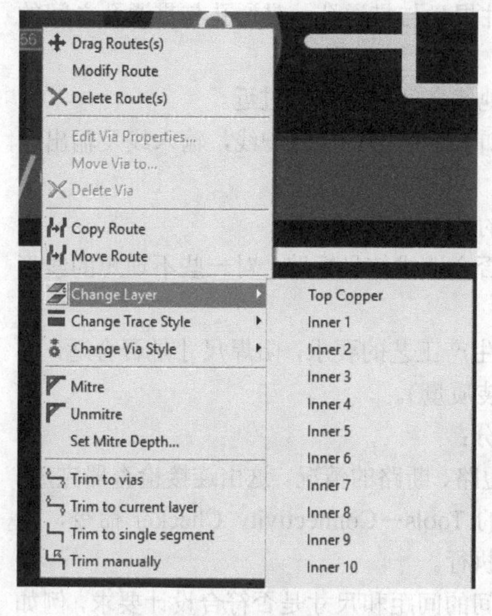

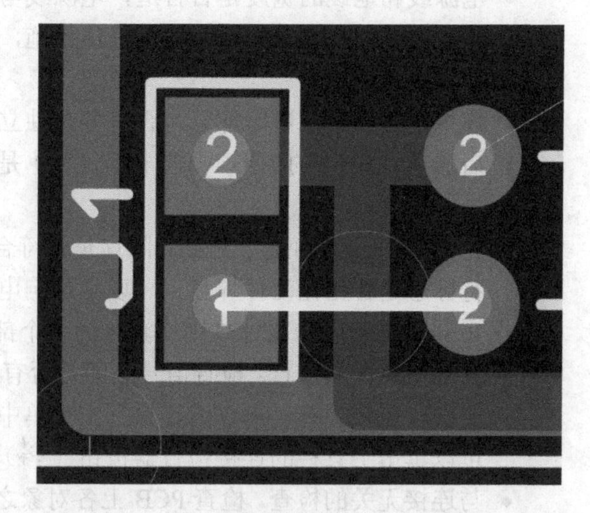

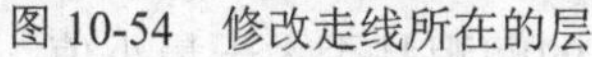

图 10-54　修改走线所在的层　　　　图 10-55　闪烁的黄色显示 DRC 错误

继续以同样的方式对所有网络布线，得到如图 10-56 所示的 PCB 设计。

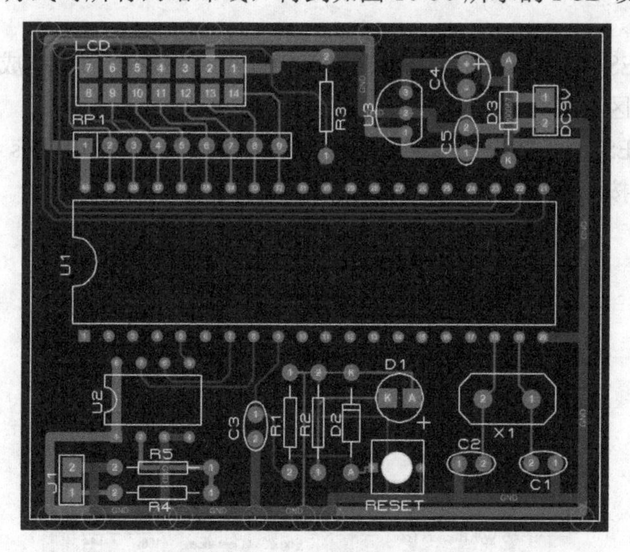

图 10-56　手工布线结果

10.8 设计规则检查

PCB 布线设计完成后，设计者需检查布线设计是否符合设计者所制定的规则，同时也需确认所制定的规则是否符合 PCB 生产工艺的要求。一般将这个检查称为设计规则检查。设计规则检查有如下几个方面：

- 所有连接是否都已布线，已布线的是否有冲突。信号是否有短路和断路的情况。
- 线与线、线与元件焊盘、线与贯通孔、元件焊盘与贯通孔、贯通孔与贯通孔之间的距离是否合理，是否满足生产要求。
- 电源线和地线的宽度是否合适，电源线与地线之间是否间距过近。
- 对于关键的信号线是否采取了最佳措施，如长度最短，加保护线，输入线及输出线被明显地分开。
- 模拟电路和数字电路部分是否有各自独立的地。
- 后加在 PCB 中的图形（如图标、注标）是否会造成信号短路。对一些不理想的线形进行修改。
- 在 PCB 上是否加有工艺线，阻焊是否符合生产工艺的要求，阻焊尺寸是否合适，字符标志是否压在元件焊盘上（以免影响电装质量）。

在 Proteus ARES 中设计规则检查分为两个部分：

- 与连接有关的检查。检查信号之间是否有短路、断路的情况。这由连接检查器完成。要进行连接检查，可以通过执行主菜单中的 Tools→Connectivity Checker 命令，也可以单击工具栏的连接检查器按钮（）执行。
- 与连接无关的检查。检查 PCB 上各对象之间的间距和尺寸是否符合设计要求，例如布线的线宽、焊盘与过孔的内径外径、线与线之间的间距是否大于最小值，PCB 上的对象与板边缘距离是否过近，等等。这部分的检查由设计规则检查器（DRC）来完成。

在 Proteus ARES 中进行设计规则检查可以由简单的鼠标操作来完成，并在检查后生成报告，同时在编辑区以高亮和闪烁的形式进行提示。

在 Proteus ARES 中可以执行主菜单中的 Technology→Design Rules 命令或单击工具栏的设计规则检查器按钮（）打开设计规则编辑器，如图 10-57 所示。

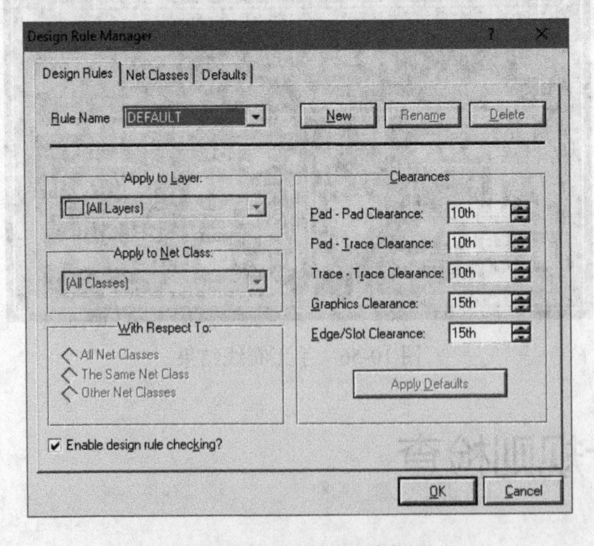

图 10-57　设计规则编辑器

在编辑器中可以通过 New 按钮创建新规则，也可以直接修改 Defaults 规则。Proteus ARES 支持的设计规则较少，主要是关于对象间距的规则，这些规则如下：

- Pad-Pad Clearance，定义焊盘与焊盘之间的最小间距，默认值为 10th。
- Pad-Trace Clearance，定义焊盘与走线之间的最小间距，默认值为 10th。
- Trace-Trace Clearance，定义走线与走线之间的最小间距，默认值为 10th。
- Graphics Clearance，定义二维图形与其他对象之间的最小间距，默认值为 15th。
- Edge/Slot Clearance，定义板边缘和开槽与其他对象之间的最小间距，默认值为 15th。

默认（Defaults）设计规则将适用于所有设计层以及设计中包含的所有对象。但是其优先级是最低的。在没有定义其他设计规则的情况下，对所有对象的设计规则检查将参考 Defaults 设计规则来进行。如果定义了其他设计规则，则优先使用其他设计规则。设计规则的适用范围由层（Layer）和网络类（Net Class）共同定义。

Proteus ISIS 的网表中预定义了两个网络类，分别是 POWER 和 SIGNAL。所有和 VCC/GND 有关的信号被包含在 POWER 网络类中，其他信号被包含在 SIGNAL 网络类中。

图 10-56 所示的电路板下方边缘附近有红圈，如图 10-58 所示，这些红圈代表着 DRC 错误。同时在状态栏的 DRC 区域显示 9 DRC errors，说明在设计中存在 9 个违反设计规则的地方。单击状态栏中的 DRC 错误标记，可以打开 DRC 错误列表，如图 10-59 所示。

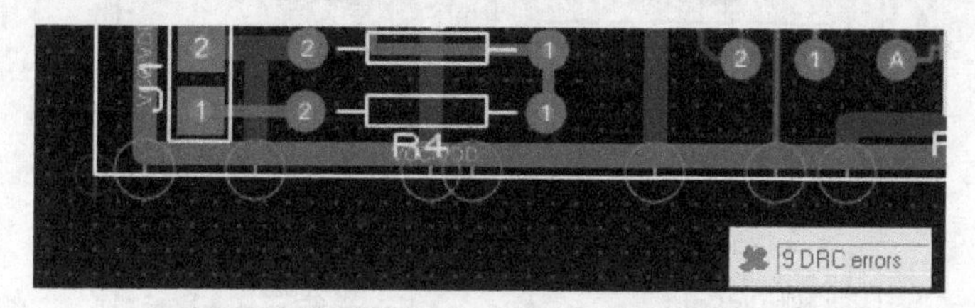

图 10-58　DRC 错误

Design Rule Errors

Design Rule	Violation Type	Layer(s)	Spec'd Clearance	Actual Clearance
DEFAULT	EDGE-TRACE	TOP	15.00th	13.00th
DEFAULT	EDGE-TRACE	BOT	15.00th	13.00th
DEFAULT	EDGE-TRACE	BOT	15.00th	13.00th
DEFAULT	EDGE-TRACE	BOT	15.00th	13.00th
DEFAULT	EDGE-TRACE	BOT	15.00th	13.00th
DEFAULT	EDGE-TRACE	BOT	15.00th	13.00th
DEFAULT	EDGE-TRACE	TOP	15.00th	13.00th
DEFAULT	EDGE-TRACE	BOT	15.00th	13.00th
DEFAULT	EDGE-TRACE	TOP	15.00th	13.00th

图 10-59　DRC 错误列表

从错误列表中可以看到，这些错误都是 EDGE-TRACE 错误，也就是说走线与板边缘距离过近，实际距离是 13th，而设计规则中要求最小 15th。

解决这些 DRC 错误的方法有下面几个：

- 忽略这些 DRC 错误，方法是在 DRC 错误窗口中右击要忽略的错误，然后在弹出的快捷菜单中选择 Ignore this error 命令。
- 修改与错误有关的对象，即修改 VCC 与 GND 的布线或者修改板边缘。

- 设计一个新的规则来约束 EDGE-TRACE 错误的产生。

现在采用第 3 种方法来处理 DRC 错误。

操作步骤

（1）打开如图 10-57 所示的设计规则编辑器，单击 New 按钮。在弹出的对话框中输入 EDGE-TRACE 作为新规则的名字，如图 10-60 所示，单击 OK 按钮保存修改。

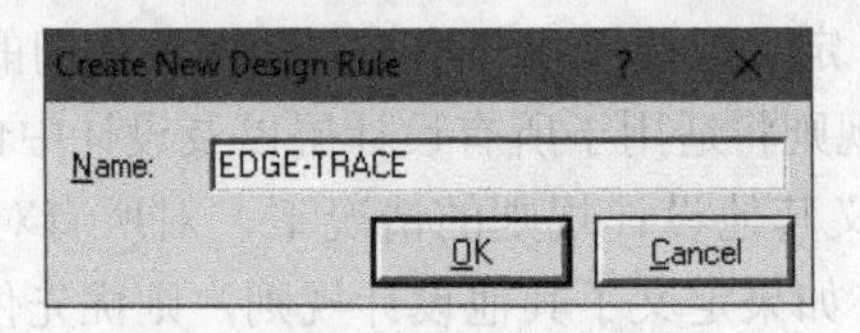

图 10-60　新建设计规则

（2）将 Edge/Slot Clearance 设置为 10th，如图 10-61 所示。其他保持默认值。

（3）单击 OK 按钮保存新规则。

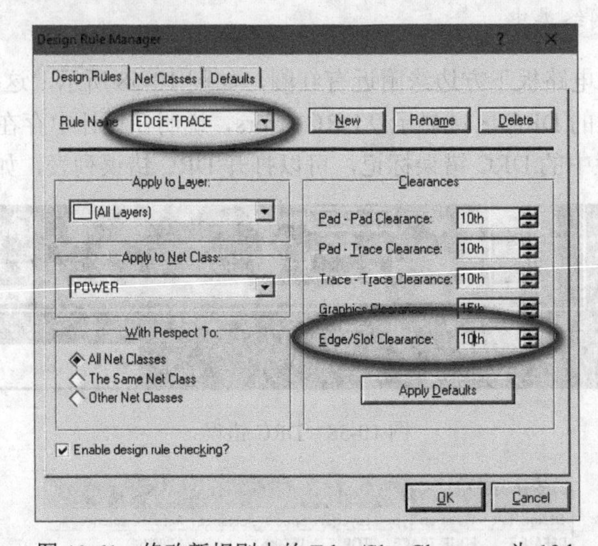

图 10-61　修改新规则中的 Edge/Slot Clearance 为 10th

修改设计规则后，设计规则检查会自动执行。这时再观察状态栏的 DRC 状态指示器，会发现现在显示绿色的 No DRC errors，同时图 10-58 中的红圈也消失了。这说明新的设计规则覆盖了 Defaults 中的相关设置。

通常不建议修改 Defaults 设计规则，由于 Defaults 规则的优先级最低，因此可以用新建的设计规则来覆盖 Defaults 中的规则定义。

10.9 后期处理及输出

印制电路板设计中的后期处理通常包括为生产过程做的一些工艺上的准备，例如设计检查、PCB 覆铜、拼板、设计输出（包括 CAM 文件、BOM 等）。本节简要介绍关于 PCB 覆铜和设计文件输出的内容，这两个内容是大部分设计者在完成一个设计后交付生产厂家前必须做的工作。

10.9.1　PCB 覆铜

PCB 覆铜指的是将 PCB 上闲置的空间作为基准面，然后用固体铜填充。PCB 覆铜一般都会与某个信号相连。通常是 VCC 或者 GND。PCB 覆铜与 VCC/GND 相连时，可以提高抗干扰能力，降低压降，提高电源效率，与 GND 相连的覆铜还可以减小环路面积。此外，大面积覆铜还可增加 PCB 的机械强度。

在进行覆铜时，有一些需要注意的地方，总结如下：

- 对 GND 进行覆铜时，对不同的地要分开覆铜，且以主要的地作为参考地进行覆铜。例如，数字地和模拟地要分开设计，并分开覆铜。
- 不同的地与基准地之间要单点连接，且通过 0Ω 电阻或磁珠进行连接。
- 覆铜可以连接相同网络中的各个焊盘、过孔以及走线，但切不可为了节省设计工作量，将连接工作交给覆铜来完成。进行覆铜前的 PCB 是应该布线完成且通过 DRC 检查的。
- 对大面积覆铜，要么采用网格覆铜，要么在覆铜中的空旷位置开槽，否则在回流焊时容易翘起。
- 如果对地进行覆铜后出现大面积孤岛，则应在孤岛中添加过孔，并将其连接到地，重新生成覆铜以消除孤岛。
- 对密度较高和需要严格控制阻抗的区域最好不要覆铜。
- 在多层板设计中，如果中间层已定义地平面和电源平面，则可不覆铜。

关于 PCB 覆铜的设计原则还有很多，这里不一一介绍。

接下来介绍在 Proteus ARES 中如何处理覆铜。首先看生成覆铜的必备要素：

- 网络。覆铜必须与某个网络相连。
- 布线层。覆铜只能在布线层进行。
- 覆铜区域。进行覆铜前，必须定义一个封闭的区域。

有了这 3 个要素，就可以进行覆铜了。在 Proteus ARES 中通过执行主菜单中的 Tools→Power Plane Generator 命令启动覆铜生成器。首先会进行覆铜设置，如图 10-62 所示。

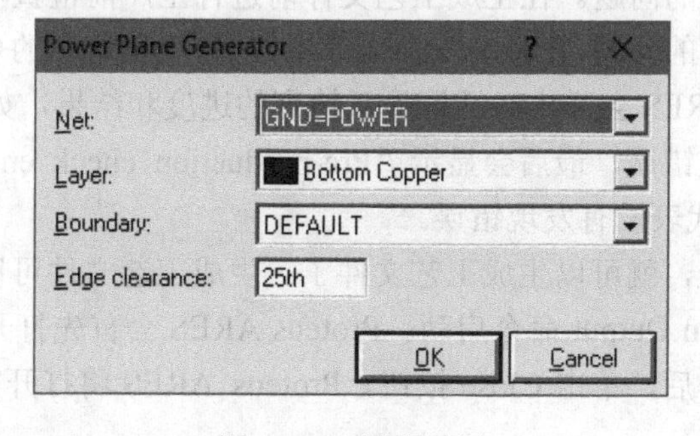

图 10-62　覆铜设置

首先在 Bottom Copper 层对 GND 网络进行覆铜，在 Net 列表中选择 GND=POWER，在 Layer 中选择 Bottom Copper，这是因为在之前的手工布线时，地大部分都在 Bottom Copper 层走线。在 Boundary 中选择 DEFAULT，DEFAULT 代表电路板的边界，也就是在 Board Edge 层定义的电路板轮廓（以黄色标示，参考图 10-35）。Edge Clearance 代表覆铜与 PCB 上其他对象之间的最小距离，覆铜生成器会自动保证这个距离。

在设置好后，单击 OK 按钮会在 Bottom Copper 层生成一大块覆铜，如图 10-63 所示。生成的覆铜颜色与当前层的颜色相同，但是色调更暗。放大电路板局部，观察连接到 GND 的焊盘或者过孔，可以看到焊盘与覆铜的连接。例如观察 U1 的 20 脚，如图 10-64 所示。

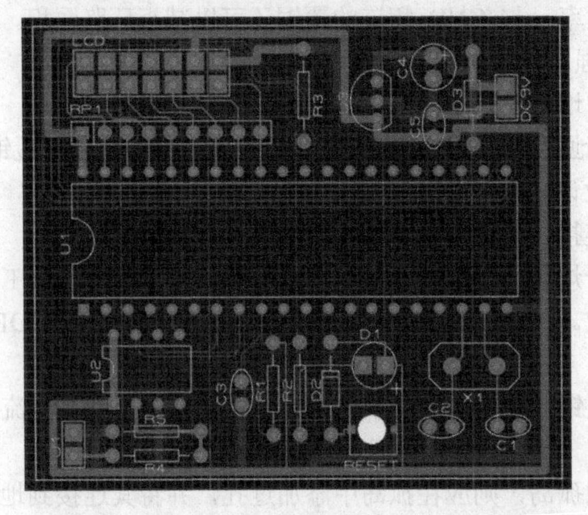

图 10-63 Bottom Copper 覆铜并与 GND 网络连接

图 10-64 观察焊盘与覆铜的连接

10.9.2 PCB 输出

在 PCB 设计完成后，交付生产前，需要由设计者将设计软件输出的文件导出为加工设备支持的文件，这些文件通常称为工艺文件。通常加工设备支持的文件包括 CAM 和 Gerber 等。在国内大部分生产企业都支持 Gerber，因此本节中以输出 Gerber 文件为例介绍 PCB 输出。

在进行设计输出前，首先要进行生产前检查。Proteus ARES 的生产前检查功能可以发现一些设计时没有发现的问题。在生成工艺文件前进行生产前检查可以避免生成的工艺文件中出现一些难以发现的问题。在 Proteus ARES 中，选择主菜单中的 Output→Pre-Production Check 命令，Proteus ARES 会弹出对话框显示检查的进度和结果，如图 10-65 所示。

如果检查没有出现错误，最后会显示“Pre-production check end: 0 errors, 0 failed, 0 warnings, 8 passed.”，代表没有发现错误。

如果没有发现错误，就可以生成工艺文件了。生成工艺文件可以通过执行主菜单中的 Output→Gerber/Excellon Output 命令启动。Proteus ARES 会首先打开 Pre-Production Check 窗口，在设计检查完毕后，单击 Close 按钮。Proteus ARES 将打开如图 10-66 所示的设置对话框。

```
Pre-Production Check
TEST: Object validity.
PASS: Objects valid.
TEST: DRC valid.
PASS: No DRC errors.
TEST: Zone overlap.
Imaging Copper Layer TOP
Imaging Copper Layer I1
Imaging Copper Layer I2
Imaging Copper Layer I3
Imaging Copper Layer I4
Imaging Copper Layer I5
Imaging Copper Layer I6
Imaging Copper Layer I7
Imaging Copper Layer I8
Imaging Copper Layer I9
Imaging Copper Layer I10
Imaging Copper Layer I11
Imaging Copper Layer I12
Imaging Copper Layer I13
Imaging Copper Layer I14
Imaging Copper Layer BOT
Processing images
PASS: No overlap detected.
TEST: Unplaced components.
PASS: All components placed.
TEST: Board edge.
PASS: Board edge complete.
TEST: Components outside board edge.
PASS: Components within board edge.
TEST: Validate vias.
PASS: Via validation.
Pre-production check end: 0 errors, 0 failed, 0 warnings, 8
Close
```

图 10-65　Pre-Production Check 对话框

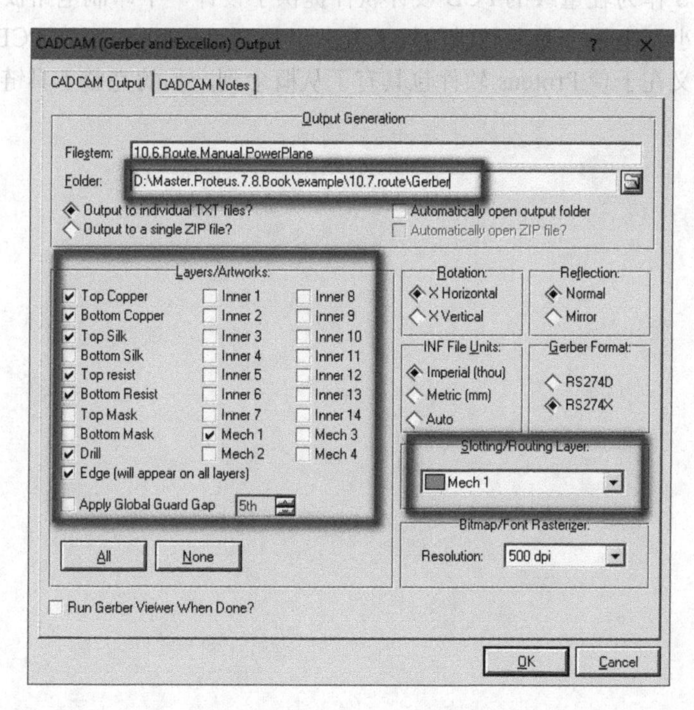

图 10-66　Gerber 输出设置

该窗口中分为几个区域，其中 Output Generation 区设置生成的文件名及其存放的目录。由于 Gerber 格式的输出由一系列小文件组成，最好将其存放于单独的目录。因此在 Folder 输入框中输入一个专用于存放输出文件的目录。该目录最好在当前设计目录下，例如名为 Gerber 的子目录。

在 Layers/Artworks 区域，选择要输出的层。Gerber 文件格式中，每一个层都由一个单独的文件表示。对本书中的例子来说，使用默认值即可。如果要修改，则需要咨询 PCB 加工厂家的技术人员，确保所需要的层都输出到设计文件中。

Slotting/Routing Layer 区的下拉列表选择的是定义开槽的层。通常 PCB 上的开槽定义在机械层，也就是 Mech 1～Mech 4 层中的某一层。如果在 PCB 中定义开槽，则此处要选择正确的层。

最后单击 OK 按钮生成 Gerber 文件。

设计输出也可由 PCB 生产企业的工程师完成，但是大部分生产企业并不支持从 Proteus ARES 的设计文件（Layout 文件，扩展名为.LTY）导出各种工艺文件。因此对采用 Proteus ARES 设计的 PCB 来说，导出 Gerber 格式的工艺文件是必要的工作。

10.10 小结

Proteus ARES 作为轻量级的 PCB 设计软件提供了设计一个印制电路板的所有功能，简单易用，是开发小型电子产品和教学的好工具。但是 Proteus ARES 在 PCB 设计领域并无优势，其重要意义在于使 Proteus 软件包具有了从概念到产品的完整工具链。

附录 A　Proteus ISIS 元件库及其子类

1. 元件库分类及功能

类	功　能	类	功　能
Analog ICs	模拟元件	PICAXE	PICAXE 单片机
Capacitors	电容	PLDs and FPGAs	可编程元件
CMOS 4000 Series	CMOS 4000 系列	Resistors	电阻
Connectors	接插件	Simulator Primitives	仿真源
Data Converters	数据转换器	Speakers and Sounders	扬声器和音响
Debugging Tools	调试工具	Switches and Relays	开关和继电器
Diodes	二极管	Switching Devices	开关元件
ECL 1000 Series	ECL 1000 系列	Thermionic Valves	热离子真空管
Electromechanical	电机	Transducers	传感器
Inductors	电感	Transistor	晶体管
Laplace Primitives	拉普拉斯模型	TTL74 Series	标准 TTL74 系列
Mechanics	动力学机械	TTL74ALS Series	先进的低功耗肖特基 TTL74 系列
Memory ICs	存储器芯片	TTL74AS	先进的肖特基 TTL74 系列
Microprocessor ICs	微处理器芯片	TTL74F Series	快速 TTL74 系列
Miscellaneous	未分类元件	TTL74HC Series	高速 CMOS 系列
Modeling Primitives	建模源	TTL74HCT Series	与 TTL74 兼容的高速 CMOS 系列
Operational Amplifiers	运算放大器	TTL74LS Series	低功耗肖特基 TTL74 系列
Optoelectronics	光电元件	TTL74S Series	肖特基 TTL74 系列

2. 模拟元件大类库的子类

子　类	说　明
Amplifiers	放大器，用于将模拟信号的电压放大
Comparators	比较器，用于比较两个模拟信号的大小
Display Drives	显示器驱动，用于驱动 LED 或 LCD
Filters	滤波器，用于将信号中的杂波过滤掉
Miscellaneous	一些未分类元件的集合，包括半波斩流元件等
Multiplexers	多路开关，提供一对多或多对一的信号切换
Regulators	三端稳压器，使用串联稳压原理制作的稳压元件
Timers	555 定时器，这是一种模拟和数字功能相结合的中规模集成元件，常用于定时操作
Voltage References	电压参考芯片

3. 电容大类库的子类

子　类	说　明	子　类	说　明
Animated	可显示充放电电荷电容	Multilayer Ceramic X5R	多层陶瓷 X5R 电容
Audio Grade Axial	音响专用电容	Multilayer Ceramic X7R	多层陶瓷 X7R 电容
Axial Lead Polypropene	径向轴引线聚丙烯电容	Multilayer Ceramic Y5V	多层陶瓷 Y5V 电容
Axial Lead Polystyrene	径向轴引线聚苯乙烯电容	Multilayer Ceramic Z5U	多层陶瓷 Z5U 电容
Ceramic Disc	陶瓷圆片电容	Multilayer Metalized Polyester Film	多层金属聚酯膜电容
Decoupling Disc	解耦圆片电容	Mylar Film	聚酯薄膜电容
Electrolytic Aluminum	铝电解电容	Nickel Barrier	镍栅电容
Generic	通用电容	Non Polarized	无极性电容
High Temperature Radial	高温径向电容	Poly Film Chip	聚乙烯膜芯片电容
High Temperature Axial Electrolytic	高温径向电解电容	Polyester Layer	聚酯层电容
Metalized Polyester Film	金属聚酯膜电容	Radial Electrolytic	径向电解电容
Metalized polypropene Film	金属聚丙烯电容	Resin Dipped	树脂蚀刻电容
Mica RF Specific	特殊云母射频电容	Tantalum Bead	钽珠电容
Miniature Electrolytic	微型电解电容	Tantalum SMD	贴片钽电容
Multilayer Ceramic	多层陶瓷电容	Thin film	薄膜电容
Multilayer Ceramic COG	多层陶瓷 COG 电容	Variable	可变电容
Multilayer Ceramic NPO	多层陶瓷 NPO 电容	VX Axial Electrolytic	VX 轴电解电容

4. CMOS 4000 系统大类库的子类

子　类	说　明
Adders	加法器，用于实现数字的加法运算
Buffers & Drivers	缓冲和驱动器，用于数据的缓冲或提供较大的驱动能力
Comparators	比较器，用于对两个或多个数据项进行比较，以确定它们是否相等，或者确定它们之间的大小关系以及排列顺序
Counters	计数器，进行计数操作的芯片
Decoders	译码器，用于将输入二进制代码的状态翻译成输出信号
Encoders	编码器，用于译码的反操作
Flip-Flops & Latches	触发器和锁存器
Frequency Dividers & Timers	分频和定时器
Gates & Inverters	门电路和反相器，用于逻辑与、或、非等操作
Memory	存储器
Misc. Logic	混杂逻辑电路
Multiplexers	选择器，用于在多路数据传输中能够根据需要将其中任意一路选出来的电路
Multivibrators	多谐振荡器
Phase-Locked Loops(PLL)	锁相环
Registers	寄存器
Signal Switcher	信号开关

5. 接插件大类库的子类

子　类	说　明	子　类	说　明
Audio	音频接头	PCB Transfer	PCB 传输接头
D-Type	D 型接头	PCB Transition Connector	PCB 转换接头
DIL	双排插座	Ribbon Cable	带状电缆
FFC/FPC Connectors	柔性扁平电缆/柔性印制电缆接头	Ribbon Cable/Wire Trap Connector	带状电缆/线接头
Header Blocks	插头	SIL	单排插座
IDC Header	绝缘层信移连接件接头	Terminal Blocks	接线端子台
Miscellaneous	未分类接插件集合	USB for PCB Mounting	PCB 上安装的 USB 接头

6. 数据转换元件大类库的子类

子　类	说　明
A/D Converters	模数转换器，将模拟电信号转换为数字信号的元件
D/A Converters	数模转换器，将数字信号转换为模拟电信号的元件
Light Sensors	光传感器，将光信号转换为电信号的元件
Sample & Hold	采样保持器，一种模拟信号量存储元件，用于将需要采集的模拟量存储起来以供模数转换器进行采集
Temperature Sensors	温度传感器，将温度信号转换为电信号的元件

7. 调试工具大类库的子类

子　类	说　明
Breakpoint Triggers	断点触发器，用于在电路中产生实时的断点
Logic Probes	逻辑输出探针，用于观察电路的逻辑输出状态
Logic Stimuli	逻辑状态输入，用于给电路提供逻辑状态输入

8. 二极管大类库的子类

子　类	说　明	子　类	说　明
Bridge Rectifiers	整流桥	Transient Suppressors	瞬态电压抑制二极管
Generic	普通二极管	Tunnel	隧道二极管
Rectifiers	整流二极管	Varicap	变容二极管
Schottky	肖特基二极管	Zener	稳压二极管
Switching	开关二极管		

9. ECL 10000 Series 大类库

ECL（Emitter Coupled Logic）是发射极耦合逻辑门，也称电流开关型逻辑门（Current Switch Logic，CSL），其特点是速度快，传输延迟很小。它是利用运放原理通过晶体管射极耦合实现的门电路，在所有数字电路中，它工作速度最快。ECL 10000 Series 没有子类，只有 28 个常用元件，包括门电路、译码器、计数器等，这些元件都没有仿真模型。

10. 电机大类库

电机（Electromechanical）没有子类，只有 10 种元件。电机是电路系统中最常用的执行机构之一，Proteus ISIS 在电机大类库中提供了直流电机、步进电机等元件。

11. 电感大类库的子类

子　类	说　明	子　类	说　明
Fixed Inductors	固定电感	Surface Mount Inductors	表面安装电感
Generic	普通电感	Tight Tolerance RF Inductors	紧密度容限射频电感
Multilayer Chip Inductors	多层芯片电感	Transformers	变压器
SMT Inductors	表面安装技术电感		

12. 拉普拉斯大类库的子类

子　类	说　明	子　类	说　明
1st Order	一阶模型	Operators	算子
2nd Order	二阶模型	Poles/Zeros	极点/零点
Controllers	控制器	Symbols	符号
Non-Linear	非线性模型		

13. 机械电动机大类库

机械电动机（Mechanics）只包含两个元件，没有子类，两个元件分别为 BLCD-STAR（星形）和 BLCD-TRIAN（三角形）电动机。

14. 存储器芯片大类库的子类

子　类	说　明
Dynamic RAM	动态数据存储器，通常在嵌入式系统中用作控制器芯片的数据存储器
E^2PROM	电可擦除程序存储器，通常用于保存在系统掉电后还需要保存的数据
EPROM	可编程存储器，通常在嵌入式系统中用作控制器芯片的程序存储器
I^2C Memories	I^2C 总线接口数据存储器
Memories Cards	MMC 存储卡
SPI Memories	SPI 总线存储器
Static RAM	静态数据存储器
UNI/O Memories	1-Wire 总线数据存储器

15. 微处理器芯片大类库的子类

子　类	说　明
68000 Family	摩托罗拉的 680000 单片机系列
8051 Family	MC851 系列单片机，包括 Atmel 公司、飞利浦等公司的相应系统产品
ARM Family	飞利浦公司的 LPC 基于 ARM7 核的系列产品
AVR Family	Atmel 公司的 AVR 系统单片机，包括 90 系列、Atmega 系列和 Tiny 系列
Basic Stamp Modules	Parallax 公司生产的相应控制器，支持 PBASIC 语言

续表

子　　类	说　　明
DSPIC33 Family	DSPIC33 系列数据信号处理芯片
HC11 Family	摩托罗拉的 MC68 系列单片机
I86 Family	英特尔公司的 8086 系统处理器
Peripherals	可编程外围接口芯片、包括通道扩展、通信芯片等
PIC10 Family	PIC10 系列处理器
PIC12 Family	PIC12 系列处理器
PIC16 Family	PIC16 系列处理器
PIC18 Family	PIC18 系列处理器
PIC24 Family	PIC24 系列处理器
Z80 Family	Z80 系列处理器

16. 未分类元件大类库

未分类元件（Miscellaneous）库没有子类，只有 12 种元件，包含电池（Battery）、熔丝（Fuse）等零散元件。

17. 建模源大类库的子类

子　　类	说　　明	子　　类	说　　明
Analog（SPICE）	模拟仿真分析	Mixed Mode	混合模式
Digital（Buffers & Gates）	数字缓冲器和门电路	PLD Elements	可编程逻辑元件单元
Digital（Combinational）	数字组合电路	Realtime（Actuator）	实时激励源
Digital（Miscellaneous）	未分类数据电路	Realtime（Indicators）	实时指示器
Digital（Sequential）	数字时序电路		

18. 运算放大器大类库的子类

子　　类	说　　明	子　　类	说　　明
Dual	双运算放大器	Ideal	理想运算放大器
Macromodel	大量使用的运算放大器	Octal	八运算放大器
Quad	四运算放大器	Single	单运算放大器
Triple	三运算放大器		

19. 光电元件大类库的子类

子　　类	说　　明	子　　类	说　　明
14-Segment Displays	14 段显示数码管	16-Segment Displays	16 段显示数码管
7-Segment Displays	7 段显示数码管	Alphanumeric LCDs	液晶数码显示器
Bargraph Displays	条形显示器	Dot Matrix Displays	点阵显示器
Graphical LCDs	图形液晶显示器	Lamps	灯
LCD Controllers	液晶控制器	LCD panels Displays	液晶面板显示器
LEDs	发光二极管	Optocouplers	光敏耦合器
Serial LCDs	串行液晶显示器		

20. PICAXE 元件大类库

PICAXE 单片机含有一个子类 PICAXE ICs 元件，总计 14 种元件，Proteus ISIS 中的 PICAXE 元件库提供了几种最为经典的 PICAXE 芯片。PICAXE 是英国微处理器芯片，支持 BASIC 语言，通常用于机器人开发。

21. 可编程逻辑元件大类库

可编程逻辑元件（PLDs and FPGAs）没有子类，只有 12 种元件，都是 AMD（Advanced Micro Devices，超威半导体有限公司）的 TTL 型可编程逻辑阵列。

22. 电阻大类库的子类

子　类	说　明	子　类	说　明
0.6Watt Metal Film	0.6W 金属膜电阻	Chip Resistors 1/4W 10%	1/4W 10% 晶片电阻
10Watt Wirewound	10W 线绕电阻	Chip Resistors 1/8W 0.05%	1/8W 0.05% 晶片电阻
2 Watt Metal Film	2 W 金属膜电阻	Chip Resistors 1/8W 0.1%	1/8W 0.1% 晶片电阻
3Watt Wirewound	3W 线绕电阻	Chip Resistors 1/8W 0.25%	1/8W 0.25% 晶片电阻
7Watt Wirewound	7W 线绕电阻	Chip Resistors 1/8W 0.5%	1/8W 0.5% 晶片电阻
Chip Resistors	晶片电阻	Chip Resistors 1/8W 1%	1/8W 1% 晶片电阻
Chip Resistors 1/10W 0.1%	1/10W 0.1% 晶片电阻	Chip Resistors 1/8W 5%	1/8W 5% 晶片电阻
Chip Resistors 1/10W 1%	1/10W 1% 晶片电阻	Chip Resistors 1W 5%	1W 5% 晶片电阻
Chip Resistors 1/10W 5%	1/10W 5% 晶片电阻	Generic	普通电阻
Chip Resistors 1/16W 0.1%	1/16W 0.1% 晶片电阻	High Voltage	高压电阻
Chip Resistors 1/16W 1%	1/16W 1% 晶片电阻	Resistors packs	排阻
Chip Resistors 1/16W 5%	1/16W 5% 晶片电阻	Variable	滑动变阻器
Chip Resistors 1/2W 5%	1/2W 5% 晶片电阻	Varisitors	可变电阻
Chip Resistors 1/4W 1%	1/4W 1% 晶片电阻		

23. 仿真源大类库的子类

子　类	说　明
Flip-Flops	触发器仿真源，包括 D 触发器和 JK 触发器
Gates	门电路仿真源，包括与门、非门、或门等
Sources	信号源，包括时钟、电池、脉冲发生源等

24. 扬声器和音响大类库

扬声器和音响（Speakers and Sounders）没有子类，只包含 5 种元件，包括用于发声的蜂鸣器模型，以提供关于声音信息的仿真。

25. 开关和继电器大类库的子类

子　类	说　明
KeyPads	提供了 3 种行列扫描键盘，包括 16 键数字计算器键盘
Relays（Generic）	普通继电器

续表

子　类	说　明
Relays（Specific）	专用继电器
Switches	拨码开关、普通开关、波轮等

26. 开关元件大类库的子类

子　类	说　明
DIACs	两端交流开关
Generic	普通开关元件
SCRs	晶闸管，是一种功率元件，常用于高电压和高电流的控制
TRIACs	双向晶闸管

27. 热离子真空管大类库

热离子真空管（Thermionic Valves）大类库含有 4 个子类，分别为二极管（Diodes）、五极管（Pentodes）、四极管（Tetrodes）、三极管（Triodes）。

28. 传感器大类库的子类

子　类	说　明
Humidity/Temperature	湿度/温度传感器
Light Dependent Resistor（LDR）	光敏电阻，其电阻值随入射光的强弱而改变，入射光增强时电阻减小，入射光减弱时电阻增大
Pressure	压力传感器
Temperature	温度传感器

29. 9TTL74 系列芯片

TTL74 系列的子类与 CMOS 系列的子类名称相同，只是元件电平、驱动等参数不同。TTL74 系列芯片包括 TTL74 series、TTL74ALS series、TTL74AS series、TTL74F series、TTL74HC series、TTL74HCT series、TTL74LS series、TTL74S series 等大类。